高炉炉料进步
与球团矿发展

许满兴　冯根生　张天启　廖继勇　编著

北　京
冶金工业出版社
2021

内 容 提 要

本书系统地介绍了全球钢铁发展的进程、炉料结构的进步，以及发展球团矿的重要意义和可行性，并提出镁质熔剂性铁矿球团将会成为未来的高炉炉料的主导。本书共7章，内容包括：概述，炼铁精料技术，我国高炉炉料的进步，我国球团装备的进步，高 TFe、低 SiO_2 球团技术，MgO 球团技术，熔剂性球团技术。

本书可供钢铁企业的工程技术人员阅读，也可供大专院校相关专业的师生参考。

图书在版编目(CIP)数据

高炉炉料进步与球团矿发展/许满兴等编著. —北京：
冶金工业出版社，2019.5（2021.10 重印）
ISBN 978-7-5024-8097-4

Ⅰ.①高… Ⅱ.①许… Ⅲ.①高炉炼铁 Ⅳ.①TF53

中国版本图书馆 CIP 数据核字（2019）第 080736 号

出 版 人　苏长永
地　　址　北京市东城区嵩祝院北巷 39 号　邮编　100009　电话　(010)64027926
网　　址　www.cnmip.com.cn　电子信箱　yjcbs@cnmip.com.cn
责任编辑　戈　兰　美术编辑　彭子赫　版式设计　孙跃红
责任校对　石　静　责任印制　李玉山
ISBN 978-7-5024-8097-4

冶金工业出版社出版发行；各地新华书店经销；北京虎彩文化传播有限公司印刷
2019 年 5 月第 1 版，2021 年 10 月第 2 次印刷
710mm×1000mm　1/16；21.5 印张；419 千字；329 页
96.00 元

冶金工业出版社　投稿电话　(010)64027932　投稿信箱　tougao@cnmip.com.cn
冶金工业出版社营销中心　电话　(010)64044283　传真　(010)64027893
冶金工业出版社天猫旗舰店　yjgycbs.tmall.com
（本书如有印装质量问题，本社营销中心负责退换）

前　言

高炉炉料结构是指烧结矿、球团矿、天然富矿的合理搭配，它以铁矿资源为基础，以取得高炉炼铁最佳技术效果和最大经济效益为目的。当前全世界高炉的炉料结构有三种形式：中国和日本的高炉炉料结构是以高碱度烧结矿为主，配合酸性球团矿和天然富矿；美国和加拿大的高炉以球团矿作为主要炉料；西欧的几家大型钢铁公司的高炉炉料中烧结矿和球团矿几乎各占一半，以天然富矿作为炉料的高炉很少。熔剂如石灰石、白云石等和燃料如焦炭、煤粉均不在炉料结构的范畴之内。

研究炉料结构的目的有三个：第一，合理利用本国和世界的铁矿资源；第二，使高炉的能耗降到最低；第三，尽可能降低生铁的成本。铁矿资源是炉料结构的基础，冶金工作者不可能脱离资源条件追求最佳的炉料结构；节能、减排和降低生铁成本则为研究炉料结构的终极目的。实践证明：合理的炉料结构与冶炼进程及技术经济指标有着极为密切的关系，合理的炉料结构是高炉获得最大经济效益的基础之一，应在符合各企业的实际情况下，因地制宜，既要为高炉稳定顺行和实现良好经济技术指标创造条件，又要力争原料成本最经济。高炉炉料结构主要取决于原料资源情况、配套生产工艺、设备、操作技术水平、操作习惯和理念、生产成本、环保要求等多方面因素。

我国高炉炉料结构的演变大体分为三个阶段，第一阶段以天然富矿为主要炉料，时间较短；第二阶段从 20 世纪 50 年代中期开始，自熔性烧结矿成为高炉的主要炉料；第三阶段以高碱度烧结矿取代了自熔性烧结矿，并配合酸性炉料，从 80 年代延续至今。虽然我国是钢铁大国，但不是钢铁强国，在炉料品质和高炉各项经济技术指标上，与国外先进企业相比，还有一定差距，特别是球团矿比例有待提高。

《2006~2020 年中国钢铁工业科学与技术发展指南》提出："中国高炉炉料中球团比约 12%，从当前优化炉料结构发展趋势看，中国应大力发展球团生产，并全面提高球团生产水平。"而球团技术的发展目标是"实现装备大型化"。

发展球团矿生产对改善高炉技术经济指标有重要意义。球团矿已成为我国高炉炼铁与高碱度烧结矿搭配的一种主要炉料，如果炉料中配入 30% 左右的球团矿，可提高入炉品位 1.5% 以上，降低 1.5% 的渣量，降低焦比 4%，提高产量 5.5%。因此，球团矿生产对改善高炉技术经济指标起着重要的作用。

发展球团矿生产有利于高炉炼铁的节能减排。球团矿工序能耗仅为烧结矿的 53%（2017 年数据比较），可见发展球团矿生产对节能减排、改善环境有着明显的优越性。国外球团矿的含铁品位普遍高于 65%，SiO_2 含量低于 3%。我国球团矿平均含铁品位已达到 63.5% 的水平，SiO_2 含量低于 6%，比烧结矿的品位高出 5%，渣量普遍低 40%，燃料比降低 13% 以上。这说明，发展球团矿对高炉炼铁的节能减排具有重大意义，若球团矿的品位和 SiO_2 含量达到或接近国际水平，所起的作用会进一步增强。球团矿作为高炉炼铁的搭配炉料，对高炉炼铁节能减排的作用是明显的，今后的球团矿将是氧化镁质的酸性球团矿，还会发展一定数量的熔剂性球团矿，这两类球团矿的发展及其冶金性能的改善对高炉炼铁的节能减排将发挥更大的作用。

本书以近三十年发表的论文和专著为依据，系统地介绍了全球钢铁发展的进程、炉料结构的进步，以及发展球团矿的重要意义和可行性，并提出镁质熔剂性铁矿球团将会成为未来的高炉炉料的主导。

中国金属学会王维兴、宝钢研究院首席专家徐万仁、山西太钢不锈钢股份有限公司贺淑珍、《烧结球团》编辑部唐艳云等专家学者对全书进行了修改，唐山市盈心耐火材料有限公司刘宗合撰写了竖炉技改扩容经验。文中引用和参考了大量的文献资料，在此对以上专家学者和文献作者一并表示衷心的感谢。由于编者水平有限，收集的相关资料不全，书中不妥之处，恳请专家、学者和广大读者给予指正。

2019 年 1 月

目　　录

1 概　　述

【本章提要】

　　本章主要介绍了全球钢铁发展的四个阶段及影响因素、产地变迁；国外高炉状况，以及我国钢铁高炉的发展历程、技术的进步、大型化和产能的提高。

　　18世纪中期在英国首先爆发的工业革命引领西方国家的钢铁业获得飞速发展，1875~1890年的15年间，英国钢产量增加5倍，美国增加10倍，德国铁的产量超过全国消费量至少两到三倍。钢铁业发展早期英、美、德粗钢产量变动如表1-1所示。

表 1-1　全球钢铁业发展早期国家（英、美、德）的粗钢产量变动　（万吨）

年份	1875	1880	1885	1890	1895	1900	1905	1910	1915
英国	71.9	131.6	191.7	363.6	331.2	498.0	590.5	647.0	868.7
美国	39.6	126.7	173.9	434.6	621.3	1035.2	2034.5	2651.4	3266.7
德国	37.1	62.4	120.2	216.2	394.1	661.6	1006.7	1369.9	1325.8

　　粗钢产量是衡量钢铁发展的一个重要指标，1900年全球粗钢产量为2830万吨，2017年达到16.74亿吨，是1900年产量的59倍（见图1-1）。全球粗钢产量的变动反映了全球钢铁发展的状态。

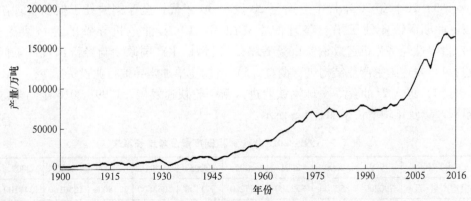

图 1-1　1900~2016年全球粗钢产量变化图

1.1 全球钢铁发展的四个阶段

基于粗钢产量变动，1900 年以来的一百多年间，全球钢铁发展可分为四个时期：萌芽期、发展期、平台整理期、快速发展期，如表 1-2 所示。

表 1-2 全球粗钢产量分阶段表现

时 期	年 份	产量变动/万吨	年数	年均增长额/万吨	年均增长率/%
萌芽期	1900~1945	2830~11310	45	188. 444	3. 13
发展期	1946~1974	11160~70890	28	2133. 214	6. 83
平台整理期	1980~1999	64560~79021	19	761. 105	0. 85
快速发展期	2000~2016	85016~162850	16	4864. 625	4. 15

1.2 全球钢铁发展各阶段的影响因素

（1）1900 年以前，全球钢铁发展水平较低，其主要原因：1）全球经济发展水平有限，市场需求小；2）钢铁生产技术落后、生产能力低。直到第二次世界大战结束，全球粗钢生产都处于低水平生产状态。

（2）20 世纪 40、50 年代至 70 年代全球钢铁获得快速发展。其主要原因：1）战后世界经济复苏，各国加强基础建设及工厂扩张带来广泛的钢铁产品需求市场。2）战后各国产业结构调整。重化工业为主的现代工业及造船、建筑业的迅速发展，扩大了钢铁需求量，钢铁工业成为许多国家的重点发展部门。3）原材料供应充足。此期国际市场上的资源如铁矿石、煤炭、石油等原、燃料供给充足且价格低廉，为全球钢铁工业的发展提供了充足的能源。4）钢铁生产技术革新。氧气顶吹转炉与连铸等技术的出现与广泛应用使大规模钢铁生产成为可能。市场需求增加、重化工业在各国的发展、能源充足及技术变革，共同推动全球钢铁业在 20 世纪 50~70 年代快速发展。

（3）20 世纪 70 年代中后期至 20 世纪 90 年代，全球钢铁处于振荡整理阶段。此期钢铁业处于平台整理的主要原因：1）石油危机导致的经济衰退；2）世界性经济危机造成钢铁市场萎缩；3）钢铁主产国政治与经济出现严重问题；4）发达国家产业结构进行调整；5）市场竞争加剧导致行业投资减少。

（4）进入 21 世纪，全球钢铁业进入新一轮快速发展。1999~2016 年间全球粗钢产量及年均增长率如表 1-3 所示。

表 1-3 1999~2016 年全球粗钢产量及年增长率表

年 份	1999	2000	2001	2002	2003	2004	2005	2006	2007
粗钢产量/万吨	790200	850200	852200	905200	971100	1062600	1148000	1250100	1348100
年增长率/%	1.50	7.59	0.24	6.22	7.28	9.43	8.03	8.90	7.84

续表 1-3

年　份	2008	2009	2010	2011	2012	2013	2014	2015	2016
粗钢产量/万吨	1343400	1238800	1433400	1538000	1560100	1650400	1670100	1622800	1635800
年增长率/%	-0.35	-7.79	15.72	7.30	1.44	5.78	1.20	-2.83	0.80

进入 21 世纪，全球钢铁快速发展的原因主要有：1）发展中国家，尤其是中国工业化进程对钢铁产品的巨大需求拉动钢铁产量增加。与英、美、德、法、日等国在工业化发展中对钢铁产品产生大需求一样，发展中国家，尤其是中国钢铁业快速发展，不仅替代了工业强国工业化完成所形成的产业衰退，甚至还形成了更大规模的市场。2）钢铁新技术的应用助推钢铁产量上涨。3）国际钢铁企业大规模的并购重组使钢铁生产日益增长。20 世纪末至 21 世纪初钢铁企业跨国界、大规模的并购重组浪潮，使钢铁企业产能及产量大幅增加。而中国钢铁企业从 2008 年开始的"强强联合"，更是全球钢铁粗钢产量增长的重要原因。如武钢合并鄂钢、重组昆钢；首钢重组贵钢、长钢；宝钢并购八钢、宁钢，重组柳钢；唐钢、邯钢合并成立河北钢铁；山钢重组日钢成为山东钢铁；鞍钢重组攀钢等；宝钢与武钢合并。4）资源和能源的易得性。20 世纪中后期，随着发达国家工业化的完成，废钢成为前期工业化国家钢铁生产的重要原料，较为充足的钢铁蓄积量保证了炼钢的原材料；同期电炉炼钢日趋增多，而电能的易得性保证了钢铁冶炼能源的充足。

1.3　全球钢铁生产产地变迁

1.3.1　全球钢铁生产的区域转移

全球钢铁生产的区域转移非常明显。早期钢铁生产集中在欧、美，后逐渐转移至以中国为主的亚洲。

1.3.2　全球第一产钢国变动

从国家来看，英国、美国、前苏联、日本、中国依次成为全球钢铁工业发展的主角。但这些主角在全球钢铁的地位有所不同，英国粗钢年产量的世界占比峰值约为 46%（1873 年）、美国峰值为 63.93%（1945 年）、前苏联峰值为 22.98%（1983 年）、日本峰值为 17.09%（1973 年），截至 2017 年中国粗钢年产量的世界占比最高为 49.66%。

从全球钢铁生产国排名来看，2007 年以来，世界各国粗钢产量排名相对稳定。中国稳居世界第一，日本稳居第二，美国、俄罗斯、印度排名在三、四、五，且印度排名上升，而美国和俄罗斯排名下降，韩国、德国世界排名第六、七，巴西、土耳其、乌克兰排名第八、九、十位，如表 1-4 所示。

表 1-4　　2007~2016 年世界各国粗钢产量排名

顺序	2007	2008	2009	2010	2011	2012	2013	2014	2015	2016
1	中国	中国	中国	中国	中国	中国	中国	中国	中国	中国
2	日本	日本	日本	日本	日本	日本	日本	日本	日本	日本
3	美国	美国	俄罗斯	美国	美国	美国	美国	美国	印度	印度
4	俄罗斯	俄罗斯	美国	俄罗斯	印度	印度	印度	印度	美国	美国
5	印度	印度	印度	印度	俄罗斯	俄罗斯	俄罗斯	韩国	俄罗斯	俄罗斯
6	韩国	韩国	韩国	韩国	韩国	韩国	韩国	俄罗斯	韩国	韩国
7	德国	德国	德国	德国	德国	德国	德国	德国	德国	德国
8	乌克兰	乌克兰	乌克兰	乌克兰	乌克兰	土耳其	土耳其	土耳其	巴西	土耳其
9	巴西	巴西	巴西	巴西	巴西	巴西	巴西	巴西	土耳其	巴西
10	意大利	意大利	土耳其	土耳其	土耳其	乌克兰	乌克兰	乌克兰	乌克兰	乌克兰

1.4　国外高炉炼铁技术进步

过去的 20 余年，由于我国高炉炼铁生产的快速发展，带动了全球高炉生铁产量的大幅度增加。2017 年，全球高炉生铁的产量达 11.748 亿吨，我国则占其中的 60.5%，达 7.1076 亿吨。

国外高炉生铁总量一直在 4.5 亿吨的规模徘徊。然而，这种总量的不变并非代表着各国生产的稳定，而是一些发达国家生铁产量的下降和一些发展中国家生铁产量的增加，是一个综合平衡的结果（见图 1-2）。例如：欧洲（不含俄罗斯、乌克兰）的总产量已由 1989 年的 1.442 亿吨降低到 2017 年的 1.065 亿吨，北美（美国、加拿大、墨西哥）的总产量由的 6790 余万吨降低到 2017 年的 3291.5 万吨，其中美国由 5097.8 万吨降低到 2233.5 万吨。而印度的产量则由 1989 年的

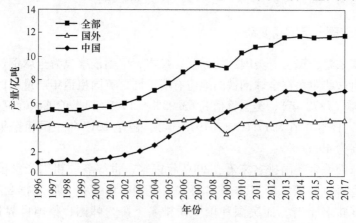

图 1-2　国内外生铁产量变化（1996~2017 年）

1219 万吨增加至 2017 年的 6597.7 万吨。韩国由 1484.6 万吨增加至 4674.4 万吨。

国外新建高炉的技术进步主要表现出大型化、长寿命、高效节能、清洁环保等发展趋势。

1.4.1 原燃料质量及炉料结构

韩国浦项已建成世界最大的 6000m³ 高炉。但行业也普遍认识到，在原燃料质量下降和频繁波动的情况下，大型高炉的适应能力存在不足的问题。

铁矿原料质量下降是炼铁生产普遍面临的问题，表现在 SiO_2 和 Al_2O_3 含量上升、Fe 含量下降以及铁矿的粒度下降等，由此带来烧结矿化学成分变差。焦炭的产量、质量也呈现下降的趋势，以至于许多高炉的实际焦炭质量与要求值之间差距越来越大。

在高炉的炉料结构方面，受烧结环保问题的影响，球团使用比例呈明显增加趋势。

1.4.2 原燃料高效利用

受炼铁成本的压力，国外许多高炉开发应用了小块焦和小颗粒矿的应用技术，其中将小块焦与烧结矿混合入炉已成为普遍应用实践。而把小块焦布到高炉边缘区域是更好的使用方法，因为更能够保护边缘大块焦，降低边缘矿焦比，以及减少炉墙热损失。小块焦的粒度在不断缩小，小块焦的加入量在不断增加（北美某高炉加到 90kg/t 左右），下限已达 6mm，甚至更低。

降低入炉烧结矿的粒度下限可以减少高炉槽下的返矿率，对烧结生产的节能降耗和减少污染物排放有直接的效果，已在许多国外企业进行了生产实践。如某炼铁技术强国全部入炉烧结矿 5mm 部分占比 6.4%，最高 13.5%。

在此方面做到极致的是 Linz 厂 A 高炉（3550m³），高炉槽下的碎焦和返矿全部入炉。实现了在全部炉料的 9% 是粉料，粒度 0~10mm 情况下，综合焦比 455kg/t，系数 2.8t/(m³·d)。

为应对入炉粉末量增加给高炉操作带来的负面影响，国外开发了分级入炉、优化布料、操作闭环控制等一系列技术保障手段，这些理念和做法值得我们重视和借鉴，在拥有现代的高炉装备和先进控制技术的条件下，必须从降低炼铁成本的角度出发，突破传统观念和陈旧指标的束缚。

1.4.3 有害元素的限制

欧洲为保证高炉的稳定顺行，对含有有害元素的钢铁厂各类粉尘和尘泥，如高氯高炉灰、高油轧钢铁鳞、高锌转炉尘、高碱金属烧结除尘灰等，全部或部分限制其通过烧结循环使用。

1.4.4　高炉复合喷吹

北美高炉煤和天然气混喷已成为技术发展趋势。因美国油页岩技术的应用，使天然气供应丰富，高炉喷吹天然气量逐年增加。

1.4.5　信息智能化炼铁技术

随着计算机应用的普及和网络信息技术的高速发展，不同内容的信息智能化炼铁技术得到了开发和应用，成为推动当前炼铁生产技术进步的重要力量。突出实例包括：

（1）基于闭环装料控制的专家系统；

（2）3D 可视化系统；

（3）远程监控、诊断及标准化系统（RMDS）和数据库；

（4）过程预测模型；

（5）先进完善的炼铁仪器仪表。

1.4.6　炼铁实用新技术

（1）炉料混装技术。研究表明，不同原料混合后，其综合冶金性能要好于单个炉料冶金性能的加权平均值。在工业生产中，不同炉料的混合入炉已得到应用。入炉前的混合方法因上料方式而异，对皮带上料的高炉，在上料皮带的主料（烧结矿）上均匀叠加球团或者块矿即可。

（2）直接还原在线监测技术。通过在线计算高炉的直接还原量，提前预测炉缸热状态的变化趋势，为及时调整炉缸热状态赢得时间。如发现直接还原增加，意味着炉料下降加速，炉温趋于向凉。

（3）恒理燃操作技术。鉴于风口燃烧温度对高炉运行的重要性，理燃的控制越来越得到重视。恒理燃操作技术是利用各影响理燃因素的相互作用，当某因素变化时，有选择地自动调节其他因素，保持理燃的稳定。

（4）铁口连续测温技术。由于储铁式主沟内存留渣铁的降温影响，在撇渣器后的铁水温度与炉缸渣铁温度相比，存在着较大的温差，特别是出铁前期。而且撇渣器处铁水温度的变化已是经过主沟储存渣铁的稀释缓冲。因此，在撇渣器后的电偶测温不能真实地反映炉缸的温度和变化趋势。铁口处的测温则能消除上述的缺陷，准确反映炉缸温度及变化趋势，所使用的连续测量方法使测量数据全面，信息价值大，是高炉精确控制的必要手段。

该技术已在国内开发成功并在多家企业应用。

（5）喷煤枪的枪头更换。喷枪是高炉生产的易耗品，而实际生产中要求喷枪要始终处于良好状态。喷枪烧损后未及时发现可能导致直吹管烧穿等严重事故，发现后停煤等待更换则会破坏炉缸圆周工作的均匀性。保持喷枪全部处于良好状态的方法是定期更换，但定期整枪全部更换势必带来成本的增加。国外采取只更换枪头的方法则能两者兼顾，在保证喷枪良好状态的同时，降低喷枪使用成本。其中，喷枪的连接方式是关键环节，应保证其严格密封性的同时不影响内部的煤股通道，避免在连接处产生磨损而引发事故。

（6）铜冷却壁通道的破损补救。阿赛洛米塔尔在 IH7 号高炉上开发了铜冷却壁破损补救技术，该技术向破损的铜冷却壁通道通入氮气，并检测出口的氮气温度，当氮气出口温度达到 90℃，或冷却壁冷面温度达到 150℃，加入雾化水，加强冷却。针对容易出现的多点破损事故，开发了氮气或雾化水超级冷却器。

（7）在炉料生产方面研发了 LCC 技术、喷吹天然气、含碳球团等技术。

1.5 国外主要国家和地区高炉生产状况

1.5.1 西欧

（1）生产状况。欧盟 15 国的生铁产量已从 2008 年前的年产 9000 多万吨下降到近几年的不足 8000 万吨（2013 年 7690 万吨），见图 1-3。高炉运行数量由 1990 年的 92 座降低到目前的 45 座，但单炉年产量则由 104 万吨提高到目前的 171 万吨。

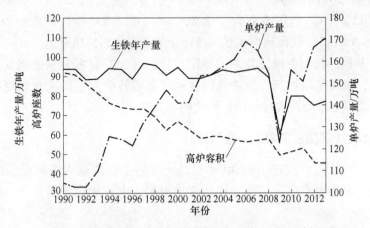

图 1-3 欧盟 15 国炼铁生产的变化（1990~2012 年）

（2）炉料结构。受环保因素的影响，在过去的 20 余年里，高炉的炉料结构正在发生变化，表现在高比例的烧结矿在减少，球团矿的比例在增加。其中瑞典和芬兰的钢铁企业取消了烧结机，炉料结构为 90% 球团 +10% 循环废料压块。

但烧结矿对多数厂来说仍是主要的炼铁原料。欧洲共有 29 台烧结机,平均烧结面为 $288m^2$, 最大的 $589m^2$, 保留烧结机的原因之一是在满足冶金性能和环保要求的前提下, 烧结能够处理循环料和废料。

(3) 烧结烟气治理。欧洲重视对烧结烟气的处理, 以满足严格的环保要求。各烧结机均配置了高效的电除尘和布袋除尘。一些烧结机采用了活性炭/褐煤吸收法处理废气。此外, 欧洲重视减少工艺本身污染物的产生量, 开发了 LEEP、EPOSINT、EOS 等烟气循环烧结工艺, 并在一些烧结厂得到成功应用。经处理的烟气中二噁英的含量低于 $0.4ng/m^3$(SPT)。

(4) 焦炭质量。欧洲重视焦炭质量的作用和价值, 明确了焦炭的质量要求, 如反应后强度 (CSR) >65%、反应性指数 (CRI) <23%、灰分<9.0%。但客观现实是该要求越来越难以满足, 表现在焦炭质量波动大, 如: CSR 56%~70%、CRI 20.5%~38%, 焦炭灰分 9.5%~12%。

(5) 高炉燃料比。欧洲的高炉能源利用率很高, 焦比已降低到 330kg/t 的先进水平。但近年来, 由于高炉原料质量的下降, 烧结矿中 SiO_2 升高, 高炉渣量上升, 加之煤比的增加, 导致平均燃料比有所上升, 2013 年达到 504.7kg/t。2014~2015 年, 由于经济的原因, 几乎所有高炉都喷煤 (不再喷油和气)。欧洲的高炉碳排放自认为已实现最低值 (1570kg/t)。

(6) 综合布料控制优化高炉操作。西门子奥钢联的金属工艺公司开发了基于闭环装料控制的专家系统, 并成功应用于 Linz A 高炉。2013~2014 年度取得的运行指标为: 1) 高炉燃料比低于 455kg/t (折算为焦炭); 2) 铁水 Si 的标准偏差小于 0.12%; 3) 利用系数大于 2.8t/(m³·d); 4) 全部炉料中粒度在 0~10mm 的占9%; 5) 碱负荷在 4.0~4.5kg/t 条件下的高炉稳定运行。

(7) 其他。欧洲为保证高炉的稳定顺行, 对含有有害元素的钢铁厂各类粉尘和尘泥, 如高氯高炉灰、高油轧钢铁鳞、高锌转炉尘、高碱金属烧结除尘灰等, 全部或部分限制其通过烧结循环使用。

1.5.2　北美 (美国、加拿大、墨西哥)

(1) 生产情况。在过去的 40 年里, 北美的生铁产量逐渐降低, 2014 年为4200 万吨。其主要竞争者是废钢电炉生产流程。电炉钢占半数以上, 铁钢比仅为 0.4。

企业之间开展了大规模的整合, 目前 5 家公司拥有 44 座高炉, 其中 29 座在运行。高炉的工作容积 900~4100m³。利用系数为 1.9~3.9t/(m³·d), 其中最高的是 AK Steel Middletown 3 号高炉 (1493m³), 该高炉的操作特点是高富氧 (2013 年鼓风含氧33%)、吃金属料 (76kg(废钢)/t+104kg(热压块)/t), 大量喷天然气 (115kg(NG)/t)。

（2）炉料结构。北美是以球团矿为高炉主要炉料的地区。2014 年，平均炉料组成为 92%球团+7%烧结矿+1%块矿（不包括额外约 6%的金属料）。在 29 座高炉中，17 座使用 100%球团，其中 60%是碱性球团，40%是酸性球团。

北美保留烧结厂作为处理球团筛下物和其他小颗粒回收物料的战略举措。如 Gary 钢厂烧结厂从各种循环废料中生产超高碱度烧结矿（$R = 2.6 \sim 2.7$），含 Fe 为 50%。

一些高炉使用冷固结压块作为循环废料的处理手段。如 2014 年，ET 厂使用 34kg/t 的由高炉粉尘和尘泥、轧钢铁鳞、焦粉等制成的冷压块。

（3）高炉喷吹。北美高炉煤和天然气混喷成为技术发展趋势。因美国油页岩技术的应用，天然气供应丰富，高炉喷吹天然气量逐年增加。2014 年，高炉的平均喷吹天然气量是 59kg/t，喷煤 58kg/t。混喷的方式有双枪法（每个风口 1 支枪喷煤，1 支枪喷天然气），以及单枪喷煤+风口开孔进天然气的方法。

多座高炉生产实践证实，高炉采用天然气和煤混喷，比单独喷吹天然气能获得超过理论计算的更高置换比。分析原因是改进了炉内反映动力学过程，降低了炉缸热状态波动，提高了高炉运行稳定性和能量利用率。

此外，相对于喷煤时的较高理论燃烧温度，在喷吹天然气时，高炉可在理燃为 1760℃（3200℉）下运行无问题。

（4）远程监控、诊断及标准化系统（RMDS）和数据库。该系统的开发者是 Arcelor Mittal 公司，其目标是用网络对全部高炉应用 RMDS（现 1/4 已联网，包括北美 3 座高炉）。RMDS 方案包括每周的视频/网络会议，参加者讨论分享安全和操作经验，RMDS 数据可给局部专家系统服务器。

一些高炉使用 SACHEM 专家指导系统（由 Arccelor Mittal 和 PW 联合提供）。所带来的益处是更稳定的高炉运行，更一致的铁水温度和硅含量，更低的燃料比。该专家系统还可用来培训新操作者。

（5）其他。球团产能已过剩。目前正在努力降低球团成本，扩大球团应用客户，发挥球团产能。基于北美丰富的天然气资源，直接还原铁产量在增加，有 3 个新的气基直接还原项目在建设。

1.5.3 日本

近年来，生铁产量维持在 8000 万吨的水平（2017 年 7833 万吨）。在保持生产高效低耗的同时，日本企业加强了对污染物排放控制技术的研发和应用。

（1）LCC(Lime Coating Coke) 技术。烧结过程中，先用生石灰包裹焦粉，然后进行制粒和烧结。该技术的开发目的是减少烧结 NO_x 排放。其作用机理是：加热时，CaO 和铁氧化物在焦炭表面形成 $CaO\text{-}Fe_2O_3$ 熔体层，提高了燃烧温度，并起到减少 NO_x 的催化剂作用。

该技术已于 2013 年 4 月在新日铁住金的 Oita 厂应用，实现了降低 NO_x 排放 0.0028%，同时烧结产量增加的效果。

（2）天然气喷吹（超级烧结矿）。该技术由 JFE 开发，方法是在烧结点火后再进行表面喷吹天然气，以改善烧结床表面层的质量。其效果是可提高烧结矿强度 1%，提高还原度 3%，降低焦粉 3kg/t，降低高炉燃料 3kg/t。该技术于 2009 年在日本铁 Keihin 应用。最近该技术改进为 Super-Sinter ROXY，即在喷吹天然气的同时加入氧气。

（3）含碳球团（RCA）。RCA 的生产及应用流程是：碳和铁氧化物混合，在造球盘上制粒，经过烘干后，冷固结球团装入高炉。该球团在高炉中的作用机理是：由于碳和氧化物的密切接触，在较低温度下开始发生碳的气化反应，这样通过降低热储备区的温度，提高高炉的反应效率。缺点是易粉化，对高炉透气性有影响。

该技术于 2012 年在 Oita 厂应用。含碳 20% 的 RCA 降低了还原平衡温度，增加了煤气利用率，降低了碳消耗。从 1t 含碳球团中每加 1kg 碳，减少高炉碳耗 0.36kg/t。

（4）铁焦技术。铁矿和煤混合（70% 煤+30% 铁矿）、挤压，制成小压块，压块在竖炉中连续炭化，形成铁焦。铁焦具有高反应性，能在较低的温度范围内开始反应，从而降低热贮备区温度，提高高炉反应效率。

为开发该技术建设了 30t/d 的试验装置，生产 2100t 铁焦，并在 JFE Chiba 5 号高炉成功使用。

（5）3D 可视化系统。新日铁利用高炉的 500 个冷却壁热电偶和 20 个炉身压力传感器的数据，做出三维可视评价和数值分析系统。该系统于 2007 年在新日铁住金的 Nagoya 厂应用，后来在其他厂推广。系统能够对高炉炉身压力波动和料层结构的变化给出空间上和时间序列的明确而清晰的显示，有助于指导高炉操作，实现其稳定运行和降低燃料比。

（6）COURSE50 的进展。COURSE50 是日本围绕高炉炼铁减排 CO_2 所开展的一项综合科研项目。其技术之一是铁矿石的氢还原。所采取的方法是使用焦炉煤气（COG）或焦炉煤气转化气（RCOG），从高炉炉身喷吹。

在 LKAB 的试验高炉上开展了试验，证实因氢还原反应速率快，氢还原量增加。模拟计算和试验均表明，吨铁的碳耗能够降低 3%。

1.5.4　韩国

韩国炼铁工业集中在浦项钢铁厂和现代钢铁厂，2017 年生铁产量为 4674.4 万吨。韩国的炼铁技术动向：一是高炉的大型化。从 2009 年的平均 3325m³ 上升到 2014 年的 4526m³（包括 1 座世界最大的 6000m³ 高炉投产）。高炉的最高日产达 1.7 万吨。二是 Finex 工艺的开发应用,包括 200 万吨/年装置的建成投产,能耗高,要求原料质量高,装置有待改善。

1.5.5 南美地区

2017 年,南美地区的生铁产量是 3151.1 万吨,其中以巴西为主,占 90.21%。南美炼铁生产面临的问题是铁矿粉粒度下降,烧结矿硅含量上升,造成烧结产量下降。由此带来高炉渣量增加,操作难度加大,燃料比升高。对应采取的解决方法是烧结加强混合,改善烧结的透气性;改进焦炭的质量,提高高炉抗高渣量的能力。

1.5.6 其他国家和地区

印度的生铁产量继续保持增长,2017 年达到 6597.7 万吨,比上年升高 3.6%。JSPL 某高炉在炉料硅和铝含量均增加,焦炭灰分上升到 16.3%,渣量由 298kg/t 上升到 350kg/t 的不利条件下,通过改进炉料结构和富氧等多种措施,利用系数从 2.53t/(m^3·d) 提高到 2.97t/(m^3·d),高炉燃料比仅增加 15kg/t(从 511kg/t 增加到 526kg/t)。

俄罗斯炼铁生产则相对保持稳定,2017 年生铁产量为 5158 万吨。高炉普遍喷吹天然气,喷吹量约 60~120m^3/t,置换比 0.7~0.8kg/m^3。

南非作为非洲的代表,2017 年生铁产量仅为 435.2 万吨。

全球的炼铁工业仍在发展中:国外高炉工艺的总产量多年保持平稳,其比例仍占绝大部分;直接还原工艺的产量保持增长,并在工艺路线上努力寻求突破;熔融还原工艺中的 Finex 工艺没有太大进展。

尽管先进国家的生铁产量在下降,但围绕高炉工艺的技术改进工作仍在持续进行。主要热点包括:适应原燃料质量变化的炉料结构研究、结合计算机数学模型和专家系统的高炉工艺控制技术的开发与应用、炼铁污染物排放控制技术以及以日本 COURSE50 为代表的高炉减排 CO_2 工艺技术等。作为炼铁大国,上述技术动向均值得我国炼铁工作者的关注和重视。

1.6 我国高炉炼铁技术的发展历程

1949 年新中国成立时我国粗钢年产量只有 15.8 万吨,生铁年产量仅为 25 万吨。20 世纪 80~90 年代,中国钢铁企业进行了大规模的扩建和技术改造,采用先进的技术装备,在原燃料质量改进和高炉操作方面也有很大的进步,高炉技术经济指标有很大改善。1986 年全国钢产量突破 5000 万吨,1994 年全国生铁产量达到 9740.9 万吨,成为世界第一产铁大国。1995 年全国铁产量突破 1 亿吨,达到 10529 万吨,1996 年以来,中国钢铁产量一直保持世界首位。

图 1-4 所示为 1949 年以来中国钢铁产量的变化，曲线的斜率明显反映了 3 个阶段的差别。炼铁技术的发展和生铁产量的变化同步，下面回顾 3 个不同阶段中国炼铁技术的发展历程。

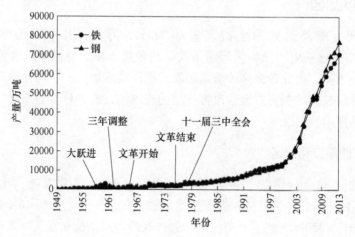

图 1-4　1949~2013 年中国钢铁年产量的变化

1.6.1　奠定基础阶段

从 1949 年到 80 年代初，是中国炼铁工业奠定基础阶段。这 30 多年间，又可分为以下几个时期：恢复生产时期、学习苏联技术时期、"大跃进"时期、国民经济调整时期、独立发展时期和"文革"时期。

1.6.1.1　恢复生产阶段

解放初期中国钢铁工业主要分布在东北和华北地区，钢铁厂有鞍钢公司、本钢公司、石景山铁厂、太原钢铁厂和阳泉铁厂。当时全国炉容在 300m³ 以上高炉只有 16 座，其中鞍钢 9 座、本钢 4 座、石（景山）钢 2 座、太钢 1 座，最大的是鞍钢 9 号高炉，容积 944m³。而且鞍钢 6 座、本钢 2 座 800m³ 以上高炉的机电设备全部被苏联军队拆走，留下的均属于 20 年代的老装备。旧中国留下的钢铁工业是个陈旧落后、残缺不全的烂摊子。

1948 年底，东北地区解放，1949 年起东北地区的钢铁厂开始恢复生产。由于装备较先进的高炉车间机组和机电设备已被拆走，只能恢复苏联军队未拆走的装备陈旧的高炉。当时物资、器材匮乏，恢复生产困难很大。在广大工人、技术人员积极努力奋斗下，到 1949 年底，鞍钢和本钢未被拆走的 5 座高炉全部恢复了生产。1949 年华北地区解放后，石钢和太钢的高炉也开始恢复生产。在恢复高炉生产初期，东北地区的炼铁厂采用的是日本所沿用的操作技术，风量少，风温低，焦比高。恢复生产不久，东北地区开展了创生产新纪录运动。1951 年，东北高炉生产超过了日本统治下的最高纪录,然而水平仍然很低,利用系数约为 0.9~1.0t/(m³·d),焦比高达 1000kg/t,炼钢生铁中 [Si] 含量超过 1.0%,均落后于当时高炉炼铁的国际水平。经过解放后 3 年的生产恢复,1952 年中国生产普通钢 120.9 万吨、优质钢 14.0 万吨、合金钢 2.5 万吨、炼钢生铁 124.7 万吨、铸造铁 54.4 万吨、其他生铁 13.8 万吨、钢材 113 万吨,创造了中国钢铁工业的新纪录。

1.6.1.2 学习苏联技术时期

1953 年开始的发展国民经济的 "第一个五年计划",将发展钢铁工业放在重要位置。在苏联帮助下设计的 156 个建设项目中,鞍山钢铁公司扩建、武汉钢铁公司和包头钢铁公司的建设是 3 项重点工程,这些项目全部采用了苏联技术。

20 世纪 40 年代后期,苏联的炼铁技术国际领先。苏联巴甫洛夫院士总结了欧美高炉炼铁理论和实践的经验,将炼铁理论系统化,并领导科研小组,在苏联高炉上进行了许多研究工作。1950 年,苏联生铁产量为 1920 万吨,居世界第二位,占世界生产总铁量的 15%。20 世纪 50 年代苏联钢铁生产技术开始传入中国,鞍钢在学习苏联技术方面起了带头作用。鞍钢结合实际,推广苏联炼铁经验,首先用自熔性烧结矿解决了鞍山细精矿的造块问题,否定了鞍山细精矿只能生产方团矿的结论。在此基础上,成功解决了冶炼 [Si] 为 0.9% 以下的炼钢生铁问题。炉顶调剂法(上部调剂)的推广为高炉提高冶炼强度和降低焦比提供了有力的手段。1953 年,由苏联设计并供应部分装备的第一座自动化高炉在鞍钢投产。1956 年第一座高压高炉在鞍钢投产,同年苏联设计的第二座容积 900m³ 级高炉在本溪第二炼铁厂投产。苏联炼铁技术的推广,使中国高炉炼铁水平大大提高,一批高炉的利用系数超过 1.4t/(m³·d),有的超过 1.5t/(m³·d),焦比降至 800kg/t 以下,有的在 700kg/t 以下,风温达到 900~1000℃。1958 年,苏联援建的武钢、包钢相继投产,这一时期,学习苏联技术是当时中国炼铁技术的主流。

1.6.1.3 "大跃进" 时期

1958 年,本钢第一炼铁厂 2 座 300m³ 级高炉(1 号 333m³,2 号 329m³)创造了高产经验,主要技术措施有:烧结矿过筛,筛除小于 5mm 粉末;焦炭分级入炉;提高烧结矿品位;提高高炉压差,增加风量;改变装料制度,增加批重;扩大风口直径等。采用这些措施后,高炉利用系数由 1.3~1.4t/(m³·d)提高到 2.2~2.4t/(m³·d)。本钢的高炉操作经验在中国炼铁界引起了很大的震动,当时正值全国 "大跃进" 高潮,本钢第一炼铁厂高炉提高利用系数的实践对全国炼铁厂既是推动也是压力。本钢总结的 "以原料为基础,以风为纲,提高冶炼强度与降低焦比并举"成为指导中国炼铁的技术方针。本钢的实践使高炉工作者开拓了思路，开始感到不能只靠照搬苏联经验，要学会自主创新。在"大跃进"年代，浮夸风流行，使中国钢铁工业损失严重，但就中国炼铁技术发展而言，当时本钢高炉工作者的实践对解放技术思想做出了贡献。

1.6.1.4　国民经济调整时期

"大跃进"的建设规模超过国力承受能力，违背了经济规律，破坏了生产力。1961 年起，中国开始对国民经济进行调整，钢铁工业由"大上"转为"大下"，相当多的炼铁厂停产减产。1960 年，全国生铁产量 2716 万吨，1961 年下降到 1281 万吨，1962 年降到 805 万吨，1963 年进一步降到 741 万吨。与"大跃进"时期关注高炉强化冶炼技术不同，在国民经济调整时期，低冶炼强度操作成为中国高炉工作者重点研究的新课题。这一时期，对高炉慢风操作制度、鼓风动能调节规律等开展研究，加深了对高炉低冶炼强度冶炼规律的认识，为稳定操作积累了经验。

1.6.1.5　独立发展时期

经历了全面学习苏联技术和"大跃进"时期的高冶炼强度、高利用系数操作，以及国民经济调整时期的低冶炼强度操作，打开了中国炼铁科技人员的思路。大家认识到不能完全照搬苏联的经验，必须独立自主发展中国的炼铁技术。当时中国石油工业开发取得了重大成就，甩掉了"贫油国"的帽子，重油供应开始充裕。1963 年，鞍钢高炉试验喷吹重油取得成功，此后在全国重点炼铁厂推广。1964 年，首钢高炉喷吹煤粉试验成功，高炉喷煤技术在一部分炼铁厂得到推广。当时在欧美的钢铁企业中掌握高炉喷煤技术的只有 Armco 的 Ashland 工厂。到 1966 年，中国重点钢铁企业的高炉已基本普及了重油喷吹。1965 年，在大量试验研究的基础上，中国成功解决了攀枝花钒钛磁铁矿的高炉冶炼问题，在炉渣中 TiO_2 质量分数为 25%~30% 的条件下实现了高炉正常操作，使中国丰富的钒钛磁铁矿的开发成为现实。在新中国成立后十几年炼铁实践基础上，中国高炉炼铁技术开始独立发展。虽然国民经济调整时期中国的生铁产量因大批高炉下马而降低，到 1966 年中国高炉技术经济指标却达到了新中国建立以来的最好水平，重点企业的炼铁焦比降至 558kg/t，当时仅次于日本，居世界第二位，某些大量喷吹的高炉焦比降至 400kg/t 左右，属于当时的国际领先水平。

1.6.1.6　"文革"时期

"文革"时期中国国民经济发展停滞，钢铁工业受到沉重打击。运动初期，一部分钢铁厂被迫减产、停产，其后随着运动时起时伏，钢铁产量时降时升，徘徊不前。"文化大革命"的 10 年间，中国自行设计建设了 $2500m^3$ 级高炉和梅山铁厂等炼铁厂，采用中国自主开发的钒钛磁铁矿冶炼工艺设计建设了攀枝花钢铁公司高炉。总体来说，由于"文革"的干扰，这一时期中国钢铁生产起伏不定，形成了钢铁工业"十年徘徊"的局面。

1.6.2 学习国外先进技术阶段

1.6.2.1 宝钢炼铁技术引进

"文革"结束后，党的十一届三中全会拨乱反正，明确了以经济建设为中心，实施改革开放政策，由此中国钢铁工业进入发展的新阶段。从 1978 年起，中国陆续引进了欧美和日本的当代先进工艺技术。1985 年建成投产的宝钢 1 号高炉是中国炼铁进入学习国外先进技术阶段的重要标志。宝钢一期工程的原料场、烧结、焦化、高炉以日本新日铁大分、君津等厂为样板，成套引进，国产化率只有 12%。二期工程由国内设计，设备以国产设备为主，国产化率达到 85% 以上，于 1991 年建成投产。三期工程在 1994 年前后陆续建成投产。在宝钢建设的各个阶段，积极采用世界上成熟、先进的技术，炼铁技术装备保持了高水平。例如，在宝钢一期建设中，1 号高炉采用的是钟阀式+导料板的炉顶结构，炉体采用密集式铜冷却板冷却，并采用高顶压、高风温、富氧喷吹（最初是重油，第二代改为喷吹煤粉）、脱湿鼓风等先进技术。6m 焦炉采用的是新日铁 M 型焦炉的二次粉碎、成型焦、干熄焦等先进工业技术。在二期建设中，2 号高炉采用了更先进的串罐式无料钟炉顶，炉身上部增设冷却壁，实现炉体全冷却，采用能喷吹强爆炸性烟煤的煤粉喷吹技术。烧结料层厚度由 500mm 提高到 600mm，以改善烧结矿质量和节能降耗。在三期建设中，3 号高炉引进了新日铁冷却壁技术，炉体采用全冷却壁冷却等。

在引进技术的基础上，宝钢经历了学习、消化、吸收、创新阶段。随着时间推移，宝钢追踪世界炼铁技术发展趋势，不断进行技术改造，与世界炼铁技术装备发展同步前进。另外，根据资源供应情况的变化，开发用好新资源的技术，保证了高炉原燃料的高质量。例如，烧结开发了提高料层厚度、低硅烧结、提高低价褐铁矿配比的新技术；炼焦为适应煤源变化，开发新煤源并保持焦炭质量，开发了配煤炼焦新技术；1 号高炉第一代大修后改喷煤粉，2 号和 3 号高炉采用喷煤，煤比按照 200kg/t 设计并在生产中实现，大幅度降低焦比；根据冷却设备损坏严重的情况，增加微型冷却器，延长高炉寿命等。宝钢投产后的近 30 年里，在高煤比、高风温、低燃料比、高炉长寿等方面长期保持在国内一流水平。

1.6.2.2 武钢 $3200m^3$ 高炉建设

20 世纪 80 年代引进国外炼铁先进技术的另一个案例是 1991 年建成投产的容

积 3200m³ 的武钢新 3 号高炉（现称 5 号）。1974~1981 年间，国家批准建设了武钢 1700mm 轧机工程项目。此项目建成投产后，只有 60 年代末期水平的武钢铁前工序不能满足引进的炼钢、轧钢工序的生产要求，为此武钢以建设新 3 号高炉为中心对铁前工序进行了系统的技术改造。

20 世纪 80 年代以前，中国自主设计建设的最大高炉是 1970 年投产的武钢 4 号高炉（2516m³）。新 3 号高炉的设计原则是立足于武钢当时的原燃料条件（焦炭强度低、灰分高，铁矿石铁分低，渣量大），对引进的先进技术装备和国内成熟的新技术进行技术集成，以弥补原燃料质量的不足。该高炉的设计目标是利用系数达到 $2.0t/(m^3 \cdot d)$ 以上，焦比为 450kg/t 以下，一代炉龄（不中修）达到 10 年以上。

武钢新 3 号高炉引进的国外新技术装备主要有：PW 无料钟炉顶、软水密闭循环系统、INBA 水渣系统、环形吊车等炉前设备、热风炉矩形陶瓷燃烧器、炉顶煤气余压发电（TRT）装置、出铁场采用干式除尘、电动鼓风机、PLC 数据采集及计算机自动控制系统等。为了实现长寿目标，设计时采用了武钢开发的水冷炭砖薄炉底、球墨铸铁冷却壁、磷酸浸渍黏土砖等技术，炉体冷却采用全冷却壁结构。武钢新 3 号高炉 1991 年 10 月投产，从第一代生产实践来看，高炉实现了设计目标，寿命达到 15 年零 8 个月。

1.6.2.3　引进技术的消化吸收和企业技术改造

消化吸收宝钢引进的炼铁技术，实行国产化并移植推广，对促进中国炼铁系统的技术进步起了很大的推动作用。从 1980 年到 1995 年，中国生铁产量净增 6727 万吨，其间新建的钢铁企业只有宝钢、天津无缝和沙钢，钢铁产量大幅度增加主要归因于已有钢铁企业的大规模扩建和技术改造。很多企业新建、改建一批大高炉，采用了先进的技术装备，如无钟炉顶、软水密闭循环冷却系统、改进炉体结构和材质、先进的检测设备与过程控制系统等。在改善原料质量方面，高品位的进口矿用量增加，一些企业新建了混匀料场，对烧结机进行技术改造，烧结矿品位、转鼓强度等质量指标有很大改善。大批 6m 以上焦炉的建设和炼焦配煤技术进步，明显改善了焦炭质量，特别是焦炭的强度指标。在入炉铁分提高、焦炭质量改进、成熟喷煤安全技术的广泛采用后，高炉喷煤技术快速推广，喷煤量大幅增加。这些技术进步措施大大改善了高炉生产的技术经济指标。

1.6.3　自主创新及大型化发展阶段

进入 21 世纪以来，中国钢铁产量以更高的速度增长。2013 年中国生铁产量达到 7.0897 亿吨，已占世界总产量的 61.1%。这一时期有 3 个因素促使了中国钢铁工业的高速发展：中国经济的高速发展推动市场对钢材的需求增加，为中国钢铁工业高速发展提供了机遇；钢铁工业固定资产投资的增长，为推动钢铁产能迅速扩大提供了物质基础；技术进步是钢铁工业高速发展的推动力。

1.6.3.1 大批新炼铁装备建成投产，设备大型化、现代化加速

中国钢铁工业的固定资产投资的猛增，1986~1990 年的 5 年间为 658.21 亿元，年均 131.6 亿元，2001~2005 年间年均为 1429.4 亿元，2006 年后增长更快，2009 年达到峰值为 4442.5 亿元。大量投资既包括新建的一批钢铁厂，又包括原有钢厂的产能扩大和质量提升。在此期间，国产冶金技术装备大型化、现代化加速，建设了京唐 5500m³、沙钢 5800m³ 高炉和十几座 4000m³ 级的大型高炉；建设了京唐 550m²、太钢 600m² 等大型烧结机；建设了年产能力 500 万吨的鄂州链算机-回转窑球团生产线、年产能力 400 万吨的京唐带式焙烧机球团生产线，建设了大批 7m 和 7.63m 大型焦炉和干熄焦装置，很多大型装备达到了国际先进水平。

1.6.3.2 京唐 5500m³ 高炉的设计建设

冶金技术装备的大型化和现代化，是这一时期钢铁工业发展的特点，而首钢京唐两座 5500m³ 高炉的设计建设则是中国炼铁技术进入自主创新阶段的重要标志。首钢京唐 1 号高炉 2009 年 5 月 21 日投产，2 号高炉 2010 年 6 月 26 日投产，这两座 5500m³ 高炉的主要技术经济指标按照国际先进水平设计：利用系数为 2.3t/(m³·d)，焦比为 290kg/t，煤比为 200kg/t，燃料比为 490kg/t，风温为 1300℃，煤气含尘量为 5mg/m³，一代炉龄为 25 年等。

与此前国内已建成的 3000~4000m³ 级的大型高炉相比，京唐 5500m³ 高炉设计采用了 68 项自主创新和集成创新的先进技术，主要有：

（1）高风温技术，设计风温 1300℃的卡卢金顶燃式热风炉；

（2）全干法煤气除尘系统；

（3）大型铁水包车"一包到底"的铁水运输技术等；

（4）高炉可视化及其控制技术。

在高炉长寿技术方面，为了优化炉型设计和炉缸炉底结构，采用了全冷却炉体结构，并采用优质冷却壁和耐火材料及合理的冷却制度，配置完善的检测系统和高炉专家系统等；在上料布料系统，采用无中转站、胶带机直接上料工艺、烧结矿分级入炉工艺、焦丁矿丁回收工艺、并罐炉顶布料工艺，以优化布料控制；在喷煤、渣铁处理、煤气净化等系统，也采用了先进实用、成熟可靠的新技术。在采用先进技术装备的同时，京唐高炉认真贯彻精料方针，设计入炉铁质量分数 61%，渣量为 250kg/t，对焦炭质量也有很高要求。

为了保证原燃料质量，配套建设了 550m² 烧结机、年产能力 400 万吨的带式

焙烧机球团生产线、7.63m 焦炉和干熄焦装置。京唐 2 座高炉投产以来的生产实践表明，中国炼铁技术领域自主创新和集成创新的先进技术在京唐公司应用成功。

1.6.3.3　炼铁系统的技术进步

进入 21 世纪以来，除了技术装备的大型化、现代化以外，中国炼铁系统的技术进步还表现在以下方面。

（1）原燃料质量改善。从 2001 年到 2013 年，中国进口铁矿石数量由 6990 万吨增加到 81315 万吨，对提高高炉入炉铁分起了重要作用。在国产铁矿石产量增加的同时，随着反浮选磁选综合选矿技术的开发成功，铁精矿中铁质量分数提高到 67%~69%，SiO_2 质量分数降低到 3%~4%，促进了中国球团矿生产，改善了高炉的炉料结构。大型烧结机、大型链算机-回转窑和带式焙烧机球团生产线、6m 以上大型焦炉和干熄焦等装备的采用，对烧结矿、球团矿、焦炭的质量指标改善起了重要作用。2001~2017 年重点钢铁企业高炉原燃料质量指标见表 1-5。

表 1-5　2001~2017 年重点钢铁企业高炉原燃料质量指标

	年　份	2001	2002	2003	2004	2005	2006	2007	2008	2009
烧结矿	$w(Fe)/\%$	55.73	56.54	56.74	56.90	56.00	56.80	55.65	55.97	55.39
	$w(CaO)/w(SiO_2)$	1.76	1.83	1.94	1.93	1.94	1.94	1.884	1.834	1.858
	转鼓指数/%	66.42	83.72	71.83	73.24	83.77	75.75	76.02	77.44	76.59
球团	$w(Fe)/\%$	62.54	62.48	63.08	63.06	62.85	62.91	62.82	62.91	62.95
	强度/N	2614	2426	2551	2458	2389	2604	2372	2421	2450
焦炭	灰分/%	12.22	12.42	12.61	12.76	12.77	12.54	12.52	12.50	13.03
	$w(S)/\%$	0.56	0.57	0.61	0.63	0.65	0.65	0.68	0.71	0.74
	$M_{40}/\%$	82.06	81.80	81.25	81.40	81.82	82.94	83.16	84.02	83.12
	$M_{10}/\%$	7.04	7.13	7.06	7.15	7.10	6.81	6.75	6.83	6.84

	年　份	2010	2011	2012	2013	2014	2015	2016	2017
烧结矿	$w(Fe)/\%$	55.53	55.20	54.78	54.38	54.23	55.45	55.65	55.79
	$w(CaO)/w(SiO_2)$	1.91	1.87	1.89	1.89	1.83	1.86	1.92	1.97
	转鼓指数/%	78.77	78.71	78.98	79.69	75.97	78.23	76.69	77.96
球团	$w(Fe)/\%$	62.65	63.04	62.63	62.83	62.74	62.97	63.90	63.29
	强度/N	2726	2410	2528	2522	2494	2484	2488	2363
焦炭	灰分/%	12.66	12.69	12.53	12.47	12.40	12.37	12.46	12.54
	$w(S)/\%$	0.72	0.76	0.77	0.77	0.79	0.78	0.78	0.78
	$M_{40}/\%$	84.58	84.47	85.94	86.46	86.44	87.39	87.31	87.54
	$M_{10}/\%$	6.68	6.58	6.49	6.32	6.11	6.11	6.13	6.06

（2）高炉操作技术进步。20 世纪 90 年代中期，中国成为世界第一钢铁大国，进入 21 世纪后中国的钢铁产量继续急剧增加，使资源环境问题日渐突出。中国高炉工作者总结的"高效、低耗、优质、长寿、环保"的操作理念成为指导高炉生产的技术方针。这一期间炼铁技术装备的大型化、现代化加速，无料钟炉顶、高温热风炉、烧结矿槽下过筛和分级入炉、高压炉顶设备、富氧喷煤设施得到了广泛采用。与此同时，高炉原燃料质量水平有了明显改善。此外，大批新建高炉顺利开炉，高炉快速达产技术有很大进步。在上述因素的共同作用下，中国高炉的主要生产指标持续提高（见表 1-6）。

表 1-6 2001~2017 年重点钢铁企业高炉生产指标

年 份	2001	2002	2003	2004	2005	2006	2007	2008	2009
利用系数/$t \cdot (m^3 \cdot d)^{-1}$	2.337	2.448	2.474	2.516	2.642	2.675	2.677	2.610	2.620
焦比/$kg \cdot t^{-1}$	426	415	433	427	412	396	392	396	374
煤比/$kg \cdot t^{-1}$	120	125	118	116	124	125	132	136	145
焦比+煤比/$kg \cdot t^{-1}$	546	540	551	543	536	521	524	532	519
入炉铁分/%	57.16	58.18	58.49	58.21	58.03	57.78	57.71	57.32	57.62
烧结+球团/%	92.03	91.51	92.41	93.02	91.45	92.21	92.49	92.68	91.38
风温/℃	1081	1066	1082	1074	1084	1100	1125	1133	1158

年 份	2010	2011	2012	2013	2014	2015	2016	2017
利用系数/$t \cdot (m^3 \cdot d)^{-1}$	2.59	2.53	2.51	2.47	2.46	2.46	2.48	2.51
焦比/$kg \cdot t^{-1}$	369	374	363	362	361	358	364	364
煤比/$kg \cdot t^{-1}$	149	148	151	149	146	142	140	143
焦比+煤比/$kg \cdot t^{-1}$	518	522	514	511	533	527	543	544
入炉铁分/%	57.41	57.56	56.72	56.35	56.21	57.15	57.25	57.32
烧结+球团/%	91.69	92.25	91.38	89.88	90.77	89.29	84.90	89.06
风温/℃	1160	1179	1184	1169	1135	1135	1139	1142
小焦比/$kg \cdot t^{-1}$	—	—	34.18	35.66	35.56	36.56	23.57	28.08

注：近年较多高炉使用焦丁，但有些企业未统计焦丁数据，使历年燃料比数据不便比较，仅供参考。

（3）高炉寿命延长。20 世纪 80 年代，高炉内衬过度侵蚀是影响高炉寿命的重要因素。90 年代以后，中国高炉长寿技术发展较快，高炉寿命过短的情况有所改变，出现了不少长寿高炉。例如，2007 年停炉的有效容积为 3200m^3 的武钢 5 号高炉（一代炉龄 15 年 8 个月，单位炉容产铁 11096t/m^3）、2007 年 12 月停炉的有效容积为 2100m^3 的首钢 4 号高炉（一代炉龄 15 年 7 个月，单位炉容产铁 12560t/m^3）、2010 年 12 月停炉的有效容积为 2536m^3 的首钢 1 号高炉（一代炉龄 15 年 7 个月，单位炉容产铁 13328t/m^3）、2010 年 12 月停炉的有效容积为

2536m³ 的首钢 3 号高炉（一代炉龄 17 年 7 个月，单位炉容产铁 13991t/m³）、
2013 年 8 月停炉的有效容积为 4350m³ 的宝钢 3 号高炉（一代炉龄 18 年 11 个月，
单位炉容产铁 15700t/m³）等。90 年代以来，中国大批 1000m³ 以上的高炉广泛
采用了中国自主开发的高炉长寿技术，均取得较好的效果。

1.7　我国高炉生产状况分析

中国和世界高炉生铁产量推移图（如图 1-5 所示），2017 年中国生铁产量为
71075.92 万吨，占世界铁产量的 60.5% 以上（世界高炉生铁产量 117477.5 万
吨）。中国和世界高炉生铁产量增长率以及中国生铁占世界生铁比例推移图（如
图 1-6 所示），继 2014 年和 2015 年连续两年负增长之后，2016 年和 2017 年中国
生铁产量持续保持低增长。自 2009 年之后，中国生铁产量一直保持占世界生铁
产量的 60% 左右，世界生铁产量增长率与中国生铁产量增长率变化步调基本保持
一致。

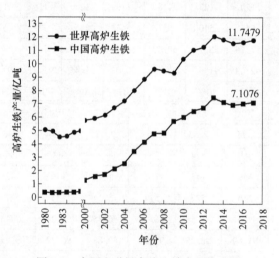

图 1-5　中国和世界高炉生铁产量推移图

从地区产量来看，2017 年全国共有 28 个省份生产生铁，其中，17 个省份呈
正增长，11 个省份生铁产量下滑。在 2017 年全国各地生铁产量排行榜上，河北
省以年产量 17997.27 万吨位居榜首，累计下滑 2.18%。排名第二的是江苏省，
江苏 2017 全年生铁产量为 7131.97 万吨，同比下滑 0.59%。山东省 2017 年生铁
产量为 6561.71 万吨，其排名第三。

中国原铁矿产量、进口铁矿量以及铁矿石对外依存度推移图（如图 1-7 所
示）。2017 年，承接 2016 年的回暖态势，铁矿石市场持续好转，国内铁矿行业
逐步复苏，全国铁矿石原矿产量 122937.3 万吨，同比增加 7.1%。2017 年，全国
铁矿石进口量达 107474.0 万吨，再创新高，较 2016 年增长 5.0%，但增幅较

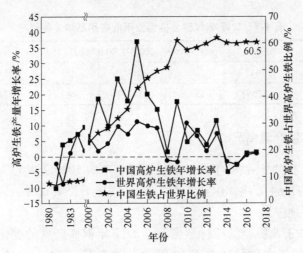

图 1-6　中国和世界高炉生铁产量增长率
以及中国生铁占世界生铁比例推移图

2016 年有所减小。随着中国铁矿石进口量进一步增加，而需求增幅有限，导致中国铁矿石对外依存度逐年上升，2017 年铁矿石对外依存度达到 88.7%。

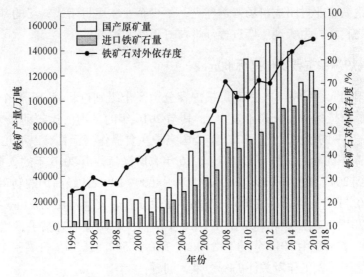

图 1-7　中国原铁矿产量、进口铁矿量
以及铁矿石对外依存度推移图

2017 年我国现有 275 家规范合格企业，高炉 917 座（详见表 1-7），平均炉容达到 1047m³（而 2011 年和 2014 年平均炉容分别为 580m³ 和 770m³），产铁能力 92732 万吨，其中小于 1200m³ 的高炉炼铁能力 4.77 亿吨，占能力比例 51.4%。

表 1-7　2017 年规范合格企业不同容积高炉装备情况

高炉容积/m³	3000 以上	3000~2000	2000~1200	1200~450	450 及以下	合计
数量/座	41	76	135	452	213	917
产能/万吨	12660	15172	17227	36433	11240	92732

1.7.1　高炉炼铁产量情况

2017 年我国高炉炼铁的年产量在化解过剩产能 5000 万吨以上的条件下，比 2016 年增加 1277.84 万吨，达到 7.11 亿吨，同比增长 1.83%，说明我国增加钢铁年产量的潜力很大。

从中国钢铁工业协会的统计数据看，2017 年钢铁产量的变化，提高了全国 15 家大型企业的集中度，15 家集团公司产钢 3.776 亿吨，占全国粗钢产量的 45.40%，全国民营企业产钢 4.71 亿吨，较 2016 年占全国产量比例下降了 2%。

1.7.2　高炉炼铁生态环境情况

高炉炼铁和烧结球团生产的粉尘和污染物排放明显下降，生态环境有明显进步，全国钢铁企业封闭式料场普遍建立，不少企业在建封闭式料场的基础上已开始建智能物料场，为实现生产过程环境友好不断创造条件。

1.7.3　高炉炼铁主要操作指标情况

对全国列入统计的 318 座高炉按炉容分为 8 个级别进行统计，8 个不同级别高炉主要操作指标平均值列于表 1-8，其与 2016 年的平均值比较列于表 1-9。由表 1-8 和表 1-9 的数据可见，2017 年全国高炉主要操作指标具有以下几个特点：

（1）高炉的利用系数 2017 年比 2016 年有所提高，由 2016 年的 2.62t/(m³·d)，提高到 2017 年的 2.63t/(m³·d)，其中 600~1000m³ 级高炉的利用系数降低最大达到 0.11t/(m³·d)；1200~1780m³ 高炉提高最大达到 0.07t/(m³·d)。

（2）2017 年的焦比和燃料比较 2016 年不但没有降反而升高了，焦比升高了 11.66kg/t，燃料比由 2016 年的 532.4kg/t 升高到 542.81kg/t，升高了 10.41kg/t，这是值得全国炼铁工作者关注的一个重大问题。

（3）2017 年全国高炉的入炉矿品位比 2016 年低 0.04%，烧结矿的品位低 0.30%，烧结矿的 SiO_2 含量比 2016 年高 0.33%，全年的渣铁比 2016 年高 21.7kg/t，这些是造成 2017 年燃料比高于 2016 年的重要原因。

（4）2017 年全国高炉的热风温度为 1154.7℃，比 2016 年 1164℃ 低了 9.3℃，煤气利用率平均为 44.69%，比 2016 年的 45.01% 低 0.31%，这也是 2017 年高炉的平均燃料比高于 2016 年的重要原因。

（5）2017 年高炉渣的 MgO/Al$_2$O$_3$ 为 0.585%，比 2016 年的 0.577% 也略有升高，这也会对燃料比和生铁成本产生影响。

（6）高炉的富氧率、休风率和顶压是影响高炉产量的重要因素，2017 年这三个因素均优于 2016 年，故在入炉矿品位和渣铁比不利于产量的条件下，2017 年的平均利用系数还优于 2016 年。

表 1-8 2017 年全国各级别高炉生产技术主要经济指标平均值

炉容 /m³	燃料比			炉渣				操作参数					
	焦比 /kg·t⁻¹	煤比 /kg·t⁻¹	燃料比 /kg·t⁻¹	R_2 /倍	$w(\text{Al}_2\text{O}_3)$ /%	$w(\text{MgO})$ /%	渣比 /kg·t⁻¹	风量 /m³·min⁻¹	炉顶 /kPa	富氧 /%	休风率 /%	风温 /℃	$\eta(\text{CO})$ /%
400~580	391.63	137.19	551.34	1.17	14.15	8.40	402	1419	130	3.63	0.11	1127	42.59
600~1000	385.92	137.15	542.81	1.17	12.19	8.76	388	1850	155	3.19	2.04	1162	43.69
1000~1080	371.04	144.23	540.30	1.19	15.07	8.73	328	2377	182	7.17	1.86	1174	41.57
1200~1780	388.86	132.24	549.20	1.19	14.71	8.71	425	3011	180	2.12	1.90	1163	45.15
1800~2380	375.31	139.80	545.82	1.17	14.57	8.08	374	3787	194	2.52	2.13	1148	45.28
2500~2800	374.62	135.26	549.53	1.17	13.45	7.75	362	4480	202	2.54	2.03	1144	44.90
3000~3200	345.36	137.51	525.00	1.18	14.61	7.91	328	5553	219	2.86	2.09	1164	47.19
3800~5800	350.90	151.34	538.50	1.17	14.09	7.77	308	6391	226	3.88	2.04	1156	47.16
总平均	372.90	139.34	537.86	1.17	14.11	8.26	363.9	3608.5	186	3.49	1.78	1151	44.69

炉容 /m³	利用系数/t·(m³·d)⁻¹	入炉品位 /%	烧结矿成分					炉料结构	
			$w(\text{TFe})$ /%	$w(\text{SiO}_2)$ /%	$w(\text{Al}_2\text{O}_3)$ /%	$w(\text{MgO})$ /%	R_2	烧结矿 /%	球团矿 /%
400~580	3.44	55.92	54.02	6.56	2.25	2.11	2.03	74.60	13.98
600~1000	3.17	56.18	54.92	5.80	2.22	2.20	1.89	72.16	15.51
1000~1080	2.93	56.84	55.02	5.62	2.21	2.29	1.98	73.59	17.20
1200~1780	2.56	55.74	54.45	5.95	2.47	2.31	1.97	74.80	14.30
1800~2380	2.41	56.79	54.92	6.66	2.29	2.02	2.07	73.59	14.50
2500~2800	2.24	56.63	55.77	5.63	1.78	1.80	1.95	74.43	18.93
3000~3200	2.24	57.58	56.51	5.25	1.99	1.93	1.97	72.78	16.45
3800~5800	2.08	58.79	57.16	5.06	1.52	1.73	2.00	71.89	21.33
总平均	2.63	56.27	55.35	5.82	2.09	2.05	1.98	73.48	16.53

表 1-9　2016 年与 2017 年中钢协单位高炉主要操作指标年度平均值对比

年份	利用系数/t·(m³·d)⁻¹	焦比/kg·t⁻¹	煤比/kg·t⁻¹	燃料比/kg·t⁻¹	富氧率/%	休风率/%	风温/℃	顶压/kPa	η(CO)/%	渣比/kg·t⁻¹	w(Al₂O₃)/%	w(MgO)/%
2016	2.62	361.3	139.40	532.40	2.71	2.46	1164	183	45.0	348.0	14.42	8.32
2017	2.63	372.9	139.34	537.86	3.49	1.78	1151	186	44.7	363.9	14.11	8.26

年份	入炉品位/%	转鼓指数/%	熟料率/%	烧结矿成分				
				w(TFe)/%	w(SiO₂)/%	w(Al₂O₃)/%	w(MgO)/%	CaO/SiO₂
2016	56.85	76.69	84.90	55.65	5.49	1.94	2.12	1.92
2017	56.27	77.96	89.06	55.35	5.82	2.09	2.05	1.97

1.7.4　高炉炼铁原燃料的市场状况

2017 年由于钢铁产品的市场价普遍上扬，形成高炉炼铁的原燃料采购成本也有较大升高，据中国冶金报报道，对标企业折算成干基的采购成本，冶金焦为 1815.52 元/t，上涨幅度达到 71.89%，喷吹煤为 935.49 元/t，上涨幅度接近 50%，国产球团矿为 719.8 元/t，上涨幅度达到 30%，国产铁精粉为 570.73 元/t，上涨幅度高于 25%，进口铁矿粉为 567.45 元/t，上涨幅度高于 27%，进口块矿为 641.94 元/t，上涨幅度高于 28%，冶金焦炭和喷吹煤价格的大幅上涨造成全年高炉炼铁的燃料质量有所下降，这也是 2017 年燃料比上升的一个重要原因。

由于原燃料的价格上涨，高炉炼铁的生产成本也发生了较大的变化，炼钢生铁平均生产成本比 2016 年上涨了 40.54%，炼钢生铁累计平均制造成本达到了 2017.97 元/t。

1.7.5　我国钢铁市场和效益情况

2017 年我国钢铁行业在新的市场形势下，习主席倡导的"一带一路"起了重大作用，全国钢铁行业发生了可喜的变化，2016 年和 2017 年可以说打了两个翻身仗，2017 年全国 98 家钢铁央企实现利润额达到 14230.8 亿元，同比增长 15.2%，全国民营企业实现利润达到 1690 亿元，这些数据充分说明 2017 全国钢铁市场效益良好。

参 考 文 献

[1] 王晓燕，潘开灵，马云峰. 基于粗钢产量的全球钢铁发展分析 [C]//第十一届中国钢铁年会论文集，2017：1487~1494.

[2] 沙永志. 国外炼铁生产技术进展 [C]//全国炼铁生产技术会议暨炼铁学术年会，2016：

47~53.

[3] 沙永志，曹军. 国外炼铁生产及技术进展 ［C］//第十届中国钢铁年会暨第六届宝钢学术年会论文集，2015：1~7.

[4] 沙永志，宋阳升. 高炉炼铁工艺未来 ［C］//全国炼铁生产技术会议暨炼铁学术年会，2018：12~19.

[5] 张寿荣，于仲洁. 中国炼铁技术 60 年的发展 ［J］. 钢铁，2014 (7)：8~14.

[6] 张寿荣. 构建可持续发展的高炉炼铁技术是 21 世纪我国钢铁界的重要任务 ［J］. 钢铁，2004 (9)：7~13.

[7] 张寿荣，银汉. 中国高炉炼铁的现状和存在的问题 ［J］. 钢铁，2007 (9)：1~8.

[8] 杨天钧. 持续改进原燃料质量，提高精细化操作水平，努力实现绿色高效炼铁生产 ［C］//全国炼铁生产技术会议暨炼铁学术年会，2018：1~11.

[9] 王维兴. 2017 年我国炼铁技术发展评述 ［C］//全国炼铁生产技术会议暨炼铁学术年会，2018：20~26.

[10] 许满兴. 2017 年全国高炉炼铁主要操作指标评述与分析 ［J］. 炼铁交流，2018 (3)：8~12.

2 炼铁精料技术

【本章提要】

本章主要介绍了炼铁精料技术"八字方针"内容，含铁炉料成分、冶金性能、控制措施和对高炉的影响，以及高炉对炼铁原料质量的要求。

由于我国精料水平不尽如人意，有些企业片面追求高冶炼强度和高喷煤比，导致我国炼铁焦比和燃料比偏高。在当前原燃料质量恶化的环境下，更应该做好精料工作。各高炉企业在坚持精料方针的同时，应根据各自的具体情况，进行优化配矿，科学进行烧结和球团生产，促进高炉炼铁指标的最优化，实现低成本炼铁和企业效益的最大化。

《钢铁产业发展政策》规定："企业应积极采用精料入炉、富氧喷吹、大型高炉"先进工艺技术和装备。

高炉炼铁以精料为基础，这是国内外炼铁界共同的认识。当前在钢铁企业经营困难、原燃料质量恶化的情况下，更应该坚持炼铁的精料方针，提升高炉生产指标，这也是钢铁企业可持续发展的重要保证。

精料技术水平对高炉炼铁技术经济指标的影响率在70%（其中焦炭质量的影响占35%左右，特别是在高喷煤比和高冶炼强度情况下），高炉操作技术水平占10%，企业现代化管理水平占10%，设备运行状态占5%，外界因素（动力、供应、上下道工序等）占5%。高炉炼铁具备什么样的生产条件，就产生相应的生产结果。就是说，生产条件优化的高炉，会有好的生产指标。当生产条件恶化到一定程度，会影响到高炉的正常生产。这时，必须给高炉提供好的生产条件（如改善原燃料质量、轻负荷），通过一段时间的调整，才能恢复正常生产，这样势必给高炉生产造成损失。高炉炼铁有其基本的规律，必须科学、合理地组织生产。高炉生产状态好时，购买低品位廉价矿石要有个度的限制，要用技术经济的观点去进行分析，不能一味追求降低采购成本，要把烧结厂、球团厂、焦化厂、炼铁厂进行统一管理，以追求高炉最佳生产指标和低成本为最终目标。

2.1 炼铁精料技术内涵

2.1.1 炼铁精料"八字方针"

炼铁精料技术的内容有："高、熟、稳、匀、小、净、少、好"八个方面。

2.1.1.1 "高"

"高"是指入炉矿含铁品位高、原燃料转鼓指数高、烧结矿碱度高。

入炉矿品位高是精料技术的核心。经验数据显示，入炉矿品位在57%条件下，品位升高1%，焦比降低1.0%~1.5%，产量增加1.5%~2.0%，吨铁渣量减少30kg，允许多喷煤粉15kg；入炉矿品位在52%左右时，品位下降1%，燃料比升高2.0%~2.2%。说明用低品位矿炼铁，对高炉指标的副作用比较大。提高入炉矿含铁品位的有效办法是多使用含铁品位高、有害成分少的铁矿石，即多使用含铁品位较高的球团矿或块矿。

高碱度烧结矿是指碱度在1.8~2.20，其转鼓强度高、还原性高、低温还原粉化率低。碱度是烧结矿质量的基础，生产实践证明，烧结矿的最佳碱度范围是1.9~2.3，当碱度低于1.85，每降低0.1的碱度将影响燃料比和产量各3.0%~3.5%，据了解，在实践生产中降低碱度对高炉燃料比的影响远高于3.5%的比例。

近年来，国内外铁矿石含铁品位均呈下降的趋势。主要是供需矛盾突出，矿石价格不断攀升的结果。一些国外铁矿石供应商也不再提供高品位铁矿，实行混合矿石销售。甚至出现把过去剥岩的低品位铁矿卖给中国的现象，这些属于垃圾矿。北京科技大学孔令坛教授曾说过：低于50%品位的铁矿石无冶炼价值，白给也不能要，因为高炉是炼铁，不是炼渣。

表2-1是以入炉矿含铁品位58%为基准，通过计算得出因品位下降造成燃料比、焦比、煤比的变化量。

表2-1 入炉矿品位下降对高炉的影响

铁品位 /%	燃料比增加 /kg·t⁻¹	焦比增加 /kg·t⁻¹	煤比增加 /kg·t⁻¹	铁矿石消耗量 /kg·t⁻¹	铁矿石消耗增加量 /kg·t⁻¹
58（基准）	550（基准）	410（基准）	140（基准）	1637.9（基准）	0（基准）
57	8.25	6.15	2.10	1666.7	28.8
56	16.50	12.30	3.20	1696.4	58.5
55	24.75	18.45	6.30	1727.3	89.4
54	33.00	24.60	8.40	1759.3	121.4
53	41.25	30.75	10.50	1792.4	154.5

铁品位 /%	燃料比增加 /kg·t^{-1}	焦比增加 /kg·t^{-1}	煤比增加 /kg·t^{-1}	铁矿石消耗量 /kg·t^{-1}	铁矿石消耗增加量 /kg·t^{-1}
52	49.50	36.90	12.60	1826.9	189.0
51	57.75	43.05	14.20	1862.7	224.8
50	60.00	49.20	16.80	1900.0	262.1

冶炼 1t 铁，如果我们使用含铁品位在 50% 的炉料（因精矿粉在造块过程中会使品位下降约 5%，实际使用的精矿粉含铁品位在 55% 左右），会使燃料比升高 60kg/t，其中焦比升高 49.20kg/t，煤比升高 16.80kg/t，多消耗铁矿石 262.1kg/t。

表 2-2 为铁矿石品位波动对燃料费用的影响（以 58% 品位铁矿石为基准）。

表 2-2　铁矿品位波动对燃料费用的影响

矿品位下降 /%	多耗焦炭量 /kg·t^{-1}	焦炭成本增加 /元·t^{-1}	多耗煤粉 /kg·t^{-1}	煤成本增加 /元·t^{-1}	燃料费用增加 /元·t^{-1}
1	6.15	11.07	2.10	2.10	13.17
2	13.22	22.14	3.20	3.20	25.34
3	18.45	33.21	6.30	6.30	39.51
4	24.60	48.28	8.40	8.40	56.68
5	30.75	55.35	10.50	10.50	65.85
6	36.90	66.42	12.60	12.60	79.02
7	43.05	77.49	14.20	14.20	91.69
8	49.20	88.56	16.80	16.80	105.36

表 2-2 中焦炭价格约 1800 元/t，煤粉约 1600 元/t，迁安地区 66% 品位的铁矿价格在 1300 元/t，印度 63.5% 品位铁矿石价格 945 元/t 计算。从表 2-2 可看出，如果高炉入炉矿品位从 58% 降到 50%，就会使炼铁燃料比升高 49.20kg/t，相应燃料的费用也要升高 105.36 元/t，污染物排放会增加 10% 左右。使用低品位矿后，高炉冶炼 1t 生铁要多消耗铁矿石，多使用石灰石，增加渣量，进而增加运输费用等。入炉矿品位下降 8%，会使高炉产量下降 20%，会给钢铁企业生产经营带来较大的负面影响，影响企业的整体经济利益。

表 2-3~表 2-6 为国内外典型铁矿石和含铁炉料的成分。

表 2-3　国外典型铁矿石的化学成分　　　　　　　　　（%）

产　地		TFe	SiO_2	CaO	Al_2O_3	MgO	P	S	FeO	Ig
巴西	卡拉加斯	67.35	0.57	—	0.88	1.01	0.037	0.008	0.22	—
	MBR	66.00	1.05	0.10	0.94	0.10	0.029	0.010	0.37	0.92
	CVRD 南部	64.40	5.10	—	0.94	—	0.040	0.007	—	—
	Sarmitri	64.97	3.80	—	0.80	—	0.058	—	—	—
	里奥多西	67.45	1.42	0.07	0.69	0.02	0.031	0.006	0.09	1.03
南非	伊斯科	65.61	3.47	0.09	1.58	0.03	0.058	0.011	0.30	0.39
	阿苏曼	64.60	4.26	0.04	1.91	0.04	0.035	0.011	0.11	3.64
	Sishen	65.73	3.46	—	1.51	—	0.049	0.020	—	—
加拿大	QCM	66.10	4.80	—	0.32	0.015	0.003	—	—	—
	IOC	65.80	4.62	—	0.13	0.008	0.003	—	—	—
	Wabush	65.53	2.67	—	—	—	—	—	—	—
澳大利亚	哈默斯利	62.74	4.35	0.05	2.58	0.08	0.070	0.05	0.14	2.10
	罗布河	57.20	5.60	0.37	2.65	0.20	0.038	0.025	0.07	8.66
	杨迪	58.57	4.61	0.04	1.26	0.07	0.036	0.010	0.20	8.66
	BHP	62.77	5.12	—	2.43	—	0.067	0.06	—	—
	Wast Angelas	61.80	2.90	—	1.98	—	0.060	—	—	—
	纽曼山	63.45	4.18	0.02	2.24	0.05	0.068	0.008	0.22	2.34
印度	卡洛德加	64.54	2.92	0.06	2.26	0.06	0.022	0.007	0.14	—
	果阿	62.40	2.96	0.05	2.02	0.10	0.035	0.004	2.51	—
委内瑞拉（CVG）		66.10	1.10	—	0.80	—	0.070	—	—	—
瑞典（LKAB）		69.80	1.20	—	0.18	—	0.045	0.020	—	—

表 2-4　我国典型铁矿石的化学成分　　　　　　　　　（%）

矿山名称	TFe	FeO	SiO_2	Al_2O_3	CaO	MgO	MnO	S	P
弓长岭（赤）	44.00	6.90	34.38	1.31	0.28	1.16	0.15	0.007	0.020
弓长岭（赤贫）	28.00	3.90	55.24	1.53	0.22	0.73	0.35	0.013	0.037
东鞍山（贫）	32.73	0.70	19.78	0.19	0.34	0.30	0.031	0.035	
齐大山（贫）	31.70	4.35	52.94	1.07	0.84	0.80	—	0.010	0.050
南芬（贫）	33.63	11.90	46.36	1.425	0.576	1.59	Mn 0.037	0.073	0.056
攀枝花钒钛矿	47.14	30.66	5.00	4.98	1.77	5.49	0.36	0.750	0.009
庞家堡（赤）	50.12	2.00	19.52	2.10	1.50	0.36	0.32	0.060	0.156
承德钒钛矿	25.83	—	17.50	9.78	3.32	3.51	0.31	0.500	0.134
邯郸	42.59	16.30	19.03	0.47	9.58	5.55	0.11	0.208	0.048

矿山名称	TFe	FeO	SiO$_2$	Al$_2$O$_3$	CaO	MgO	MnO	S	P
海南岛	55.90	1.32	16.20	0.95	0.26	0.08	Mn 0.14	0.098	0.020
梅山（富）	59.35	19.88	2.50	0.71	1.99	0.93	0.323	0.452	0.399
武汉铁山矿	54.38	13.90	—						
马鞍山南山矿	58.66	—	5.38					0.005	0.550
马鞍山凹山矿	43.19		14.12	9.30				0.113	0.855
马鞍山姑山矿	50.82	—	23.40		1.20			0.056	0.260
包头（赤）	52.30	5.55	4.81	0.22	8.78	0.99	0.790	SO$_3$ 0.21	P$_2$O$_5$ 0.935
大宝山矿	53.05	0.70	3.60	5.88	0.12	0.12	0.048	0.316	0.124

表 2-5 国外部分球团矿性能

国　家	巴西	印度		加拿大	秘鲁	美国	澳大利亚	俄罗斯	
w(TFe)/%	66.21	65.89	66.80	65.17	65.11	65.11	63.31	62.70	62.07	59.59
CaO/SiO$_2$	0.03	0.32	0.23	0.24	0.14	0.10	0.66	1.11	1.11
单球抗压强度/N	3939	2387	2246	2891	2275	2530	3217	2370	2018

　　我国的烧结矿和球团矿性能普遍比国外差，国外烧结矿和球团矿质量见表 2-6。

表 2-6 国外部分炼铁炉料化学成分　　　　（%）

国　家	类　型	成分/%			FeO	CaO/SiO$_2$
		TFe	SiO$_2$	CaO		
芬兰	烧结矿	60.40	4.20	6.97	10.0	1.66
比利时	烧结矿	59.80	4.98	7.16	5.86	1.44
德国	烧结矿	58.80	4.77	9.78	4.80	2.05
荷兰	烧结矿	58.50	3.95	10.3	13.6	2.61
瑞典	球团矿	66.50	2.40	0.20	0.32	0.08
加拿大	球团矿	67.90	2.00	0.06	0.80	0.03
巴西	球团矿（自熔）	66.87	2.46	2.57	0.57	1.04
	球团矿（酸性）	66.11	3.01	0.88	0.23	0.29
印度	球团矿	65.50	2.60	P 0.06	Al$_2$O$_3$2.0	S 0.02

2.1.1.2　"熟"

　　"熟"是指将铁矿粉通过烧结和球团工艺，制成具有一定的强度和冶金性能的块状含铁炉料。

　　相对于天然块矿而言，烧结矿和球团矿称为熟料，其在炉料中使用的比例称为熟料率或熟料比。凡是熟料就是好炉料的观点是错误的，因为质量差的烧结矿、球团矿会影响高炉的顺利操作，恶化高炉的经济指标。因此烧结矿、球团矿必须优质，优质应体现在以下方面：高品位、高强度和良好的冶金性能。

目前，企业已不再追求高熟料比，但建议熟料比不低于80%，因熟料比下降1%，燃料比会升高2~3kg/t。表2-7为2008~2017年我国重点钢铁企业年平均熟料率。

表 2-7 我国重点钢铁企业年平均熟料率 （%）

2008 年	2009 年	2010 年	2011 年	2012 年	2013 年	2014 年	2015 年	2016 年	2017 年
92.68	91.38	91.68	92.18	93.81	92.01	90.77	89.29	84.90	89.06

高炉使用熟料后，由于矿石还原性和造渣过程的改善，促使热制度稳定，炉况顺行；同时，由于熟料中大部分为高碱度或自熔性烧结矿，高炉内可以少加或不加石灰石等熔剂，不仅降低了热量消耗，而且又可改善高炉上部的煤气热能和化学能的利用，有利于降低燃料比和增产。

使用高品位块矿是提高入炉矿含铁品位的有效措施之一，又可以减少造块过程中对环境的污染，以及降低炼铁系统的能耗。

2.1.1.3 "稳"

"稳"是要求原燃料化学成分和物理性能要稳，波动范围要小，原燃料供应量要稳定。

烧结矿或球团矿品位、碱度和 SiO_2、MgO、Al_2O_3 成分的波动会带来烧结矿或球团矿冶金性能波动，导致高炉炉温波动；而炼焦煤质量、配比和焦炭强度、灰分的不稳定，对高炉透气性、顺行和高效生产影响更大。实现入炉原料的质量稳定，必须有长期稳定的矿石来源，供应要稳定。同时要有大型原料场，进行贮存、混匀、堆积处理，减小混匀矿和烧结矿或球团矿的成分波动。现代大型钢铁联合企业都有自己的原料场，可按各种原燃料的使用需求进行水分、粒度管理，可按高炉生产要求进行品种调整、配比调整，适应原料供应变化和高炉生产稳定的要求。自动化堆取料和采用数学模型管理控制混匀堆积效果，可显著减小混匀矿的铁分、SiO_2 成分偏差。

《烧结厂设计规范》要求烧结矿含铁品位波动小于±0.5%，碱度波动小于±0.05（倍），FeO 含量波动小于±1.0%，合格率大于90%。

原燃料波动对高炉的影响，品位波动1%，影响产量3.9%~9.7%，影响焦比2.5%~4.6%。碱度波动0.1，影响产量2%~4%，影响焦比1.2%~2.0%。

目前，我国高炉生产中存在的最大问题是原燃料成分波动大。不少企业的炉料储存量不足一周用量，造成烧结和高炉处于经常变料状态，致使高炉生产不稳定。国内领先水平指标是 TFe 波动不大于±0.4%。表2-8为我国部分钢铁企业混匀矿品位波动情况。

表 2-8　我国部分钢铁企业混匀矿品位波动情况

企 业 名 称	波动范围/%
宝 钢	≤±0.23
武 钢	≤±0.26
济 钢	≤±0.27
马 钢	≤±0.40
湘 钢	≤±0.45
邯 钢	≤±0.50
莱 钢	≤±0.50

2.1.1.4　"匀"

"匀"是要求各种炉料间的粒度差异不能太大，具有合适的粒度组成，粒度要均匀。

炉料粒度的均匀性，对炉料的空隙率和在炉内的透气性起着决定性作用。混合料中大粒度级和小粒度级的比例增加，都会使混合料的空隙率变小，使煤气通过料层的阻力增加，而影响高炉的透气性和稳定顺行。优化的粒级组成是粗细粒级的粒度差别越小越好。表 2-9 为国外主要高炉对入炉料粒度要求。

表 2-9　国外主要高炉对入炉含铁料粒度要求

国　家	原　料	粒度下限		粒度上限	
		范围/mm	小于下限含量/%	范围/mm	大于下限含量/%
日本	铁矿石	8~10	≤4	25~30	≤10
	烧结矿Ⅰ	5~6	≤5	50~75	≤5
	烧结矿Ⅱ	5	≤2	30	≤5
	球团矿	5	≤4	16~29	≤10
	石灰石	15~30	—	75~90	≤5
俄罗斯	烧结矿	5	≤5	30	≤10
	球团矿	10	≤5	15	≤10
德国	铁矿石	8	<5	20	<20
	烧结矿	6	<5	50	<5
美国	烧结矿	6	≤5	38	<10
法国	烧结矿	6	≤6~7	40	<10

2.1.1.5　"小"

"小"是指烧结矿和球团矿的粒度应小一些。小粒度的入炉矿对提高矿石还原性、提高炉身效率、降低焦比具有明显的促进作用。一般烧结矿大于 50mm 的部分不宜超过 8%，球团矿粒度应控制在 9~18mm。

粒度是影响煤气利用率和燃料比的一个重要因素，高炉炼铁不是原料的粒度越大透气性越好，也不是粒度越小越好，总的应该是小而匀，中小高炉粒度以10~25mm 为宜，大于 3000m³ 的大高炉粒级可以 25~40mm 的为主。适当缩小烧结矿粒度，改善高炉上部块状带的还原性值得炼铁工作者关注。法国索里梅公司2813m³ 高炉，入炉烧结矿的粒度从 15mm 缩小到 13mm，5~10mm 粒级从 30% 增加到 34%，大于 25mm 的粒级从 23% 降低到 17%，该高炉渣铁比 305kg，风温1250℃，由于缩小烧结矿的粒度创造了 439kg/t 燃料比的世界纪录。

2.1.1.6 "净"

"净"是要求炉料中粉料含量少，严格控制粒度小于 5mm 的原料入炉量。

原燃料在入炉前经过筛分整粒，筛分后的炉料中，小于 5mm 的炉料占全部炉料的比例不能超过 3%~5%，控制粒度上限烧结矿不超过 50mm，块矿不超过30mm。控制烧结矿的粒度组成中的 5~10mm 不大于 30%。

降低入炉粉末量可以大大提高高炉料柱的空隙率和透气性，为高炉顺行、低耗、强化冶炼和提高喷煤比提供良好的条件。减少小于 5mm 的炉料入炉量也降低了炉尘量。据统计，入炉料小于 5mm 粉末每增加 1%，产量降低 0.5%~1.0%，焦比上升 0.5%。1999 年日本钢管公司高炉使用 66% 的筛分后的烧结矿，与基准期使用 73% 未过筛的烧结矿相比，每天生铁产量由 2971t 增加到 3377t，焦比由478kg/t 降到 466kg/t。

2.1.1.7 "少"

"少"是要求入炉料中的非铁元素、燃料中的非可燃成分以及原燃料中的有害杂质含量尽可能的少。

原燃料中带入的杂质和有害元素不仅影响铁水成分，增加熔剂消耗和渣量，而且影响高炉燃料比、煤比和高产。有害元素严重影响高炉顺行和长寿。因此，要严格控制入炉原燃料的有害杂质含量。

有效措施主要是强化选矿，使用品位高、杂质少、有害元素少的铁精矿、球团粉和块矿；强化选煤，通过洗煤降低炼焦和喷吹煤的灰分及有害杂质。

K 对耐火材料和炉料的破坏作用要比 Na 大十倍，因此，要尽量减少炉料中K 的含量，要从采购上入手，优化采购工作。

2.1.1.8 "好"

"好"是原燃料的质量要好。

入炉矿石的强度高，还原性、低温还原粉化性能、荷重软化性能以及热爆裂性能等冶金性能要好；焦炭强度高，高温性能好；喷吹煤的制粉、输送和燃烧性能好。

近年来高炉精料工作的最大特点是紧密围绕高炉提高喷煤量而展开。高炉提高喷煤比后，矿焦比增大，料柱透气性变差，要求含铁炉料有更好的还原性和强度。同时，焦炭在炉内受到熔损反应和热冲击破坏加大，要求焦炭有更高的冷强度和高温强度，而且灰分要低。因此高炉提高喷煤量给精料工作提出了更高的要求。表 2-10 为欧洲高煤比操作的高炉对烧结矿和焦炭的质量要求。

表 2-10　欧洲对高煤比操作时原燃料的质量要求

炉料	参　数		数值范围/%	炉料	参　数		数值范围/%
烧结矿	粒度组成	<5mm	<5	焦炭	稳定性指数		90~95
		<10mm	<30		转鼓强度	$M_{40}(>60mm)$	从>80，到>88
		>50mm	<10			$M_{10}(>60mm)$	从<5，到<8
	转鼓指数（ISO）		70~80			$I_{40}(>40mm)$	53~55
	低温还原粉化率（$RDI_{+3.15}$）		70~80			$I_{20}(>20mm)$	>77.5
焦炭	平均粒度/mm		50~60		反应后强度 CRS		60~70
	无裂缝粒度/mm		50~55				

注：I_{40} 和 I_{20} 为欧洲使用的标准。

2.1.2　鞍钢"四字"精料要求

鞍钢在《高炉炼铁工艺与计算》一书中简化为"高、稳、小、净"四字精料要求，详见表 2-11。总结国内外在精料上所做内容是："高炉炼铁的渣量要小于 300kg/t；成分稳定、粒度均匀；冶金性能良好；炉料结构合理。"四个方面。2000 年炼铁工作会议和中国金属学会年会上，提出了对精料要求的参考指标，见表 2-12。

表 2-11　现代高炉精料的部分要求水平

| 指标 | 高 | | | 稳 | | | 小 | | | | 净（<5mm） | |
	渣量/kg·t^{-1}	熟料比/%	CaO/SiO$_2$	含铁量变化/%	SiO$_2$变化/%	碱度变化	天然矿/mm	球团矿/mm	烧结矿/mm	焦炭/mm	入炉矿石/%	入炉焦炭/%
宝钢	250	90.0	1.75	<0.2	—	<0.04	8~25	—	6~50	25~70	<5	
日本	250~350	87.1	>1.50	<0.2	<0.3	<0.03	8~25	6~15	6~50	25~70	<5	<3.0
俄罗斯	250~400	100	>1.25	<0.2	<0.3	<0.03	—	6~15	10~30	25~70	<5	<2.5

续表 2-11

指标	高			稳			小				净（<5mm）	
	渣量 /kg·t⁻¹	熟料比 /%	CaO/SiO₂	含铁量变化 /%	SiO₂变化 /%	碱度变化	天然矿 /mm	球团矿 /mm	烧结矿 /mm	焦炭 /mm	入炉矿石 /%	入炉焦炭 /%
德国	300~400	84.3	1.4~2.0	—	—	<0.03	8~25	—	6~50	25~70	<5	—
美国	—	92.0	—	—	—	—	—	6~15	6~38	—	—	—
法国	—	91.5	—	—	—	—	8~25	6~15	6~40	—	<7	—

表 2-12 精料要求水平

精料种类	成分/%			CaO/SiO₂	波动/%		粒度组成/%			单球抗压强度 /N
	TFe	SiO₂	FeO		TFe	CaO/SiO₂	>50mm	>10mm	>5mm	
烧结矿	>58.0	<5.0	6~8	>1.7	±0.3	±0.05	<10	<30	<5	—
球团矿	>64.5	<4.5	<1.0	—	±0.3	—	—	—	—	2000

2.2 炉料物理、化学性能及对高炉冶炼的影响

2.2.1 常规化学成分

炉料常规化学成分包括：TFe、FeO、SiO₂、CaO、MgO、Al₂O₃、S、P 等。通常用化学分析法进行分析，但由于该法速度慢，误差大，从 20 世纪 80 年代起，鞍钢、宝钢等企业采用国外进口的 X 射线荧光分析仪分析，除 FeO 与 LOI（即烧损，Lost of Ignition，也有用 Ig，商务报价一般用 LOI 表示）外，其余成分皆可在 5min 之内得出准确结果。烧结矿成分分析的误差管理值见表 2-13。

表 2-13 烧结矿成分分析的误差管理值

项目	化学成分/%						CaO/SiO₂
	TFe	CaO	SiO₂	MgO	Al₂O₃	S	
范围	>50	10~30	<15	≤5	≤5	≤0.05	1.2~2.0
化学法	±0.50	±0.50	±0.35	±0.30	±0.25	±0.006	—
荧光法	±0.15	±0.04	±0.16	±0.05	±0.16	±0.002	±0.01

除常规化学成分外，一些企业根据特殊冶炼要求，还化验其他元素。攀钢、包钢、酒钢等企业使用特殊矿冶炼，需要分析 TiO₂、V₂O₅、F、BaO 等成分。有些矿石根据需要应分析 Mn、Cu、Ni、Cr、Co、Sb、Bi、Sn、Mo 等成分。对于新

使用的原料必须进行有害元素的分析，以便在配矿、造块、高炉冶炼、炼钢等各工艺环节采取相应措施。这些项目包括 Pb、As、Zn、K_2O、Na_2O 等。微量元素的分析一般采用色谱分析法。

2.2.2　转鼓指数和耐磨指数

2.2.2.1　检验方法

转鼓指数（TI）通常执行国际标准 ISO 3271：2007 和《高炉和直接还原用铁矿石　转鼓和耐磨指数的测定》（GB/T 24531—2009）。试验样在转鼓机中以 25r/min 的速度转动 200r。旋转后的试验样用 6.30mm 和 0.5mm 方孔试验筛进行筛分。转鼓指数用 +6.30mm 的质量分数表示，耐磨指数（AI）用 -0.5mm 的质量分数表示。

2.2.2.2　转鼓指数对高炉的影响

烧结矿的冷强度 TI，影响皮带转运过程中的碎化和高炉块状带的透气性，因此要求烧结矿具有较高的冷态强度。烧结矿的强度主要与碱度、SiO_2 含量（影响液相量）和烧结点火温度、燃料单耗、料层厚度、烧结机速度和烧结矿冷却速度等工艺条件有关。烧结矿中加入 6% ~ 10% 的生石灰，可大幅度提高其冷强度。在碱度合适的范围内，适当增加 SiO_2 配比，提高黏结液相的比例，可提高转鼓强度。宝钢烧结矿的碱度通常控制在 1.8 ~ 1.9，SiO_2 含量控制在 4.5% ~ 5.0%，转鼓指数保持在 75% 左右。在高利用系数、厚料层烧结和低温烧结的实际生产条件下，烧结矿的冷强度满足了高炉高产和高煤比操作的需要，相关指标见表 2-14。

表 2-14　宝钢烧结矿碱度和强度指标

$w(TFe)/\%$	59.07	58.94	58.75	58.90	58.80
$w(SiO_2)/\%$	4.51	4.56	4.55	4.57	4.57
CaO/SiO_2	1.82	1.82	1.84	1.84	1.84
$TI/\%$	75.13	74.82	74.44	74.88	75.61

2.2.3　落下强度

落下强度（F）也是检验烧结矿抗压、耐磨、抗摔或耐冲击能力的一种方法，即产品耐转运的能力，测定方法是取粒度 10 ~ 40mm 的成品烧结矿 20kg ± 0.2kg，放入上下移动的铁箱内，然后提升到 2m 高度，打开料箱底门，使烧结矿落到大于 20mm 厚钢板上，再将烧结矿全部收集起来，重复 4 次试验，最后筛出大于 10mm 粒度部分的重量百分比当作烧结矿落下强度指数，用 F 表示，一般要求大于 80%。

日本工业标准（JISM）中有落下强度的检验标准，用+10mm 烧结矿于 2m 高落下 4 次，用粒度为+10mm 的部分的百分数表示。1998 年千叶等企业仍采取落下强度，并对烧结矿的转鼓指数和落下指数进行测定比较，平均落下指数为 88.9%，转鼓指数为 70.2%。我国从 1953 年开始，采取苏联的鲁滨转鼓检验。

2.2.4 筛分指数和粒度组成

2.2.4.1 检验方法

筛分指数（C）是表示转运和贮存过程中烧结矿粉碎程度的指标。此测定是把出厂和入炉前的烧结矿进行筛分，取样时注意代表性。

（1）筛分设备。用 40mm、25mm、10mm、5mm 方孔筛，筛子的长、宽、高要一致（800mm×500mm×100mm）。

（2）取样量为 100kg。

（3）筛分方法。将 100kg 试样分五次筛完，每次 20kg，筛子按孔径由大到小依次使用，往复摇动 10 次，利用每粒级重量算出每次筛分平均粒度组成，五次筛分的平均值即为烧结矿粒度组成。

（4）筛分指数表示方法。筛下 5~0mm 粒级的重量与原试样重量的百分比即为筛分指数（C），越小越好。

我国要求烧结矿筛分指数 $C \leqslant 6.0\%$，球团矿 $C \leqslant 5.0\%$。

目前我国对高炉炉料的粒度组成检测尚未标准化，推荐采用方孔筛为 5mm、6.3mm、10mm、16mm、25mm、40mm 六个级别，使用摇动筛分级，粒度组成按各粒级质量分数表示。

2.2.4.2 粒度组成对高炉的影响

烧结矿粒度直接影响高炉块状带炉料的透气性，烧结矿粉末多和粒度过小会影响高炉上部透气性，过大会影响其自身的还原性。烧结矿小于 5mm 比例增加，高炉透气性明显下降。因此粒度应适中，且应与块矿、球团粒度相当。合理的炉料粒度结构能保证高炉良好的透气性，气流分布均匀，炉况稳定。实践证明，烧结矿粒度在 10~25mm 占 70% 左右时，高炉生产指标最佳。烧结矿入炉前必须进行整粒，筛除小于 5mm 的粉末，粒度和含粉率合格的烧结矿方可进入高炉矿槽。一般粒度小于 5mm 的比例应不超过 5%，大于 40mm 的比例不应超过 15%。我国部分企业使用的烧结矿粒度组成数据见表 2-15。宝钢烧结矿的平均粒度为 20~23mm，粒度小于 5mm 的含量为 3%~4%。

表 2-15　我国几个高炉入炉烧结矿粒度组成

厂　别	粒度组成/%				
	>40mm	40~25mm	25~10mm	10~5mm	<5mm
鞍钢	0.98	6.72	57.48	32.19	2.63
梅山	15.78	11.76	39.19	29.02	4.25
包钢	6.90	11.41	35.27	40.62	5.80
首钢	14.46	17.21	40.43	23.90	4.00

2.3　炉料冶金性能及对高炉冶炼的影响

含铁炉料的冶金性能包括 900℃ 还原性（RI），500℃ 低温还原粉化性能（RDI），荷重还原软化性能（T_{BS}、T_{BE}、ΔT_B）和熔融滴落性能（T_s、T_d、ΔT、Δp_{max}、S 值）；球团矿还有一项重要的冶金性能是还原膨胀性能。

在含铁炉料的冶金性能中，还原性是基本的性能；低温还原粉化性能和荷重软化性能同属还原强度，其主要起保证作用，它决定着高炉上部透气性的好坏；软熔性能（特别是熔滴性能）是关键，因为在高炉内熔滴带的阻力损失（Δp）几乎占高炉总压损的 60%。因此，可用熔滴性能去判断不同炉料结构的效果（见表 2-16）。

表 2-16　高炉内各区及对原料性能的要求

区　名		主　要　功　能	对原料的基本要求
	A 区	400℃ 预热	良好的粒度组成、冷强度、透气性
	B 区	400~700℃ 还原	良好的透气性、低温还原粉化率
	C 区	700~1100℃ 还原	良好的透气性、还原性、部分还原后强度、荷重软化性
	D 区	1100~1300℃ 还原	良好的透气性、荷重软化性、高温还原性
	E 区	1300~1500℃ 熔融，渣铁分离，渗碳	熔融性能良好

2.3.1　还原性能

铁矿石的还原性能（900℃，RI）检测的是 900℃ 时模拟高炉还原气氛，以间接还原方式夺取氧量的难易程度。

还原性的优劣是烧结矿质量的一项基本指标，厚料层、高强度、高还原性、低碳、低 FeO 的"三高两低"原则始终是烧结生产追求的目标。对高碱度（1.9~2.3）烧结矿而言，常规要求 $RI>85\%$，高要求 RI 应大于 90%。铁矿石的还原性

（包括烧结矿、球团矿）取决于其矿物组成和气孔结构，烧结矿不同矿物组成的还原性列于表 2-17。

表 2-17 烧结矿不同矿物组成的还原性

矿物组成	$2FeO \cdot SiO_2$	$CaO \cdot FeO \cdot SiO_2$	Fe_3O_4	$2CaO \cdot Fe_2O_3$	$CaO \cdot Fe_2O_3$	Fe_2O_3	$CaO \cdot 2Fe_2O_3$
$RI/\%$	5.0	12.8	25.5	25.5	49.2	49.4	58.4

2.3.1.1 概念及检验方法

（1）还原性。指用还原气体从铁矿石中排除与铁相结合的氧的难易程度的一种量度。

（2）还原度。以三价铁状态为基准（即假定铁矿石中的铁全部以 Fe_2O_3 形式存在，并把这些 Fe_2O_3 中的氧算作 100%），还原一定时间后所达到的脱氧的程度，以质量百分数表示。

（3）还原度指数 RI。以三价铁状态为基准，还原 3h 后所达到的还原度，以质量百分数表示。

（4）还原速率。以 1min 为时间单位，以三价铁状态为基准，铁矿石在还原过程中单位时间内还原度的变化值，以质量百分数每分钟表示。

（5）还原速率指数 RVI。以三价铁状态为基准，用 O/Fe 为 0.9 时的还原速率，以质量百分数每分钟表示。

（6）我国以 3h 的还原度指数 RI 作为考核用指标，还原速率指数 RVI 作为参考指标。测定标准为《铁矿石 还原性的测定方法》（GB/T 13241—1991）。将一定粒度范围（10~12.5mm，500kg）的试样置于固定床中，用还原气体（CO 30%，N_2 70%），在 900℃ 的温度下进行等温还原。还原 3h 后，试验结束。在切断还原气体后，将还原管连同试样提出炉外进行冷却或用惰性气体冷却。

入炉矿石的还原性好，就表明通过间接还原途径从矿石氧化铁中夺取的氧量容易，而且数量多，这样使高炉煤气的利用率提高，燃料比降低。从大型高炉炉型演变趋势上看，高炉向矮胖型发展，减少了间接还原时间，不利于降低燃料比，需要提高矿石还原性能来适应高强度冶炼的需要。

2.3.1.2 影响铁矿石还原性的因素

影响铁矿石还原性的因素主要取决于铁矿物的性质，矿石种类，所具有的气孔度及气孔特性等。

从矿物的特性来说 Fe_2O_3 易还原，而 Fe_3O_4 难还原，$2FeO \cdot SiO_2$ 就更难还原，所以天然矿中褐铁矿还原性最好，其次是赤铁矿，而磁铁矿难以还原。就人造富矿来说球团矿是 Fe_2O_3，而且微气孔度比烧结矿高得多，其还原性好；高碱度烧结矿中的铁酸钙还原性好，酸性烧结矿和自熔性烧结矿中的铁橄榄石和钙铁橄榄石还原性较差。FeO 属于难还原的矿物，烧结矿中 FeO 高，还原性就差，因此人们常将烧结矿中 FeO 含量与烧结矿的还原性联系在一起。大多数企业都用控制 FeO 含量及其波动范围来满足高炉炼铁的要求，我国主要企业生产的高碱度烧结矿，FeO 的含量一般在 6% ~ 10% 之间，其波动范围在 ±（1% ~ 1.5%）。例如武钢二烧的烧结矿 FeO 含量 8.8%，还原度 74.38%，鞍钢新烧 FeO 含量 8.6%，还原度 75.5%。

2.3.1.3　铁矿石还原性对高炉的影响

还原性不好的烧结矿装入高炉后，首先会影响高炉上部块状带的煤气利用率，造成高炉内上部间接还原降低，直接还原增加，影响高炉的燃料比和产量。经验数据显示，入炉矿的直接还原降低 10%，将影响高炉焦比和产量各 3% ~ 5%，在目前我国高炉燃料比的水平条件下，高炉燃料比将会升高 40kg/t 以上。多数高碱度烧结矿的 900℃ 还原性应大于 85%，烧结矿的氧化镁和亚铁含量高均会明显降低烧结矿的还原性。

烧结矿的 RI 值若低于 80%，证明烧结矿的质量出了问题，配碳高、FeO 高或是配矿的原因致使气孔结构出了问题，应提出改进的措施。还原性不良的烧结矿由于低熔点硅酸盐（$2FeO \cdot SiO_2$ 和 $CaO \cdot FeO \cdot SiO_2$）的存在，会造成烧结矿的软熔性能变差，从而影响高炉软熔带的透气性。

2.3.2　低温还原粉化指数

低温还原粉化指数（500℃，RDI）表示还原后的铁矿石通过转鼓试验后的粉化程度，以 $RDI_{+3.15}$ 的结果为考核指标，一般要求大于 72%。

高炉原料特别是烧结矿，在高炉上部的低温区还原时，主要由于骸晶状赤铁矿向磁铁矿转变，体积膨胀，产生应力，从而导致严重破裂、粉化，使料柱的空隙度降低，透气性恶化。日本神户 3 号高炉在距料面 10m 进行处取样分析，结果显示烧结矿粒径小于 3mm 的部分竟高达 60%（见图 2-1）。

低温还原粉化率是烧结矿重要的冶金性能指标之一，意大利冶金公司试验表明含铁炉料的 $RDI_{-3.15}$ 每增加 10%，产量降低 3%，高炉的煤气利用率也随之下降，燃料比上升 1.5%。

日本各烧结厂以及我国的宝钢等均与常规化学成分一样按批检验。

2.3.2.1　检验方法

低温还原粉化率的测定分静态测定法《铁矿石　低温粉化试验　静态还原后使用冷转鼓的方法》（GB/T 13242—2017）和动态测定法《高炉炉料用铁矿石

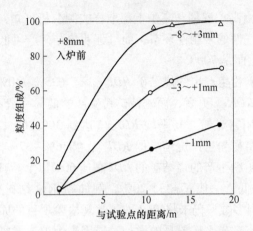

图 2-1　神户 3 号高炉距炉墙 1.2m 处烧结矿粒度组成

低温还原粉化率的测定　动态试验法》（GB/T 24204—2009）两种。我国检验的方法均为静态测定法，测定方法如下：

（1）还原试验。把 10.0~12.5mm 的试样 500g±0.1g，放在还原管中铺平。封闭还原管的顶部，将惰性气体（N_2）通入还原管，标态流量为 5L/min，然后把还原管放入还原炉中。放入还原管时的炉内温度不得大于 200℃。

放入还原管后，还原炉开始加热，升温速度不得大于 10℃/min。当试样接近 500℃时，增大惰性气体标态流量到 15L/min，在 500℃恒温 30min，使温度恒定在 500℃±10℃之间。

通入标态流量 15L/min 的还原气体（CO 20%、CO_2 20%、N_2 60%），代替惰性气体，连续还原 1h。

还原 1h 后，停止通还原气体，并向还原管中通入惰性气体，标态流量为 5L/min，然后将还原管提出炉外进行冷却，将试样冷却到 100℃以下。

（2）转鼓试验。转鼓内直径 130mm、内长 200mm 的钢质容器，器壁厚度不小于 5mm。鼓内壁有两块沿轴向对称配置的钢质提料板，其长 200mm、宽 20mm、厚 2mm。

从还原管中取出全部试样，装入转鼓转 300r（30r/min，10min）后取出，用 6.3mm、3.15mm、0.5mm 的方孔筛分级，分别计算各粒级出量。

（3）试验结果分别用 $RDI_{+6.3}$、$RDI_{+3.15}$、$RDI_{-0.5}$ 表示。试验结果评定以 $RDI_{+3.15}$ 的结果为考核指标，$RDI_{+6.3}$、$RDI_{-0.5}$ 只作参考指标。国家标准规定 $RDI_{+3.15} \geq 72\%$，也就是说 $RDI_{-3.15} < 28\%$。

2.3.2.2　造成烧结矿 $RDI_{-3.15}$ 升高原因及降低措施

造成烧结产生低温还原粉化的原因是多方面的，有矿种、配碳、Al_2O_3 和

TiO_2 含量等因素。由高炉解剖和高炉上部取样实测分析可知，烧结矿的低温还原粉化是高炉上部透气性的限制性环节，而且证明烧结矿产生低温粉化的实际温度并不是 500℃ 左右，而是 700℃。

使用 Fe_2O_3 富矿粉生产出的烧结矿 $RDI_{-3.15}$ 高（35%~40%），含 TiO_2 高的精矿粉生产的烧结矿 $RDI_{-3.15}$ 更高，而磁精矿粉生产的低（一般不超过 20%）。例如日本烧结矿生产使用富矿粉，其平均 $RDI_{-3.15}$ 达到 36% 以上，最高的达到 47%；我国宝钢使用进口富矿粉生产烧结矿的 $RDI_{-3.15}$ 在 36%~37%，最高时达到 40%；攀钢使用钒钛磁精矿粉生产的烧结矿的 RDI 高达 60% 以上。其他用磁精矿粉生产烧结矿的 RDI 都较低，一般不超过 20%。例如鞍钢烧结矿的 RDI 在 17.3%~20.5%，这也是我国多数厂仍未将 RDI 纳入常规检验项目的原因之一。但随着烧结料中配入的进口赤铁矿富矿粉量的增加，或因高炉护炉需要在烧结料中配入含 TiO_2 或富粉，烧结矿的 RDI 将升高必须引起注意。

降低 $RDI_{-3.15}$ 的措施是设法降低造成 RDI 升高的骸晶状菱形赤铁矿的数量，一般是适当提高 FeO 含量和添加卤化物（CaF_2、$CaCl_2$）等。提高碱度和 MgO 含量，也能明显改善烧结矿的 RDI 指标。

例如：武钢二烧试验表明，当 FeO 含量控制在 7.4%~7.8% 时，$RDI_{-3.15}$ 高达 39.9%~40.6%；当 FeO 含量提高到 8.8% 时，$RDI_{-3.15}$ 值降到 29.5%；FeO 的提高使还原性降低了 3.58%。在烧结成品矿表面喷洒 3% 的 $CaCl_2$ 溶液能降低 $RDI_{-3.15}$，武钢和柳钢喷洒 $CaCl_2$ 溶液的效果明显：武钢 $RDI_{-3.15}$ 降低 10.8%，使高炉产量提高 4.2%~7.9%，焦比降低 1.3~1.4kg/t；柳钢 $RDI_{-3.15}$ 降低 15%，高炉增产 4.6%，焦比降低 2.4%。

通过武钢、柳钢采用的技术手段，对烧结矿进行有效的处理，但存在一定问题，比如提高烧结矿 FeO 含量，其副作用是还原性降低和熔滴性能变差；对烧结矿表面喷洒氯化物，在高炉内 Cl^- 进入煤气，对装料设备、炉顶除尘设备、TRT、管道及热风炉耐材有腐蚀作用。而且含 Cl^- 煤气燃烧产生二噁英，影响操作人员的身体健康，近些年国内已经停用。目前采用北京科技大学发明的一项新型国家发明专利产品——高效的 XAA 复合喷洒剂，取得了降低烧结矿低温粉化的效果。

例如：福建三明钢铁公司使用国家发明专利产品 XAA 复合喷洒剂，效果非常显著，成本投入非常小，复合剂干基与烧结矿的比例为万分之五，实践操作时喷洒剂浓度为 8%，喷洒量吨烧结矿只有 0.46kg。

现以三明钢铁公司的 1280m³ 高炉为例，简单计算使用 XAA 复合喷洒剂后产生的显著经济效益：

（1）产量提高带来的效益。日产上升了 277.6t，按吨铁消耗（煤、水、电及人力及设备折旧）200 元，日生铁产量提高 277.6t 产生效益 277.6×200 = 55520 元。

（2）降低焦比带来的效益。焦比下降了 9.9kg/t，1280m³ 高炉，日产生铁 3200t，吨铁降低焦比 9.9kg/t，则节省焦炭 3200×9.9÷1000＝31.68t。

吨焦炭市场价按 1500 元计算，则有效益 31.68×1500＝47520 元。

合计日效益 55520+47520＝103040 元≈10.3 万元。

（3）使用喷洒剂投入成本。三明钢铁公司 1280m³ 高炉，日产生铁 3200t，高炉需要配用烧结矿量为 3200×1.2＝3840t，吨烧结矿喷洒 0.46kg，日需喷洒剂 3840×0.46＝1766.4kg≈1.8t，吨喷洒剂 3000 元，成本投入为 1.8×3000＝5400 元。

日合计净效益：103040-5400＝97640 元≈9.76 万元。

2.3.3 荷重还原软化性能

入炉矿石的荷重还原软化性能（T_{BS}，T_{BE}，ΔT_B）对高炉冶炼过程中软熔带的形成（位置、形状与厚薄）起着极为重要的作用。烧结矿装入高炉后，随炉料下降，温度上升不断被还原，到达炉身下部和炉腰部位，烧结矿表现出体积开始收缩即开始软化（T_{BS}）和软化终了（T_{BE}）。

从提高高炉生产的技术经济指标角度出发，要求矿石的软化温度稍高，软化到熔化的温度区间窄，软熔过程中气体通过时的阻力损失（Δp）小。因为这样可使高炉内软熔带的位置下移，软熔带变薄，块状带扩大，高炉料柱透气性改善，产量提高。

我们要求烧结矿的开始软化温度（T_{BS}）不低于 1100℃，软化温度区间（$\Delta T_B = T_{BE} - T_{BS}$）应小于 150℃。一般低碱度烧结矿和酸性球团、天然块矿的开始软化温度都比较低，软化区间均比较宽。表 2-18 为几种低碱度烧结矿、酸性球团和块矿的软化性能。

表 2-18　几种酸性炉料的软化性能　　　　　　　　　　　　（℃）

序号	矿　种	T_{BS}	T_{BE}	ΔT_B
1	巴西球团矿	889	1196	307
2	印度球团矿	843	1176	333
3	秘鲁球团矿	875	1188	313
4	加拿大球团矿	948	1190	242
5	库块矿	825	1218	393
6	纽曼山块矿	829	1282	453
7	海南块矿	855	1166	311
8	酒钢烧结矿（$R=0.13$）	1026	1183	157
9	石钢烧结矿（$R=0.40$）	1010	1230	220

注：T_{BS}—开始软化温度，T_{BE}—软化终了温度，ΔT_B—软化区间。

2.3.3.1 检验方法

这一性能的测定方法国内外尚无统一的标准，国内很多企业采用北京科技大学许满兴设计的测定方法，见表 2-19。

表 2-19　铁矿石荷重软化和熔滴性能检测方法工艺参数

检验方法及工艺参数	荷重还原软化性能	熔融滴落性能
反应管尺寸	ϕ20mm×70mm，刚玉质	ϕ48mm×300mm，石墨质
试样粒度	预还原后破碎至 1~2mm	10~12.5mm
试样量	反应管内 20mm 高	200g，反应管内（65±5）mm
荷重	0.5×9.8N/cm²	9.8N/cm²
还原气体成分	中性纯 N_2 还原气体；30%CO，70%N_2	30%CO，70%N_2
还原气体流量	1L/min	12L/min
升温制度	0~900℃ 过程 10℃/min >900℃ 过程 5℃/min	0~900℃ 过程 10℃/min 950℃ 恒温 60min >900℃ 过程 5℃/min
试验过程测定	开始软化温度（T_{BS}） 软化终了温度（T_{BE}）	试样收缩 10% 温度（$T_{10\%}$） 试样收缩 40% 温度（$T_{40\%}$） 压差开始陡升温度（T_s，ΔT） 压差最大值（Δp_{max}） 试验开始滴落温度（T_d）
试验结果表示	T_{BS}—开始软化温度，℃； T_{BE}—软化终了温度，℃； $\Delta T_B = T_{BE} - T_{BS}$—软化区间，℃	T_s—开始熔融温度，℃； T_d—开始滴落温度，℃； $\Delta T = T_d - T_s$—熔滴温度区间，℃； Δp_{max}—最大压差值，kPa； S 值—熔滴性能总特性值

2.3.3.2 影响矿石软化性能的因素及改善措施

烧结矿开始软化温度的高低取决于其矿物组成和气孔结构强度，开始软化温度的变化往往是气孔结构强度起主导作用的结果，这就是说，软化终了温度往往是矿物组成起主导作用。

影响矿石软化性能的因素很多，主要是矿石的渣相数量和它的熔点，以及矿石中 FeO 含量和与其形成的矿物的熔点。还原过程中产生的含 Fe 矿物及金属铁的熔点也对矿石的熔化和滴落有重大影响。渣相的熔点取决于它的组成，并能在较宽的范围内变化，显著影响渣相熔点的是碱度和 MgO。日本神户加古川厂用白云石代替石灰石作熔剂生产球团矿取得的效果列于表 2-20。

表 2-20　日本加古川厂白云石球团与石灰球团性能比较

项　目	化学成分/%					单球抗压强度 /N
	TFe	FeO	MgO	CaO	SiO$_2$	
白云石球团	60.2	0.30	1.40	5.41	4.10	3156
石灰球团	60.8	0.26	0.40	4.80	4.00	2940~3430

项　目	高温冶金性能				
	收缩率 (1100℃)/%	膨胀指数 /%	软化温度 (收缩10%)/℃	熔化温度 /℃	高温（1250℃) 还原度/%
白云石球团	12.6	10.1	1230	1430	70
石灰球团	35.6	8~12	1155	1380	25

表 2-21 和表 2-22 是北京科技大学对首钢、酒钢等厂烧结矿所作研究的结果。

表 2-21　首钢烧结矿碱度与氧化镁含量对软熔性能的影响

烧结矿成分		荷重软化性能			熔滴性能		
CaO/SiO$_2$	$w(MgO)$/%	T_{BS}/℃	T_{BE}/℃	ΔT_B/℃	T_s/℃	T_d/℃	ΔT/℃
1.34	1.40	1040	1215	175	1390	1465	75
1.68	2.02	1150	1360	210	1480	1495	15
2.00	2.74	1140	1400	260	1525	1575	50

表 2-22　酒钢烧结矿碱度与氧化镁含量对软熔性能的影响

烧结矿成分		荷重软化性能			熔滴性能		
CaO/SiO$_2$	$w(MgO)$/%	T_{BS}/℃	T_{BE}/℃	ΔT_B/℃	T_s/℃	T_d/℃	ΔT/℃
1.32	2.98	1155	1275	120	1240	1515	275
1.31	3.87	1175	1285	110	1200	1465	265
1.21	4.08	1185	1315	130	1300	1520	220
1.37	6.32	1190	1320	130	1330	1535	205

从表 2-20~表 2-22 的数据可以看出，随着 MgO 含量的提高，球团矿和烧结矿的软熔性能都有提高。高炉使用软熔性能提高后的炉料，指标得到改善。例如加古川 1 号高炉（3090m^3）使用 39.5%的白云石球团矿代替石灰球团矿，高炉利用系数提高 12.9%，燃料比降低 37kg/t。

烧结矿成分中 2FeO·SiO$_2$ 的熔化温度低为 1205℃，2FeO·SiO$_2$-SiO$_2$ 共熔混合物熔点仅为 1178℃，2FeO·SiO$_2$-FeO 熔点为 1177℃，所以降低烧结矿中的 FeO 含量，可以提高烧结矿的软熔性。

在当前广泛使用澳矿和印度矿的情况下，脉石中的 Al$_2$O$_3$ 大幅度的提高，将

MgO 控制在 4%~10%，提高碱度有利于提高脉石的熔点，相应也就提高了矿石的软熔性能。

2.3.3.3　对高炉冶炼的影响

关于荷重还原性能对高炉主要操作指标的影响，意大利的皮昂比诺（Piombimo）公司 4 号高炉曾于 1980 年做过统计，含铁原料的 T_{BS} 由 1285℃ 提高到 1335℃，高炉的透气性 Δp 由 5.2kPa 降低到 4.75kPa（下降 8.7%），产量提高 16%。日本神户公司的加古川厂和新日铁的广畑厂均通过改善酸性球团矿的软熔性能有效地改善了高炉指标。

2.3.4　熔融滴落性能

铁矿石的熔融滴落性能（$\Delta T = T_d - T_s$，Δp_{max}，S 值）简称熔滴性能，它反映铁矿石进入高炉后，在高炉下部熔滴带的性能状态，由于这一带的透气阻力占整个高炉阻力损失的 60% 以上，熔滴带的厚薄不仅影响高炉下部的透气性，它还直接影响炼铁脱硫和渗碳反应，从而影响高炉的产质量，因此它是铁矿石最重要的冶金性能。

目前国内铁矿石熔滴性能的测定方法主要采用北京科技大学许满兴设定的试验方法。

2.3.4.1　影响铁矿石熔滴性能的因素及改善措施

根据美国和日本的推荐，要求综合炉料的熔滴性能总特性 S 值 ≤40kPa·℃ 适宜。国内外几种烧结矿、球团矿、块矿的成分和熔滴性能列于表 2-23 和表 2-24。

表 2-23　国内外几种含铁原料的化学成分

矿　种	成分/%						CaO/SiO₂
	TFe	FeO	CaO	SiO₂	Al₂O₃	MgO	
宝钢烧结矿	57.83	6.91	9.21	5.85	1.57	1.53	1.57
邯钢烧结矿	53.50	7.91	11.40	7.08	1.53	3.90	1.61
水冶球烧矿	56.51	9.75	13.32	5.73	—	1.86	2.15
酒钢球烧矿	54.40	15.99	4.15	11.53	2.81	3.14	0.36
石钢烧结矿	59.26	14.42	4.23	7.05	1.89	3.70	0.60
攀钢烧结矿	46.63	9.83	8.86	5.80	4.79	3.91	1.53
萍钢烧结矿	42.31	9.20	16.85	10.96	—	4.26	1.54
萍钢球团矿	55.85	0.057	1.34	15.87	—	0.51	0.084
马来西亚球团矿	66.21	0.63	0.08	3.02	0.12	0.97	0.03
沃库块矿	64.20	1.75	0.07	1.20	0.45	0.05	0.06

注：球烧矿即指球团烧结矿。

表 2-24 国内外几种含铁原料的熔滴性能

矿 种	CaO/SiO$_2$	T_s/℃	T_d/℃	ΔT/℃	Δp_{max}/kPa	S 值
宝钢烧结矿	1.57	1443	1465	22	2.25	38.80
邯钢烧结矿	1.61	1454	1477	23	5.10	105.94
水冶球烧矿	2.15	1345	1442	97	1.96	142.59
酒钢球烧矿	0.36	1299	1409	110	1.89	154.15
石钢烧结矿	0.60	1323	1423	100	1.35	86.24
攀钢烧结矿	1.53	1175	1470	295	7.55	2081
萍钢烧结矿	1.54	1330	1565	235	9.11	2141
萍钢球团矿	0.084	1194	1525	331	10.78	3568
马来西亚球团矿	0.03	1350	1371	21	1.60	23.26
沃库块矿	0.06	1446	1450	4	2.25	7.06

注：T_s—压差开始陡升时的温度（即开始熔融温度）；T_d—开始滴落温度；ΔT—熔滴温度区间；

Δp_{max}—最大压差值；S 值—熔滴性能总特性值，$S = \int_{T_s}^{T_d} (\Delta p_m - \Delta p_s) \cdot dT$

由表 2-23、表 2-24 可见，品位高、SiO$_2$ 和 FeO 含量低、渣相黏度小（Al$_2$O$_3$ 含量低），其熔滴性能均比较优良（S 值 $\leqslant$ 40kPa·℃）。相反，其熔滴性能均较差的（S 值 $>$ 400kPa·℃，甚至更高），因此改善烧结矿的熔滴性能要采取提高品位、降低 SiO$_2$ 和 FeO 含量，控制 Al$_2$O$_3$、MgO 和 TiO$_2$ 的含量等措施。

2.3.4.2 熔滴性能对高炉主要操作指标的影响

熔滴性能是烧结矿冶金性能中最重要的性能，因为熔滴带的煤气阻力损失约占高炉总阻力损失的 60%，它是高炉下部顺行的限制性环节，这也是以高炉上部操作为主改为以高炉下部操作为主的新操作理念的原因。

现代高炉炼铁要求烧结矿的开始熔滴温度要高（$T_s > 1400$℃），熔滴区间要窄（$\Delta T < 100$℃），熔滴过程的最大压差要低（$\Delta p_{max} < 1700$Pa）。美国学者 L.A. Haas 等提出，熔滴性能总特性 S 值，似乎是一个比软熔温度区间（$\Delta T = T_d - T_s$）更好的指标，因为它包括了温度区间（ΔT）和压降大小（$\Delta p = \Delta p_{max} - \Delta p_s$），$S = \int_{T_s}^{T_d} (\Delta p_m - \Delta p_s) \cdot dT$，并提出对高炉炉料来说，$S$ 值 $\leqslant$ 40kPa℃较适宜。

为了掌控和改善烧结矿的熔滴性能，炼铁工作者认识和理解 T_s（开始熔融温度，也即压差开始陡升温度、Δp_s 达到 500Pa 的温度值）和 T_d（开始滴落温度）的取决条件是十分重要和必要的。在这方面，日本学者斧胜也做过深入的研究，提出含铁炉料下述论点：

开始熔融温度（T_s）也即压差开始陡升温度，（Δp_s）取决于 FeO 低熔点渣的熔点。含 FeO 高的炉料，会较早地造成压差开始陡升。而渣相中的 FeO 取决于炉料被还原的程度。造成含 FeO 高和还原性差的炉料开始熔融温度低。

开始滴落温度（T_d）取决于渣相熔点和金属渗碳反应。高碱度烧结矿由于含 FeO 低和还原性优良，其开始熔融温度高。同时，由于其渣相熔点与滴落温度高，其 T_s 提高的幅度大于 T_d，所以熔滴区间窄（$\Delta T = T_d - T_s$），即熔滴带的厚度变薄，从而使得透气阻力损失（Δp_{max}）降低，有利于高炉下部的顺行和强化。

烧结矿在高炉内熔融带最大压差值（ΔT）取决于渣相量和渣相黏度的大小。渣相量和渣相黏度越大，ΔT 越高。日本学者成田贵一的研究证明，在炉料结构中最大压差值还与高碱度烧结矿与配入酸性球团矿的比例相关，当酸性球团矿配入比例达到 25%～50% 时，ΔT 值处于最低值。

2.3.5　球团矿的还原膨胀性能

还原膨胀性能（RSI）是球团矿的重要冶金性能，由于氧化球团的主要矿物组成为 Fe_2O_3，Fe_2O_3 还原为 Fe_3O_4 过程中有个晶格转变，即由六方晶体转变为立方晶体，晶格常数由 0.542nm 增至 0.838nm，会产生体积膨胀 20%～25%，Fe_3O_4 还原为 FeO 过程中，体积膨胀可为 4%～11%（见表 2-25）。

表 2-25　纯 Fe_2O_3 从 570℃开始随温度升高到 1000℃还原过程的膨胀特性

分子式	Fe_2O_3	Fe_3O_4	FeO	Fe
含氧量/%	100	89	70	0
晶体形状	六方形	立方形	立方形	立方形
晶格常数/nm	0.542	0.838	0.430	0.286
膨胀率 RSI/%	0	20～25	4～11	不定

国际标准（ISO）规定：$RSI \leqslant 20\%$（$\leqslant 15\%$ 为一级品）。若 $RSI > 20\%$ 高炉只能搭配使用，若 $RSI > 30\%$ 称为灾难性膨胀，高炉不能用。因此，不管采用何种球团矿，必须对它的还原膨胀率作测定，根据 RSI 选定搭配比例。

对于 $RSI > 30\%$ 的球团矿，必须采取措施加以改进，改进的方法首先要搞清引起还原膨胀的原因，然后对准原因采取相应的措施。

例如 20 世纪 80 年代包头球团矿含 K、Na、F 比较高，还原膨胀率高达 48.9%，因此必须采取措施降低 F、K、Na 含量，后来配用河北精矿粉，得到缓解。

国内外球团矿的成分和冶金性能见表 2-26 和表 2-27。可见，国产球团在品位、强度、还原粉化等方面与国外球团相比有一定的差距。国内外的研究和生产实践表明，适量的 MgO 可明显改善球团矿的还原粉化、膨胀和冶金性能。国内大多数厂家采取提高 MgO 含量等措施来改善成品球的软熔性能。

表 2-26　进口球团矿性能指标

| 产地 | $w(\text{TFe})$ /% | 900℃ 还原度 /% | 500℃ 低温还原粉化率/% | | | 还原 膨胀率 /% | 单球 抗压强度 /N | 荷重还原软化温度/℃ | | 熔滴 温度 /℃ |
			>6.3mm	>3.15mm	<0.5mm			软化开始	软化终了	
巴西	66.21	75.8	90.0	92.0	7.2	9.2	3939	889	1196	1371
印度	66.80	72.2	90.0	93.1	4.5	17.9	2387	1012	1397	1502
加拿大	65.17	72.5	96.2	96.6	3.3	16.6	2891	948	1190	1462
秘鲁	65.11	62.2	75.2	90.6	5.7	17.1	2275	875	1188	1426

表 2-27　国内企业球团矿冶金性能

| 企业 | $w(\text{TFe})$ /% | 900℃ 还原度 /% | 500℃ 低温还原粉化率/% >3.15mm | 还原 膨胀率 /% | 单球 抗压强度 /N | 荷重还原软化温度/℃ | | 熔滴 温度 /℃ |
						软化开始	软化终了	
鞍钢	61.51	76.2	90.10	11.3	2047	855	1172	1484
包钢	62.90	69.1	—	13.3	2381	1086	1136	—
太钢	62.58	79.5	50.90		2018	937	1185	1440
济钢	64.40	77.0	82.75	19.3	2013	1120	1230	—
武钢程潮	63.55	70.5	16.20	20.8	2400	1160	1308	1491
武钢大冶	62.96	79.6	23.30	19.6	2100	1155	1294	1488

2.3.6　天然块矿热爆裂性能

天然块矿按矿物类型可分为：赤铁矿、磁铁矿、褐铁矿、黄褐铁矿、菱铁矿、黑铁矿和磷铁矿等。国内富矿资源缺乏，95%以上是贫矿，所以我国使用的天然块矿主要是进口矿。

2.3.6.1　矿石爆裂性能测定

我国尚无测定标准，一般模拟高炉内的升温速度将块矿从常温加热至700℃，以测定爆裂后小于5mm部分的百分数来表示。也可参照 ISO 8371：2007标准进行，将反应器加热到700℃，并恒温 10min，然后将 1000g±1g 干燥后的铁矿石放入反应器中，停留 30min 后取出，自然冷却后进行筛分，测定爆裂性能指数。

2.3.6.2　块矿爆裂性能对高炉透气性的影响

高炉直接使用的天然块矿需具备较高的品位，合适的粒度，较好的还原性，较少的有害元素。天然块矿的热爆会带来块状料粉化，导致炉身块状带透气性变差。严重的会堵塞正常煤气通路，造成局部煤气流受阻，出现煤气流失常。从钢铁材料冶炼周期来看，天然块矿直接入炉的使用比较经济，减少矿山选矿阶段消耗的大量电能和水量消耗；不用经历造块过程，减少工序能耗，不存在 SO_2、NO_x、二噁英等污染物的排放。因此，从节约能耗和减少污染物排放角度出发，需要提高天然块矿的使用比例。

国内铁矿石以贫矿为主，符合直接入炉要求的高品位块矿资源较少，大部分使用进口的天然矿石。目前使用最多的是巴西、澳大利亚矿山开采的高品位块矿资源，小部分也有使用国内海南、印度、蒙古块矿资源。

块矿爆裂性能在700℃温度下进行测定，比测定低温还原粉化温度要高。此温度区间接近于高炉中温区，处于块状带中下部区域。在调整天然块矿品种和比例变化时要注重相关区域压差变化，爆裂性能较差的块矿，布料时要避开中心区域和炉墙边缘，会造成中心气流和边缘气流受阻，造成压差升高。严重的会造成中心气流阻塞，出现边缘气流，造成小的局部管道行程。近年来随铁矿石供需关系变化，铁矿石质量总体下降，不同品种、不同批次的块矿资源热爆性能都会有差距。相同块矿资源的爆裂性能差距在1~2倍，不同品种块矿差距更大，可以相差3~4倍。从国内某钢铁企业3200m³高炉近两年使用澳矿块、巴西块、塞拉利昂等块矿资源上看，随矿石爆裂指数增加，高炉11~13段压差增大。爆裂指数每增加1%，压差升高0.1%。

高炉对天然块矿的质量要求如下：一般入炉块矿的TFe应大于62%，还原性好，粒度均匀、粉末少，热抗爆性能小，软化温度高于1050℃，熔滴温度高于1450℃，软化区间低于200℃。

由于一些天然矿中含有结晶水和碳酸盐矿物，在高炉上部受煤气加热，逸出水蒸气和 CO_2 气体而使矿石爆裂，影响高炉上部的透气性，称块矿的热爆裂性能。因此，要求块矿的结晶水或碳酸盐矿物的含量少，抗热爆裂性能高，热爆裂指数应小于5%。几种常用块矿冶金性能见表3-28。炉容越大，块矿的热爆裂指数和低温还原粉化率应越小。

表 2-28　几种常用块矿冶金性能

矿种	$w(TFe)$ /%	$w(FeO)$ /%	900℃ 还原度 /%	500℃低温还原粉化率 (−3.15mm)/%	抗爆裂率 (−5mm)/%	荷重还原软化温度/℃		熔滴温度 /℃
						软化开始	软化终了	
澳纽块	65.09	—	73.0	13.8	1.49	1017	1318	1512
澳哈块	66.17	0.50	56.0	19.8	1.56	959	1187	1455
南非块	65.62	0.45	62.7	15.1	1.18	1115	1220	1425
印卡块	66.21	0.63	73.0	15.7	1.32	1196	1398	1447
海南块	57.17	0.35	57.2	12.7	0.10	1187	1219	1256

天然块矿属于生矿，是无需经过人为配加燃料或使用煤气造块，减少了制备

时生成污染物的过程，在性价比经济时值得加大比例。但天然块矿热爆性能和还原性差别很大，不同矿种差别更大，所以在使用时应该尊重高炉需要长期稳定的运行规律，减少品种的更替，减少小品种矿石的配加比例。在使用时要筛分干净，减少粉末入炉，雨季生产时避免使用无法筛分的块矿，及时清理筛网，必要时使用废气余热进行烘干处理。一般说来，褐铁块矿还原性能较磁铁矿和赤铁矿要好，不能单从还原性方面衡量。

2.4 入炉原料有害元素及控制

矿石中含有硫、磷、铅、锌、砷、氟、氯、钾、钠、锡等有害杂质。冶炼优质生铁要求矿石中杂质含量越少越好，不但可减轻对焦炭、烧结矿和球团矿质量的影响，减少高炉熔剂用量和渣量，而且还可减轻炼钢铁水预处理工作量，并为冶炼纯净钢和洁净钢创造必要条件。

鞍钢开发出将有害杂质含量高的烧结机头除尘灰、高炉布袋灰添加生石灰，造球、干燥，加入到转炉炼钢中，切断了有害杂质在炼铁系统的循环。这项成果荣获了国家科技进步奖，在国内得到了推广应用。

2.4.1 硫的危害及控制

2.4.1.1 硫的危害

硫（S）是对钢铁危害最大的元素，它使钢材具有热脆性。硫几乎不熔于固态铁，而是以 FeS 形态存在于晶粒接触面上，熔点低（1193℃），当钢被加热到 1150~1200℃时，被熔化，使钢材沿晶粒界面形成裂纹，即所谓的"热脆性"。

入炉料中硫含量增加将导致熔剂加入量增多，渣量增大，增加高炉热量消耗，焦比上升。高炉入炉硫负荷减少 0.1%，就可使高炉燃料比降低 3%~6%，生铁产量提高 2%。

2.4.1.2 硫的来源及控制

高炉内的硫来自矿石杂质和焦炭、煤粉中的硫化物，熔剂也带入少量的硫。在烧结过程中，可以除去以硫化物形式存在的硫达 90%以上，可以除去以硫酸盐形式存在的硫达 70%以上，所以应充分利用烧结除去矿石中的硫。一般来说，入炉硫量的 60%~80%来自焦炭及煤粉。因此，对入炉焦炭和喷吹煤粉的全硫含量要严格控制。

一般天然块矿含硫 0.15%~0.3%。天然块矿石中含硫的界限量：一级矿石要求含硫不大于 0.06%，二级矿石要求含硫不大于 0.2%，三级矿石要求含硫不大于 0.3%。高炉炼铁配料计算中要求每吨生铁的原燃料总含硫量要控制在 4.0kg 以下，并希望在 3.0kg 以下。否则，要调高炉渣碱度，提高脱硫系数，以确保生铁含硫量合格。高炉入炉硫元素的控制标准见表 2-29。

表 2-29　高炉入炉硫的控制指标

吨铁入炉硫负荷/kg	焦炭含硫量/%	煤粉含硫量/%	炉料含硫量/%
≤3.0	≤0.6	≤0.4	≤0.03~0.05

2.4.2　磷的危害及控制

磷（P）是钢材中的有害成分，它使钢材产生"冷脆性"。

由于烧结和高炉冶炼过程没有脱磷的功能，因此矿石中的磷会全部进入生铁中，这样就要求严格控制入炉料中的含磷量。

磷主要来源于烧结矿，而球团矿、块矿和熔剂中磷含量较少，而烧结矿是高炉的主要原料，因此对烧结矿中的磷含量要严格控制。高炉入炉含磷量的控制指标见表 2-30。

表 2-30　高炉入炉含磷量的控制指标

烧结矿的含磷量/%	炉料含磷量/%	入炉磷负荷/kg·t^{-1}
<0.07	<0.06	<1.0

2.4.3　铅的危害及控制

铅以 PbS、$PbSO_4$ 的形式存在于炉料中，铅在炼铁过程中很容易还原。铅密度大（11.34g/cm^3），熔点低（327℃），沸点高（1540℃），不溶于铁水。在炼铁过程中，铅易沉积于炉底，渗入砖缝中，对高炉炉底有破坏作用，所以用含 Pb 高的矿石炼铁，在高炉底部要设置专门的排铅口，出铁时要降低铁口高度或提高铁口角度。Pb 在高温区能气化，进入煤气中上升到低温区时又被氧化为 PbO，可再随炉料下降形成循环积累。铅主要由块矿带入炉内，天然块矿的含 Pb 量应小于 0.1%。

2.4.4　碱金属的危害及其控制

2.4.4.1　碱金属在高炉内的危害

我国许多高炉都存在碱金属危害问题，其中酒钢、新疆八钢、昆钢、包钢、宣钢等高炉，由于矿石、焦炭等炉料碱金属含量偏高，或入炉碱负荷长期超标，受其影响比其他高炉更严重。

从含铁炉料和燃料中带入高炉的 K、Na 等碱金属，在高炉上部存在碱金属碳酸盐的循环积累，在高炉中下部存在碱金属硅铝酸盐或硅酸盐的循环和积累。

严重时会造成高炉中上部炉墙结瘤,引起下料不畅、气流分布和炉况失常。碱金属使球团矿产生异常膨胀,还原强度显著下降,还原粉化加剧。碱金属能提高烧结矿的还原度,但使烧结矿的还原粉化率大幅度上升,并降低软熔温度、加宽软熔区间。碱金属在高炉不同部位炉衬内滞留、渗透,会引起硅铝质耐火材料异常膨胀;造成风口上翘、中套变形;会引起耐材剥落、侵蚀,造成炉体耐材损坏,炉底上涨甚至炉缸烧穿等事故。碱金属中 K 元素的循环积累及其危害性比 Na 元素更大。

2.4.4.2 碱金属的来源及控制

为保证高炉的正常冶炼并获得良好的技术指标,有效的办法是控制入炉料中碱金属的含量和增加碱金属的排除量。

碱金属由原燃料带入,生产中对焦炭和煤粉灰分成分中的钾、钠含量要检验分析并进行控制。焦炭灰分成分中 K_2O 和 Na_2O 的总含量一般应小于 1.3%。无烟煤灰分中的碱金属含量比烟煤高,高炉使用混合煤喷吹可以控制燃料中带入的碱金属含量,喷吹煤中碱金属含量应控制在 1.5% 以下。

新疆八钢、酒钢等矿石碱金属含量较高,其煤和焦炭中碱金属含量也比中部、东部地区高得多。八钢烧结矿中 K_2O 含量约 0.066%~0.13%,Na_2O 含量约 0.06%~0.21%。高炉入炉 K_2O+Na_2O 总负荷中,矿石带入约占 70%~75%。由于碱金属,尤其是 K_2O 对矿石、焦炭的破坏作用以及对高炉生产设备的危害,需要对矿石、煤炭进行脱碱、脱灰处理,高炉日常生产中要通过配矿、配煤减少碱金属入炉。要对原燃料碱金属含量、高炉入炉碱负荷以及碱金属在高炉系统中的收支平衡进行定期检测分析,把握其变化。碱负荷长期偏高的高炉要定期进行炉渣排碱。

我国普通高炉铁矿石碱金属(K_2O+Na_2O)入炉量限制为 ≤0.25%,吨铁的碱负荷 ≤3kg/t,表 2-31 为大型高炉碱金属的控制指标。

表 2-31 大型高炉碱金属的控制指标

焦炭灰分中 K_2O+Na_2O 的含量/%	≤1.2
喷吹煤灰分中 K_2O+Na_2O 的含量/%	≤1.3
入炉原燃料带入的碱金属量/$kg \cdot t^{-1}$	≤2.2(其中 K_2O 负荷<1.0)

2.4.5 锌的危害及其控制

2.4.5.1 锌在高炉中的循环和危害

锌与含铁原料共存的,常以铁酸盐、硅酸盐及闪锌矿 ZnS 的形式存在。高炉冶炼时，其硫化物先转化为复杂的氧化物，然后再在高于 1000℃ 的高温区被 CO 还原为气态锌。锌蒸气在炉内氧化-还原循环。ZnO 颗粒沉积在高炉炉墙上，可与炉衬和炉料反应，形成低熔点化合物而在炉身下部甚至中上部形成炉瘤。当锌的富集严重时，炉墙严重结厚，炉内煤气通道变小，炉料下降不畅，高炉难以接受风量，崩、滑料频繁，对高炉顺行和生产技术指标带来很大影响。有时甚至在上升管中结瘤，阻塞煤气通道，对高炉长寿也有严重的危害。

2.4.5.2　锌的主要来源及控制

高炉生产中，锌的循环除高炉内部的小循环外，还存在于烧结—高炉生产环节间的大循环系统。一般锌从高炉排出后大部分进入高炉污泥中或干法除尘的布袋灰中，当高炉的锌负荷很高时，除尘器灰中也含有大量的锌。如果锌含量高的高炉尘泥或除尘器灰配入烧结矿中再进入高炉利用，高炉内就会形成锌的循环富集。应研究高炉的循环与危害，以及烧结-高炉生产中锌的外部循环。

烧结配入高炉高锌尘泥和转炉、电炉尘泥，是造成高炉锌富集和危害生产的根源所在，必须打破烧结-高炉间的锌循环链，从源头上切断锌的来源。对于高炉煤气净化灰泥和转炉灰泥、电炉尘泥，必须经脱锌处理后才能回配烧结使用。尽可能少加或不加高锌尘泥到烧结矿中。许多高炉实绩证明，为回收尘泥而牺牲高炉生产顺行的做法得不偿失。

在天然矿、球团矿和焦炭、煤粉（锌含量约 0.03% ~ 0.05%）中，也含有微量的锌，但对高炉不具有威胁性。

为控制锌的入炉量，应对烧结矿和高炉瓦斯泥成分进行日常检测，并加强使用管理。高炉生产中通过配料计算，对入炉锌负荷加以监控（详见表 2-32）。

表 2-32　高炉锌负荷的控制标准

烧结矿中的锌含量/%	入炉锌负荷/kg·t⁻¹	炉料含锌量/%
<0.01	<0.15	<0.008

2.4.6　其他元素

（1）砷（As）：在铁矿石中常以硫化合物即毒砂（FeAsS）等形态存在，它能降低钢的机械性能和焊接性能。烧结过程只能去除小部分，它在高炉还原后溶于铁中。入炉原料允许 As 含量 ≤0.07%。

（2）铜（Cu）：在铁矿中主要以黄铜矿（FeCuS）等形态存在。烧结过程中不能除去铜，高炉冶炼过程中铜全部还原到生铁中。钢中含少量的铜可以改善钢的抗腐蚀性能，但含量超过 0.3% 时，会降低其焊接性能，并产生"热脆"现象。入炉原料允许 Cu 含量不大于 0.2%。

(3) 氟 (F)：氟是高炉炼铁的有害元素，当矿石中含氟较高时，会使炉料粉化，并降低其软熔温度，降低矿、焦熔融物的熔点。含氟炉渣熔化温度比普通炉渣低 100~200℃，属于易熔易凝的"短渣"，使高炉很容易结瘤，对硅铝质耐火材料有强烈的侵蚀作用，通常以萤石作为洗炉熔剂。使用含氟矿时，风口和渣口易破损。矿石中含氟低于 1% 时，对高炉冶炼无影响；当含氟在 4%~5% 时，应提高炉渣碱度，以控制炉渣的流动性。普通矿含氟量一般为 0.05%。

(4) 氯 (Cl)：氯也是对高炉生产和耐材有害的元素，对干式煤气净化余压发电装置和伸缩波纹管有极强的腐蚀。燃烧含氯的煤气，其燃烧产物中会生成剧毒物质二噁英。

氯主要来源于矿石和烧结矿。氯元素易造成高炉炉墙结瘤，耐材破损。焦炭在高炉内吸附氯化物后反应性增强，热强度下降。进入煤气中的氯以 Cl⁻ 形式腐蚀煤气管道，造成煤气泄漏，近几年来采用干法除尘的许多高炉都出现碳钢管道快速腐蚀和不锈钢波纹管腐蚀的问题，还会造成 TRT 发电系统的叶片结垢，使发电量降低。

国内铁矿石含氯很少，进口铁矿石含氯高或用海水选矿带入 NH_4Cl 等物质，应控制进口矿石中氯的含量。一些工厂还喷洒 $CaCl_2$ 降低烧结矿的 RDI，或向喷吹煤粉中添加含氯助燃剂，也是高炉氯的来源之一，应严格禁止。日本、宝钢等已停止向烧结矿喷洒 $CaCl_2$，经验证明，高炉透气性没有明显下降。

(5) 钛 (Ti)：铁矿石中的钛是以 TiO_2、TiO_3、TiO 等形式存在。钛是难还原元素，其氧化物进入炉渣，通过渣焦界面反应和铁水中 [C] 的直接还原分离出 [Ti]，铁水中的 [Ti] 还能与 [C]、[N] 结合生成 TiC 和 TiN 或 Ti(CN)。TiC 和 TiN 熔点极高，分别为 3150℃ 和 2950℃，以固体颗粒形态存在于渣中，使炉渣黏度急剧增大，造成高炉冶炼困难。普通矿烧结配加钛矿粉的量超过一定标准时，会严重降低烧结矿的还原性和强度。由于高炉铁水中的 TiC 和 TiN 颗粒易沉积在炉缸、炉底的砖缝和内衬表面，对炉缸和炉底内衬有保护作用，钛矿常作为普通矿冶炼的高炉护炉料。

钛 (Ti) 对于炼铁来说既是有害元素，又是有益元素。钛能改善钢的耐磨性及耐蚀性，含钛高的矿应作为宝贵的 Ti 资源。但 TiO_2 能使炉渣性质变坏，在冶炼时 90% 进入炉渣；含量不超过 1% 时，对炉渣及冶炼过程影响不大，超过 4%~5% 时，使炉渣性质变坏，易结炉瘤。冶炼普通生铁时，入炉铁矿石含 TiO_2 应小于 1.5%，高炉采取钛渣护炉时可以适当提高 TiO_2 含量。冶炼特种钢时可根据当地资源进行确定，如攀西式钒钛磁铁矿中含 TiO_2 约在 13%。

入炉铁矿石中有害杂质的含量要求见表2-33。

表2-33　入炉铁矿石中有害杂质的含量要求

元素	S	P	Pb	K_2O+Na_2O	Zn	Cu
含量/%	≤0.30	≤0.07	≤0.10	≤0.25	≤0.10	≤0.20
元素	Cr	Sn	As	Ti,TiO_2	F	Cl
含量/%	≤0.25	≤0.08	≤0.07	≤1.50	≤0.05	≤0.001

注：表中数据系指入炉原料中的块矿在15%以下时可供参考。许满兴教授认为以控制原燃料带入高炉的有害元素总量（入炉负荷）为宜。

　　有些与Fe伴生的元素可被还原并进入生铁，能改善钢铁材料的性能，主要有Cr、Ni、V及Nb等。还有的矿石中伴生元素有极高的单独分离提取价值，如Ti及稀土元素等。某些情况下，这些元素的品位已达到可单独分离利用的程度，虽然其绝对含量相对于Fe仍是少量的，但其价值已远超过铁矿石本身，则这类矿石应作为宝贵的综合利用资源。

　　例如，矿石中的有益元素含量达到一定数值时，如Mn≥5%，Cr≥0.06%，Ni≥0.20%，Co≥0.03%，V≥0.1%，Mo≥0.3%，Cu≥0.3%，则称为复合矿石，经济价值很大，应考虑综合利用。

　　其中钛能改善钢的耐磨性和耐蚀性，但使炉渣性质变坏，冶炼时有90%进入炉渣，含量不超过1%时，对炉渣及冶炼过程影响不大；超过4%~5%时，使炉渣性质变坏，易结炉瘤。

2.5　我国铁烧结矿、球团矿标准

　　我国重新修订了黑色冶金行业标准《铁烧结矿》（YB/T 421—2014）和国家标准《高炉用酸性球团矿》（GB/T 27692—2011）见表2-34~表2-37。

表2-34　优质铁烧结矿技术指标（YB/T 421—2014）

项目名称	化学成分（质量分数）/%				物理性能			冶金性能	
	TFe	CaO/SiO₂	FeO	S	转鼓指数(+6.3mm)/%	筛分指数(-5mm)/%	抗磨指数(-0.5mm)/%	低温还原粉化指数(RDI)(+3.15mm)/%	还原度指数(RI)
指　标	≥56.00	—	≤9.00	≤0.03	≥78.00	≤6.00	≤6.50	≥68.00	≥70.00
允许波动范围	±0.40	±0.05	±0.50						

注：TFe和CaO/SiO₂的基数由企业自定。

表 2-35 普通铁烧结矿技术指标（YB/T 421—2014）

项目名称	化学成分/%				物理性能			冶金性能	
	TFe	CaO/SiO₂	FeO	S	转鼓指数(+6.3mm)/%	筛分指数(−5mm)/%	抗磨指数(−0.5mm)/%	低温还原粉化指数（RDI）(+3.15mm)/%	还原度指数（RI）/%
品级	允许波动范围		不大于						
一级	±0.50	±0.08	10.00	0.06	≥74.00	≤6.50	≤6.50	≥65.00	≥68.00
二级	±1.00	±0.12	11.00	0.08	≥71.00	≤8.50	≤7.50	≥60.00	≥65.00

注：1. TFe 和 CaO/SiO₂ 的基数由企业自定。

　　2. 冶金性能指标暂不考核，但生产各厂家应进行检测，报出数据。

表 2-36 铁球团矿化学成分、冶金性能技术指标（GB/T 27692—2011）

项目名称	品级	化学成分（质量分数）/%				冶金性能		
		TFe	SiO₂	S	P	还原膨胀指数（RSI）/%	还原度指数（RI）/%	低温还原粉化指数（RDI）(+3.15mm)/%
指标	一级	≥65.00	≤3.50	≤0.02	≤0.03	≤15.0	≥75.0	≥75.0
	二级	≥62.00	≤5.50	≤0.06	≤0.06	≤20.0	≥70.0	≥70.0
	三级	≥60.00	≤7.00	≤0.10	≤0.10	≤22.0	≥65.0	≥65.0

注：需方如对其他化学成分有特殊要求，可与供方商定。

表 2-37 铁球团矿物理特性技术指标（GB/T 27692—2011）

项目名称	品级	物理特性			粒级/%	
		单球抗压强度/N	转鼓强度(+6.3mm)/%	抗磨指数(−0.5mm)/%	8~16mm	−5mm
指标	一级	≥2500	≥92.0	≤5.0	≥95.0	≤3.0
	二级	≥2300	≥90.0	≤6.0	≥90.0	≤4.0
	三级	≥2000	≥86.0	≤8.0	≥85.0	≤5.0

2.6 《高炉炼铁工程设计规范》对入炉原料要求

《高炉炼铁工程设计规范》（GB 50427—2015）要求入炉原料应以烧结矿和球团矿为主，并采用高碱度烧结矿搭配酸性球团矿（自熔性球团矿）或部分块矿的炉料结构。目前一些企业达不到《高炉炼铁工程设计规范》要求，严重影响了高炉正常生产。表 2-38~表 2-45 是《高炉炼铁工程设计规范》对入炉原料的质量要求。

表 2-38　入炉原料含铁品位及熟料率

炉容级别/m³	1000	2000	3000	4000	5000
平均含铁/%	≥56	≥57	≥58	≥58	≥58
熟料率/%	≥85	≥85	≥85	≥85	≥85

注：平均含铁的要求不包括特殊矿。

表 2-39　入炉烧结矿质量要求

炉容级别/m³	1000	2000	3000	4000	5000
铁分波动/%	≤±0.5	≤±0.5	≤±0.5	≤±0.5	≤±0.5
碱度（CaO/SiO₂）	1.8~2.25	1.8~2.25	1.8~2.25	1.8~2.25	1.8~2.25
碱度波动	≤±0.08	≤±0.08	≤±0.08	≤±0.08	≤±0.08
铁分和碱度波动达标率/%	≥80	≥85	≥90	≥95	≥98
含 FeO/%	≤9.0	≤8.8	≤8.5	≤8.0	≤8.0
FeO 波动/%	≤±1.0	≤±1.0	≤±1.0	≤±1.0	≤±1.0
转鼓指数（+6.3mm）/%	≥71	≥74	≥77	≥78	≥78
还原度/%	≥70	≥72	≥73	≥75	≥75

表 2-40　入炉球团矿质量要求

炉容级别/m³	1000	2000	3000	4000	5000
含铁量/%	≥63	≥63	≥64	≥64	≥64
铁分波动/%	≤±0.5	≤±0.5	≤±0.5	≤±0.5	≤±0.5
转鼓指数（+6.3mm）/%	≥86	≥89	≥92	≥92	≥92
耐磨指数（-0.5mm）/%	≤5	≤5	≤4	≤4	≤4
单球常温耐压强度/N	≥2000	≥2000	≥2200	≥2300	≥2500
低温还原粉化率（+3.15mm）/%	≥65	≥65	≥65	≥65	≥65
膨胀率/%	≤15	≤15	≤15	≤15	≤15
还原度/%	≥70	≥72	≥73	≥75	≥75

注：1. 不包括特殊矿石。
　　2. 球团矿碱度应根据高炉的炉料结构合理选择，并在设计文件中做明确的规定，为保证球团矿的理化性能，宜采用酸性球团矿与高碱度烧结矿搭配的炉料结构。
　　3. 球团矿碱度宜避开 0.3~0.8 的区间。

表 2-41　入炉块矿质量要求

炉容级别/m³	1000	2000	3000	4000	5000
含铁量/%	≥62	≥62	≥63	≥63	≥63
铁分波动/%	≤±0.5	≤±0.5	≤±0.5	≤±0.5	≤±0.5
抗爆裂性能/%	—	—	≤1.0	≤1.0	≤1.0

表 2-42 对含铁原料粒度要求

烧结矿		球团矿		块矿	
粒度范围/mm	5~50	粒度范围	6~18	粒度范围	5~30
>50mm	≤8%	9~18mm	≥85%	>30mm	≤10%
<5mm	≤5%	<6mm	≤5%	<5mm	≤5%

注：石灰石、白云石、萤石、锰矿、硅石的粒度应与块矿相同。

表 2-43 对顶装焦炭质量要求

炉容级别/m³	1000	2000	3000	4000	5000
M_{40}/%	≥78	≥82	≥84	≥85	≥86
M_{10}/%	≤7.5	≤7.0	≤6.5	≤6.0	≤6.0
反应后强度 CSR/%	≥58	≥60	≥62	≥64	≥65
反应性指数 CRI/%	≤28	≤26	≤25	≤25	≤25
焦炭灰分/%	≤13	≤13	≤12.5	≤12	≤12
焦炭含硫/%	≤0.85	≤0.85	≤0.7	≤0.6	≤0.6
焦炭粒度范围/mm	75~25	75~25	75~25	75~25	75~30
粒度大于上限/%	≤10	≤10	≤10	≤10	≤10
粒度小于下限/%	≤8	≤8	≤8	≤8	≤8

注：捣固焦配煤种类差异较大，捣固焦密度差异也较大，热工制度不完善，生产出捣固焦的指标不能完全适应高炉生产的需求，故暂时未列入捣固焦的质量要求。

表 2-44 对喷吹煤质量要求

炉容级别/m³	1000	2000	3000	4000	5000
灰分/%	≤12	≤11	≤10	≤9	≤9
含硫/%	≤0.7	≤0.7	≤0.7	≤0.6	≤0.6

表 2-45 入炉原料和燃料有害杂质量控制值 （kg/t）

K_2O+Na_2O	Zn	Pb	As	S	Cl^-
≤3.0	≤0.15	≤0.15	≤0.1	≤4.0	≤0.6

参 考 文 献

[1] 周传典. 高炉炼铁生产技术手册 [M]. 北京. 冶金工业出版社，2012：1~17.

[2] 项钟庸，王筱留. 高炉设计-炼铁工艺设计理论与实践 [M]. 北京. 冶金工业出版社，

2014：13~21.

［3］王维兴. 高炉炼铁精料技术的内容［C］//全国炼铁生产技术会议暨炼铁学术年会论文集，2010：411~416.

［4］许满兴. 烧结矿的冶金性能对高炉主要操作指标的影响［J］. 烧结球团，2014，39（3）：9~13.

［5］许满兴，张天启. 铁矿石优化配矿实用技术［M］. 北京. 冶金工业出版社，2017：17~26.

［6］胡启晨. 铁矿石冶金性能对高炉的影响及应对措施［C］//第十一届中国钢铁年会论文集，2017：36~39.

［7］杨天钧. 持续改进原燃料质量，提高精细化操作水平，努力实现绿色高效炼铁生产［C］//全国炼铁生产技术会议暨炼铁学术年会，2018：1~11.

［8］王维兴. 高炉炼铁对炉料的质量要求［C］//全国炼铁生产技术会议暨炼铁学术年会论文集，2016：398~405.

［9］张福明. 当代巨型高炉技术进步［C］//全国炼铁生产技术会议暨炼铁学术年会文集，2012：223~233.

［10］GB/T 27692—2011. 高炉用酸性铁球团矿［S］.

［11］YB/T 421—2014. 铁烧结矿［S］.

［12］GB 50427—2015 高炉炼铁工程设计规范［S］.

3 我国高炉炉料的进步

【本章提要】

本章介绍了我国高炉炉料结构的演变过程，烧结矿和球团矿冶金性能对高炉冶炼的影响，低价矿烧结与高炉冶炼，以及宝钢科学管理高炉炉料经验，提出了高炉炼铁四元炉料新构思。

高炉炉料结构研究的范畴仅限于含铁炉料的合理搭配，当前世界上高炉含铁炉料主要有三种：烧结矿、球团矿、天然富矿，它以铁矿资源为基础，以取得最佳技术效果和最大经济效益为目的。高炉的炉料结构有三种形式：中国和日本的高炉炉料结构是以高碱度烧结矿为主，配合酸性球团矿和天然富矿；美国和加拿大的高炉以球团矿作为主要炉料；西欧的几家大型钢铁公司的高炉炉料中烧结矿和球团矿各占一半，几乎没有以天然富矿作为炉料的高炉。熔剂如石灰石、白云石等和焦炭、煤粉均不在炉料结构的范畴之内。研究炉料结构的目的有三个：(1) 合理利用本国和世界的铁矿资源；(2) 使高炉的能耗降到最低；(3) 尽可能降低生铁的成本。

铁矿资源是炉料结构的基础，冶金工作者不可能脱离资源条件追求最佳的炉料结构；节能、减排和降低生铁成本则为研究炉料结构的终极目的。

3.1 我国高炉炉料结构的演变

建国以来，我国高炉炉料结构的演变大体分为三个阶段，第一阶段以天然富矿为主要炉料，时间较短；第二阶段从 20 世纪 50 年代中期开始，自熔性烧结矿成为高炉的主要炉料；第三阶段以高碱度烧结矿取代了自熔性烧结矿，并配合酸性炉料，从 80 年代延续至今。

3.1.1 以天然富矿为主要原料的炉料结构

20 世纪 50 年代初期，我国的国民经济处于恢复阶段，高炉采用天然富矿作为主要炉料，配以少量的烧结矿，生矿率高达 70% 以上。我国铁矿资源虽然丰富，但是高品位的富矿不多，如鞍山的弓长岭、山东的利国驿等铁矿出产少量富矿，含铁品位在 60% 或更高一些的块矿首先保证平炉炼钢使用，高炉使用的富矿来自如吉林省的大栗子、七道沟、河北省的宣化、邯邢地区的矿山村等铁矿，它们含铁品位只有 50% 左右，脉石以酸性的 SiO_2 为主，高炉冶炼时为保证炉渣的流动性必须配加大量石灰石作为熔剂。当时的热风温度低，一般只有 600～700℃，所以焦比和渣量都在 1000kg/t 左右。表 3-1 是当时主要铁矿石成分，表3-2 中列出了 1950 年某厂的高炉生产指标。

表 3-1 铁矿石的名称及化学成分　　　　　（%）

名　称	TFe	FeO	SiO_2	Al_2O_3	CaO	MgO	P	S
弓长岭	44.00	6.90	34.38	1.31	0.28	1.16	0.020	0.007
七道沟	49.05	27.60	12.41	2.58	2.35	1.77	0.011	0.543
庞家堡	48.65	15.20	13.35	2.51	1.46	1.77	0.163	0.179
矿山村	54.50	10.80	11.82	1.68	3.09	0.86	0.034	0.980
利国驿	50.40	15.10	12.60	3.92	5.38	5.75	0.009	0.028
海南岛	54.10	0.60	15.64	3.79	0.39	0.42	0.010	0.003

表 3-2 1950 年某厂的高炉生产指标

利用系数 /t·(m³·d)⁻¹	焦比 /kg·t⁻¹	热风温度 /℃	入炉品位 /%	熟料率 /%	石灰石 /kg·t⁻¹	渣量 /kg·t⁻¹	焦炭灰分 /%
0.787	1063	600	54.54	35.01	649	909	15.67

3.1.2 自熔性烧结矿时代

1953 年我国开始了第一个五年计划，这时钢铁生产已经基本恢复到战争年代以前的水平。以鞍钢七号高炉等三大工程投产为标志，我国的钢铁工业进入了发展时代。学习苏联的技术和经验，采用苏联的烧结设备，高炉的炉料结构逐渐转变为自熔性烧结矿。经过 60、70 年代直到 80 年代的中后期，二元碱度达到1.2～1.3 的自熔性烧结矿在我国高炉炉料结构中占据主导地位，以至当时许多大型高炉的熟料率达到 100%，有代表性的自熔性烧结矿成分见表 3-3。

表 3-3 有代表性的自熔性烧结矿成分　　　　　（%）

名　称	TFe	FeO	SiO_2	Al_2O_3	CaO	MgO	P	S
1955 年矿	52.05	22.60	13.53	0.78	9.72	0.15	0.072	0.067
1965 年矿	49.10	17.78	12.27	0.98	14.72	3.03	0.023	0.038
1971 年矿	47.85	18.92	12.91	0.78	15.83	2.05	0.053	0.055

当时选矿的技术水平不高，铁精矿的含铁品位只有 60%～62%，致使烧结矿

的含铁品位低，SiO₂ 和 FeO 高。但是自从出现了以铁精矿生产的自熔性烧结矿，高炉技术指标有了大幅度改善。风温提高到 950~1000℃，焦比下降至 600kg/t 左右，高炉利用系数也达到 1.5t/(m³·d) 左右。早在 60 年代以本溪钢铁公司的高炉为代表，各项指标都达到了当时的国际先进水平。因而 100% 的自熔性烧结矿和高炉配料中免除石灰石，成为当时烧结和炼铁工作者的追求目标。表 3-4 中列出了 1966 年有代表性的高炉生产指标。

表 3-4　1966 年某厂的高炉生产指标

利用系数 /t·(m³·d)⁻¹	焦比 /kg·t⁻¹	热风温度 /℃	入炉品位 /%	熟料率 /%	石灰石 /kg·t⁻¹	渣量 /kg·t⁻¹	焦炭灰分 /%
1.869	568	1071	49.78	97.60	7.00	659	12.97

3.1.3　高碱度烧结矿为主的炉料结构

20 世纪 60 年代初，当得知高碱度烧结矿在苏联问世的讯息以后，我国便开始了实验研究，并于 1964 年 4 月在首钢烧结厂进行了工业试验，结果表明高碱度烧结矿的还原性和转鼓强度、粒度组成均优于自熔性烧结矿，其原因是二者的矿物结构完全不同，见图 3-1。自熔性烧结矿的矿物组成以磁铁矿为主，粘接相为硅酸钙和玻璃相，高碱度烧结矿以针状铁酸钙（SFCA）为主，呈交织溶蚀结构。

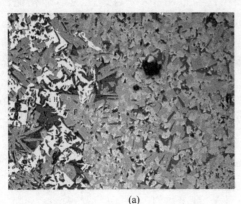 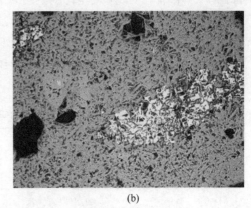

(a)　　　　　　　　　　　　　　　　(b)

图 3-1　自熔性与高碱度烧结矿的显微结构
（a）自熔性烧结矿；（b）高碱度烧结矿

从 1966 年开始的十年"文化大革命"影响了高碱度烧结矿的发展进程，直到 70 年代后期，高碱度烧结矿才在我国许多钢铁厂得到应用，从而为合理炉料结构奠定了基础。

在欧洲和日本的先进高炉启示下，我国的炼铁工作者看到 100%自熔性烧结矿的高炉炉料并非最佳的炉料结构。杭州钢铁厂的高炉从 70 年代便采用高碱度烧结矿配酸性球团矿，并获得很好的冶炼效果。1981 年 12 月冶金工业部周传典副部长在杭钢学术会议上，总结几十年高炉炉料结构的实践和理论研究，指出 "100%自熔性烧结矿不是理想的炉料结构，提出了高碱度烧结矿配加酸性球团矿有可能成为我国重点企业高炉的合理炉料结构"。1982 年召开了全国高炉炉料结构研讨会，从此我国的高炉工作者走上了自觉研究炉料结构的道路。包钢、鞍钢建起了球团矿带式焙烧机，太钢在矿山建起了球团矿竖炉，生产酸性炉料。

1985 年宝钢 1 号高炉开炉并投入生产，证实了高碱度烧结矿配酸性炉料的优越性。从此，高炉炉料结构的发展进入了第三阶段，即高碱度烧结矿搭配部分酸性炉料的阶段，后经过十余年的研究和实践，我国高炉形成了以高碱度烧结为主搭配部分酸性炉料的合理炉料结构格局，主要有以下几种形式。

3.1.3.1　高碱度烧结矿搭配酸性球团矿的形式

高碱度烧结矿搭配酸性球团矿是我国高炉多年来采用的一种主要炉料结构形式，鞍钢、济钢、杭钢等多个大中型企业高炉都采用这种形式，并取得了很大的经济效益。以鞍钢为例，1990 年 6 月进行的采用 70%高碱度烧结矿配 30%酸性球团矿炉料结构的工业试验，试验结果表明，与采用 100%自熔性烧结矿相比，采用上述炉料结构取得了增产 12.21%、降低焦比 7.7%、生铁一级品率由 39.2%提高到 81.7%的良好效果。此后，鞍钢部分大型高炉采用了 75%碱度为 1.85 左右的烧结矿配加 25%酸性球团矿的炉料结构。该公司 1997 年的平均高炉指标见表 3-5。

表 3-5　1997 年鞍钢高炉不同炉料结构的生产指标

炉　号	炉容/m³	炉料结构	入炉品位 /%	利用系数 /t·(m³·d)⁻¹	综合焦比 /kg·t⁻¹
4	1000	自熔性热烧结矿	53.65	1.486	591
7（1~6 月）	2557	自熔性热烧结矿	54.32	1.475	552
7（7~12 月）		75%高碱度+25%酸性球	55.30	1.780	545
10	2580	75%高碱度+25%酸性球	55.53	1.910	507
11	2580	75%高碱度+25%酸性球	55.44	1.845	534

济钢是我国高炉炉料结构较早采用球团矿的企业，1970~1985 年一直生产自熔性球团矿，其间高炉也一直以自熔性烧结矿配自熔性球团矿为炉料结构。1985

年6月，济钢开始进行酸性球团矿生产试验，并立项进行了合理炉料结构的研究，1986年6月开始生产酸性球团矿，1987年高炉炉料结构转变为高碱度烧结矿配酸性球团矿。炉料结构发生转变后，高炉技术经济指标得到了很大改善，1987年与1985年相比，高炉产量提高12.41%，焦比降低28kg/t。进入90年代后，济钢烧结以进口矿粉为主配料，实行低成本、高质量模式运行，烧结工艺实现"三混"、燃料分加、700mm厚料层小球烧结，有效地提高了烧结矿的质量；高炉坚持使用高碱度烧结矿搭配酸性炉料的合理炉料结构，高炉经济技术指标在全国同类型企业中处于较领先水平，1999年入炉矿品位为57.79%，利用系数2.796t/($m^3 \cdot d$)，焦比438kg/t，煤比104kg/t，渣比353kg/t。1995~1999年济钢的炉料结构与高炉操作指标列于表3-6。

表3-6 济钢高炉炉料结构及冶炼指标

年　份		1995	1996	1997	1998	1999
烧结矿	配比/%	54.99	69.60	72.13	74.00	75.21
	$w(TFe)$/%	51.70	53.94	54.38	55.28	56.27
	CaO/SiO_2	2.15	1.94	1.84	1.77	1.81
球团矿	配比/%	26.57	25.40	27.50	24.54	21.91
	$w(TFe)$/%	61.37	61.29	61.12	62.25	63.30
	CaO/SiO_2	0.20	0.17	0.14	0.17	0.15
入炉品位/%		55.35	55.80	56.26	57.07	57.79
利用系数/t·($m^3 \cdot d$)$^{-1}$		2.278	2.498	2.640	2.692	2.796
焦比/kg·t^{-1}		539	524	491	476	438
煤比/kg·t^{-1}		32	66	80	93	104
渣比/kg·t^{-1}		—	504	—	—	353

3.1.3.2 高碱度烧结矿搭配酸性球团矿和块矿

高碱度烧结矿搭配酸性球团矿和块矿的炉料结构在我国炼铁界较为普遍，像宝钢、包钢、安钢等大中型企业均采用这种炉料结构。

（1）宝钢高炉的炉料结构。宝钢高炉自1985年投产以来，经过三期建设，吸取国内外先进经验，不断完善炉料结构，提高烧结矿品位和降低SiO_2含量，不断提高入炉矿品位和降低渣量，高风温和低渣量为加大喷煤量创造了条件，使高炉冶炼指标跨入了世界先进行列。1999年，宝钢的炉料结构为76.1%烧结矿+7.9%球团矿+16%块矿，主要指标为入炉矿品位60.17%，利用系数2.257t/($m^3 \cdot d$)，焦比293kg/t，煤比207kg/t，渣比259kg/t，详见表3-7。

表 3-7　宝钢高炉炉料结构及冶炼指标

年　份		1985	1992	1996	1997	1998	1999
炉料结构	烧结矿/%	85. 0	80. 5	78. 7	73. 7	74. 9	76. 1
	球团矿/%	5. 0	6. 1	8. 0	10. 3	9. 1	7. 9
	块矿/%	10. 0	13. 4	13. 3	16. 0	16. 0	16. 0
烧结质量	$w(TFe)$/%	56. 54	56. 92	56. 74	56. 72	57. 78	58. 85
	$w(SiO_2)$/%	6. 19	5. 49	5. 50	5. 38	4. 80	4. 51
	CaO/SiO_2	1. 56	1. 73	1. 79	1. 81	1. 81	1. 85
入炉品位/%		58. 11	58. 35	58. 40	58. 86	59. 45	60. 17
利用系数/t·(m³·d)⁻¹		1. 764	2. 094	2. 034	1. 983	2. 052	2. 257
综合焦比/kg·t⁻¹		544. 0	413. 3	410. 0	380. 0	320. 0	293. 0
煤比/kg·t⁻¹		8. 1（油）	14. 7+28. 5（油）	94. 0	109. 0	172. 0	207. 0
渣比/kg·t⁻¹		320	299	293	307	265	259

（2）包钢高炉炉料结构。包钢高炉原料氟高、碱金属高、且含稀土元素，其烧结、球团生产和高炉冶炼都有很大难度。包钢在高炉生产实践中，始终把炉料质量和炉料结构放在重要位置，高炉生产不断取得进步和发展。1977 年，包钢率先生产并使用高碱度烧结矿，高碱度烧结矿的使用不仅使包钢解决了烧结矿的强度问题，而且还基本解决了困扰包钢 10 年之久的烧结制约炼铁发展的"瓶颈"问题，对包钢生产起到了转折性的推动作用。80 年代初，原冶金工业部组织了包钢高炉炉瘤攻关，同时解决包钢原料的质量问题。进入 90 年代，包钢又组织了包钢烧结矿粒度细化问题攻关，并开发了低氟低硅高碱度烧结矿技术，为实现包钢高炉炉料结构的合理化打下了基础。包钢高炉炉料结构及冶炼指标见表 3-8。由表 3-8 可见，包钢高炉由于烧结矿和球团矿碱金属和氟含量高，在使用自熔性烧结矿阶段，高炉生产一直处于较低水平，直到 1978 年改为高碱度烧结矿搭配酸性球团矿的炉料结构后，高炉冶炼才走上正常发展的道路。

表 3-8　包钢高炉炉料结构及冶炼指标

年　份		1967	1977	1982	1987	1993	1997	1998	1999
炉料结构	烧结矿/%	20. 30	77. 00	73. 70	65. 80	73. 40	71. 82	72. 35	85. 00
	球团矿/%	—	5~10	5~10	15~20	24. 10	17. 09	18. 05	15. 00
	块矿/%	79. 70	10~15	15~20	10~15	2. 20	10. 90	9. 60	0

年　份		1967	1977	1982	1987	1993	1997	1998	1999
烧结质量	$w(TFe)/\%$	46.78	45.75	50.26	49.87	53.22	53.24	52.86	56.68
	$w(SiO_2)/\%$	11.98	7.91	6.43	6.77	6.09	6.05	6.38	5.99
	CaO/SiO_2	0.91	1.84	1.85	1.85	1.75	1.87	1.87	1.80
球团质量	$w(TFe)/\%$	—	55~56	—	62.80	62.35	61.73	61.85	62.03
	CaO/SiO_2	—	0.5~0.6	—	0.076	0.11	0.13	0.12	0.13
入炉品位/%		48.60	47.07	50.30	52.88	55.84	56.01	55.57	56.62
利用系数/$t \cdot (m^3 \cdot d)^{-1}$		0.788	0.463	1.082	1.351	1.637	1.519	1.568	1.760
综合焦比/$kg \cdot t^{-1}$		793.2	878.0	611.1	598.4	579.7	556.9	558.7	450.3
煤比/$kg \cdot t^{-1}$		—	—	—	—	70.88	71.72	81.46	101.6

（3）安钢高炉的炉料结构。安钢高炉的炉料结构先后经历了三个阶段，第一阶段为 1982 年前采用天然块矿配低碱度烧结矿阶段；第二阶段是 1983 年新建 4 台 24m^2 烧结机后的自熔性烧结矿阶段；第三阶段是 1985 年开始生产高碱度烧结矿后，85%左右的高碱度烧结矿搭配 15%左右高品位块矿阶段。安钢在不断总结优化炉料结构的经验时得出：高碱度烧结矿的生产，使烧结矿的质量得到根本改善，是安钢向优化高炉炉料结构迈出的关键一步。多年来，安钢树立"以炼铁为中心，坚持走精料之路，以优化炉料结构为目标，全面提高原燃料质量"的观念，推动烧结和炼铁生产的发展。进入 90 年代后，安钢不断提高烧结矿品位，使高炉冶炼指标大幅度提高，处于全国同类企业的先进行列。

3.1.3.3　高碱度小球烧结矿配加酸性球团矿

小球烧结是国家"八五"攻关项目的成果，它综合了烧结、球团的工艺特点，是一种新工艺。高碱度小球烧结矿搭配酸性球团矿的炉料结构首先在安钢水冶铁厂的高炉上使用。安钢水冶铁厂拥有 4 座 100m^3 高炉，其炉料结构的发展经历了以下三个阶段：第一阶段为自熔性土烧结矿搭配自熔性球团矿；第二阶段为高碱度土烧结矿搭配使用酸性球团矿；第三阶段为高碱度小球烧结矿搭酸性球团矿，不同阶段的高炉冶炼指标列于表 3-9。安钢水冶公司自 1996 年以来的高炉冶炼指标足以说明，高碱度小球团烧结矿与酸性球团矿搭配的炉料结构的冶炼效果更优于高碱度烧结矿配加酸性球团矿的炉料结构。当时，三明钢铁厂、新疆八钢和邯钢一烧等企业先后实现了小球烧结工艺，并取得了较好的高炉冶炼效果。三钢高炉采用新型的高碱度小球烧结矿配加高品位块矿的炉料结构后，1999 年高炉利用系数平均达到 2.939$t/(m^3 \cdot t)$，焦比降至 412kg/t。

表 3-9　安钢水冶公司炉料结构及冶炼指标

年　份		1989	1991	1996	1997	1998	1999
炉料 结构	烧结矿/%	50.00	57.70	60.00	65.00	67.50	70.00
	球团矿/%	50.00	38.50	40.00	35.00	32.50	30.00
	块矿/%	—	4.80	—	—	—	—
小球 烧结 质量	$w(\mathrm{TFe})$/%	—	—	55.45	54.64	56.64	57.02
	$w(\mathrm{SiO_2})$/%	—	—	5.84	6.62	5.34	5.64
	$\mathrm{CaO/SiO_2}$	1.18	2.02	2.00	2.00	1.90	1.92
球团 质量	$w(\mathrm{TFe})$/%	—	58.04	59.66	59.66	59.20	59.31
	$\mathrm{CaO/SiO_2}$	1.16	0.43	0.23	0.24	0.24	0.25
入炉品位/%		55.97	52.92	57.13	56.14	57.44	57.71
利用系数/t·(m³·d)⁻¹		1.928	2.335	2.940	3.160	3.420	3.710
综合焦比/kg·t⁻¹		625.00	597.00	613.29	616.37	605.55	585.00

3.1.3.4　高碱度烧结矿配加酸性烧结矿

　　酒钢高炉原料是低品位且含钡特殊矿，早期高炉采用块矿、低碱度烧结矿和自熔性烧结矿的炉料结构，高炉技术经济指标长期徘徊在较低的水平。"八五"期间，酒钢与北京钢研总院合作开发出了酸性烧结矿。通过几年的生产实践，高碱度烧结矿搭配酸性烧结矿的炉料结构的采用，使酒钢高炉技术经济指标取得了长足进步（见表 3-10）。酒钢高炉炉料结构的生产实践为我们提供了这样一个典范，在既缺乏酸性炉料又不适合生产酸性球团矿的企业，可以采用酒钢高炉这样的炉料结构。

表 3-10　酒钢高炉炉料结构及冶炼指标

年　份		1996	1997	1998	1999
炉料 结构	烧结矿/%	68.23	60.24	57.89	62.30
	球团矿/%	27.43	33.00	35.00	30.00
	块矿/%	4.34	6.76	7.11	7.70
烧结 质量	$w(\mathrm{TFe})$/%	49.06	46.88	47.28	48.02
	$w(\mathrm{SiO_2})$/%	11.29	9.38	9.36	9.32
	$\mathrm{CaO/SiO_2}$	1.32	1.75	1.75	1.73
球团 质量	$w(\mathrm{TFe})$/%	51.52	54.12	53.75	53.92
	$\mathrm{CaO/SiO_2}$	0.61	0.35	0.42	0.42
入炉品位/%		50.21	49.70	49.61	50.47
利用系数/t·(m³·d)⁻¹		1.398	1.628	1.728	1.936
焦比/kg·t⁻¹		606.5	598	572	552
煤比/kg·t⁻¹		40.4	43.3	42.9	49.8

3.1.3.5 高碱度烧结矿搭配低碱度烧结矿

解放初期，我国低碱度烧结矿的生产指标和性能均很差，因此很难将低碱度烧结矿作为酸性炉料加入高炉。近年来，随着低碳厚料层低温烧结工艺的实现和小球烧结工艺的开发，小球低碱度烧结矿的质量大大改善，甚至超过了酸性球团矿的质量，小球烧结矿已作为酸性炉料与高碱度烧结矿搭配组成了合理的炉料结构。1998年8月石钢在缺乏酸性炉料的条件下，采用强化制粒工艺优化低碱度烧结矿的生产质量，开始采用高碱度烧结矿搭配低碱度烧结矿的炉料结构，之后高炉冶炼指标明显改善，详见表3-11。

表3-11 石钢烧结矿的化学成分及冶金性能

成分及性能	自熔性烧结矿	高碱度烧结矿	低碱度烧结矿
$w(TFe)/\%$	54.84	56.81	59.26
$w(FeO)/\%$	16.58	12.01	14.42
$w(SiO_2)/\%$	7.68	4.85	5.69
CaO/SiO_2	1.25	1.95	0.80
900℃还原性（RI）/%	66.4	83.5	71.5
500℃低温还原粉化率（$RDI_{+3.15}$）/%	81.6	79.9	87.6
开始软化温度/℃	1078	1128	1040
软化温度区间/℃	253	180	190

3.1.3.6 五种形式炉料结构性能分析

我国近二十年来高炉生产的实践，已形成了以上五种形式的合理炉料结构，它们的共同点是高碱度烧结矿搭配一定比例的酸性炉料。为什么高碱度烧结矿搭配酸性炉料的炉料结构会比单一的自熔性烧结矿取得良好的冶炼效果呢？这是由于烧结矿在自熔性碱度范围内软熔带很宽，而在高碱度范围内，烧结矿的还原性和还原强度优良，脉石熔点升高使软熔带变得很窄，加上酸性炉料高品位和脉石含量低的双重作用，从而降低了软熔带的位置和厚度，改善了熔融带的透气性，有利于高炉顺行和提高煤气利用率，使得高炉操作指标得到改善。几种高碱度烧结矿与自熔性烧结矿的冶金性能比较列于表3-12，高碱度烧结矿搭配酸性炉料与单一自熔性烧结矿熔滴性能比较列于表3-13。

表 3-12　高碱度烧结矿与自熔性烧结矿的冶金性能比较

| 企业 | CaO /SiO$_2$ | 900℃ RI/% | 500℃ RDI$_{+3.15}$/% | 荷重软化性能 | | 熔滴性能 | | | | |
				T_{BS}/℃	ΔT_B/℃	T_s/℃	T_d/℃	ΔT/℃	Δp_m/kPa	S 值/kPa·℃
首钢	1.34	75.0	86.5	1040	175	1390	1459	69	1.470	67.62
	1.68	82.5	90.4	1150	210	1480	1495	15	3.920	51.45
	2.00	89.5	91.5	1140	260	1525	1575	50	7.840	367.50
酒钢	1.26	68.0	96.9	1098	99	1268	1480	212	7.448	1475.01
	1.73	80.0	98.0	1166	100					
	2.18	90.0	98.3	1139	211					
莱钢	1.35	60.7	74.1	1127	73	1226	1418	192	5.586	1072.5
	1.80	79.4	85.3	1073	141	1357	1550	193	9.8	1891.4
	2.10	88.1	86.7	1100	136					
韶钢	1.44	76.0	89.9	1100	112	1310	1480	170	2.842	399.84
	1.85	83.5	89.8	1069	150	1380	1480	100	3.479	298.90
	2.22	91.0	84.5	1027	170					

注：T_{BS} 和 T_B 分别表示软化开始温度和软化温度区间；T_s 和 T_d 分别表示压差开始陡升温度和开始滴落温度；ΔT 和 Δp_m 分别表示熔滴温度区间和最高差值，S 为熔滴性能总特性值，$S = \int_{T_s}^{T_d} (\Delta p_m - \Delta p_s) \cdot dT$

表 3-13　高碱度烧结矿搭配酸性炉料与单一自熔性烧结矿熔滴性能比较

| 企业 | 炉料组成 | 熔滴性能 | | | | |
		T_s/℃	T_d/℃	ΔT/℃	Δp_m/kPa	S 值/kPa·℃
杭钢	100%R=1.10 烧结矿	1210	1450	240	2.058	446.88
	50%R=1.87 烧结矿 + 50%R=0.70 球团矿	1385	1535	150	1.274	117.60
	50%R=2.39 烧结矿 + 50%R=0.40 球团矿	1210	1425	215	1.862	294.98
太钢	100%R=1.31 烧结矿	1255	1415	160	2.891	384.16
	80%R=1.87 烧结矿 + 20%R=0.05 球团矿	1405	1430	25	1.078	14.70
	67.4%R=2.14 烧结矿 + 36.6%R=0.05 球团矿	1375	1390	15	1.519	15.44
鞍钢	100%R=1.63 烧结矿	1445	1509	64	4.096	230.81
	85%R=1.63 烧结矿 + 15%R=0.08 球团矿	1449	1472	23	1.862	31.56
	75%R=1.89 烧结矿 + 25%R=0.08 球团矿	1465	1468	3	0.833	1.03
酒钢	100%R=1.26 烧结矿	1268	1480	212	7.448	1475.01
	70%R=1.96 烧结矿 + 30%R=0.06 球团矿	1347	1453	106	3.430	311.64
	65%R=2.18 烧结矿 + 35%R=0.06 球团矿	1351	1432	81	2.450	158.76

企业	炉料组成	熔滴性能				
		$T_s/℃$	$T_d/℃$	$\Delta T/℃$	$\Delta p_m/kPa$	S 值/kPa·℃
攀钢	100%R=1.53 烧结矿	1175	1470	295	7.546	2081.52
	85%R=1.70 烧结矿 + 15%风云块矿	1251	1490	239	6.566	1670.90
	80%R=1.74 烧结矿 + 20%大宝山块矿	1250	1465	215	5.635	1106.18
韶钢	100%R=1.44 烧结矿	1310	1480	170	2.842	399.84
	80%R=1.74 烧结矿 + 20%大宝山块矿	1335	1445	110	2.793	253.33
	70%R=2.09 矿 + 20%大宝山 + 10%海南块矿	1400	1505	105	1.323	87.47

　　熔滴性能是评价含铁炉料冶金性能优劣最重要的性能，由于它决定着高炉内熔滴带的厚度和透气性，而熔滴带的透气阻力占整个高炉阻力损失的60%以上，因此合理炉料结构的研究是根据综合炉料（高碱度烧结矿搭配酸性炉料组成）的熔滴性能所决定的。已有的研究表明，含铁炉料开始熔融温度（T_s）即压差开始陡升（Δp_s）温度取决于FeO低熔点渣的熔点，含FeO高的炉料会较早地造成压差陡升，渣相中的FeO取决于炉料被还原的程度，造成含FeO高的和还原性差的炉料开始熔融温度低。开始滴落温度（T_d）取决于渣相熔点和金属渗碳反应。高碱度烧结矿由于含FeO低和还原性优良，所以它开始熔融温度高，同时由于其渣相熔点高开始滴落温度也升高，但前者的幅度大于后者，造成熔滴温度区间即熔滴带的厚度变窄（$\Delta T = T_d - T_s$）。同样，酸性球团矿和低碱度的小球烧结矿，由于品位高，含FeO低和气孔率高，也会造成熔滴性能优良，合理的炉料结构要求优良的酸性炉料的熔滴性能总特性S值应不大于40kPa·℃。最大压差值（Δp_m）取决于熔滴带的厚度、渣相量及渣相黏度。因此，合理炉料结构要求单一炉料的质量高，SiO_2和Al_2O_3含量要低、低渣铁比才有利于形成合理的炉料结构，熔滴温度区间和透气性（$\Delta p_m - \Delta p_s$）都是单一因素，唯有S值是最能综合判断炉料结构是否合理的指标。从改善S值出发，合理炉料结构需要考虑的是优化单一炉料的质量和高低碱度炉料合理搭配的比例。

3.1.4 合理炉料结构的原则

　　（1）高品位、低渣量的原则。合理炉料结构建立在优质的原料基础上，没有优良的原料质量，就不会有合理的炉料结构。具体地说，1%的入炉矿品位，影响燃料比1.6%，影响高炉产量2.25%，而且品位与SiO_2含量是联系在一起的。入炉矿的SiO_2含量升高1.0%，渣量会增加50kg/t，影响15kg/t喷煤比，100kg/t渣量将会影响燃料比和产量各3%~3.5%。宝钢近期开发出了高品位、低SiO_2烧结技术，已将烧结矿的品位提高到58.5%，SiO_2降到4.5%的水平，渣比降到了 260kg/t，为实现煤比超过 200kg/t 创造了条件。烧结矿和球团矿的 SiO_2 和 Al_2O_3 含量高是产生高渣比的根本原因，应当加以控制。在提高品位和降低 SiO_2 和 Al_2O_3 含量的过程中，应注意通过试验掌握成品矿的质量和冶金性能的变化。

（2）以高碱度烧结矿为主的原则（目前我国条件下）。高碱度烧结矿不论产量还是质量，不论是物理性能还是冶金性能都比自熔性烧结矿优越得多，我国高炉生产原料以烧结矿为主，因此我国高炉的合理炉料结构必然确立以高碱度烧结矿为主的原则。在这个问题上，有两点需要认识清楚：一是高碱度烧结矿从矿物组成出发，有一个最佳碱度范围。大量的试验研究和生产实践证明，这个最佳范围在 1.8~2.3，碱度低于 1.80，烧结矿的产量、质量都会受到影响，每个企业均应通过试验确定适合自己的最佳碱度；二是高碱度烧结矿的生产工艺不断发展，高碱度小球烧结工艺由于强化了制粒工艺，使料层透气性得到明显改善，另外燃料和熔剂分加技术的应用，使高碱度小球烧结矿成品质量明显改善，而且工序能耗下降，该工艺同传统的高碱度烧结矿生产工艺相比，显示出一定的优越性。因此，有条件的企业，今后应把生产高碱度小球烧结矿作为优化高炉炉料结构的重点。

这里为什么要提出在我国目前条件下呢？因为我们要走低燃料比炼铁的路，西欧和美国高炉生产的实践告诉我们，以高品位球团矿为主的炉料结构有利于降低渣量、降低燃料比，例如瑞典的高炉 100% 高品位球团矿冶炼，渣铁比仅为 150~160kg/t，燃料比达到 450kg/t 的先进水平。美国高炉以 80% 熔剂性球团 +20% 高碱度烧结矿的炉料结构，渣铁比 240~260kg/t，燃料比 500kg/t 左右。我国 2012 年 77 家重点企业的平均燃料比为 513kg/t，全国 380 余家年平均燃料比距世界先进水平仍有一大段距离。我国有大量的磁精矿粉，也有条件走以球团矿为主的炉料结构的可能。

（3）低 MgO、低 Al_2O_3 的原则。MgO 含量虽然有利于烧结矿的 *RDI* 的改善和炉渣流动性和脱 S 效果的提高，但对烧结矿的冷强度和还原性有较大的负面影响。学者许满兴通过计算（不是铁矿粉自带，而是外配白云石提高烧结矿的 MgO 含量），提高 1% 的 MgO，吨铁成本将提高 96.60 元，而且国内外均有低 MgO 烧结和高炉冶炼的经验，例如韩国浦项炼铁，烧结矿的 MgO 为 0.78%，高炉炉渣的 MgO 含量低至 3.23%；日本新日铁的烧结矿 MgO 历来均低于 1.0%；我国三明钢铁公司也有低 MgO 烧结和高炉炼铁低 MgO 炉渣的实践，烧结矿的 MgO 为 0.64%~0.8%，高炉炉渣 MgO 为 6%，高炉操作指标良好。因此建议将烧结矿的 MgO 定为小于 1.5% 的水平，有利于低成本、低燃料比炼铁。

Al_2O_3 是烧结生产形成铁酸钙（$5CaO \cdot 2SiO_2 \cdot 9(AlFe)_2O_3$）的必要成分，合理的 Al_2O_3/SiO_2 为 0.1~0.4，2% 是烧结矿 Al_2O_3 含量的界限值，烧结矿的

Al_2O_3 大于 2% 后，其冷强度和 *RDI* 指数会大幅度下降，而且 Al_2O_3 升高后，进入高炉会影响炉渣的流动性和脱硫效果。正因为有以上的情况，故炉料结构应坚持低 MgO 和低 Al_2O_3 的原则。

（4）矿产资源合理配置的原则。高炉炼铁本身就是矿产资源的加工过程，它当然要与资源的合理配置相适应：这应根据企业有无自产矿山资源的区别，例如鞍钢、太钢与宝钢和宁波钢铁就不大可能实行一样的炉料结构；同时也要区别沿海港口企业与内地企业的条件，港口企业无原料的运输费用，内地企业不能不考虑运费对成本和效益的影响；还有考虑企业有无球团产能的区别，例如鞍钢和武钢、马钢、京唐公司有较大的球团产能，配用球团矿的比例一般会比无球团产能的企业应高得多。

（5）低成本、低燃料比的原则。低耗、环保、高效、低成本是高炉炼铁追求的目标，低成本是核心。要实现低成本，靠的是优化采购、优化配矿、优化用矿、以稳定的炉料质量作基础。高炉炼铁低成本、低燃料比是一个互相依存的关系，低燃料比有利于降低炼铁成本。不能把低成本与低燃料比对立起来，近几年来个别企业一切从低成本出发，不考虑燃料比的高低，这不仅影响了企业的声誉，也对社会环境造成重大影响。低品位、劣质炉料与低燃料比是相违背的，它不能实现高炉的稳定顺行，没有高炉炉况的稳定顺行，高炉高效、低成本炼铁的一切目标都将会全部落空。高炉生产实践证明，以低燃料比求高产是炼铁工作者操作高炉的最佳选择。

3.1.5　高炉炉料结构的分析

高炉的炉料结构没有固定的模式，主要取决于资源条件和地理环境，对于一个企业如此，对于一个国家也同样。我国东部沿海地区如宝钢的高炉，炉料中烧结矿占 77%，与日本、韩国的高炉相似，球团矿 5% ~ 12%，其余为块矿；而西部新疆八一钢铁公司的高炉炉料中球团矿占了 65%。研究高炉炉料结构的目的，在于合理利用我国及世界的铁矿资源，使高炉冶炼处于最佳的工况，以便获得最大的经济效益。

例如欧美高炉的炉料结构则有所不同，有的以球团矿为主，也有烧结矿球团矿各占一半，表 3-14 中列出了几家有代表性的工厂的炉料结构。

表 3-14　欧美几家有代表性的炉料结构

国　家	厂　家	烧结矿 /%	球团矿 /%	块矿 /$kg \cdot t^{-1}$	渣量 /$kg \cdot t^{-1}$
瑞典	瑞典钢铁	0.5	99.5	36	146
加拿大	多法斯科	—	100.0	—	194
德国	博莱门	51.1	48.9	86	184

国　家	厂　家	烧结矿/%	球团矿/%	块矿/kg·t⁻¹	渣量/kg·t⁻¹
荷兰	霍哥文	48.0	52.0	37	205
芬兰	洛得鲁基	73.7	26.3	—	203
比利时	斯得玛	87.0	13.0	30	259

国外高炉的生产实践表明，虽然炉料结构不同，但它们均能得到良好的冶炼效果，瑞典与芬兰的高炉具有完全不同的炉料结构，但他们的技术经济指标均是世界一流水平（见表 3-15）。

表 3-15　两种不同炉料结构的高炉冶炼效果

项　目		瑞典高炉	芬兰高炉
矿石种类		球团矿	烧结矿
化学成分/%	TFe	66.5	60.4
	SiO₂	2.4	4.2
	CaO	0.2	7.5
	MgO	1.7	—
	焦炭灰分	8.5	9.4
高炉生产指标	利用系数/t·(m³·d)⁻¹	3.5	3.4
	综合燃料比/kg·t⁻¹	457	439
	高炉渣量/kg·t⁻¹	146	203

目前，高碱度烧结矿为主的高炉炉料结构已经成为我国高炉工作者的共识，并且取得了良好的效果。但是我国国土辽阔，各地的铁矿资源和运输条件有很大的差异，所以高炉炉料结构也不尽相同。表 3-16 列出我国部分高炉炉料结构，表 3-17 列出 2016 年与 2017 年先进高炉和全国重点钢铁平均指标。

表 3-16　我国部分高炉炉料结构举例

不同地区高炉	高碱度烧结矿/%	酸性球团矿/%	天然块矿/%	燃料比/kg·t⁻¹	利用系数/t·(m³·d)⁻¹	渣量/kg·t⁻¹
华东沿海	77.00	5.10	17.90	476	2.40	258
华北地区	68.52	28.56	2.92	517	2.14	294
西北地区	32.43	67.57	—	538	3.97	260

从表 3-16 可以看出，位于华东沿海的高炉，铁矿资源全靠进口外矿，高碱度烧结矿和块矿比例高；位于华北地区铁精粉自给率在 50% 左右，所以球团矿配比高；西北地区铁矿自给率高，且为球团矿，所以高炉炉料中球团矿所占比例大。

表 3-17 2016 年与 2017 年主要高炉指标年度平均值对比

项目	利用系数 /t·(m³·d)⁻¹	焦比 /kg·t⁻¹	煤比 /kg·t⁻¹	燃料比 /kg·t⁻¹	顶压 /kPa	η_{CO} /%	渣比 /kg·t⁻¹	品位 /%	转鼓 /%	熟料率 /%
2016 年	2.620	361.30	139.40	532.40	183	45.0	348.0	56.85	76.69	84.90
2017 年	2.630	362.66	139.34	537.86	186	44.7	363.9	56.27	77.96	89.06

我国的钢铁工业发展迅速，生铁的产量增长很快，但我国的铁矿资源不足，而且贫矿、复合矿居多，矿石的产量和增长速度均不能满足需求，因此，进口铁矿的数量逐年增加。表 3-18 列出了近十年进口铁矿和国产矿量。

表 3-18 近十年进口铁矿和国产矿量 （万吨）

年 份	2008	2009	2010	2011	2012	2013	2014	2015	2016	2017
年进口铁矿石量	44365	62778	61865	68608	74355	81310	93269	95284	102412	107473
年国产铁矿石量	82401	88127	107155	132694	130964	145101	151424	138129	128089	122937

注：国产铁矿石是原矿产量。

我国既然铁矿资源不足，需要大量进口，粉矿当然应为首选，因而决定了我国的高炉原料应以烧结矿为主。尽管近几年球团矿在高炉炉料中的比重有所增加，就全国总体而言，烧结矿仍将是我国高炉的主要原料，但是不排除在某些特定条件下的钢铁企业，球团矿会成为高炉主要的原料。

3.2 高炉炼铁合理炉料结构新概念

21 世纪初的 10 年，中国钢铁工业为了满足国民经济 GDP 高速增长的需要，产量迅速增加。但是必须认识到，许多产能的增长是在一种低水平模式的基础上发展起来，诞生了大量的中、小型钢铁生产企业，目前（2017 年）我国有 550 家炼铁企业。炼铁生产都是中、小型高炉，原料质量低下，炉料加工粗糙，很难实现"精料"方针，更不能实现节能减排，并浪费资源。由于其总体规模极大，分布地域广阔，对国民经济的进一步发展带来了严重的危害和负面影响，"产能过剩，节能减排"引发的问题十分严重。

虽然近年来也加快了"大型化"的步伐，建设了不少大型高炉，但实际生产指标并不先进，也没有显现出"大型化"的优越性和在节能减排方面的显著成效。专家们研究发现，最根本的原因还是在于原料的不精或炉料结构的不合理，问题的本质是对精料的意义和合理炉料结构概念的理解不够深刻。

高炉炼铁对入炉含铁原料的质量要求，随着炼铁技术的进步不断提高。在20 世纪 50 年代，为了保证高炉炼铁有一个一般水平的指标，中国就制订了一条规范：人炉铁矿石品位应≥50%。并提出"高炉是炼铁，不是炼渣"的说法。和其他产业一样，对使用的原材料都有一定的质量要求，这也是高炉炼铁最原始的"精料"概念。随着富块矿资源的越来越少，大量采用粉矿烧结时，作为人造富矿的烧结矿比生料块矿给高炉带来了更多好处。同时为了高炉生产的"增铁节焦"和改善烧结矿性能，开始在烧结料中配加石灰石和白云石，从而减少高炉中因碳酸钙分解的热量耗损和改善炉料性能而生产自熔性烧结矿、熔剂性烧结矿和高碱度烧结矿。为了达到增铁节焦的最大效果，在中国开始了100%"自熔性烧结矿"的高炉炼铁时代。但根据米列尔博士和孔令坛教授的大量试验研究和生产实践的经验：当满足高炉冶炼炉渣碱度时，烧结矿的碱度（CaO/SiO_2）应为1.4~1.6左右。但此时烧结矿的强度处于最低点，烧结矿极易粉化（见图3-2），对高炉内的透气性和气流分布极为不利。因此提出了精料和合理的炉料结构问题。

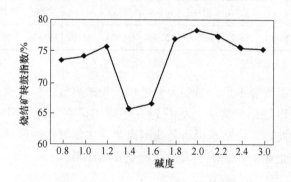

图 3-2   烧结矿碱度与转鼓指数的关系

高炉炼铁"合理的炉料结构"这一理论概念和实践，在20世纪80年代的宝钢建设开始就十分重视。日本在20世纪70年代钢铁工业崛起，钢铁生产技术达到世界领先的水平，对高炉炼铁不但实现了大型化，而且对合理炉料结构的研究取得了成功经验。在采用进口澳大利亚矿的原料供应条件下，根据新日铁的经验确定了：80%烧结矿+15%球团矿+5%富块矿的炉料结构，并进入了工业性试验研究。这一模式的优点是：100%的粉矿烧结生产烧结矿，同时烧结矿碱度为高碱度熔剂性（$R=1.8$），以生产优质铁酸钙为黏结相的烧结矿，避免了采用自熔性烧结矿强度低，不能满足大型高炉的要求。为了满足高炉冶炼炉渣碱度的要求，另配加进口酸性球团矿和高品位块矿。高质量的烧结矿、优质的巴西球团矿和高品位的块矿，实现了合理的炉料结构，为宝钢炼铁技术的先进性打下了坚实的基础，后来在国内得到广泛的模仿和推广。但是这炉料结构模式也不能生搬硬套，也不是一成不变的，高炉合理炉料结构没有统一的模式，与铁矿资源和铁矿加工工艺方式密切相关。对于不同国家和地区的不同高炉，高炉合理炉料结构不同，具有优良性能的高炉炉料结构，有利于高炉操作及冶炼。即使同一地区的同一高炉，在不同的时期内，其合理的炉料结构也可能是不同的。围绕高炉高效优化生产，以工艺技术最优化、经济效益最佳化为原则，确定烧结矿、球团矿、块矿等含铁原料的冶金性能，探索合理的炉料结构，是高炉高效优化必要的物质基础。实现精料和合理的炉料结构的目的就是为了获得高炉炼铁更好的技术经济指标，从而获得最佳的节能减排效果和良好的经济效益。选择合理的供料、用料方案和先进加工方法，达到入炉含铁炉料的最好质量指标是确定合理炉料结构的基本原则。

3.2.1 炉料结构的合理性在高炉炼铁节能减排中的效果和地位

钢铁生产节能减排的关键在精料，而实现精料首先是入炉料的质量。现代炼铁炉料主要的质量指标是：铁品位高、粒度规则小而匀、足够高的强度、低 FeO 含量、良好的（还原性、烧结矿低温还原粉化性能、球团矿还原膨胀性能、块矿的热裂性能和高温软化熔融性能等）冶金性能指标、化学成分稳定、脉石成分易于造渣、有害杂质少等。

现代高炉炼铁的炉料质量"新概念"：低渣量，大幅减少熔渣消耗热；高炉内煤气流的合理分布，发展间接还原；同时为多喷煤和高风温的使用创造良好的条件。为了真正达到这一目的，在原料供应保证的前提下就要选择最合理的炉料加工工艺，并在保证质量的前提下，要体现经济的合理性：投资、产品本身和使用的效益。由此而构建起具体的合理炉料结构。

在钢铁工业能源消耗结构中，煤炭（含焦炭、原煤等）占主导地位，约 70%左右。而影响高炉燃料 70%的因素是"精料"。"精料"原则中重要一点是采用酸性球团矿或熔剂性球团矿，并实现合理炉料结构，也是降低炼铁能耗最重要的技术措施之一。

3.2.2 炉料结构的新概念

3.2.2.1 现代烧结是精料加工厂

早期的高炉炼铁采用富块矿入炉，随着粉矿品种增多和钢铁生产过程的含铁粉尘（泥）的回收利用，就产生了烧结工艺。采用高温液相黏结造块和回收一切含铁原料用于高炉炼铁，成了烧结工艺的优势和特点。但是发展到今天，现代烧结厂不再仅仅停留在"造块"这个功能上，其技术功能有了更大的提升和拓展，在本质上发生了极大的变化。作为现代炼铁生产必不可少的组成部分和实现精料的主要手段，现代烧结工厂已是高炉炼铁的"精料"加工厂。对作为高炉原料加工的现代烧结生产提出了更高的要求，例如要求品位更高、成分更稳定、强度更高、粒度更匀称、粉末含量更低、还原性能更好等，为达到这一目标，在烧结矿生产中起码应做到：

（1）不应采用细精矿作烧结主要原料和配加料。细精矿烧结不但产量低、质量差（强度低、还原粉化严重）而且严重污染工厂环境。这一落后技术的存在是由于当时不掌握现代球团矿的生产技术和钢铁生产规模较小，粗放式、低水平发展情况下的产物。在此期间，烧结工作者做了许多研究和攻关工作，如厚料层烧结法、高碱度烧结矿的生产，使铁精矿烧结的各项技术经济指标有了一些改善，但未能从根本上作出明显的改变，消除其根本性的缺陷。

（2）不应再配加含铁品位低、有害杂质高、对烧结矿质量和高炉冶炼有不利影响的各种杂料，如用于护炉的钒钛磁铁精矿、钢铁生产过程产生的各种粉尘（泥）等，使烧结矿生产成为现代高炉真正的、名副其实的精料加工厂。

3.2.2.2　球团矿具有更优越的冶金性能

对于经过细磨精选而获得的高品位细精矿和足够细的高品位矿（如巴西球团粉），最合理的加工工艺是球团法。细精矿的球团矿生产技术，是一项晚于烧结，但技术含量更高、更科学、更精湛的造块技术。在质量和冶金性能方面球团矿更优于烧结矿，因而在原料条件满足的情况，高炉炼铁应多添加球团矿，即增加球团矿在高炉炼铁炉料结构中的比例。当前，努力提高炼铁原料中球团矿配比，已成为我国炼铁技术发展的方向。球团矿生产在技术和投资方面略高于烧结，但其本身的生产效果和钢铁生产的总体效果远高于烧结。所以说球团矿生产是钢铁生产节能减排的重大技术措施，这一论点已被实践广泛地证实。采用 50% 和 100% 球团矿的欧盟高炉炼铁实现了世界上高炉炼铁最好的节能减排指标。芬兰鲁基冶金公司的 Raahe 厂进行现代改造，为了降低生产成本、减少高炉炼铁对环境的污染和降低能源消耗，在 2011 年底关闭了烧结厂，以球团矿代之。当然对不同的炉料结构有着不同的操作方法和技术，同样也具有科学性、具体的针对性。球团矿在炉料中比例在不断增加，已是高炉炼铁节能减排技术发展中的趋势。

另外必须强调的是球团矿的质量问题。球团矿的优越性是由其质量的好而得以实现的，并不是一切球团矿都好。现代球团矿的生产，不但能保证其高质量，而且还可以生产酸性的、熔剂性的、含氧化镁的等多品种球团矿可满足炼铁生产节能减排的要求。为了保证球团矿的质量和自身生产的优化，也不应在球团矿生产中配加各种低品位、含有害元素的含铁原料和钢铁生产过程中产生的各种粉尘。

3.2.2.3 低品位含铁原料加工成预还原金属化炉料

在实际的钢铁生产中，少量低品位含铁原料的使用不可避免，在钢铁生产过程中必然有一定量的含铁、碳的尘、泥产生，这些资源必须回收利用，以实现循环经济。这些对烧结和球团生产不利的"杂料"在先进的钢铁生产中，都采用生产成（预还原）金属化炉料，供高炉冶炼使用。通过预还原使其铁品位得到大幅提升，呈金属态，而且对高炉冶炼十分有害（侵蚀炉衬、循环富集结瘤、破坏焦炭质量、破坏高炉顺行）的锌、锡、铅、钾、钠等有害元素有效脱除。这样的预还原炉料在高炉中也不再需要还原，对高炉节焦（能）十分有利。另外，在预还原过程中可以回收锌，形成的高品位锌精矿具有很高的经济价值，可获得更高的经济效益。这一技术在日本、美国、德国都有实践成功的先例。目前在中国也已开始这方面的工业实践，也显现出良好的效果，其中广泛采用的方法是采用转底炉（RHF）来生产预还原块状炉料，也可采用回转窑还原工艺。目前需要进一步改进的是如何尽可能提高预还原金属化率，才能取得更好的冶炼效果。铁的金属化率应在85%以上，脱锌率应在90%以上。

综上所述，合理的炉料结构对高炉炼铁节能减排起到了十分重要的作用。我们必须认真研究和解决好高炉炼铁的炉料结构问题。合理的炉料结构应体现以下几个方面：

（1）富矿粉宜采用烧结工艺生产优质烧结矿。烧结工厂是为高炉节能减排、实现精料的加工厂，而不再是铁原料综合回收利用的工厂。

（2）细磨铁精矿的炉料加工应采用球团矿生产工艺，生产优质的球团矿，满足高炉炼铁节能减排的需求。

（3）钢铁生产过程中产生的、数量不少的含铁尘泥和必须使用的低品位铁料和矿粉，应生产成金属化率高、有害金属元素残存率低、粒度均匀的块状炉料供高炉使用，达到铁资源的回收和综合利用，实现循环经济的目的。

（4）高炉炼铁炉料结构基本模式为：富矿粉烧结矿＋细精矿球团矿＋预还原金属化球团＋高品位块矿。其比例将根据原料来源和种类、可供应量、采购和使用成本，并经综合经济评价系统的评价来确定。但切忌只按高炉炼铁使用成本的节约量来确定，这种计算方法十分片面。优质球团矿、预还原炉料对冶炼的有利效果以及作为生料和低品位铁矿石对冶炼的不利效果都应予以正确考虑。坚持多使用块矿和低品矿，降低生产成本的做法，只能说明其分析问题的表面性和技术的落后性。从高炉炼铁"多使用熟料，提高熟料率"的基本精料观点出发，还是要控制和减少生矿的用量。

3.3 从烧结矿和球团矿冶金性能分析高炉合理炉料结构

我国开采出的多为贫矿，20 世纪 50 年代高炉也采用 100% 的自熔性烧结矿这个模式。但从长期实践及研究证明自熔性烧结矿强度差、粉末多，并不是高炉炉料的合理结构。太钢、武钢、本钢、梅山等企业逐步采用高碱度烧结矿配加天然矿的炉料结构都取得了很好的效果。1981 年 12 月在杭钢召开了竖炉球团学术讨论会，总结了杭钢生产酸性球团矿及高炉配用酸性球团矿的经验，提出了高碱度烧结矿配加酸性球团矿将成为我国高炉的合理炉料结构，并指出实现高炉炉料结构合理化，以及用什么方法生产球团矿是我国高炉取得高产、低耗的两项带方针性的问题。

在含铁炉料的冶金性能中，还原性是基本，因为还原性的优劣将影响其他各项性能；低温还原粉化指数（RDI）是保证，它决定着高炉上部透气性的好坏；软熔性能特别是熔滴性能尤为关键，因为在高炉内熔滴带的阻力损失（Δp）几乎占高炉总压损的 60%，因此可由熔滴性能判断不同炉料结构的效果。

北京科技大学周取定、王筱留、许满兴等专家学者，通过对我国不同碱度烧结矿及球团矿冶金性能的试验研究及生产实践，探讨了我国高炉合理炉料结构的模式，并针对杭钢原料的特点，从高炉软熔带要求出发，通过模拟试验提出杭钢高炉合理炉料结构、球团矿合理碱度及合理的配比。

3.3.1　高碱度烧结矿的冶金性能

我国高炉生产实践及研究工作表明，自熔性烧结矿的冷强度及冶金性能往往不好，甚至最差，而高碱度烧结矿的性能则很优越，在冶金性能方面具有以下特点：

（1）具有良好的还原性。从图 3-3 几种烧结矿的还原度与碱度的关系可见，随着烧结矿碱度的提高，烧结矿的还原度均提高。酒钢烧结矿的还原度随碱度变化可分三个阶段：碱度低于 2.0 时，还原度随碱度的提高上升较快；碱度 2.0～2.5 时，还原度上升缓慢；当碱度高于 2.5 后，还原度随碱度的提高有所下降。这种变化规律由其矿物组成所决定。当烧结矿碱度低时，一般 FeO 较高，难还原的硅酸盐矿物多，故还原度低；当碱度提高时，烧结矿中易还原的铁酸钙含量增加，碱度提高到 1.5～2.0 时，这种铁酸钙成为主相，故还原度最高；当碱度超过 2.5 以后，烧结矿中还原性能较差的铁酸二钙开始增加，故还原度又有所下降。邯钢烧结矿亦具有此特性。太钢烧结矿由于配有较多的澳大利亚矿粉，故还原度普遍高，但仍随碱度上升而上升。综上所述，从还原度出发，烧结矿碱度提高到 1.8～2.0 最适宜。

（2）具有较低的还原粉化率。从图 3-4 烧结矿低温粉化率与碱度的关系可见，低温还原粉化率随着碱度的提高而下降。首钢及马钢使用细磁精矿生产的烧结矿在碱度 1.7～1.8 之间有一峰值，碱度高于 2.0 时，低温还原粉化率明显降低。形成峰值的主要原因是由于碱度提高到 1.5~1.8 时，烧结矿的显微结构不均匀性增加，物相组成复杂，结构应力较大所造成。以澳矿为主的太钢烧结矿则没有此峰值，随着碱度提高铁酸钙生成量迅速增加，自由 Fe_2O_3 减少，因而粉化率也随之下降；酒钢烧结矿具有较低还原粉化率，因其精矿中含有钡、镁。

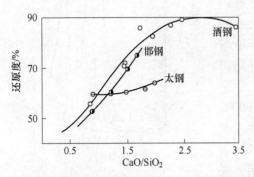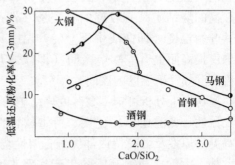

图 3-3 几种烧结矿的还原度与碱度的关系　　图 3-4 烧结矿低温粉化率与碱度的关系

（3）具有较高的荷重软化温度。从图 3-5 酒钢烧结随碱度变化的软化特性可见，当其碱度在 2.0 以下时，随着碱度的提高，烧结矿的开始软化温度及终了软化温度都上升，软化温度区间略有变窄趋势。当碱度提高到 2.0 以上时，开始软化温度下降较大，软化温度区间变宽。图 3-6 亦有同样的发展趋势。但碱度在 2.0 以下时，软化温度区间随着碱度的增加明显的变窄。软化温度的提高和软化温度区间的变窄有利于改善高炉中下部的透气性。单从烧结矿的软化性能出发，以选择碱度 1.8~2.0 为宜。

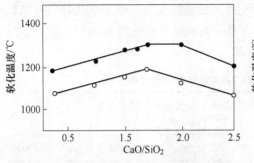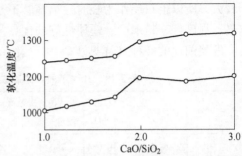

图 3-5 酒钢烧结矿随碱度变化的软化特性　　图 3-6 攀钢烧结矿随碱度变化的软化特性

（4）具有良好的高温还原性和熔滴特性。日本学者成田贵一对烧结矿的高温还原性及熔滴性能随碱度的变化进行研究指出，烧结矿碱度的提高改善了烧结矿 1100℃ 及 1200℃ 的高温还原性，提高了软熔温度，缩短了软熔区间。由于在高炉内碱度高的烧结矿比自熔性烧结矿有较高的高温还原性及较薄的软熔层，有利于发展间接还原、降低焦比、强化高炉冶炼。

从图 3-7 杭钢精矿制成不同碱度烧结矿的熔滴特性曲线可见，随着烧结矿碱度的提高，在同一温度的条件下，其压差下降，即碱度较高的烧结矿具有较好的料层透气性；而软熔开始温度（即曲线中压差陡升温度）随着碱度提高而上升；软熔区间（即软熔开始温度至开始滴落温度的区间）变窄。

从以上分析可知：高碱度烧结矿的 900℃ 还原性、低温还原粉化性、荷重软化性以及高温还原性及熔滴特性都优于自熔性烧结矿。此外，太钢、湘钢等厂的生产实践表明：随着烧结矿碱度的提高，冷强度及贮存性能也有明显的改善。所以高炉采用高碱度烧结矿作炉料，无论从理论分析还是生产实践都有其积极意义。

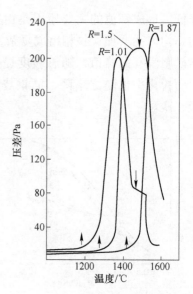

图 3-7　杭钢精矿制成不同碱度
烧结矿的熔滴特性曲线
↑—压差陡升温度；↓—滴落开始温度

3.3.2　酸性炉料的特点及球团矿性能分析

高炉采用高碱度烧结矿需要酸性炉料与其搭配。我国天然块矿一般品位较低，还原性差，不利于增产节焦，故只能作为临时性或过渡性措施，不是发展的方向；低碱度烧结矿由于还原性较差，特别是现场组织两种碱度烧结矿生产困难较大，所以也只能作为临时性措施，不是我国发展的方向；球团矿具有含铁品位高、强度好、粉末少、还原性好的优点，是与高碱度烧结矿搭配入炉的炉料中最有发展前途的一种（详见表 3-19 与表 3-20）。

表 3-19　几种不同精矿制成的酸性及碱性球团矿的性能

矿　种	黏结剂种类	CaO/ SiO₂	生球爆裂温度/℃	单球抗压强度/N	JIS 还原率/%	JIS 膨胀率/%	软化温度/℃ 开始	软化温度/℃ 终了
迁安精矿	0.8%平山皂土	0.034	750	2250	52.10	8.15	1155	1200
	5.7%消石灰	0.84	350	2000	63.90	12.69	1115	1190
包头精粉	1.0%平山皂土 10%朝鲜精粉	0.87	1000	2569	—	7.72	1080	1250
	1.0%包钢皂土	1.24	575	1424	69.09	40.57	905	960

矿　种	黏结剂种类	CaO/SiO$_2$	生球爆裂温度/℃	单球抗压强度/N	JIS还原率/%	JIS膨胀率/%	软化温度/℃	
							开始	终了
漓渚精粉	1.0%平山皂土	0.25	900	2396	71.90	9.30	1092	1275
金岭精粉	消石灰及皂土	1.31	600	1970	77.00	19.29	1120	1295

表 3-20　杭钢精矿球团矿不同碱度时的高温性能

CaO/SiO$_2$	高温还原度（1250℃）/%	荷重软化温度/℃			还原膨胀率/%
		开始	终了	区间	
0.29	16.33	1095	1270	175	6.92
0.50	24.96	1060	1220	160	12.23
0.76	19.88	1020	1260	240	9.77
1.04	28.25	1120	1290	170	7.19
1.28	28.46	1055	1220	165	4.86

从表 3-19、表 3-20 可以看出：

（1）酸性球团矿生球爆裂温度高、焙烧区间宽。添加平山钠质皂土作为黏结剂的球团矿，由于湿球脱水慢和热强度高，其生球爆裂温度一般均大于900℃，有的甚至达到1000℃，但添加消石灰的碱性球团矿的生球爆裂温度一般低于500℃，有的甚至低于400℃。此外可以看到酸性球团矿的焙烧温度区间宽至190℃以上，而碱性球团矿的温度区间窄至90℃以下。

（2）酸性球团矿的低温还原粉化率较低。在研究济钢碱性球团矿与杭钢酸性球团矿对比时发现前者低温粉化率高达50%，后者只有5.37%。杭钢球团矿因使用的精矿粉品位低，SiO$_2$高，渣相较多，还原度低，同时由于含MgO高，有抑制Fe$_2$O$_3$转变为Fe$_3$O$_4$的作用，低温还原粉化率较低。而碱度较高的济钢球团矿品位高、渣相少，易于还原，但低温还原粉化率高。

（3）酸性球团矿的还原膨胀率随碱度不同而异。H. Kortmann研究赤铁矿球团矿配加不同脉石组成时对还原膨胀的影响发现，碱度0.1~0.6时球团矿有最大的还原膨胀率。当磁精矿中加入SiO$_2$及CaO使其渣量达到3.5%及7.5%时，其膨胀率最大的碱度范围为0.5~1.0。对杭钢磁铁精矿不同碱度球团矿进行了JIS还原膨胀率测定，发现随着碱度的上升在碱度0.5~0.76时有还原膨胀率的最高区域，到碱度1.04时，还原膨胀率又下降，这与其脉石熔点有关。一般认为碱度在0.5以下的球团矿中只有一小部分SiO$_2$成渣，而碱度较高时渣相的结晶比较好，可以得到很好的抗膨胀性。

（4）酸性球团矿的高温冶金性能。酸性球团矿的荷重软化特性及熔滴性能均不如碱性球团矿。由表 3-20 可知：随着碱度的提高，其高温还原度（1250℃）不断提高，在碱度 0.76 时，由于其脉石渣相熔点低，因而降低了它的还原度。此时软化温度下降，还原膨胀率提高。

从图 3-8 可知：自然碱度的球团矿有最低的压差陡升温度及最高的压差。以 1350℃ 为例，球团矿碱度为 0.3、0.5、1.05 的压差分别为 210mm、23mm 及 16mm，可见自然碱度球团矿软熔开始最早，而此时碱度 1.05 的球团矿还没有软熔，因而仍保持良好的料柱透气性。

综上所述，酸性球团矿具有品位高、强度好、贮存运输性能好、还原粉化及膨胀率低、易于生产优点，但其高温还原性、软化及熔滴特性差。后者可以通过配加适量的白云石及适当提高碱度的方法来解决。

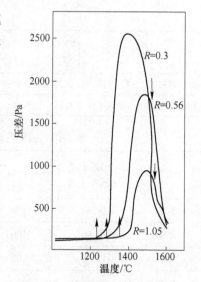

图 3-8　杭钢精矿球团不同碱度时的熔滴特性

↑—压差徒升温度；↓—滴落开始温度

3.3.3　高碱度烧结矿加酸性球团矿综合炉料熔滴特性的研究

采用杭钢漓渚磁铁精矿制成不同碱度的烧结矿和球团矿，在熔滴性能测定装置上，按照高炉炉渣碱度的要求，对烧结矿和球团矿进行不同碱度、不同配比的试验。

从图 3-9、图 3-10 可知：（1）不论烧结矿还是球团矿，随着碱度的提高，其收缩率下降。当两者搭配后，其综合炉料的收缩率（软化性能）得到改善。因此综合炉料可以避免酸性球团矿软化温度过低的缺点。（2）烧结矿的碱度提高后，压差陡升温度及熔滴温度均上升，压差最大值也上升。当碱度达到 1.87 时，由于熔点很高，液相几乎不滴落，高炉单独使用这种高碱度烧结矿将无法作业。球团矿碱度提高后，软化和熔滴温度也有提高，但压差随碱度提高而下降。烧结矿与球团矿搭配后，其熔滴特性也有所改善，从而发挥了高碱度烧结矿的优点而避免它的弱点。

从图 3-11、图 3-12 可知：三组不同碱度烧结矿、球团矿各 50% 搭配的综合炉料，在此试验的条件下，以曲线 2 的熔滴特性最佳。

从图 3-13、图 3-14 可知，曲线 3 的综合炉料的收缩率最低，压差陡升温度最佳，曲线 1 的综合炉料较差。因为在杭钢的条件下，70% 烧结矿及 30% 球团矿的炉料结构较合理。

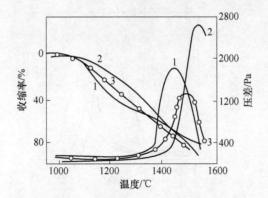

图 3-9　烧结矿（$R=1.87$）及球团矿（$R=0.56$）

各 50%配比时的熔滴特性

1—球团矿；2—烧结矿；3—混合矿

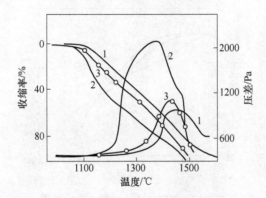

图 3-10　烧结矿（$R=1.01$）及球团矿（$R=0.56$）

各 50%配比时的熔滴特性

1—球团矿；2—烧结矿；3—混合矿

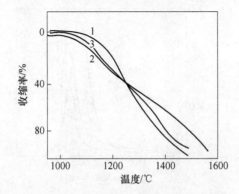

图 3-11　三种综合炉料的收缩特性

1—球团（$R=0.3$）烧结（$R=2.39$）；2—球团（$R=0.56$）烧结（$R=1.87$）；

3—球团（$R=1.05$）烧结（$R=1.01$）

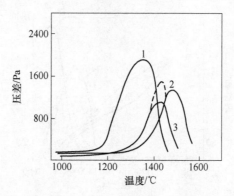

图 3-12　三种综合炉料的熔滴特性

1—球团（$R=0.3$）烧结（$R=2.39$）；2—球团（$R=0.56$）烧结（$R=1.87$）；

3—球团（$R=1.05$）烧结（$R=1.01$）

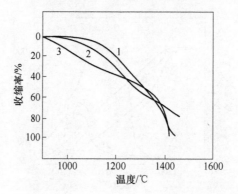

图 3-13　不同配比炉料的收缩曲线图

1—70%烧结（$R=1.69$）+30%球团（$R=0.3$）；2—90%烧结（$R=1.45$）+10%球团（$R=0.3$）；

3—50%烧结（$R=2.39$）+50%球团（$R=0.3$）

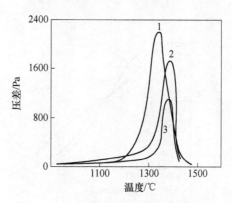

图 3-14　不同配比炉料的熔滴特性

1—90%烧结+10%球团；2—50%烧结+50%球团；

3—70%烧结+30%球团

3.4 济钢低价矿烧结与高炉生产实践

低价矿通常由褐铁矿或半褐铁矿组成，其含铁品位低、杂质多，在烧结中配加使用是钢铁行业应对资源危机、降低生产成本的有效措施之一。

3.4.1 低价矿特性及烧结分析

3.4.1.1 低价矿的原料特性

大多数低价矿都由褐铁矿或半褐铁矿组成，同时存在大量的对高炉有害的微量元素如锌、钾、钠等，而且品位较低、杂质较多。褐铁矿为含结晶水的赤铁矿（$mFe_2O_3 \cdot nH_2O$），外表为黄褐色、暗褐色和黑色，呈黄色或褐色条痕，密度为 $3.0\sim4.2t/m^3$，莫氏硬度 $1\sim4$，无磁性，结构松软，密度小，含水量大，气孔多，且结晶水脱除后，气孔进一步增大，故还原性比磁铁矿和赤铁矿高。以印度高铝矿为例（其化学成分见表 3-21），可见，印度高铝矿品位低，铝和硅的含量高，烧损比一般矿粉大。

表 3-21 印度高铝矿化学成分 （%）

TFe	SiO$_2$	MgO	Al$_2$O$_3$	S	P	K$_2$O	Na$_2$O	烧损
58.52	4.32	0.03	4.01	0.013	0.041	0.05	0.02	6.03

3.4.1.2 低价矿烧结机理分析

低价矿因含有结合水，在烧结过程中分解产生许多大裂缝。当烧结温度达到 1200℃时，以铁酸钙体系为主的液相开始形成，很快通过裂缝，包裹原有的大孔和水分解产生的细孔，渗入褐铁矿颗粒中，高速同化这些颗粒。快速的同化封闭了烧结料层液相带的孔隙，降低了料层的透气性，使烧结过程中热态透气性较差，烧结机利用系数大幅下降。料层孔隙的封闭，加剧了烧结料层中焦粉燃烧形成的横向不均匀性，从而导致烧结矿强度降低，成品率下降。

当褐铁矿烧结达到 1300℃或更高时，烧结料就会由于矿内针铁矿的再结晶而致密化。因此，如果褐铁矿烧结在大孔形成之前就已经与烧结液相反应而致密，则不会造成烧结料层液相带孔隙封闭、加剧烧结燃烧不均匀性的情况。这是混合料中可大量使用褐铁矿技术的基本原理。

3.4.1.3 褐铁矿与氧化钙的反应温度分析

由褐铁矿的矿物组成可知，带有结晶水的赤铁矿（$mFe_2O_3 \cdot nH_2O$）烧结过程中脱水后为 Fe_2O_3，其与钙的反应温度可以用 $CaO\text{-}Fe_2O_3$ 体系状态图进行分析（见图 3-15）。

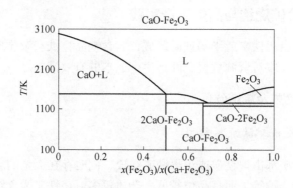

图 3-15　CaO-Fe₂O₃ 体系状态图

　　从图 3-15 可以看出，这个体系中的化合物有：$2CaO\text{-}Fe_2O_3$、$CaO\text{-}Fe_2O_3$ 和 $CaO\text{-}2Fe_2O_3$，它们的熔化温度分别为 1449℃、1216℃ 和 1226℃；$CaO\text{-}Fe_2O_3$ 和 $CaO\text{-}2Fe_2O_3$ 的共熔点是 1195℃；$CaO\text{-}2Fe_2O_3$ 只有在 1155~1226℃ 的范围内才稳定。在烧结生产中，烧结矿的最终成分决定于熔融的结晶规律。熔融物中钙、硅和亚铁的结合能力比 Fe_2O_3 的亲和力大得多，在印度粗粉烧结过程中，为了获得更高的转鼓强度，必须增加钙含量，以形成铁酸钙晶体，从而使铁酸钙相在烧结矿中起主要作用。

3.4.1.4　褐铁矿生产工艺分析

　　(1) 烧结固体燃耗升高。褐铁矿烧结过程中，结晶水分解是吸热过程，为了补偿结晶水分解所需的热量，通常采取增加焦粉配比的办法强化烧结；另外，成品率降低也导致了烧结固体燃耗的升高。

　　(2) 烧结矿强度降低。矿石孔隙率高及脱除结晶水后形成的新孔隙，使烧结矿孔隙率较高，导致烧结矿强度下降。

　　(3) 烧结成品率降低。在高配比配加低价矿料时，烧结料层中最高温度及高温保持时间缩短。但由于矿粉熔点低，在增加焦粉的情况下，烧结料层中部容易过熔融，而料层下部温度不足；高结晶水的褐铁矿受热后形成的孔隙体积大，与铁酸钙熔体间产生同化的程度很高。当准颗粒的核心粒子为高结晶水的褐铁矿时，使烧结料层的熔融带透气性恶化，延长了烧结时间，干扰了火焰前沿在烧结料层中的均匀移动，导致局部热不足，成品率下降。

　　(4) 褐铁矿颗粒密度小、孔隙率高，随着褐铁矿在混合料中比例升高，料层堆密度下降；同时高结晶水引起烧损高，使单位重量的混合料生产的烧结矿减少；由于褐铁矿"过熔性"、"过湿性"造成料层热态透气性变差。

3.4.2 配加低价矿对烧结生产的影响

济钢 320m^2 烧结机配加低价矿，配比从 10%~50%，其配加方式有：在一次料场进行大堆堆料配加；根据烧结矿 Al_2O_3 的高低，在配料室单独配加，低价矿配比见表3-22。由表可以看出，各种物料的配比变化不大。

表 3-22 配加低价矿的中和配比 （%）

方　案	迈克	PB	巴特	巴粗	杨迪	国精	纽曼	印粉
配比 1（低价矿 10%）	28		15	17	16	10	14	
配比 2（低价矿 20%）		15	13	11	14	15	22	10
配比 3（低价矿 30%）		15	13	14	14	10	19	15
配比 4（低价矿 40%）		15	13	14	14	10	19	15
配比 5（低价矿 50%）		15	13	14	14	10	19	15

一般而言，高配比褐铁矿烧结时，具有烧结速度慢、烧结机利用系数低、烧结饼组织疏松、成品率低、强度低及燃耗高等特点。而从配加低价矿的生产情况看（见表3-23），低价矿配加后，焦粉单耗上升了 5.1kg/t；烧结矿的转鼓指数由 79.1% 降低到 77%；烧结矿 Al_2O_3 含量明显升高，在高铝印度粉配加比例到达 30% 时，烧结矿 Al_2O_3 含量升高了 1.02%，FeO 在原来的基础上有所提高；烧结机速由 2.51m/min 下降到 2.3m/min。以上数据说明，对烧结生产带来了不利影响，为此，采取了一系列改善措施。

表 3-23 配加不同比例低价矿烧结指标变化情况

中和料配比	转鼓指数 /%	$w(FeO)$ /%	$w(Al_2O_3)$ /%	烧结机速 /m·min^{-1}	固体燃耗 /kg·t^{-1}
基准料	79.10	8.38	1.95	2.51	55.4
配比 1	77.79	8.45	2.13	2.40	60.2
配比 2	77.66	8.70	2.50	2.35	60.0
配比 3	77.38	8.70	2.62	2.34	59.9
配比 4	77.05	8.72	2.85	2.32	60.5
配比 5	77.00	8.75	2.97	2.30	60.4

3.4.3 配加低价矿生产改善措施

3.4.3.1 优化低价料配矿

根据低价矿种的高温反应性能和冷态性能不同而进行优化烧结配矿，包括劣质铁矿矿种、其他铁矿石、熔剂的合理搭配等。烧结生产必须克服劣质矿粉对烧结带来的不利影响，充分做好劣质矿粉的使用、配加准备工作，保持中和料成分、高温反应性能和冷态性能的稳定，从而保证烧结生产和质量的稳定乃至高炉顺行。为此，需对劣质矿采取优化配矿措施：在中和料堆料前后和堆料过程中都制定严格的管理办法和措施，杜绝堆料过程中取错矿粉和混料现象；对烧结机的单独配加料进行统一的优化和组合，保证单独配加料有充足的资源和稳定性；用菱镁石粉熔剂代替轻烧白云石，增加生石灰的使用量，提高烧结混合料的温度。

3.4.3.2 厚料层烧结并适当压料

低价矿具有品位低，成分复杂、结构疏松、堆密度小等特点，其使用可导致烧结透气性差、透气性变化大、波动大。因此，在适宜水分及配碳量的条件下，尽量提高料层厚度进行烧结，并在点火器前安装压料板或圆辊，使料面紧实；采用生石灰强化制粒及提高准颗粒强度和热稳定性，增加颗粒间的接触面积，提高烧结料层氧位和高温保持时间，促进铁酸钙的形成，减少烧结矿中的孔隙，提高烧结矿强度，降低燃料消耗，提高产质量；另外根据各料堆情况，随时掌握烧结参数，根据负压、料温和烧结透气性等变化，随时调整料层厚度，坚持厚料层烧结，提高烧结自蓄热能力。目前济钢 320m^2 烧结机的料层厚度已由 750mm 增加到 800mm。

3.4.3.3 适当降低焦粉粒度

现阶段 3mm 以下的燃料占 78% 左右，由于印度粗粉的粒度较大，而且含结晶水，在圆筒混料中容易黏结在一起形成较大的颗粒，使得混合料的初始透气性很好，但在烧结过程中由于结晶水脱除，一方面导致细的焦粉容易被主抽抽走，另一方面也导致热态烧结透气性变差。因此在配加高铝印度粗粉时，适当减少焦粉粒度小于 3mm 的含量，使 3mm 以下的燃料占 74% 左右。同时，根据不同产地低品质矿粉烧结特性的不同，以及烧结配料结构的变化，烧结燃料粒度控制可根据烧结过程情况进行适当调整，达到最佳烧结燃料粒度。

3.4.3.4 合理利用固体废弃物

由于烧结原料杂质成分的增加，特别是有害元素含量的增加，导致高炉出现碱负荷控制困难，给高炉稳定顺行带来了极大地挑战。在利用高炉固体废弃物的过程中，考虑了开路控制，即当高炉碱负荷达到控制临界点时，及时在烧结中停配固体废弃物，以保障高炉的稳定顺行。

3.4.3.5 添加助燃剂

在焦粉中添加少量催化助燃剂强化烧结，使吨矿固定燃耗大幅度降低的原因是催化助燃剂对焦粉燃烧反应起了催化助燃作用，使焦粉的反应活性大大提高，焦粉在烧结料层中燃烧速度加快与燃烧完全，相对放热量增大，燃烧带的水平提高，液相产生加快，黏结相量增多，因而烧结生产率提高。同时，因燃烧速度加快，致使烧结终点提前。这两个方面作用，既使烧结利用系数提高，又使生产率提高，因而使焦粉单耗大幅度降低。济钢烧结于 2009 年初开始阶段性使用烧结助燃剂，其前后对比发现，添加 0.137% 的催化助燃剂，焦粉单耗略有降低；烧结机利用系数提高 3.63%，转鼓指数提高 2.2%，烧结矿 FeO 含量降低 0.52%。

3.4.3.6 稳定燃料结构，提高烧结过程控制水平

由于焦粉产量不能保证所有烧结机的生产需求，济钢 320m² 烧结机生产需要部分配加煤粉进行生产，再加上低价矿的使用，导致烧结过程燃料配加比例波动频繁，给生产带来了较大波动。因此，为了稳定燃料结构，提高烧结焦粉配加比例，提高烧结过程热量控制水平，保证烧结过程操作的稳定性，采取的主要措施有：对燃料破碎系统进行规范化管理，建立专仓使用制度，杜绝接卸料和破碎料过程中混料的可能性；合理利用焦粉和煤粉的不同特性，按照一定比例进行配加，稳定烧结过程，达到节能降耗的效果。

3.4.4 烧结生产效果分析

（1）烧结矿质量分析。济钢 320m² 烧结配加低价矿生产的烧结矿质量相关指标见表 3-24。可见，在配加高铝印度粗粉 30% 时，实施改善生产措施后，转鼓强度略有回升，烧结机速明显加快，说明配加高铝印度粗粉对烧结机速的影响有所减小，固体燃耗有所下降。这些指标说明，通过实施改善生产措施后，一定程度上提高了烧结矿质量，收到了较好的效果。

表 3-24　实施改善措施前后烧结指标对比

项　目	低价矿配比/%	转鼓指数/%	$w(FeO)$/%	$w(Al_2O_3)$/%	烧结机速/m·min⁻¹	固体燃耗/kg·t⁻¹
改进前	30	77.00	8.75	2.97	2.30	60.4
改进后	30	77.33	8.56	2.97	2.42	58.7

（2）吨铁成本降低效果分析。配加低价矿后，烧结成本随着低价矿配加比例的提高，成本优势尽显，但高炉吨铁成本降低呈现出先高后低的趋势（见图 3-16）。总的看来，烧结生产虽然固体燃耗有所升高、烧结质量有所下降，但是在高炉冶炼能够承受的条件下，与不添加低价矿相比，烧结生产成本降低幅度较大，高炉吨铁成本在低价矿配加到 30% 时为最佳，吨铁降低成本 30 元。

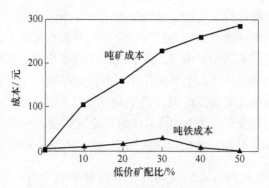

图 3-16　烧结矿成本与吨铁成本变化趋势

3.4.5　烧结矿影响高炉指标变化原因分析

烧结配加 5% 低价矿后，对高炉的指标影响不大。但配加 15% 高铝矿之后，高炉各项指标变化明显，主要表现在以下几个方面：

（1）高炉渣中 Al_2O_3 含量明显上升（见表 3-25）。由表可知，烧结 Al_2O_3 的上升，带来高炉渣中 Al_2O_3 的上升，明显的集中在烧结配加 15% 低价矿以后。加 30% 时渣中 Al_2O_3 平均升高 1.37%。

表 3-25　各阶段高炉渣中 Al_2O_3 变化情况对比　　　　　　　　　（%）

低价矿配比	0	5	10	15	20	25	30
1 号高炉渣中 Al_2O_3	16.42	16.06	16.24	16.98	17.06	17.59	17.90
2 号高炉渣中 Al_2O_3	16.47	16.08	16.74	17.20	16.70	17.40	17.65
3 号高炉渣中 Al_2O_3	16.41	16.16	16.66	17.26	17.36	17.55	17.86
平　均	16.43	16.10	16.55	17.15	17.04	17.51	17.80

（2）烧结品位降低带来高炉综合品位降低、渣比升高（见表 3-26 与表 3-27），由表可知，与基准期相比，烧结矿品位分别降低了 1.38%，由此带来高炉平均综合品位降低 0.96%，平均渣比升高 23kg/t。

表 3-26　各阶段高炉综合品位变化情况对比　　　　　　　　　　（%）

低价矿配比	0	5	10	15	20	25	30
1 号高炉综合品位	58.11	57.97	57.72	57.13	57.16	57.25	57.15
2 号高炉综合品位	58.29	58.09	58.05	57.59	57.32	57.36	57.36
3 号高炉综合品位	58.42	58.19	58.15	57.52	57.25	57.34	57.44
平　均	58.27	58.08	57.98	57.49	57.24	57.32	57.31

表 3-27 各阶段高炉渣比变化情况对比

低价矿配比/%	0	5	10	15	20	25	30
1 号高炉渣比/kg·t⁻¹	353	359	363	364	370	373	364
2 号高炉渣比/kg·t⁻¹	333	341	342	352	358	363	362
3 号高炉渣比/kg·t⁻¹	335	343	344	358	370	370	364
平 均	340	348	350	358	366	369	363

（3）渣中 Al_2O_3 的上升，综合品位降低和渣比升高导致高炉焦比升高（见表 3-28），由表可知，烧结配加 25%低价矿后各高炉焦比分别上升 8kg/t、20kg/t、11kg/t，平均13kg/t。而配加 30%低价矿后平均焦比基准期均升高 11kg/t。

表 3-28 各阶段高炉焦比变化情况对比

低价矿配比/%	0	5	10	15	20	25	30
1 号高炉焦比/kg·t⁻¹	375	372	373	377	384	383	386
2 号高炉焦比/kg·t⁻¹	369	373	371	378	384	389	381
3 号高炉焦比/kg·t⁻¹	369	373	376	377	382	380	381
平 均	371	372	373	377	383	384	382

（4）高炉燃料比变化对比（见表3-39），由表可知，烧结配加 20%低价矿后各高炉理论燃料比一直维持在较高水平，基本在 540kg/t 左右波动。配加至 30%后有所下降，平均在 530kg/t 左右波动。这主要与高炉开始配加蛇纹石调整炉料结构，用来改善炉渣流动性有关。

表 3-29 高炉理论燃料变化情况对比

低价矿配比/%	0	5	10	15	20	25	30
1 号高炉燃料比/kg·t⁻¹	542	535	532	539	547	543	532
2 号高炉燃料比/kg·t⁻¹	528	522	516	527	536	526	527
3 号高炉燃料比/kg·t⁻¹	537	517	525	531	540	537	532
平 均	536	525	525	532	541	536	530

3.4.6 配加低价矿后对高炉炉况的影响

通过上述各指标分析，配加低价矿后对炉况的影响主要集中在以下几个方面：

（1）烧结矿的转鼓和低温还原粉化强度指标均降低，容易引起高炉上部料柱透气性的恶化。

（2）烧结中的 Al_2O_3 上升，使得渣中 Al_2O_3 上升，容易引起渣铁黏稠，恶化炉缸工作。

（3）烧结的品位下降，使得综合入炉品位降低，渣比升高，恶化了高炉下部的透气性。

（4）渣量升高使燃料比上升。

（5）炉前出铁渣量增加，增加了炉前的工作难度。

（6）从高炉无计划休风恢复情况来看，高渣比高 Al_2O_3 的影响因素已经凸显，炉况难以恢复，复风后渣铁温度严重不足，提炉温措施难以达到预期效果，致使高炉炉况恢复较以前难度上升很多。

3.4.7　高炉采取的具体措施

（1）配料中 Al_2O_3 严格按 14.5% 计算，用蛇纹石调剂，如果超过 14.5%，统一以增加提渣比为主，若仍达不到要求，辅助可配加白云石；如果低于 14.5%，尽量降低渣比，保证实际炉渣二元碱度 1.10～1.15，四元碱度 1.0±0.05，铁中含硫 0.02%～0.03%。

（2）值班室要高度重视炉渣的取样和化验，及时跟踪渣中 Al_2O_3 变化情况，及时调整配料。值班室在进行配料计算时炉料 Al_2O_3 和焦炭的灰分要及时更新。

（3）各作业区制定的操作方针要对炉温和料速及燃料比控制要有严格的界定，值班室操作要保证充足的渣铁物理温度能够改善高 Al_2O_3 炉渣的流动性，各作业区高炉要坚持全用风温操作，保证铁水物理热不低于 1500℃，炉温 0.5%～0.6%。

（4）气流调整以压制边缘气流开中心为主，严格控制压差。1 号、2 号炉风压上限控制不大于 360kPa，压差不大于 165kPa，3 号炉风压上限控制不大于 365kPa，压差不大于 170kPa。

（5）各作业区高炉将煤比控制在 150～155kg 之间（小时煤量上限 30t），根据燃料比水平，确定合适的焦比范围。

（6）炉前加快出铁节奏，严格采用零间隔出铁模式。同时根据实际情况选用大一号钻头，使见渣时间控制在 30min 以内。

（7）各区域维护好设备，因设备事故危及炉况，严肃追究责任人。炉前维护好铁口，保证铁口深度在 2.8m 以上，杜绝断、漏铁口现象的发生，确保渣铁排净，出现憋铁情况，减风一定要果断，避免因憋铁悬料。

（8）各作业区严密监控槽下烧结矿的筛分情况，确保筛净，维持返粉在 170～190kg/t 之间，同时值班室关注槽存，保证 7 分槽上料，出现问题及时与调度沟通。

3.4.8　经验总结

随着低价矿配加量的增加，对高炉的影响也必然增大。目前烧结机配加量提至 30%，对炉况的影响还有待观察。因此，仍需对原燃料保持关注和高炉渣中 Al_2O_3 的实时监控。

下一步的工作，高炉重点仍然是要以维护高炉的稳定顺行状态为基本出发点，通过各种手段改善高炉在高 Al_2O_3 的软熔带所需的透气性，并且在此基础上逐步地开展寻求降低消耗的方法。具体措施如下：

（1）高炉炉渣 Al_2O_3 的控制标准。炉渣 Al_2O_3 的基本控制标准为 <17.5%，连续两个班达到 17.5%，且没有降低的趋势要及时启动配加熔剂等应急调剂预案，降低 Al_2O_3 的同时保证 MgO 达到 10%~11%。

（2）应急调剂预案的准备。各高炉要按照高炉料仓情况，进行一定数量的熔剂储备，储备料种为蛇纹石、白云石、硅石、锰矿和萤石，酌情储备，或者保持一个料仓应急备用。

（3）高炉的操作要求如下：1）高炉要高度重视炉渣的取样和化验，及时跟踪渣中 Al_2O_3 变化情况，及时调整配料。高炉在采取配加熔剂调剂预案时，要进行认真的配料计算和核算，确保调剂的准确性。2）高炉操作保证充足的渣铁物理温度能够改善高 Al_2O_3 炉渣的流动性，所以要求高炉全用风温操作，保证铁水物理热不低于 1480℃。3）高炉炉渣 Al_2O_3 超过规定标准后，操作方针规定的风压或压差控制标准要适当降低 5~10kPa，并应该据情及时修正；炉渣的二元碱度适当提高 0.05~0.1，[Si] 适当提高 0.1%。4）高 Al_2O_3 炉渣比较黏稠，易夹带铁水，铁口排放适当扩大铁口的开口孔径，高炉选用大一号钻头，以便于高黏度炉渣排净。5）加强对炮泥使用质量的改进，提高炮泥抗拉性，保证出铁时间，进一步保证渣铁排放顺畅，减少高黏度炉渣对高炉透气性的影响，保证高炉顺行。6）所有调剂措施都应以高炉顺行为基础。炉况发生较大变化时，高炉应采取相应措施，可适当提高焦比，保证高炉炉料透气性，上部调剂根据实际炉况，可适当采取开放中心料制，稳定高炉顺行。

可见，配加低价矿，高炉操作者面对的不仅仅是高渣比、高 Al_2O_3 所带来的困难，也包括高硅、高硫、低品位等问题。在济钢、安钢等企业已有的经验基础上，仍需进一步探索。

3.5 宝钢炉料结构对高炉冶炼的影响

高炉炉料结构主要取决于原料资源情况、配套生产工艺、操作技术水平、操作习惯和理念、生产成本、环保要求等多方面因素，实践证明：合理炉料结构与冶炼进程及技术经济指标有极为密切的关系，合理的炉料结构是高炉获得最大经济效益的基础之一，应在符合各企业的实际情况下，因地制宜，既要为高炉稳定顺行和实现良好经济技术指标创造条件，又要力争原料成本最经济。

评价炉料结构合理性包括化学成分、物理性能和冶金性能三个方面，化学成分是基础，物理性能是保证，冶金性能是关键，三者之间相辅相成。评价炉料结构合理性不应仅关注炉料理化性能，应给予炉料结构综合冶金性能的特别关注。高炉炉料主要有烧结矿、球团矿和精块矿三种，高炉炉料结构冶金性能不仅与各种炉料自身冶金性能有关，而且与各种炉料不同配比相关。

高炉炉料结构和入炉品位影响消耗、产量等指标，而炉料结构冶金性能影响高炉稳定性，进而影响高炉操作经济技术指标。在优化炉料结构方面，往往对高炉入炉品位特别重视，而忽略了炉料结构冶金性能差异对高炉的影响，这是由于高炉使用的铁矿石资源受地域制约相对稳定，与高炉配套工艺的产能相对稳定，因此炉料结构变动不大，炉料结构冶金性能差异不大，对高炉操作影响较小。然而，随着近年国内炼铁的迅猛发展，高炉大型化改造，原先配套工艺流程被打破，同时，世界范围内铁矿石资源的品种和品质均发生较大变化，以进口矿为主的高炉炉料结构冶金性能变化更为明显。优化炉料结构，不仅仅局限于提升高炉入炉品位，改善炉料强度指标，关键是保持炉料结构及品种的稳定性，同时，改善炉料结构的综合冶金性能。

高炉炉料结构是精料技术的重要组成部分，精料技术不仅局限于建立完善的原燃料管理标准，还要关注各种炉料合理搭配，完善高炉炉料结构一直是宝钢高炉坚持的生产技术路线。宝钢精料技术特点：注重高炉炉料整体性能提升，不过分强调某一单一指标改善，同时，通过高炉操作水平提升，将炉料质量过剩控制在最低限度，对降低原料成本有巨大贡献，使高炉炉料结构既有先进性，又有经济性。

对高炉炉料单一品种冶金性能研究很多，而不同炉料结构冶金性能研究尚少，很难解析不同炉料结构冶金性能变化规律。下面是根据宝钢不同炉料结构生产实绩，结合各种炉料高温性能分析，研究了不同炉料结构对高炉煤气流分布和透气性的影响，以及不同炉料结构下高炉操作技术对策，探讨了优化炉料结构技术方向，对应对高炉原料品质和性能变化具有重要的参考价值。

3.5.1　宝钢高炉炉料结构变化

宝钢高炉一直坚持精料方针，高炉炉料质量基本保持优良和稳定，为高炉长期稳定奠定了扎实的基础。宝钢没有球团生产工序，高炉炉料结构以烧结矿为主，配加少量的外购球团矿和精块矿。4号高炉投产以前，高炉炉料结构与烧结工序的产能规模相对应，一直沿用一台 $450m^2$ 烧结机对应一座 $4000m^3$ 级高炉匹配模式，形成了宝钢高炉基本炉料结构：78%烧结矿＋5%球团矿＋17%精块矿。伴随宝钢高炉扩容改造和产能规模增大，宝钢烧结与高炉装备与生产能力情况见表3-30，虽然将烧结机扩容至 $495m^2$，但烧结生产能力与高炉产能仍没有配套，导致高炉炉料结构中烧结矿配比下降至67%左右，烧结矿在炉料结构中主导地位不显著，用球团矿替代烧结矿，球团矿配比达到19%左右。

表 3-30 宝钢烧结、高炉装备和生产能力情况

项　目	烧结机			项　目	高　炉			
	1 号	2 号	3 号		1 号	2 号	3 号	4 号
投产时间	1985 年 8 月	1991 年 6 月	1998 年 4 月	投产时间	2009 年 2 月	2006 年 12 月	2013 年 11 月	2005 年 4 月
面积/m²	495	495	495	炉容/m³	4966	4706	4850	4747
年设计能力 /万吨	497.5	497.5	497.5	年设计能力 /万吨	405	387	395	350

4 号高炉投产后，三台烧结机对四座高炉生产，至少两座高炉使用两种以上烧结矿，并且根据生产组织调整，经常变化供料模式，烧结矿供料处于不稳定状态，即使在混匀配矿时，尽量保持烧结矿成分相近，但实际烧结矿成分和质量仍存在一定差异。同时，由于烧结矿产能不匹配，在炉料结构中占主导地位的自产烧结矿比例下降，烧结生产中抢产，而影响烧结矿质量稳定，导致高炉炉料稳定性下降，给高炉操作带来了一定的影响。

宝钢炉料结构中的球团矿和精块矿全部来自于外购进口，其质量和性能不受控，高炉炉料受市场及资源影响变动较大。近年，随着宝钢高炉炉料结构的变化，特别是球团矿使用比例增大以后，外购球团矿质量和品种不受控，使得球团矿品种多，质量指标相差较大，2002~2006 年，高炉所使用的球团矿品种仅有 2~5 种，以酸性球为主。2007 年以后，球团矿的使用品种逐年增加至 10 余个，涉及美洲、欧洲、亚洲、大洋洲共 10 多个国家，最多时全年共使用球团矿品种 16 个，由于地域差异，各种球团矿品质与冶金性能相差较大，炉料结构稳定性下降，对高炉稳定性以及经济技术指标造成了一定的影响。

宝钢高炉精块矿品种主要从巴西和澳大利亚进口，从品质和性能上看，巴西精块矿略优于澳大利亚精块矿，特别是澳大利亚精块矿中 Al_2O_3 含量相对较高，但巴西为远程矿，运费相对高，因此，宝钢高炉逐渐减少巴西精块矿用量，主要以澳大利亚的哈默斯利块矿（OHA）和纽曼山块矿（ONE）为主。伴随国内铁产能不断扩张，精块矿资源日趋紧张，矿业公司将不同矿山不同品质精块矿混合销售，从 2007 年开始，哈默斯利块矿以皮尔巴垃块矿（OHP）替代，从 2014 年开始，纽曼山块矿以纽曼山混合块（ONM）替代。根据宝钢实验分析研究，混合精块矿由多种不同品质块矿混合而成，其冶金性能差异较大，并且质量稳定性波动较大，对高炉稳定顺行有较大的影响。

对高炉稳定顺行来讲，炉料结构是基础，操作是关键，只有两者相结合，才能实现高炉高效、低耗、低成本和长寿的总目标。在生产过程中，由于资源、生产条件的变化，以及产能匹配变动等因素的影响，炉料结构经常会进行相应调整，结合不同炉料结构冶金性能的特点，不同炉料结构在实际应用中表现出的特

征有：在炉料结构调整过程中，合理调整配比，最大限度地减少对高炉稳定的影响；另一方面，结合市场变化，不断优化炉料结构，使高炉的经济性和技术水平全面提升。同时，通过了解和掌握不同炉料冶金性能变化规律，预知不同炉料结构对高炉生产的影响，相应地进行高炉操作技术的调整，可以有效地避免高炉炉况波动，实现高炉稳定顺行。

3.5.2　宝钢炉料结构对高炉操作影响

3.5.2.1　炉料结构对高炉稳定顺行的影响

宝钢高炉炉料结构由78%烧结+5%球团+17%精块矿，变为67%烧结+19%球团+14%块矿。无论炉料结构如何变化，高炉炉渣成分基本保持稳定，炉渣碱度1.22~1.25，由于烧结矿品位低于球团矿和精块矿，入炉品位有所提高，高炉渣比由280kg/t左右降至250kg/t左右。按照传统精料理论，后者炉料结构应该优于前者，但高炉表现出不稳定状态。

从宝钢高炉生产实际看，炉料结构的不稳定，对高炉顺行影响很大。宝钢高炉炉料结构中，烧结矿理化性能和冶金性能相对变动不大，而不稳定因素主要表现在球团矿品种复杂，各球团矿理化性能和冶金性能差异较大，以及精块矿由单一品种转变为混合精块矿品种，混合精块矿本身理化性能和冶金性能均存在不稳定性。代表高炉顺行的一个重要指标是高炉崩滑料。宝钢高炉2007年开始，球团矿比例不断提升，使用品种也逐渐增加，并且混合精块矿比例也开始增加，高炉稳定性明显下降，崩滑料次数明显增加（见图3-17）。虽然影响高炉顺行的因素诸多，但是从高炉实际结果看，在其他因素变动不大的情况下，炉料不稳定与炉况顺行有一定相关性。因此，从合理炉料结构角度，保持炉料结构稳定性，对高炉稳定顺行具有重要作用。

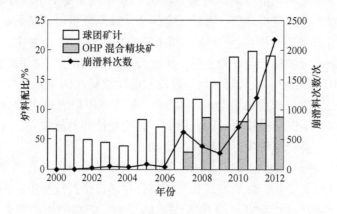

图3-17　炉料结构不稳定影响高炉稳定顺行

炉料结构不稳定，不仅影响顺行，而且影响高炉指标（见图 3-18），从宝钢生产实际看，其明显特征有：随着炉料结构变化，球团矿使用比例高、品种多均会对炉料高温性能稳定性产生一定的影响，同时使高炉喷煤比提升。

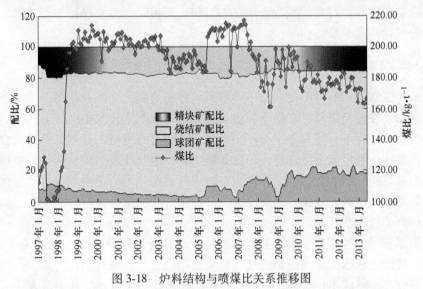

图 3-18 炉料结构与喷煤比关系推移图

炉料结构不稳定，对高炉顺行产生影响，其主要原因有：

（1）主体炉料结构比例变化。宝钢均采用自产烧结矿，其质量和性能受控，当烧结矿比例在 75% 以上，烧结矿在炉料结构中的作用约占 4/5，或者说，单一炉料在炉料结构中起主导作用，即使球团矿或者精块矿质量和性能影响较大，其共同作用也只占 1/5，对高炉影响相对较少；若烧结矿比例在 67% 以下，烧结矿在炉料结构中的作用仅占 2/3，而球团矿和精块矿共同作用在炉料结构中占 1/3，其影响程度明显增加，如果球团矿和精块矿质量较稳定，其性能与烧结矿相匹配，则其影响较小；反之，影响高炉的稳定顺行。因此，主体炉料比例大小对炉料结构稳定性具有重要作用，合理炉料结构不仅需要考虑传统理论所关注的熟料率，还要考虑炉料结构中主体炉料的比例。

（2）软熔带不稳定。软熔带在高炉冶炼过程中起至关重要的作用，将影响高炉透气性以及煤气流分布，而软熔带的形状和位置分布的影响因素除了高炉内温度场分布以外，另一重要因素就是高炉炉料结构的软熔性能。根据检测分析研究，烧结矿与球团矿和精块矿之间软熔性能存在一定的差异，并且相互之间会发生交互反应，反应程度与炉料自身特性相关，不同种类、不同比例的炉料结构其软熔性能差异较大，对软熔带影响也较大。因此，炉料结构不稳定，不仅会导致软熔带形状和位置发生变化，也会导致高炉煤气流分布变化，从而影响高炉顺行。

（3）操作炉型不稳定。由于炉料结构不稳定，炉料结构软熔性能差异，导致软熔带位置不稳定，若煤气流分布控制不合理，将导致高炉操作炉型发生变化，高炉炉墙频繁黏结和脱落，导致高炉圆周分布不均匀，煤气流分布不均匀，甚至产生崩滑料，对高炉顺行稳定更加不利。严重时，容易导致炉墙结厚，影响高炉透气性和高炉顺行。

3.5.2.2　炉料结构对高炉透气性的影响

由于宝钢烧结能力不足，使用的球团矿和精块矿比例相对较高，因此球团和精块矿冶金性能与烧结矿之间差异会对高炉透气性产生较大影响。

当炉料结构单一品种占主导转变为多品种相对均衡时，其性能差异就会显现出来，整体炉料性能变化也越大，尤其影响高炉透气性最差的软熔带。根据炉料结构冶金性能分析研究，以烧结矿为主的炉料结构，无论是增加精块矿比例，还是增加球团矿比例，软化开始温度降低，软化区间加宽，熔滴性能变差，软熔带加宽，高炉透气性变差。

根据宝钢4号高炉年实际生产数据回归，得到如图 3-19 所示的相关关系图。可见，烧结比和球团比与高炉透气性有显著相关关系。随烧结比升高，高炉透气性明显改善；随球团比升高，高炉透气性明显劣化，并且相关性很显著。

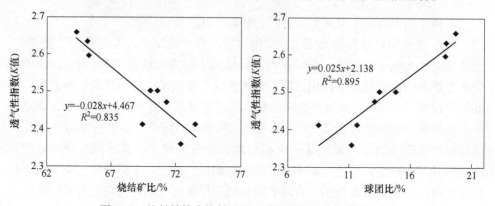

图 3-19　炉料结构中烧结矿比和球团矿比与透气性的关系

对比 2013 年国内大型高炉操作参数也有类似规律，如图 3-20 所示。由图可见，烧结比低，高炉压差相对较高，虽然影响高炉透气性的因素诸多，烧结矿比例不易作为定量参照，但是一般情况下，烧结矿比高，负面影响相对较小。

由于球团矿和精块矿中 CaO 含量较低，呈酸性或弱酸性，在炉料结构中，根据高炉炉渣碱度要求，高烧结矿比相应要求烧结矿碱度较低。反之，低烧结矿比相应要求烧结矿碱度较高，不同碱度烧结矿的高温性能如图 3-21 所示。可见，烧结矿碱度越高，软熔温度相对越高，区间越宽，烧结矿本身透气性变差，与之

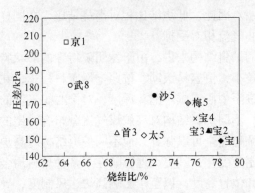

图 3-20 国内大型高炉烧结比与压差对应关系

相对应的精块矿或者球团矿使用比例也越高，其间的性能差异也就越大，对高炉影响也就越大。因此，烧结矿低于一定比例，对高炉透气性会产生一定的影响。

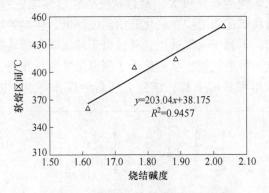

图 3-21 不同碱度烧结矿的高温性能

炉料结构高温性能影响高炉软熔带的分布，对高炉透气性影响较大，在一定渣比范围内，炉料结构高温性能对高炉透气性的影响要大于渣比对透气性的影响程度，合理炉料结构应该更关注其高温性能的优劣。

3.5.3 炉料结构对高炉煤气流分布的影响

不同炉料结构对煤气流分布影响主要表现在由于各种炉料冶金性能的差异，在高炉温度场的作用下，软熔带位置和形状各不相同，引起煤气流初始分布以及通过软熔带二次再分布发生变化，另外由于各种炉料比重、自然堆角以及形状等差异，在高炉布料表现出不同特征，从而对高炉煤气流分布影响各不相同。

从布料制度方面看，由于球团矿和精块矿的比重均高于烧结矿，用球团矿或者精块矿替代烧结矿，在同样的矿焦负荷条件下，矿石总体积减少，在相同的布料制度条件下，料流质心在布料溜槽上的高度降低，布料过程中，在高炉内的落点位置相对远离炉墙。因此，低烧结比相对高烧结比，在同样布料制度下，边缘气流相对发展，中心气流相对受抑。

对于高球团比的炉料结构来讲，由于球团矿特殊的形状特点，与烧结矿和精块矿相比，自然堆角小，更容易滚动，按照宝钢布料模式，在平台漏斗料面形状下，球团更加容易滚至中心，减小漏斗深度，对中心煤气流的抑制更明显。

从布料角度看，不同炉料结构对高炉煤气流分布有一定的影响，但其影响甚少，通过布料制度调整完全可以弥补，而不同炉料结构对高炉煤气流分布影响则不仅仅局限于布料制度变化，其更大地影响在于各种炉料冶金性能的差异，可改变高炉软熔带形状和位置高度，以至于影响高炉送风制度，导致高炉煤气流发生较大变化。

宝钢高炉使用的烧结矿与常用的球团矿和精块矿的软熔性能如图 3-22 所示。可见，与烧结矿相比，球团和精块矿软化开始温度较低，熔融终了温度也较低，并且不同球团矿软熔性能差异较大，混合精块矿软熔性能更差。在炉料结构中，随着球团矿或者精块矿比例增加，软化开始温度降低，软熔带上移，间接还原减少，直接还原增加，不利于煤气利用，并且由于球团矿和精块矿熔融终了温度相对较低，劣化了软熔带透气性。从高炉十字测温煤气流分布看，温度场呈现上移趋势，特别边缘软熔带根部上移，结合大型高炉操作特点，边缘气流相对更发

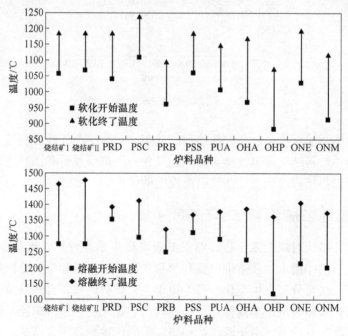

图 3-22　宝钢常用炉料的软熔性能对比
(代码 P 开头的为球团矿，O 开头的为精块矿)

展，而根据宝钢炉料结构变化特点，球团矿品种不稳定，精块矿以混合精块矿为主，由于炉料软熔性能变动导致边缘气流变化较大，边缘软熔带根部变动较大，使边缘炉墙黏结物不稳定，以至于边缘煤气流处于不稳定状态。因此，炉料结构不稳定，容易导致煤气流分布不稳定，给高炉操作带来较大困难，炉料结构稳定是煤气流合理分布的基础。

根据高炉煤气流分布特点，在原料冶金性能变差条件下，高炉透气性变差，高炉鼓风动能下降，高炉炉腹煤气流不易吹透中心，主要分布在边缘，使边缘高温区上移，边缘软熔带层加宽，透气性更差，严重时导致边缘气流分布不均匀，形成管道。在这种情况下，上部采取适当控制边缘气流调剂方法，可以使中心气流相对发展，不仅使下部煤气流分布更合理，而且控制了边缘软熔带根部高度，缩小了软熔带层宽度，有利于改善高炉透气性，对高炉下部吹透中心有利。

在炉料结构高温软熔性能较差的情况下，尽量均匀布料，使料层均匀铺开，降低软熔带厚度，改善软熔带稳定性，对控制高温区有利，可以减缓因炉料结构和性能变化对高炉的影响。

当高炉炉料结构发生变化，高炉煤气流随之也发生相应化。在实际生产中，为了保持炉况稳定顺行，操作制度要根据煤气流变化进行相应调整，保持合理的煤气流分布。从宝钢 3 号高炉第二代生产实绩看，在保证炉况稳定顺行的前提下，不同炉料结构对应的操作制度变化见表 3-31，可见，随着炉料结构变化：烧结矿比由 80% 降低至 67%，球团矿比由 8% 提高至 21%，精块矿比基本保持 12% 不变，在其他操作制度变化不大的情况下，为了保持煤气流分布合理并且大体相同，高炉布料制度相应地进行了调整，调整方向：适当控制边缘煤气流，而发展中心煤气流；反过来，可以看出，随着球团比增加，烧结矿比降低，煤气流分布变化趋势应该是：边缘煤气流相对增强，而中心煤气流相对减弱。如果不进行相应煤气流调剂，就会导致高炉煤气流分布失常，影响炉况稳定顺行。

表 3-31　不同炉料结构操作制度变化

炉料结构/%	烧结矿	80	67
	球团矿	8	21
	精块矿	12	12
操作制度	布料档位	$C_{333321}^{234567} O_{333321}^{234567}$	$C_{333221}^{234567} O_{333221}^{234567}$
	料线/m	1.2	1.4

不同炉料结构显现不同煤气流分布特点，操作制度必须与之相匹配，才能实现高炉稳定顺行。炉料结构相对稳定，冶金性能相对较好，高炉操作制度合理区间相对也较宽；相反，炉料结构越不稳定，冶金性能越差，操作制度合理区间越窄。因此，伴随铁矿石资源匮乏，品质劣化，对高炉操作技术要求越来越高。

3.6　宝钢科学管理高炉炉料经验

宝钢炼铁厂自1985年投产以来，始终坚持炉料质量优化和炉料结构合理化试验研究和生产实践。在20世纪80年代高炉投产阶段，宝钢高炉设定的炉料结构是80%烧结矿和90%的熟料比。但实际上根据物料平衡和成本，炉料结构不断变化。宝钢炼铁工作者在长期的生产实践中，不断探索合理的炉料结构和配矿方案，形成了宝钢高炉炼铁的配矿用矿标准，使宝钢近几年来在铁矿石短缺和矿价飞涨的条件下，保持低成本和高效、优质、低耗的优良指标。宝钢高炉历年来炉料结构和高炉指标的变化列于表3-32。

表 3-32　宝钢高炉炉料结构变化与高炉技术经济指标

年　份	1985	1992	1996	2000	2002	2004	2006	2008
烧结矿/%	85.0	80.5	78.7	77.0	77.5	78.0	74.0	72.5
球团矿/%	5.0	6.1	8.0	6.0	4.5	4.0	5.0	11.35
块矿/%	10.0	13.4	13.3	17.0	18.0	18.0	21.0	16.15
入炉品位/%	58.11	58.35	58.40	60.34	60.04	60.05	59.80	59.93
利用系数/t·(m³·d)⁻¹	1.764	2.094	2.034	2.255	2.255	2.307	2.311	2.278
综合焦比/kg·t⁻¹	544.0	413.3	410.0	293	284	288.2	295.5	302
煤比/kg·t⁻¹	8.1（油）	14.7+28.5（油）	94.0	207	203	191.7	187.1	176.5
渣比/kg·t⁻¹	320	299	293	243	245	238	260	269

由表3-32可见，宝钢高炉历年来炉料结构坚持四个原则：

（1）高品位、低渣量原则。入炉矿品位保持在60%左右，渣量低于270kg/t。

（2）单一炉料质量优化和合理搭配原则。单一炉料保持高品位，低 SiO_2、低 Al_2O_3、低有害杂质。

（3）烧结矿比例逐年下降，碱度逐年提高，低球团矿比例、高块矿比例的原则。烧结矿配比由1985年的85%下降到2008年的72.5%。碱度由1.80提高到1.925。

（4）低成本高效益的原则。球团矿配比均低于10%。块矿的配比逐年升高，达到甚至超过20%的比例。原因在于球团矿价格高，而同品位的块矿价格低，2008年的情况特殊，球团矿配比突然增加，是由于球团矿的市场价接近块矿价而导致。

3.6.1　宝钢炉料的试验和结果分析

3.6.1.1　试验原料

试验原料为一种烧结矿、两种球团矿和三种块矿，其均由宝钢提供，其化学成分和六组综合炉料组组成列于表3-33。

表 3-33　宝钢高炉试验用原料化学成分　　　　　　　　　　　（%）

原料名称	代码	TFe	FeO	SiO_2	Al_2O_3	CaO	MgO	S	P	LOI
宝钢烧结矿	A1	58.42	8.33	4.80	1.65	8.70	1.92	0.010	0.120	—
CVRD 球团	A2	66.01	0.67	2.36	0.63	2.68	0.09	0.005	0.056	0.13
Samaco 球团	A3	66.45	0.30	2.32	0.53	1.84	0.17	0.005	0.098	0.25
哈默斯利块矿	A4	64.41	0.40	2.60	1.26	0.01	0.05	0.016	0.144	3.68
哈高磷混合块	A5	63.91	0.44	2.83	1.42	0.02	0.05	0.019	0.189	4.29
西安吉拉斯块	A6	63.28	0.53	2.46	1.24	0.01	0.05	0.023	0.116	6.22
海南块矿	A7	56.87	1.83	14.42	0.53	0.36	0.12	0.278	0.048	0.85

3.6.1.2　试验方法

能反映综合炉料在高炉内性状变化的是综合炉料的熔滴性能，因为熔滴性能试验是测定炉料在模拟高炉条件下的还原、软化和熔融过程，整个试验过程反映出试样温度和还原程度的变化，试样软熔和透气性（Δp）的变化规律，它最能具体反映不同炉料组成在高炉冶炼过程中高温特性的变化特点和规律。因此，以综合炉料的熔滴性能试验方法作为炉料结构的试验方法是合理的。由于开始熔融温度（T_s）、最大压差值（Δp_m）和开始熔滴温度（T_d）与综合炉料的碱度（CaO/SiO_2）密切相关，为了比较不同方案综合炉料的熔滴性能，故炉料结构试验要求各组方案的综合炉料碱度保持基本一致（$<\pm0.01$）。试验采用高 SiO_2 的海南块矿调剂碱度，也就是说综合炉料的碱度必须保持稳定。六组炉料结构的化学成分和碱度列于表 3-34。

表 3-34　宝钢高炉试验综合炉料方案及其化学成分

方案	综合炉料方案和组成比例/%							综合炉料化学成分/%					CaO/SiO_2
	A1	A2	A3	A4	A5	A6	A7	TFe	CaO	MgO	SiO_2	Al_2O_3	
[1]	73	2	5	0	7	11.5	1.5	59.89	6.50	1.42	4.36	1.49	1.49
[2]	73	2	5	0	12	6.6	1.4	59.93	6.53	1.42	4.37	1.50	1.49
[3]	73	2	5	0	18.7	0	1.3	59.88	6.51	1.42	4.38	1.52	1.49
[4]	73	2	5	6.1	12	0	1.9	59.97	6.51	1.42	4.44	1.50	1.47
[5]	73	2	5	6.3	12	0	1.7	59.98	6.51	1.42	4.42	1.44	1.47
[6]	73	0	4	0	14.27	7.85	0.88	59.89	6.43	1.42	4.32	1.53	1.49

3.6.1.3　试验研究的结果及分析

宝钢高炉六组炉料结构试验研究的结果列于表 3-35。

表3-35　宝钢高炉六组炉料结构试验结果

方案	模拟高炉条件下的软化性能			熔滴性能				
	$T_{10\%}$ /℃	$T_{40\%}$ /℃	ΔT_A /℃	T_s /℃	T_d /℃	ΔT /℃	Δp_m /×9.8Pa	S 值/kPa·℃
[1]	1156	1253	97	1403	1423	20	141	17.84
[2]	1125	1264	139	1423	1438	15	119	10.14
[3]	1109	1207	98	1378	1418	40	113	24.70
[4]	1067	1197	130	1326	1408	82	139	71.52
[5]	1087	1203	116	1376	1410	34	157	35.65
[6]	1052	1167	115	1298	1393	95	123	67.96

由表3-35可见，宝钢高炉综合炉料熔滴性能具有如下特点：

（1）模拟高炉条件下的软化性能优良，软化区间（ΔT_A）均小于150℃；

（2）综合炉料的熔滴区间（ΔT）窄，ΔT 均小于100℃；

（3）综合炉料的透气阻力小，最大压差（Δp_m）均小于160×9.8Pa。

由于以上三个基本特点，形成宝钢高炉综合炉料的熔滴特性值（S 值）均比较优良，六组炉料结构其中四组的 S 值均小于40kPa·℃，达到优良的程度，这样的炉料用于高炉生产，将会给高炉中下部的顺行带来极为有利的效果。

宝钢高炉综合炉料的熔滴性能优良，主要有以下几个原因：

（1）综合炉料的含铁品位高，六组综合炉料的含铁品位均大于59.8%；

（2）综合炉料低 SiO_2 和低 Al_2O_3，造成低渣量和低透气阻力；

（3）组成综合炉料的主要六种单一炉料都具有良好的还原性，六种单一炉料的还原性列于表3-36。由表可见，不论宝钢烧结矿，还是进口球团矿和三种块矿，均具有良好的还原性。炉料的还原性良好是综合炉料软熔带区间窄、透气阻力小的重要因素。

表3-36　宝钢六种单一炉料的还原性（GB/T 13241—1991）

矿种	宝钢烧结矿	CVRD 球团	Samaco 球团	哈默斯利块矿	哈高磷混合块	西安吉拉斯块
$RI/\%$	81.2	67.4	68.9	70.7	71.3	82.3

3.6.1.4　结论

由以上试验研究和分析可以得出如下结论：

（1）宝钢高炉综合炉料的高品位、低 SiO_2、低 Al_2O_3、低渣量是宝钢高炉炉料熔滴性能优良的重要原因。

（2）宝钢高炉单一炉料的高品位、低 FeO、高还原性是综合炉料优良熔滴性能的基础。

（3）宝钢高炉炉料结构高块矿比低渣量是值得关注的低成本的一项重要举措。

（4）宝钢高炉六组综合炉料结构试验结果，其中［1］［2］［3］［5］组的 S 值均优良，具有进行工业试验的参考价值。

3.6.2 宝钢原燃料管理经验

3.6.2.1 追求稳定

原燃料波动幅度过大、过于频繁，高炉内部平衡状态频繁变化，必然导致高炉稳定性下降，高炉难以维持高技术经济操作，因此，原燃料稳定较质量水平更重要。

（1）保持物料品种、结构相对稳定。即在阶段性时间内，尽可能保持物料品种数量、结构比例稳定；在年度原燃料计划确定的情况下尽可能做到季度、月度的均匀分配；调整时，有计划、分步过渡。

（2）控制物料理化性能的波动范围。即强调焦炭、矿石、喷吹煤的主要理化性能质量水平稳定，控制其波动范围。

3.6.2.2 适当质量

在优质炼焦煤和铁矿石资源日益紧张的情况下，单纯强调"精料"与单纯强调"低价料"都不可取。宝钢对大高炉原燃料质量的观点是："适当质量"。它包含四层含义：

（1）确保基本质量。即保证大高炉长期稳定顺行的底线质量要求。没有最基本质量的原燃料的支撑，高炉基本顺行都难以为继，更谈不上低成本、低碳生产。表 3-37、表 3-38 是宝钢高炉对焦炭、烧结矿的基本质量要求。

表 3-37　宝钢高炉对焦炭基本质量要求

项　目	灰分 /%	机械强度 DI/%	粒度范围 /mm	粒度（−25mm） /%	粒度（+75mm） /%	平均粒度 /mm	CSR /%	CRI /%
质量标准	≤12	≥85	25~75	≤10	≤12	47~59	≥62	≤28

表 3-38　宝钢高炉对烧结矿基本质量要求

项　目	$w(TFe)$ /%	CaO/SiO_2	$w(SiO_2)$ /%	$w(Al_2O_3)$ /%	FeO /%	转鼓指数 TI /%	$RDI_{(+3.15)}$ /%	−5mm/%
质量标准	目标值 ±1.0	目标值 ±0.12	4.0~5.5	≤2.1	7.5±2	1、2 期≥70 3 期≥74	>74	≤5

（2）合理的性价比。低价料绝不等同于低铁水成本；同样，高价料也未必等同于高铁水成本。宝钢把质量与消耗综合起来考虑，采购、制造管理、生产技术人员协同建立了物料性价比评价体系，综合选择物料品种及结构。

（3）有利于系统均衡与稳定。提出超出市场可获得资源、物流及前道工序体系能力的质量要求，即使短期可以达到，也不可持续，不如选择系统能够长期保证的质量水平。

（4）与高炉冶炼条件相匹配。宝钢根据不同高炉产量、指标、装备能力实际情况，差异配置原燃料，确保整个区域的稳定生产。

3.6.2.3　指标排序

不同物料质量变化、同一物料不同质量指标对高炉炉况影响程度不一样，需要有优先序管理。优先序管理的意义在于：监控关键质量指标，避免炉况大波动；生产条件受限时，快速进行取舍，实现最优化生产。宝钢高炉对原燃料质量排序见表3-39。

表3-39　宝钢高炉原燃料质量指标排序

项　目		质量保证先后顺序
不同品种物料	大类	焦炭>矿石>喷吹煤>辅料
	矿小类	烧结>块矿>球团
	喷吹煤小类	无烟煤>烟煤
	辅料小类	石灰石>白云石>硅石
同品种物料	焦炭	强度（冷强度、热强度）>成分（灰分、硫）>粒度（均匀度、小粒级比例、平均粒度）
	矿石	强度（热强度、冷强度）>粒度（小粒级比例、均匀度）>成分（品位、碱度、有害元素）
	喷吹煤	可磨性>流动性>燃烧性>成分（固定碳、热值、硫）

3.7　宝钢湛江钢铁2号高炉高产低耗生产实践

2015年9月宝钢湛江钢铁1号高炉投产，2号5050m³高炉于2016年7月投产，2号高炉在总结1号高炉开炉及生产实践的基础上，在很短的时间内达产达标。宝钢湛江钢铁两座高炉设计贯彻高效、优质、低耗、长寿、环保的炼铁技术方针，采用多项先进工艺技术及装备。湛钢2号高炉在稳产过程中根据炉况逐步增加风氧量及提高鼓风温度，高炉操作者精心操业，时刻关注原燃料情况，根据原燃料质量及炉况变化及时作出调整，在调整过程中摸索合适的布料模式，总结出了一套高产低耗生产实践经验。

3.7.1 原燃料质量控制

高炉是一个原燃料与煤气流相对运动并发生复杂物理化学反应的容器，原燃料好是高炉稳定顺行的基础，原燃料差时再好的高炉操作技术也得不到高水平的冶炼指标，所以湛江钢铁传承宝钢大高炉操作经验，不只是单纯强调"精料"与单纯强调"低价料"，而是坚持"适当质量"的原则，保证大高炉长期稳定顺行的底线质量要求，寻求合理的性价比，保持有利系统均衡与稳定并与高炉冶炼条件相匹配，在此原则下执行高炉原燃料四大管理制度，精心操作以确保高炉稳定顺行，在高炉稳定顺行中使高炉形成合理的操作炉型，稳定炉体热负荷，以此来达到高炉高产低耗稳定顺行的目的。

原燃料管理是高炉生产重要管理之一，其主要内容包括质量管理、槽位管理、筛网管理以及切出量管理。原燃料质量管理主要包括烧结矿及焦炭等的成分、粒度、冷态以及热态性能等的监督及调整。图 3-23 为 2 号高炉所用烧结矿质量指标。由图 3-23（a）可知，烧结矿低温还原粉化率均小于 40%，但是在 35% 左右波动，仍然有很大的改善空间；烧结矿转鼓指数基本控制在 80% 以上；品位 TFe 控制在 58%±0.5% 之间，但其还原度稍低，在 65% 左右。由图 3-23（b）可知，入炉烧结矿粒度分布中小于 5mm 所占比例波动大，将近一半时间内其比例大于 5%，其平均粒度大部分在 19~21mm 之间，FeO 含量在 8%~10% 之间，烧结矿碱度则处于 1.74~1.84 之间，总体上烧结矿质量处于 2 号高炉可接受范围之内，但其质量仍有很大改善空间。

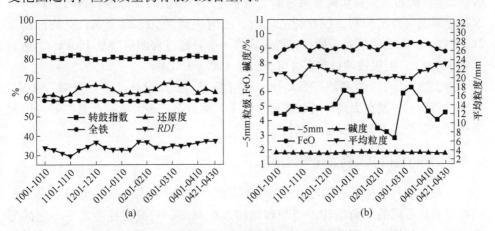

图 3-23 宝钢湛江 2 号高炉烧结矿质量指标

图 3-24 显示是 2 号高炉入炉焦炭质量指标。由图 3-24（a）可以看出，焦炭冷态及热态指标均满足大高炉使用要求，焦炭反应后强度均大于 70%，焦炭反应性在 18%~25% 之间，M_{40} 控制在 87% 以上，M_{10} 均在 7% 以下。由图 3-24（b）可

知，焦炭灰分控制在 12%±0.5% 之间，全硫在 0.65% 以下，转鼓强度控制在 87.5% 以上，但其粒度分布中小于 15mm 所占比例较控制标准较高，基本处于 4%~5% 之间，有时甚至会大于 5%，焦炭平均粒度稍低基本均控制在 49~50mm 之间，由 2 号高炉顺行情况可知，此质量标准的焦炭满足 2 号大高炉的生产需求，但如果焦炭质量有所提升，2 号高炉生产指标也会有所提高。

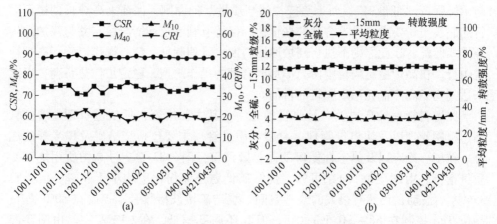

图 3-24　宝钢湛江 2 号高炉焦炭质量指标

众所周知，高炉中有害元素不仅会破坏原燃料冶金性能，还会给高炉炉型造成很大破坏，其中最主要的有害元素有金属锌及钾、钠等。所以，鉴于以往经验，2 号高炉对入炉锌负荷及碱金属负荷制定了严格的入炉标准，将入炉锌负荷及碱金属负荷长期控制在控制标准之内。由图 3-25 可知，碱金属负荷均控制在 2kg/t 以下，而由于进料等原因使锌负荷有一个月超过控制标准 0.150kg/t，达到了 0.161kg/t，但很快便被改正并降低到 0.150kg/t 以下。

由上述可知，2 号高炉不只是单纯讲究精料，而是遵从"适当质量"原则，将原燃料质量控制在大高炉可接受底线之上，但对于有害元素则严格控制，以此来保证大高炉炉型合理及稳定顺行。

3.7.2　炉料结构以及合理煤气流分布

合理的炉料结构是形成合理软熔带的基础，根据不同原料的质量及物料平衡的需要采用不同的炉料结构。当炉料结构改变时高炉炉况往往会发生一定的变化，所以炉料结构以稳定为主，在原料物料平衡的基础上尽量采取同一种合适的炉料结构，并且需要合理的排出方式，将不同含铁原料、辅料及小块焦等布到炉喉料面合适的位置。由图 3-26 可以看出，湛钢 2 号高炉炉料结构基本稳定，熟料比控制在 85% 左右，而烧结比控制在 79% 左右，球团比控制在 6% 左右，块矿比则控制在 15% 左右。在炉料结构稳定的情况下，需要进行合理的布料来形成合

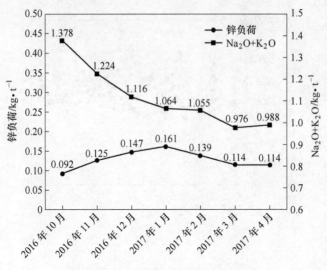

图 3-25 锌负荷和碱金属负荷

理的煤气流分布。2 号高炉采取"平台+漏斗"布料模式，并在此基础上进行合理分配炉料，将边缘气流及中心气流强度控制在合理范围之内，使炉墙形成合理的操作炉型，保持炉体热负荷稳定并降低压差及提高煤气利用率。

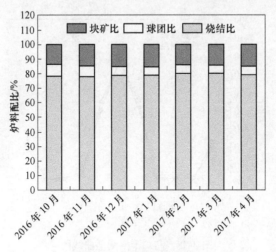

图 3-26 炉料结构配比图

图 3-27 显示了 2 号高炉 2016 年 10 月至 2017 年 4 月热负荷变化图。由图可知，2 号高炉热负荷长期被控制在 (6000~7000)×10MJ 之间，当热负荷升高时，高炉操作者可根据实际情况进行疏松边缘气流或者压制边缘气流的动作，将热负荷控制在想要的范围之内，通过控制煤气流分布及矿批焦批等使煤气流周向均匀及炉型合理，达到高炉长期稳定顺行的目的。

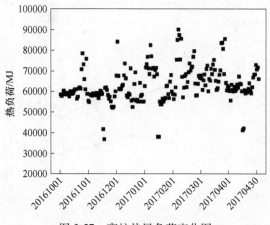

图 3-27　高炉热风负荷变化图

图 3-28 是 2 号高炉十字测温温度显示图形，其属于中心发展型煤气流分布，保证一定的中心气流，适当发展边缘气流的操作模式，十字测温曲线呈现中心充沛、边缘略翘的"虾尾型"。此种煤气流分布能最大限度地利用煤气，料面形状稳定且焦炭置换率高，有利炉缸工况，边缘气流稍弱，高炉热损失和对炉墙破坏程度降低。

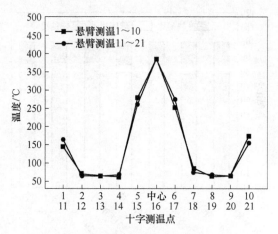

图 3-28　高炉十字测温曲线图

3.7.3　精心操作及出净渣铁

在原燃料质量一定的情况下，炉况顺行与否关键在于操作者的操作好坏及出渣铁作业是否良好。高炉操作者的日常管理主要是高炉气流调节、炉温平衡、合理造渣、出净渣铁等。

高炉冶炼的主要目的是冶炼出优质合格的铁水,高炉渣则是高炉冶炼不可避免的副产品,前人说过"高炉炼铁就是炼渣,好渣下面出好铁",所以高炉中高炉渣的成分组成及其冶金性能对高炉顺行及铁水质量有关键性的作用。

炉前出渣铁与高炉布料同等重要,出净渣铁也是高炉顺行的必要条件,高炉从上部装入多少原燃料就要有相应的渣铁量从出铁口排出,如果排出量长时间小于装入量,则炉缸孔隙率逐渐减少,风压会逐步上升,最终可能导致高炉减风生产、炉况失常甚至风口灌渣等危险情况发生,所以也需重视炉前出渣铁。

3.7.4 效果

(1)宝钢湛江2号高炉在产量爬坡生产过程中稳定顺行良好,大块焦比逐渐降低,小块焦比逐渐提高,煤比逐步上升而燃料比下降,铁水硅含量控制在0.4%以下,风温稳步提升,2号高炉经济技术指标优异,已处于世界大型高炉先进水平。

(2)2号高炉入炉原料采取"适当质量"原则,寻求高性价比,保持原燃料质量在底线以上,但烧结矿还原度偏低,低温还原粉化性能偏高,焦炭平均粒度偏低,原燃料质量仍有较大改善空间。另外,严格控制有害元素入炉负荷,可保证大高炉炉型合理及稳定顺行。

(3)高炉操作者精心操业,合理平衡高炉四大制度并合理安排炉前出渣铁作业,形成"平台+漏斗"合理煤气流分布,控制炉温、高炉渣成分及入炉硫负荷在合理范围之内,确保生产出优质铁水。另外,湛江钢铁注重人员及设备管理,加强人员培养,实行全员管理并分配设备责任到个人,统一各班正确操作思路,提高每个员工的责任感,为2号高炉长期稳定顺行、高产、低耗、环保及长寿等打下了坚实的基础。

3.8 高炉"四元炉料结构"的构思

钢是当今人类社会和经济活动的最重要材料,已渗透到人们生活的方方面面,是其他材料不可替代的。在全球未来面临不断提高能源利用效率,以及控制温室气体排放和环境保护等严峻挑战下,钢材的更广泛应用仍是解决材料问题的关键。2017年,全球钢产量已达16.747亿吨,较上年增长2.8%。未来世界钢产量将保持持续增长的观点已是行业内外的共识。

然而,未来支撑钢生产的铁元素来源则存在相当的不确定性。传统高炉炼铁面临的节能环保及原燃料适应性压力,各种非高炉炼铁工艺的成熟可靠性,新炼铁方法开发前景,以及废钢的循环使用量等,都将影响着各自在未来炼钢铁源供应中的比重及供给的持续性。中国钢研新冶集团沙永志等专家学者针对高炉炼铁工艺,尝试分析其未来的地位、面临的挑战,以及应对措施等,给我国炼铁健康发展提供了良策。

3.8.1 废钢对高炉炼铁的价值

虽然在各种炼铁工艺中，高炉炼铁最适合于未来发展，但废钢炼钢在吨钢能耗和 CO_2 排放量方面的优势，已完胜用高炉铁水炼钢。未来随着炼钢的废钢使用量增加，将减少高炉炼铁的生产规模，同时也就减少了 CO_2 排放量。事实上，全球钢铁，特别是北美和欧洲的发展过程，已证实了这种发展趋势。

（1）根据国外统计，2014 年，在全球炼钢使用的 18.43 亿吨金属料中，高炉铁水占 63.8%，废钢占 31.7%，直接还原铁（含热压块）4.1%，熔融还原0.4%。（高炉）铁与钢比为：0.71，扣除我国，则为 0.55。即国外接近一半的钢不是用铁水生产的，其中主要是用废钢。2017 年全球包括我国在内，（高炉）铁钢比为 0.71，（高炉）铁钢产量差距是 5.0 亿吨。

这种情况在美国表现得更为突出。2017 年美国产钢 8164 万吨，而高炉铁水仅为 2233.5 万吨，铁钢比低到只有 0.27。

未来世界的钢产量将在 16 亿吨的基础上继续保持甚至增长，但随着全球废钢供应的增加，高炉铁水比例将会相对钢产量逐渐下降或铁水产量绝对下降，这应该是一个必然的趋势。

（2）我国钢铁的发展过程也正在验证这个趋势。我国是铁钢比高的国家，由于铸造铁比例高，曾长期是铁的产量大于钢的产量，铁钢比大于 1。近年来，钢铁产量均大幅度增长，铁钢比开始出现下降的趋势，从 1996 年的 1.05 降低到2017 年的 0.85，而这种铁钢比变化带来的钢和铁产量差已由 1996 年的 500 万吨，增加到 2017 年的 1.21 亿吨。

铁钢比变化的主要内在原因正是炼钢废钢使用量的不断增加。如 2001 年的废钢使用量为 4000 万吨，2016 年则达到 9010 万吨。特别是在 2017 年，随着国家全面取缔地条钢生产，加之炼铁环保限产及停产，使大量废钢流入正规炼钢生产流程，据报道，全年总的废钢消费量达到 1.4 亿吨。

（3）未来高炉炼铁生产。在钢铁生产节能减排，以及废钢供应量不断增加的大趋势下，全球的高炉炼铁产量与钢产量之间的差距将会继续扩大，高炉铁水的总产量会稳中有降。当然这不排除个别地区一段时期的高炉铁水产量增加。

对于我国来说，随着经济从高速增长转变为中速稳定发展，以及一些国家不断增加的贸易保护主义造成的钢材出口量下降，预计在未来一段时间，我国钢产量将保持基本稳定，炼钢对铁源的需求也将保持基本不变。

在这种情况下，炼钢废钢的使用量将决定着高炉生铁的产量。我国的钢铁积蓄量已超过 80 亿吨，废钢供应量超过 1.5 亿吨/年，而且持续增加。有专家预测，到 2020 年，我国废钢供应会达到 2.7 亿吨。

炼钢使用废钢比用高炉铁水带来的节能减排更有优势，在当今我国的钢铁生产节能环保严格控制的大环境下，更显得突出。如果上述的废钢供应量得以实现，而且质量得以保证，随着电炉减少吃铁水，新建电炉以及新流程电炉投产和转炉增加废钢比，将很有可能使我国高炉炼铁产量开始逐步下降。

当然，根据我国现有的炼铁生产规模和经济竞争性，以及废钢的供应量，在各种综合因素的影响下，在相当一段时间内，高炉炼铁虽会产量下降，但仍将保持其巨大的生产规模。

3.8.2 "四元炉料结构"的构思

建议将废钢纳入高炉的炉料结构中，形成"烧结矿+球团矿+块矿+废钢"的"四元"高炉原料结构概念，作为提升高炉炼铁流程的适应能力、竞争力的一个重要措施。当废钢回收成本下降，供应充足，价格降低，或企业正常高炉生产受到限制时，此措施更有吸引力。

废钢作为含金属铁的物料，加入高炉使用将带来炼铁能耗的大幅降低和 CO_2 排放的显著减少。高炉吃废钢等金属料在国外已有很多的实践。例如 2013 年，美国的 Gary 钢厂三座高炉（工作容积：$1496m^3$、$1506m^3$、$1299m^3$）炉料中的废钢量分别为 123kg/t、118kg/t、101kg/t。Middle town 厂高炉（工作容积 $1462m^3$），炉料中除使用 76kg/t 废钢外，还使用 104kg/t 直接还原铁。

我国在全面取缔地条钢的过程中，出现了废钢供大于求的状况，一些钢厂也尝试各种方法在高炉炼铁中使用废钢，甚至许多厂是从铁沟加入，以期增加产量，降低成本。很显然，这种急功近利的做法存在许多问题，不利于行业的长期发展。

废钢是含铁金属废料的总称，其来源分为自产废钢和社会废钢两大类别。按当前炼钢使用的规范，又分为碳素废钢、合金废钢、钢屑、铁屑、轻薄料等十几个品种，并有相应的质量标准。

提出将废钢纳入高炉炉料中，建立"四元炉料结构"的理念，是希望从高炉炼铁工艺的角度出发，建立废钢种类及品质分析评价体系，确定适合于高炉使用的废钢质量标准，以及高炉使用含废钢炉料的操作方法，以期实现高炉使用废钢价值的最大化，扩大废钢的使用量，提升高炉炼铁的竞争力。我国在此方面的基础研究和应用研究还基本处于空白，大量的工作有待行业共同努力来完成。废钢的加工处理，对高炉运行的影响，尤其是加废钢的经济性等方面都要进行深入的研究。一些大型高炉出铁能力相对固定，加入废钢也会受到很大限制。

参 考 文 献

[1] 孔令坛. 高炉炉料的合理结构 [C]//中国钢铁年会论文集，2001：147~150.

[2] 孔令坛. 高炉炉料结构的优化 [C]//全国炼铁生产技术会议暨炼铁学术年会论文集，2006：64~67.

[3] 孔令坛. 我国高炉炉料结构与低品位铁矿粉的应用 [C]//全国炼铁生产技术会议暨炼铁学术年会论文集，2012：62~66.

[4] 许满兴. 中国高炉炉料结构的进步与发展 [J]. 烧结球团，2001，26（2）：6~9.

[5] 许满兴. 我国高炉炉料结构的进步 [J]. 炼铁，2001，20（2）：24~27.

[6] 许满兴. 高质量球团矿生产与高炉合理炉料结构的选择 [C]//绿色发展、高质量发展我国高炉炼铁的必由之路文集，北京科技大学，2018：1~6.

[7] 叶匡吾，冯根生. 高炉炼铁合理炉料结构新概念 [J]. 中国冶金，2011（9）：5~7.

[8] 周取定，王筱留，许满兴. 从烧结矿及球团矿冶金性能分析高炉合理的炉料结构 [J]. 钢铁，1984，19（4）：1~7.

[10] 林成城，沈红标. 炉料结构对高炉冶炼的影响 [C]//第十届中国钢铁年会暨第六届宝钢学术年会论文集，2015：1~5.

[11] 许满兴. 宝钢高炉合理炉料结构的试验研究与分析 [C]//全国炼铁生产技术会议暨炼铁学术年会文集，2010：405~407.

[12] 朱仁良. 宝钢高炉科学管理、稳定生产实践 [C]//全国炼铁生产技术会议暨炼铁学术年会文集，2016：14~21.

[13] 王志宇，沙华玮. 湛江钢铁 2 号高炉高产低耗生产实践 [C]//第十一届中国钢铁年会论文集，2017：1728~1734.

[14] 杨云，危尚友，李传辉. 济钢经济矿冶炼生产技术实践 [C]//第十一届全国炼铁原料学术会议论文集，2017：94~99.

[15] 华旭军，申爱民，周长强，等. 济钢 320m² 烧结机配加经济矿料生产实践 [J]. 山东冶金，2011，33（3）：1~4.

[16] 沙永志，宋阳升. 高炉炼铁工艺未来 [C]//全国炼铁生产技术会议暨炼铁学术年会文集，2018：12~19.

4 我国球团装备的进步

【本章提要】

本章主要介绍了球团生产工艺的起源，竖炉球团工艺发展的历程和兴衰，链算机-回转窑球团工艺的优点和发展前景，以及带式焙烧机大型化新技术。

球团工艺发展在我国经历了长期艰难的历程，20 世纪 50 年代，美国开始生产球团矿，我国的北京钢铁学院和中南矿冶学院着手研究。1959 年鞍钢曾将焙烧团矿的隧道窑改造为生产球团矿的设施，生产出我国第一批球团矿。

1968 年济钢在没有外界技术援助的条件下，仅凭看到的一些资料，设计并建成了我国第一座球团矿竖炉，它以高炉煤气作为燃料，初期用石灰作为添加剂，生产自熔性球团矿，遇到了许多困难，炉内频繁结块，工人劳动条件恶劣。直到发明了导风墙-烘干床，以及杭钢用膨润土代替石灰生产酸性球团矿，与高碱度烧结矿搭配高炉冶炼获得成功，竖炉才走上健康发展的道路。

60 年代，南钢从日本引进的氯化焙烧球团工艺，因氯对设备的烟罩腐蚀，仅运行了不足 3 年时间即被迫停产；武钢兴建的 90m^2 带式焙烧机因工艺设备不过关被迫改为烧结机；60 年代后期包钢从日本引进的一台 162m^2 带式焙烧机和 1989 年鞍钢建设的带式焙烧机运转正常。但由于高热值煤气和重油的供应受到限制，带式焙烧机在我国推广缓慢。直至 2010 年京唐 504m^2 带式焙烧机顺利达产达标，带式焙烧机才得以发展。

70 年代曾经出现过发展球团矿的热潮，但是在当时历史背景下，不按照科学规律办事，过分强调人的主观能动性，例如用竖炉生产赤铁矿球团，利用烧结机生产球团矿等，既浪费了人力和物力，又使球团矿的发展受到挫折。

2000 年首钢矿业公司的链算机-回转窑改造完成，一次投产成功。从此我国有了以煤粉为能源的现代化大型球团矿生产设施，摆脱了对于煤气的依赖，为在矿山生产球团矿做出了榜样。此后，链算机-回转窑在我国迅速发展。

4.1 球团法生产起源

19 世纪，用于高炉冶炼的矿石均为富铁矿，经过破碎、筛分处理后，剩余大量不能直接入炉的粉矿。另外炼铁、炼钢吹出的炉尘含有大量的铁都无法直接入炉，被堆积起来，于是就应运而生了烧结法。但是随着富矿的减少，贫矿的增多，选矿业开始产生，使传统的烧结法受到限制，迫使人们不得不寻求新的造块方法，球团法脱颖而出。

20 世纪初，各钢铁工业发达的国家都在不同程度上探讨如何处理粉矿、粉尘和细精粉的方法。

1912 年，瑞典人 A. G. 安德生（Anderson）取得了法国球团法专利，但遗憾的是没有报道任何详细内容或冶炼效果。

1913 年，德国人 C. A. 布莱克尔斯贝尔格（Brackelsberg）提出了将粉矿加水或黏结剂混合造球，然后在较低温度下焙烧固结，并取得了德国专利。

1926 年，联邦德国克虏伯（Krupp）公司莱茵豪森（Rheinhausen）钢铁厂建造了一座日产球团矿 120t 的试验厂。

1944 年，明尼苏达（Minnesota）大学矿山实验站在球团技术上取得了重大的突破，发表了第一批研究成果，标志着美国开始对球团法进行系统的研究。

1950 年，第一批大规模球团试验在阿希兰德（Ash-land）钢铁厂的一座试验竖炉中进行。随后里塞夫（Reserve）矿业公司在明尼苏达州的巴比特（Babbitt）建成一个有四座工业性竖炉的球团厂。

1951 年，美国开始带式球团焙烧机的研究。

1955 年 10 月，美国里塞夫球团厂第一台带式焙烧机投产，单机面积 94m^2，产能为 60 万吨/年。

1957 年，美国伊利矿业竖炉球团厂投入生产（单炉面积 7.81m^2），后来发展到 27 座竖炉（其中 3×8.1m^2、2×10m^2、6×11.3m^2、16×12m^2），年产球团矿 1100 万吨，成为世界上最大的竖炉厂。但是美国、瑞典及日本等典型炉型均采用高压焙烧工艺，存在电耗高，温度、压力、气流分布不均匀，并存在中心死料柱等不可逾越的问题。

1960 年，世界上第一套生产铁精矿球团的链箅机-回转窑于美国亨博尔特（Humboldt）球团厂投产，单机年产能为 33 万吨。

2001 年美国关闭了最老、最大的伊利矿业竖炉厂。关闭竖炉的基本原因是竖炉球团矿的品质无法与链箅机-回转窑、带式焙烧机的产品相媲美，而且单机能力低，大型化困难。

我国与世界发达工业国家相比，球团工业生产起步并不晚。1958 年我国高校与科研所开始球团试验室的研究和工业性试验，并发表了一批科技成果。

1959 年，鞍钢采用隧道窑进行球团矿工业试验。

1968 年 3 月，我国第一座 8m^{2}球团竖炉在济钢建成投产。随后杭钢、承钢等八个钢铁厂先后建立十几座 8m^{2}竖炉。

1971 年，包钢从日本引进的一台 162m^2（年产 110 万吨）带式球团焙烧机，1973 年 6 月建成投产；1984 年首次改造，一直运转到 2014 年停用。2015 年新建 624m^2 带式焙烧机。

1971 年 9 月，济钢技术人员研发了竖炉导风墙专利技术，后鞍山矿山院和杭钢参与得到了提高和发展。1972 年 3 月，又研究发明竖炉烘干床技术。导风墙-烘干床形成独特的中国竖炉低压焙烧工艺，简称 SP 技术。1987 年，美国伊利（后改名为 LYV 矿业公司）球团厂购买了我国 SP 竖炉专利。

1978 年 8 月，杭钢首次使用膨润土代替消石灰作为黏结剂。

1978 年，沈阳立新铁矿建成链算机（1.8m×20.5m）-回转窑（ϕ2.5m×24m）试验装置，但没能投入使用便拆除。

1982 年，承德钢铁厂建成了第一套设计生产能力 18 万吨的链算机-回转窑球团生产线。

1987 年，16m^2 竖炉在本钢投入使用。80 年代后我国竖炉发展较快，自发明的"导风墙-烘干床"技术，使竖炉兴旺了 30 多年，并创造出具有中国特色的炉型结构。20 世纪末，我国出现了一种由唐山今实达科贸有限公司刘树钢设计的圆环形 TCS 竖炉。

1989 年，鞍钢 200 万吨带式球团厂投产，其核心设备 321m^2 带式焙烧机为引进澳大利亚的二手设备，采用德国鲁奇技术。

1995 年 8 月，密云铁矿 8m^2 竖炉使用重油为燃料成功。

1995 年，南京钢铁公司球团厂将 60 年代从日本引进"光和法"处理硫酸渣时附带的两台 ϕ3.3m×5.1m 润磨机用于生产竖炉氧化球团。

1999 年，济钢和洛阳矿山设计研究院等单位在全国率先开展了球团润磨技术研究，并设计制造了一台国产球团润磨机在济钢投入使用。

2000 年，首钢研发了链算机-回转窑-环冷机技术，年产球团矿 100 万吨，投产后各项指标显著变化，在我国冶金行业产生了巨大影响。

2001 年 12 月，济钢技术人员参考美国伊利矿业公司的设备，利用圆筒混料机研制的圆筒造球机投用，生产能力 90t/h。

2002 年 3 月，济钢与冶金设备制造厂联合研制开发了 ϕ7.5m 圆盘造球机。

2005 年 12 月，武钢鄂州矿业公司 500 万吨链算机-回转窑-环冷机建成投产。

2007 年，济钢率先实施了竖炉外排蒸汽余热发电、预热煤气和助燃风、回收软水的系统的节能降耗工艺技术。

2010 年 8 月，首钢曹妃甸 400 万吨球团厂建成投产，主体设备 504m^2 带式焙烧机及控制系统引进德国技术，由首钢设计院与 Outotec 合作完成。

2015 年，宝钢湛江 500 万吨链算机-回转窑球团生产线投产，该生产线是规模较大的生产全赤铁矿的生产线。

2015 年底包钢 500 万吨带式球团厂投产，该工程由首钢国际工程公司总体设计，采用 Outotec 技术，主体设备 $624m^2$ 带式焙烧机。

4.2　矩形竖炉"导风墙-烘干床"技术

竖炉至今已经历了将近半个世纪，其曾经是我国球团生产的主要设备，"导风墙-烘干床"技术是我国独创的技术，曾向美国转让。

2012 年底经对我国生产和在建的 $8m^2$ 以上矩形竖炉（最大有 $19m^2$）进行了统计，共有 400 余座（具体分布见表 4-1）。

表 4-1　我国矩形竖炉分布情况

省市	河北	山西	江苏	四川	山东	内蒙古	甘肃	湖南	浙江	福建	青海	辽宁
座数	160	38	34	21	14	15	2	4	3	5	1	16
省市	河南	安徽	云南	湖北	天津	黑龙江	贵州	江西	广西	陕西	新疆	吉林
座数	13	12	11	5	3	5	2	5	4	8	11	8

竖炉球团由于存在着劳动生产率低，质量无法与链算机-回转窑、带式焙烧机相媲美等问题，国外早已淘汰。我国随着高炉大型化和链算机-回转窑、带式焙烧机技术的进步，也将逐步淘汰竖炉球团工艺。

4.2.1　国内外早期竖炉存在的问题及采取的措施

国外竖炉发展较早（1950 年），我国的工业竖炉于 1968 年投入生产。当时国内外竖炉的炉型相差无几，炉口均采用"面布料"形式（见图 4-1）。

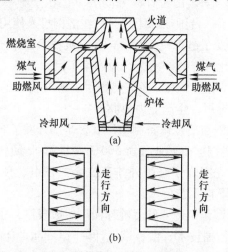

图 4-1　我国早期竖炉炉型及布料线路图

（a）我国早期竖炉炉型；（b）面布料线路图

4.2.1.1 国内外竖炉存在的主要问题

（1）冷却风在通过焙烧带时，对燃烧室喷入炉身的高温热气流产生干扰，喷火口阻力增加，穿透能力降低，导致燃烧室压力升高，使温度和气流分布极不均匀。

（2）高温区上移，炉口温度高达 800~900℃，生球爆裂严重。

（3）因冷却风要穿透整个料柱，阻力增加，必须采用高压冷却风机。

（4）边缘效应严重，成品球冷却和生球干燥效果差。

（5）导致炉底鼓入的冷却风量小于冷却成品球团所需要的风量。

4.2.1.2 国外竖炉采取的措施

国外竖炉为了解决以上问题，采用外部带有冷却器和热交换器的矮炉身竖炉（见图 4-2），这种冷却器和热交换器可以尽可能多地回收球团矿冷却后余热，而且避免了将粉尘带进燃烧室。后来又进一步发展，便出现了外部带冷却器的中等炉身竖炉（见图 4-3）。

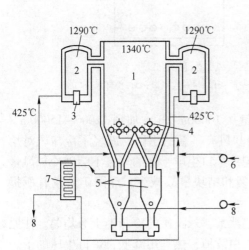

图 4-2 国外矮炉身竖炉示意图

1—炉身；2—燃烧室；3—燃气烧嘴；
4—齿辊；5—双冷器；6—一次冷却风；
7—热交换助燃风；8—二次冷却风

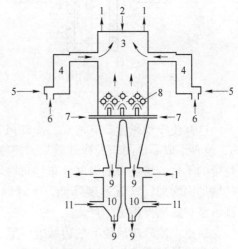

图 4-3 国外中等炉身竖炉示意图

1—废气；2—生球；3—炉身；4—燃烧室；
5—燃气烧嘴；6—助燃风；7—一次冷却风；
8—齿辊；9—成品球团矿；
10—双冷器；11—二次冷却风

4.2.1.3 我国竖炉采取的措施

由于我国生产球团所用的精矿粉粒度粗、水分大，生球质量差，助燃风和冷却风机压力低（1600~2800Pa）。因此，我国早期的竖炉存在产量低、成品球质量差、排矿温度高等缺陷。有的球团厂还在竖炉中心造成湿球堆积（俗称死料柱），处于低温状态，水分过剩，球团相互黏结，炉身经常结块，难以维持正常生产。

为了改变这种状况，结合我国的具体情况，立足现有的鼓风设备，必须减小竖炉内气流阻力，改善料柱透气性，使气流能达到穿透料层的目的，先后采取了以下几个措施：

（1）炉内"放腰风"。将竖炉下部鼓入的一部分冷却风，在喷火口以下均热带的上部放出炉外（见图4-4），并把冷却风的进风位置从齿辊的下部移到齿辊上部。

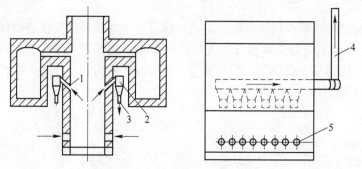

图 4-4　竖炉"放腰风"示意图
1—竖炉"腰风"出口；2—降尘室；3—放灰口；4—放风口；5—冷却风进口

这样使冷却风量略有增加，冷却风量从 10000m³/h 增加到 12000~15000m³/h，改善了成品球团矿的冷却效果，使冷却风有了新的出路，减轻了冷却风对焙烧带的干扰，焙烧带的温度分布趋向均匀；炉口生球干燥的气流不会因冷却风量的增加而增加，气流速度降低，生球爆裂和结块事故减少，球团矿质量有所提高，竖炉能维持正常生产。

缺点：使冷却风原有的边缘效应更趋严重，球团矿的冷却不十分均匀。使原可以用于炉口生球干燥所必需的热风被白白放掉，热利用降低，炉口生球的干燥速度无法提高，所以竖炉产量仍较低。而且被排放的"腰风"中含有大量灰尘，必须经过除尘处理，否则会污染环境。因此，炉内"放腰风"措施未能得到全面推广。

（2）冷却风"炉外短路"。为了充分利用竖炉热量，将竖炉放出的"腰风"送到炉口，用来干燥生球（见图4-5），这种方法称为"炉外短路"。

这一措施从理论上讲是比较合理的，它与后来的"炉内短路"原理是相同的，可是"炉外短路"存在着管道积灰和边缘效应等问题，只是在竖炉上试验，没有推广。

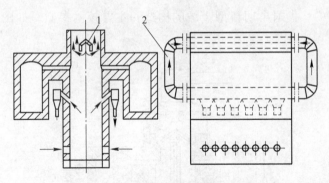

图 4-5 竖炉"炉外短路"示意图

1—风帽；2—热导风管

（3）冷却风"炉内短路"，即导风墙和烘干床。"炉内短路"措施实际上就是将"炉外短路"的导风管放入炉内，改成上、下直通的耐火砌砖体，俗称导风墙。接着又将导风墙上口的风帽扩大成箅条式烘干床（见图 4-6）。这样就创造了具有我国特点的，在竖炉内设置导风墙和烘干床的新型竖炉炉型。

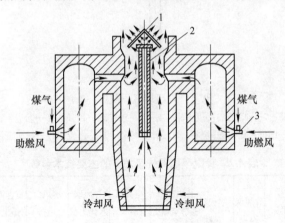

图 4-6 竖炉"炉内短路"示意图

1—烘干床；2—导风墙；3—烧嘴

这一措施在竖炉上使用后，收到良好效果。它将冷却风导向炉子中心，既增加了冷却风量，改善了球团矿的冷却，又消除了竖炉上部的死料柱和炉内的结块现象，还减少了边缘效应的影响；不仅降低了炉口温度，减少了生球的爆裂，还由于废气量的增加而加快了生球的干燥速度；使竖炉的产量提高 60% 以上。

4.2.2 我国新型竖炉主要构造

由于在竖炉内设置了导风墙和烘干床，形成了具有中国特色的、新型的"中国式球团竖炉"。我国早期新型竖炉的构造和主要技术参数，如图 4-7 和表 4-2 所示。

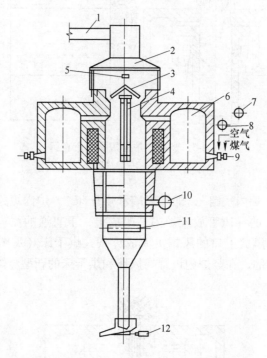

图 4-7　我国"导风墙-烘干床"竖炉示意图

1—烟气除尘罩；2—烟罩；3—烘干床；4—导风墙；5—布料机；6—燃烧室；7—煤气管；
8—助燃风管；9—烧嘴；10—冷却风管；11—齿辊；12—排矿电振

表 4-2　我国早期部分竖炉体的主要技术参数

厂　名	焙烧面积/m²	烘床面积/m²	导风墙通风面积/m²	喷火口总断面积/m²	烘床下沿至喷火口上沿距离/m	喷火口上沿至导风墙水梁入口距离/m	导风墙水梁入口至冷风口上沿距离/m	冷风口至排矿口距离/m	宽度方向最上端炉墙之间的距离	焙烧带宽度（含导风墙）距离/m	每个燃烧室容积/m³
济南钢铁厂	8	12.00	0.68	1.50	1.70	2.30	3.60	5.1	3.98	2.32	26.50
杭州钢铁厂	8	12.25	0.96	1.62	1.66	2.69	3.93	8.27	3.36	2.30	23.07
凌源钢铁厂	8	13.00	1.10	1.70	1.70	2.47	2.19	7.05	—	—	13.70
承德钢铁厂	8	10.60	0.37	1.22	1.50	2.20	2.24	3.15	3.16	2.56	26.00

　　我国新型竖炉本体的主要构造由烟罩、炉体钢结构、炉体砌砖、导风墙-烘干床、气化冷却系统、卸料排矿系统、供风和煤气管路等组成。

4.2.3 导风墙的结构

导风墙由砖墙和托梁两部分构成（见图4-8）。

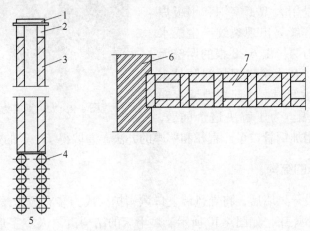

图4-8 竖炉"导风墙和大水梁"示意图

1—盖板；2—导风墙出口；3—导风墙；4—大水梁；5—导风进口；6—炉体砌砖；7—风道

4.2.3.1 导风墙的砖墙

导风墙的砌墙一般都是用高铝砖和耐火泥浆砌筑而成。最初阶段各厂均采用普形高铝砖与用切砖机切割出的异形砖块组合砌筑成空心方孔的导风墙砖墙。通风孔面积可根据所用冷却风流量和导风墙内气体流速来确定。因导风墙内通过的高温气流中带有大量的尘埃，造成对砖墙冲刷和磨损，寿命较短，一般只能使用6~8个月。有的导风墙砌砖被磨漏形成空洞，气流短路，严重时砌砖体坍塌。

为了提高导风墙的使用寿命，一些球团厂和设计部门设计了异形导风墙砖，专门用于砌筑导风墙，并都取得了一定效果，不同程度地提高了导风墙的使用寿命，目前多数矩形竖炉导风墙寿命在1~2年左右。

为了进一步提高导风墙砖体的使用寿命，很多单位采取了措施，从耐火砖材质、砖形、砌砖体结构、砌筑用耐火胶泥材质、砌筑工艺方法等多方面进行了改进。如唐山盈心耐火材料有限公司研制开发的球团竖炉用导风墙大砖，采用特殊工艺，在铝硅系材料的基础上，加入含锆添加剂，使其在高温下形成稳定的锆莫来石相，从而起到耐磨和抗剥落作用。其特点是：砖型设计合理，砌砖整体性能好，结构严谨，使用寿命长，最长已达2年以上。

4.2.3.2 导风墙的托梁

托梁的用途是支撑导风墙上部砖墙。最初的托梁是水冷矩形钢梁，故又叫水箱梁，现在统称叫大水梁（见图4-9）。最初采用循环水冷却，后来又改为汽化冷却。

　　最初托梁是用大型工字钢和钢板焊接而成，由于焊缝易出现裂纹产生漏水现象。后来改为两排由6~8根的厚壁无缝钢管组成，这种水梁出现的问题是水梁中部下弯和被磨损，从而导致漏水和导风墙砖墙坍塌。为了解决这个问题，

图4-9　大水梁实物图片

很多厂采用了增加钢管数量、直径和壁厚的办法，并取得了一定的效果。

4.2.4　烘干床的结构

　　竖炉内增设导风墙后，将导风墙上口风帽扩大成为装有炉箅条式的"烘床"称为烘干床或干燥床，如图4-10所示。烘干床的结构由"人"字形盖板、"人"字形支架、炉箅条和水冷钢管横梁组成。

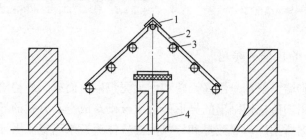

图4-10　炉口单层干燥床构造示意图
1—烘干床盖板；2—烘干床箅条；3—水冷小水梁；4—导风墙

　　使用磁铁矿生产球团时，竖炉的干燥床一般为单层。有的企业在使用褐铁矿和赤铁矿生产球团矿时，曾设计过三层干燥烘床，烘床面积大为增加，可以降低生球干燥温度和干燥介质的风速，有利于防止生球爆裂。但是三层干燥床结构比较复杂，在安装、维护上增加了困难，因而未获得推广使用。

　　（1）小水梁构造。干燥床水梁俗称炉箅水梁，也叫小水梁，一般由5或7根组成，用于支撑干燥箅条，因此要求在高温下具有足够的强度。早期干燥床水梁是用角钢焊接的矩形结构，焊缝容易开裂。现已改为厚壁无缝钢管，延长了使用寿命。干燥床水梁在较高的温度和多尘的条件下工作，磨损弯曲比较严重，只能使用一年左右。也曾有探索使用无水冷结构，如耐火混凝土，耐热铸铁及含铬铸铁等，均未获得良好的效果。

　　（2）小水梁的冷却。小水梁一般采用强制水冷，冷却效果的好坏直接影响

到使用寿命。所以安装冷却水管时千万要注意水压,并且进出水管必须采取低进高出焊接。但是由于水的硬度不同,容易出现小水梁管内壁结垢,垢皮有时脱落堵塞出水口,因此最好将小水梁进出口采取法兰式安装,以便利用检修机会进行清理。

现在一些竖炉小水梁也采用汽化冷却,有的单独增设小型汽包,有的与大水梁共用一个汽包。

(3)炉箅条构造。干燥床普遍采用箅条式和百叶窗式,安装角度为38°~45°。箅条式拆卸更换方便,但箅子的缝隙容易堵塞,需经常清理和更换。百叶窗式的特点虽不易堵塞,但实际通风面积比箅条式小。箅条材质目前有高硅耐热铸铁和高铬铸铁(含铬32%~36%)两种。

4.2.5 导风墙和烘干床的作用

我国独创的竖炉导风墙和烘干床,在竖炉中获得广泛使用,通过生产实践证明有以下六个作用:

(1)提高成品球团矿的冷却效果。竖炉增设导风墙后,从下部鼓入的一次冷却风,首先经过冷却带的一段料柱,然后绝大部分换热风(约70%~80%)不经过均热带、焙烧带、预热带,而直接由导风墙引出,被送到干燥床下。直接穿透干燥床的生球层,起到了干燥脱水的作用。同时大大地减小了换热风的阻力,使入炉的一次冷却风量大为增加,提高了冷却效果,降低了排矿温度。

(2)改善生球的干燥条件。竖炉炉口增设导风墙和烘干床后,为生球创造了大风量、薄料层的干燥条件,生球爆裂的现象减少;同时又扩大了生球干燥面积,加快了生球的干燥速度,消除了湿球相互黏结而造成的结块现象,彻底消除了死料柱,保证了竖炉的正常作业;有效地利用了炉内热能,降低了球团的焙烧热耗,大大提高了竖炉的球团矿产量。

(3)竖炉有了明显的均热带和合理的焙烧制度。竖炉设导风墙后,导风墙外只走少量的冷却风,从而使焙烧带到导风墙下沿出现一个高氧、高温的恒温区(1160~1230℃),也就是使竖炉有了明显的均热带,有利于 Fe_2O_3 的再结晶充分,使成品球团矿的强度进一步提高。

烘干床的出现,也使竖炉内有了一个合理的干燥带,而在烘干床与竖炉导风墙以下,又自然分别形成预热带和冷却带,这样就使竖炉球团焙烧过程的干燥、预热、焙烧、均热、冷却等各带分明、稳定,便于操作控制,有利于球团矿产量和质量的提高。

(4)产生"低压焙烧"竖炉。竖炉内设置了导风墙和烘干床,改善了料柱的透气性,炉内料层对气流的阻力减小,废气量穿透能力增加,燃烧室压力降低,风机风压在30kPa以下就能满足生产要求(国外50~60kPa),产生了具有中国特色的"低压焙烧"球团竖炉，可比国外同类竖炉降低电耗50%以上。

（5）竖炉能用低热值煤气焙烧球团。由于消除冷却风对焙烧带的干扰，使焙烧带的温度分布均匀，竖炉内水平断面的温度差小于20℃。当用磁铁矿为原料时，由于Fe_3O_4的氧化放热，焙烧带的温度比燃烧室温度高150~200℃。所以实践证明，我国竖炉能用低热值的高炉煤气生产出强度高、质量好的球团矿。

（6）简化了布料设备和布料操作。由于炉口烘干床措施的实现，使竖炉由"平面布料"简化为"直线布料"。使原由大车和小车组成的可纵横双向往复移动的梭式布料机，简化成只作直线往复移动的小车式梭式布料机，不仅简化了布料设备，而且简化了布料操作。

4.2.6　竖炉扩容改造经验和要点

随着高炉配加球团矿比例的日益增长，使原来相应配套的$8~10m^2$竖炉无法满足球团矿的供应。因此，一些企业在原竖炉外壳和配套设施不变的基础上进行了扩容改造，唐山市盈心耐火材料有限公司刘宗合经过多年实践，总结出了以下几种经验。

4.2.6.1　竖炉扩容经验

（1）提高球团产量必须有相应的炉容。因生球是经过干燥、预热、焙烧后，靠磁铁矿自身的氧化放热使温度升高，而达到固结效果，所以球团必须在炉内有足够的停留时间，以满足生球在炉身上部完成排除水分和吸收热量升温的时间，在炉身中部的充分氧化放热时间，以及炉身下部的冷却热交换时间。

（2）用改变炉衬厚度使炉体内径加大。因炉壳未变，只有通过把炉体内衬变薄的方式使炉容积加大，但是炉衬变薄会使炉壳温度增加20~40℃，使炉内热能加大流失，所以必须改变炉内隔热砖的材质，最好选用硅酸铝纤维砖，以增加隔热效果。

（3）必须具备足够的煤气。因为炉容扩大，产量提高，焙烧面积、喷火口面积也相应加大，煤气用量也必须随之增加，以满足焙烧温度和火焰穿透能力。因为炉内上部透气性差的原因，除生球爆裂产生的碎末把球与球之间的空隙堵塞，造成憋压外，还有一个重要的原因就是因烘干效果差，炉身上部球团的空隙被预热产生的水汽所填充，形成雾状封闭状态，使上行燃烧废气受到阻力，气流呈烟囱状上行，形成局部沸腾现象。

（4）延长墙体内衬寿命。在炉身下部因内衬层墙体变薄，除选用硅酸铝纤维砖作隔热措施外，其内衬砖必须选用耐磨耐火砖，以延长使用寿命。因为，球团料块只有在1000℃以下时才会产生硬度，温度越低其硬度也越大，构成对内衬层墙体的磨损条件。所以说炉身下部内衬砖是因耐磨性达不到需求而造成的损害，并不是焙烧所造成。

（5）延长大水梁和导风墙寿命。大水梁和导风墙是竖炉公认的易损部位，但导风墙真正磨损严重的部位在 6 层以下（约 700mm），10 层以上基本不会产生太大的磨损，究其原因主要是生产过程中产生的碎末颗粒被上行风带入导风墙通风口，由出风口排出。较大的颗粒因重力和下部高压上行风的作用，在大水梁和导风墙内下部产生涡流，摩擦和冲刷大水梁和导风墙。

炉内泄压方式只有两种，一种是炉内透气性好，上行风不受阻力；另一种就是加大导风墙通风孔面积，对炉身下部导风墙孔内和烘干床下形成大风量和小风压，使生球仅获得足够的烘干热源，又不至于在生球强度不足时被强气流冲碎，形成良性循环。

炉体扩容了，为满足生球烘干效果，导风墙通风面积相应加大。排料加快，要想达到冷却效果，必须加大冷却风压力和流量。因此对导风墙的冲刷更加严重，必须选用优质耐磨耐火砖。例如唐山盈心耐火材料厂生产的碳化硅质耐磨耐火砖因具有优良的耐磨和热稳定性能，取得了较好的使用效果，生产实践证明，导风墙碳化硅质耐磨耐火砖使用寿命达到 2~3 年以上，超出大水梁使用寿命的 2 倍。因此，为了使大水梁和导风墙砖寿命同步，经研究在保证导风墙碳化硅质耐磨耐火砖外形不变的情况下，将砖壁变薄 20~30mm，使导风墙通风内经加大，既提高了烘干效果，又起到了降低炉内压力的作用。

（6）在各种风机不变和配套设施不变的基础上，提高风量，必须采取以下措施：1）改善风机的工作环境，使风机达到满负荷运行。减少管道的弯路，严禁管道破损出现漏风泄压现象；2）对出风口进行导流，使其畅通，避免出现憋风现象，减轻风机压力；3）冷却风出口由圆管变为方管，因出口为方管大，冷风吹出后可呈辐射形散发，而圆管是直柱形散发，两冷风管之间容易出现死角，效果差。

（7）改变烘干床角度，由原设计的 42°改为 38°，使烘干床上的生球厚度减薄、均匀，并且延长了在烘干床上的烘干时间，提高其烘干效果。

4.2.6.2 竖炉扩容要点

在原有竖炉土建框架不作改动的前提下，通过优化耐火材料性能和结构尺寸，实现竖炉由 10m² 扩容到 12m²，扩容后炉口尺寸增加，需配套调整烘干床和竖炉烟罩以及少量钢结构外形；竖炉扩容后，配套对竖炉"五带"（干燥、预热、焙烧、均热、冷却）进行了优化调整。竖炉扩容改造的要点如下：

（1）干燥带高度适当降低。借助扩容后烘干床面积的增加，形成烘干床薄料层、低风压、大风量干燥工艺操作方针，实现 100% 干球入炉。温度和干燥气流速度是生球干燥的两大影响因素，当干燥温度大于 360℃后，生球干燥决定因素是气流速度，因此提高冷却风上行风量是生球干燥的重要条件。其同减少冷却带高度，提高冷却风量道理一致。

（2）预热带进行微量调整。对竖炉喷火道进行扩大改造，由原有高度270mm 提高到 408mm，目的是减少喷火道气流阻力损失，降低燃烧室压力，尤其是喷火道堵球的情况下尤为重要。

（3）对均热带进行适当降低。在竖炉扩容后，有效截面积增加的条件下，球团矿通过均热带的时间有所增加或不变，可保证焙烧质量不会降低。

（4）对冷却带降低 260mm。目的是减少冷却风阻力，强化冷却效果，风量增加将促进炉顶烘床的生球干燥效果，为提高产量创造了条件。

（5）在五带进行优化调整后，冷却风风量将上升，势必对现有导风墙的使用寿命产生更为不利的影响，为保证正常的导风墙使用寿命和增加冷却风使用量，改造将导风墙通风面积扩大了近一倍，由 $1.48m^2$ 扩大到 $2.89m^2$。如此，可大幅度降低气流速度从而减轻其对导风墙的冲刷和"流态化"（颗粒悬浮）现象的发生。既避免了冷却风进入均热带降低温度而影响焙烧效果，又可降低冷却带因压力过高给冷却风上行造成阻力。

（6）在竖炉土建框架和竖炉钢结构尽量不动和少动的前提下，扩容和导风墙通风面积增加所需的空间势必来自于耐火材料用量的减少，而一代竖炉炉龄又直接影响着大中修费用，对此竖炉结构设计中，除对选材调整外，结构设计增加承重和支撑墙，可确保一代炉龄。

（7）竖炉焙烧是一种"气固热交换"过程，炉料受重力作用在下行过程中势必也受到其他力的作用。如炉料间的摩擦阻力、炉料与炉墙的摩擦阻力、排料操作等造成炉料下沉的不均匀性，在此次改造过程中采用炉身下部增设料墙工艺，减缓了竖炉炉料"漏斗"效应，提高了竖炉焙烧质量的均匀性。

4.3　圆形 TCS 竖炉技术

球团竖炉由圆形发展到矩形，特别是我国老一代竖炉专家所发明的导风墙-烘干床技术，使矩形竖炉性能产生了革命性飞跃，跃居世界前列。唐山今实达科贸有限公司刘树钢在继承老一代竖炉技术的基础上，开发了 TCS 竖炉专利技术。

4.3.1　圆形 TCS 竖炉的结构特点

TCS 酸性氧化球团焙烧竖炉（第六代 TCS 竖炉示意图见图 4-11）是刘树钢集国内外熔融还原、直接还原、流化床、顶燃式热风炉、白灰竖炉、水泥竖炉的研究成果和多年实验室、工业试验的研究经验而发明的个人专利项目。TCS 竖炉的结构特点如下：

（1）炉顶气动布料器，结构简单，工作可靠。

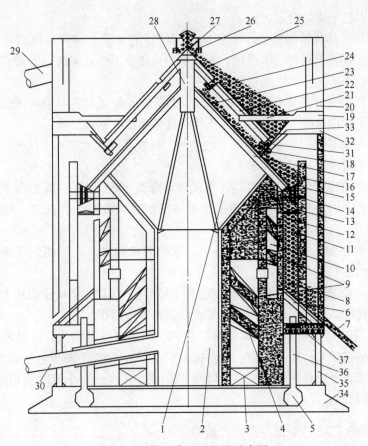

图 4-11　第六代 TCS 竖炉示意图

1—中心灰斗；2—中心风管；3—燃料器；4—混匀稳焰器；5—冷却风箱；6—冷却带炉算子；
7—排料口；8—冷却带；9—混匀器；10—火道；11—均热带；12—火口；13—焙烧带；
14—导气砖；15—导风墙；16—预热带；17—下伞体；18—供风管；19—调温风箱；
20—废气集尘箱；21—调温风导入管；22—上伞体；23—下干燥带；24—上干燥带；
25—防过湿带；26—布料器；27—松料器；28—炉顶中心风管；29—炉顶废气导出管；
30—炉中心废气导出管；31—2 号助燃风箱；32—1 号助燃风箱；33—送风管；
34—竖炉基础；35—支柱；36—冷却风支管；37—环形梁

（2）上下两层烘干床，烘干面积大，且气体温度可分区控制因而可实现变温变向慢速干燥，减少了过湿现象和爆裂现象。

（3）烘干床具有气筛和固定筛作用，可将大部分粉末和返矿提前分离并排出炉外，可改善焙烧带料柱透气性和气流分布，增强对原料和操作波动的适应能力，使 TCS 竖炉的利用系数高达 $6.25 \sim 8.00t/(m^2 \cdot h)$。

（4）焙烧带喷火口和燃烧室置于炉子内部，从内向外燃烧，充分利用边缘效应，提高了喷火口对面外墙附近低温区域的气流量和温度，使整个焙烧带气流和温度分布趋于均匀合理。

（5）环形焙烧带的特性。不需加大焙烧带的宽度，即可方便设计出较大焙烧带面积，有利于竖炉的大型化，例如单炉可年产 100 万吨的 TCS 酸性氧化球团焙烧竖炉数年来，生产效果良好。

（6）燃烧室、焙烧带、干燥带、防过湿带可分区独立计算机检测和控制，大大提高了操作精度，通过调试和操作可使各项参数达到最佳。

（7）环形导风墙置于焙烧带大墙外侧，导风孔面积大于 $6m^2$，无水冷、结构强度高且无堵塞，其寿命大于 8 年。

（8）炉内冷却能力大，平均出球温度可降至 300℃ 以下，既提高了能量利用率，又省去了炉外配置大型冷却机所带来的炉外投资和环保问题，使环保更易达标。

（9）炉顶变频控制的环形排料车，结构简单可靠，能实现无级调节，可实现与布料的良好配合。

（10）TCS 竖炉的焙烧带有效高度大于矩形 SP 竖炉，但由于采用了自立式结构，其总高度降低，因而可节省皮带长度和总占地面积。

（11）TCS 竖炉回收了干燥系统的废气余热以预热助燃风，使助燃风平均温度达到 260~310℃，并且燃烧室压力仅为 6~8kPa，因而可减少电耗和煤气消耗，正常生产状态下，高炉煤气消耗已降至 170~220m³/t，另外 TCS 竖炉结构简单，维修费用低。

4.3.2　圆形 TCS 竖炉的生产操作要点

（1）减轻过湿现象。任何球团焙烧工艺均存在过湿现象，在冬天更甚。在竖炉烘干床顶部靠近炉箅子的生球，干燥较快，既快速降低了气体温度，又增加了气体中水蒸气含量，这样的气体到达球层中上部时，被新入炉的低温生球冷却到较低的温度（露点以下），从而使气体中的水蒸气又重新冷凝到生球表面，造成过湿。过湿现象既可显著降低生球的爆裂温度，加重爆裂，又容易形成湿黏结块，从而影响干燥床的下料，加剧了半干球（此时强度最低）的机械破损，同时还影响干燥床的气流分布，甚至造成部分湿球进入下面的更高温度区域而爆裂。这些湿黏结块和碎球即使干燥完成了，也还将对焙烧带、均热带、冷却带产生危害，在生球质量差时，这些危害会变得很严重，而使生产陷入恶性循环。

TCS 竖炉在干燥床顶部设立了防过湿带，此处的设计和操作思想为：薄料层（也可以将新生球布于干燥了一会的老球上，甚至将部分干燥气体短路）、低风温、大风量，即可明显地减轻过湿现象。另外，提高生球入炉温度也会取得良好的效果。安阳水冶钢铁公司贺新亮在矩形竖炉改造上也有类似的专利。

（2）控制氧化。Fe_3O_4 的氧化放热在焙烧中发挥着极大的作用，TCS 竖炉的操作思想是把氧化反应最大限度地控制在焙烧带下部和均热带发生，因而可以造成焙烧带下部和均热带温度明显高于燃烧室热气体温度，这不仅可以大幅度减少竖炉能耗，而且可以防止温度过高结瘤。

另外，成品球中保留 0.7% ~ 1.5% 的 FeO 对降低球团的还原膨胀率和还原粉化率有较大的好处，即使成品球中的 FeO 达到 2.5%，对球团还原性影响也不大，故此建议成品球中的 FeO 控制目标为 0.7% ~ 1.5%。

（3）分区测控焙烧带温度。TCS 竖炉沿圆周 29 个排料口所对应的焙烧带温度可独立测控，当某处焙烧带温度超过 1200℃ 时，可加大该料口的排料量，这样既防止了结瘤，又提高了球团质量。

（4）提高球团强度与防止结瘤。所有烧熟了的球团均经过了 1100℃ 以上的高温（碱度更低的球团甚至高达 1200℃ 以上），在此温度下，球团内已出现小部分液相，已经具有黏结的倾向，如何防止结瘤是每一个竖炉工作者必须面对的大问题。

（5）低压力，大风量，根据原料性质优化操作参数。由于 TCS 竖炉透气性好，允许采用低压力，大风量操作，操作参数为燃烧室温度 980 ~ 1050℃，压力 6 ~ 8kPa；煤气压力 8 ~ 12kPa，助燃风压力 6 ~ 11kPa，冷却风压力 4.5 ~ 8kPa，焙烧带温度 900 ~ 1220℃（在高度方向上具有很大的温度梯度，而一般球团只要达到 1150℃、12min，或 1200℃、3min，即可烧熟），预热带供风温度 450 ~ 700℃，干燥带供风温度 400 ~ 600℃，防过湿带供风温度 270 ~ 400℃，利用系数 6.0 ~ 8.9t/(m² · h)。

4.4 链算机-回转窑法

链算机-回转窑最早用于水泥工业。美国爱里斯-哈默斯公司于 1960 年在亨博尔特球团厂建成了世界上第一套生产铁矿球团矿的链算机-回转窑。当这种新的球团工艺一问世，就得到世界各钢铁、矿业部门的重视，并获得迅速发展。1960 年链算机-回转窑的生产能力仅占世界球团矿总生产能力的 3.7%，到 1980 年即发展到占总生产能力的 33%。

我国在进入 21 世纪以后，链算机-回转窑球团生产得到了快速发展，短短几年之内，新建了一大批的链算机-回转窑球团生产线。到 2008 年，链算机-回转窑球团产量已占到国内球团总产量的 55%。

链算机-回转窑是一种联合机组，包括链算机、回转窑、冷却机及其附属设备。这种焙烧方法的特点是干燥、预热、焙烧和冷却分别在三台设备上进行：干燥、预热在链算机上进行，预热后球团进入回转窑内焙烧，最后在冷却机上冷却。

4.4.1　链箅机–回转窑主要设备结构

链箅机–回转窑设备系统主要由链箅机、回转窑和环式冷却机三部分组成（见图4-12）。

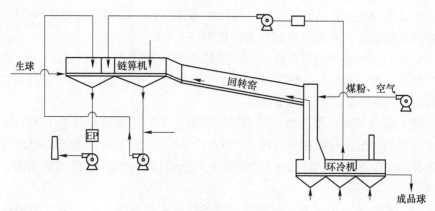

图 4-12　球团生产线工艺系统

4.4.1.1　链箅机

链箅机是由封闭铸铁链子、箅板、侧挡板、主动轮等主要部件组成。铸铁链子将链箅机连成一体，并带动链箅机进行定向运动，因而是链箅机的连接和传动装置；箅板承载球层并使气流通过；侧挡板保证了球层的高度和侧面的密封；主动轮是链箅机的驱动装置。由于链箅机宽，主传动轴长，加上处于高温环境下工作，受热膨胀后易引起变形，因此链箅机不用齿轮传动而多用双边链轮传动，主轴用中空风冷，以保证轴的正常运转。

链箅机上部设有烟罩，烟罩和链箅机之间保持密封以保证充分的热利用。烟罩一般由钢板制成，预热段因温度较高，所以内表面衬有耐火砖；升温段和干燥温度较低，一般是浇注耐火水泥；干燥段、升温段和预热段之间设有隔墙，隔墙的作用是防止各段之间相互窜风而影响温度控制；干燥段与升温段之间的隔墙材质为钢板；升温段和预热段之间则采用空心钢板梁外砌耐火砖，再抹耐火材料的结构，梁内通压缩空气进行冷却。有些链箅机升温段和预热段隔墙上留有连通孔，用来平衡两段的风量，并调整升温段的风温。

4.4.1.2　回转窑

回转窑由窑体、托轮和滚圈、传动装置等部件组成（见图4-13）。窑体是球团焙烧的反应器，托辊是回转窑的支撑装置，通过辊圈支撑着整个窑体及窑内球团的重量。

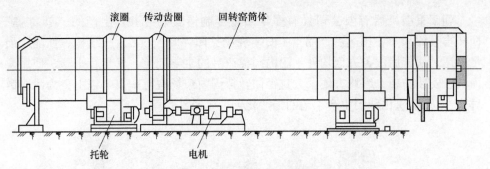

图 4-13　回转窑示意图

回转窑内衬要经受高温、磨剥和化学侵蚀作用，所以要求内衬具有耐火度高、抗磨能力强及化学性稳定等特点。另外，内衬的导热性能和热膨胀性能对于回转窑的正常生产也很重要。对于某一种耐火材料来说，要完全具备上述要求很困难，因此一般回转窑都是根据回转窑各段的具体情况选择相应的耐火砖。

为了延长窑体的使用寿命，窑体的表面温度不宜超过 300℃，但事实证明，镁砖衬料在无隔热层的情况下，即使有很好的炉皮，窑体的温度也可达到 500℃。而在 500℃ 的温度下，钢的抗张强度仅为它在 20℃ 下强度的一半。另外，窑体过热，有可能造成两组托轮间窑体下垂和衬料过早损坏。因此，在衬料和窑体之间必须敷设填充隔热层。隔热所用材料，可以是轻质砖及硅藻土和方硅藻土制成的多孔砖，低温区用含三氧化二铝 40% 的黏土砖，高温区用含三氧化二铝 70% 的高铝砖。为了使窑体、隔热层和衬砖紧紧地粘在一起，应根据耐火砖的热膨胀系数正确确定砖与砖之间的弹性缝隙。不然，缝隙过小，则耐火砖会发生脱层；若缝隙过大，将会发生掉砖现象，适宜的缝隙则刚好为耐火砖自身的热膨胀所吸收。膨胀缝隙常填以镁粉以及玻璃制成的特殊胶泥，这种胶泥在化学成分上很接近耐火砖，并且具有孔隙，在一定温度下即软化并可被压缩。表 4-3 是朝阳重型机器有限公司生产的回转窑主要规格。

表 4-3　朝阳重型机器有限公司氧化球团回转窑主要规格

规格/m×m	产量/t·h⁻¹	转速/r·min⁻¹	斜度（正弦）/(°)	功率/kW
φ3.5×29	70	0.17~1.72	4.00	160
φ4.0×30	90	0.2~1.4	3.50	190
φ5.0×35	160	0.5~1.2	4.25	220
φ5.4×36	210	0.129~1.296	4.25	315
φ5.6×36	240	0.45~1.35	4.25	液压马达 132×4
φ5.9×40	240~260	0.5~1.38	4.25	液压马达 160×4
φ6.1×40	320	0.5~1.25	4.25	液压马达 160×4
φ6.4×40	410	0.5~1.2	4.25	液压马达 190×4

朝阳重型机器有限公司具有多年回转窑制造安装经验，生产的"朝重牌"回转窑被评为"中国名牌产品"（安装现场见图4-14）。无论从结构、性能、质量，还是从售后服务方面均处于国内同类产品的主导地位，其运行平稳、使用寿命长、安装简单、维修方便。大直径回转窑国内市场占有率20%以上，为我国链箅机-回转窑氧化球团生产工艺的国产化创造了条件。

图4-14　朝阳重型机器有限公司回转窑安装现场

4.4.2　链箅机-回转窑法工艺过程

4.4.2.1　布料

链箅机布料的要求是将生球按一定高度均匀、平整地布到链箅机上，同时要求布料过程中不至于因为落差太大而发生生球破碎、变形或被压实。链箅机-回转窑法所采用的布料设备有皮带布料器和辊式布料器两种。

20世纪60年代和70年代前期，国外的链箅机布料大都采用皮带布料器。为了使生球在链箅机宽度方向上均匀分布，在皮带布料器前需装一摆动式皮带或梭式皮带机。

辊式布料器一般与梭式皮带机（或摆动式皮带机）、宽皮带组成布料系统。用辊式布料器布料，生球质量获得两方面的改善，一是通过布料辊的间隙，筛除生球中的矿粉和粒度不符合要求的小球，改善料层透气性；二是生球在布料器上进一步滚动，改善了生球的表面光洁度，并使生球进一步紧密，提高了生球强度。

辊式布料器是20世纪70年代改进的一种布料设备，目前国内外许多球团厂都采用这种布料设备。新建的大型球团厂都趋向于采用由梭式布料机（或摆动皮带机)、宽皮带与辊式布料器组成的布料系统。与摆动皮带机相比，梭式皮带机的布料效果更好，对于宽链算机更适用。

4.4.2.2 干燥和预热

随着链算机的移动，通过鼓风和抽风，气流垂直通过球层进行传热和传质，球团依次发生干燥和预热过程。干燥的目的是脱除生球中的水分，要求干燥过程中不发生爆裂，以免产生的粉末影响料层透气性和导致回转窑结圈。链算机-回转窑工艺要求预热过程不仅将 Fe_3O_4 氧化成 Fe_2O_3，并使预热球形成一定的强度，以抵抗回转窑中的机械冲击和磨损。链算机-回转窑热风系统如图 4-15 所示。

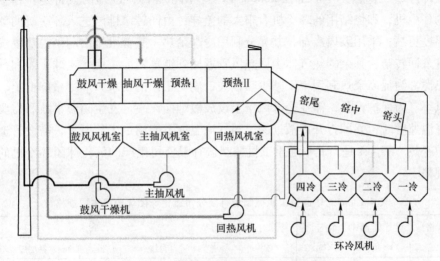

图 4-15 链算机-回转窑热风系统示意图

4.4.2.3 焙烧和均热

预热后的球团在回转窑内焙烧。生球经干燥预热后，由链算机尾部的铲料板铲下，通过溜槽进入回转窑，物料随回转窑沿周边翻滚的同时，沿轴向前移动。窑头设有燃烧器（烧嘴），由它燃烧燃料供给热量，以保持窑内所需要的焙烧温度；烟气由窑尾排出导入链算机；球团在翻滚过程中，经 1250~1350℃ 的高温焙烧后，从窑头排料口卸入冷却机。球团经过高温区以后，在靠近窑头的区段内进行均热。

窑内结圈是回转窑生产中常见的事故。这是由细粒物料在液相的黏结作用下，在窑内壁的圆周上结成的一圈厚厚的物料。结圈多出现在高温带。在高温带内结窑皮和结圈，对回转窑生产均有影响。窑皮能保护该带的衬料，不使它过早地被磨损，并能减少窑体热量的散失。但若在燃烧带结圈，就会缩小窑的断面和增加气体及物料的运动阻力。并且结圈还会像遮热板一样，使得燃烧带的热不能辐射到窑的冷端，结果使燃烧带温度进一步升高，使该带衬料的工作条件恶化。

4.4.2.4　冷却

1200℃左右的球团从回转窑卸到冷却机上进行冷却，使球团最终温度降至100℃左右，以便皮带机运输和回收热量。目前链箅机-回转窑球团厂，除比利时的克拉伯克厂采用带式冷却机外，其余均采用环式冷却机鼓风冷却。

冷却料层高度一般在 600~760mm 以上，冷却时间为 25~35min，每吨球团矿的冷却风量（标态）一般都在 2000m³ 以上。用于球团矿冷却的设备是一种专用性的环冷机，和烧结用的环冷机有很大的差异：由回转窑排出进入环冷机的球团矿温度更高；采用鼓风冷却，并充分利用冷却余热。其首段排出的高温热废气直接进入回转窑，其余的热气体由回热风管返回到链箅机上，用作生球干燥和预热的热源。为提高余热利用率，减少热损失，满足工艺的要求，应尽量降低上、下漏风率。为保护设备，需在上部风罩上设放散烟囱，一旦发生超温事故和需要加快降温速度时，立即打开放散烟囱。当气流温度不能满足工艺要求，需设管道热风炉补热。表 4-4 是河北华通重工机械制造有限公司生产的氧化球团环冷机的主要规格。

表 4-4　河北华通重工机械制造有限公司氧化球团环冷机主要规格

规格 /m²	生产能力 /t·h⁻¹	中径 /m	冷却时间 /min	功率 /kW	台　车		
					宽度/m	栏板高度/m	料层厚度/m
30	30~45	10.0	25.6~77	11	1.5	1.08	760
40	60~80	12.5	25.6~77	11	1.5	1.08	760
50	106~126	12.5	25.6~77	15	1.8	1.08	760
69	160~180	12.5	25.6~77	15	2.2	1.08	760
75	180~200	12.5	25.6~77	15	2.4	1.08	760
100	192~240	18.5	25.6~77	15	2.2	1.08	760
128	270~300	18.5	47~127	18.5	2.5	1.08	760
150	265~310	22.0	38.5~115.6	15	2.5	1.10	760

华通重工公司球团环冷机（见图 4-16）采用了等分销齿传动、新型台车、弹性密封、回转体台车复位装置等技术，荣获多项国家专利，应用于山西太原钢铁、日照钢铁精品基地、印度 JCL 公司等企业，其运行平稳、漏风率低、维护简便、故障率低，赢得了国内外广大用户的一致好评。

图 4-16　河北华通重工机械制造有限公司氧化球团环冷机安装现场

4.5　首钢链箅机-回转窑改造

我国链箅机-回转窑球团法发展得较晚，1980 年沈阳立新矿建成一套年产 9
万吨的小型链箅机-回转窑试验装置，后被拆除。1982 年 10 月承德钢铁厂建成并
投产了一套年产 18 万吨的链箅机-回转窑氧化球团生产线。1986 年首钢迁安建成
了一套年产 15 万吨金属化球团（海绵铁）生产线，由于生产工艺技术和设备技
术不过关，1989 年进行截窑改造成功。

从 1986 年到 2001 年将近 15 年中，国内再也没有新建链箅机-回转窑球团生
产线。2002 年以后到 2011 年这 10 年间，链箅机-回转窑球团得到了飞跃式发展。
据不完全统计，国内建成大、小型链箅机-回转窑球团生产线至少在 150 条以上，
其规模为年产球团矿 30 万 ~240 万吨，同时建成两条年产 500 万吨的生产线。

4.5.1　首钢年产 100 万吨球团生产线技术改造

国外球团厂多建在矿山或港口，便于运输和减少倒运，燃料多采用天然气。
我国的能源资源以煤为主，以煤为燃料更符合我国国情。大型球团生产工艺主要
是带式烧结机法和链箅机-回转窑法。这两种球团法适用各种原料，同时二者均
可采用气体和液体燃料，但后者还可用煤作燃料，所以链箅机-回转窑球团技术
更适合于在我国发展。

北京首钢设计院会同首钢矿业公司等单位，自 1996 年开始对链箅机-回转窑-
环冷机球团工艺技术进行开发研究，以填补我国这一技术空白。

链箅机-回转窑-环冷机球团工艺技术开发研究首次应用于首钢球团厂改造。
首钢球团厂原有的链箅机-回转窑生产线于 1986 年 6 月建成。原设计采用煤基直

接还原工艺，年产30万吨金属化球团矿。主体工艺设备为4×52m链算机、4.7m×74m回转窑、3.7m×50m冷却筒。由于一些客观原因，1989年在对该生产线进行简单的改造后，改为生产氧化球团矿，并多次对其工艺设备进行技术改造。但是由于生产工艺设备与生产工艺没有完全配套，使球团矿的抗压强度偏低，FeO含量偏高，主机作业率低，能耗高；并造成产量低、成本高、产品缺乏市场竞争力。1999年，首钢决定采用链算机-回转窑-环冷机技术对这条生产线进行改造。

4.5.1.1　工艺及装备技术的开发

（1）合理工艺流程的确定。链算机-回转窑球团工艺流程包括物料流程和气体流程。选择何种布料设备、干燥、预热设备、焙烧设备、冷却设备是物料流程的关键；冷却球团的热废气如何循环使用，既能满足生球的干燥预热、焙烧、固结等工艺要求，又能使热量得到最大程度的有效利用是气体流程的关键。在充分论证的基础上确定其工艺流程见图4-17。

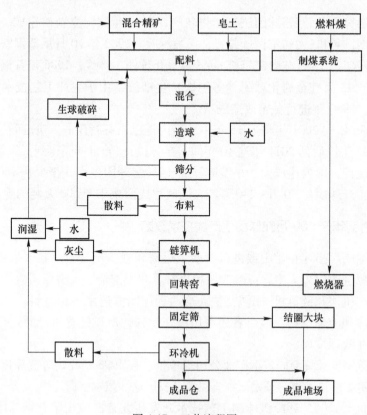

图4-17　工艺流程图

（2）合理工艺参数的确定。该项目主要工艺参数是根据北京科技大学试验结论研究制定的，试验以首钢铁精矿为原料，对水分子干燥动力学参数、磁铁矿氧化动力学参数、球团矿的导热性和生球性能进行了试验。并在此基础上对链箅机-回转窑-环冷机工艺过程进行了全程的仿真模拟，最终研究确定参数见表4-5~表4-7。

表4-5 链箅机主要工艺参数

有效面积 /m²	台时产量 /t	利用系数 /t·(m²·d)⁻¹	料厚 /mm	干燥段			预热段			
				有效面积 /m²	时间 /min	风温 /℃	有效面积 /m²	时间 /min	风温 /℃	热风含氧 /%
166	168	24.29	160~180	84	11	350	82	12.5	1050	>12

表4-6 回转窑主要工艺参数

窑长/m	窑径/m	利用系数 /t·(m³·d)⁻¹	焙烧温度 /℃	球在窑内停留时间/min	焙烧时间 /min
35	4.7	8.16	1250	28.2	>15

表4-7 冷却机主要工艺参数

一冷段				二冷段				三冷段			
有效面积 /m²	时间 /min	废气温度 /℃	风量 /m³·h⁻¹	有效面积 /m²	时间 /min	废气温度 /℃	风量 /m³·h⁻¹	有效面积 /m²	时间 /min	废气温度 /℃	风量 /m³·h⁻¹
20.2	15.2	1000	12×10⁴	24.24	18.2	550	12×10⁴	24.24	18.2	100	12×10⁴

（3）合理的设备设计。该工艺的设备主要是链箅机、回转窑、环冷机3大设备，其设计合理是生产系统稳定运行的保证。

此次在链箅机系统做了较多的改造。在原有设备基础上，将机长由52m改为41.5m，按工艺要求调整了预热段和干燥段烟罩和风箱的分配，并将干燥段分为两段；为使热气流通畅，将预热段烟罩拱顶抬高，链箅机头部加铲料板，利用回转窑尾高温废气对球团矿预热，提高了球团矿的氧化效果。在原有设备的基础上，对链箅机箅板、链节、侧板、密封结构和溜槽等都进行了改造，改善了设备的运行和维护状况，减少了漏风，保证了工艺的顺行。

将回转窑窑长74m截短为35m，三支撑改为二支撑，使物料和气流的通过更为合理，减少了筒体散热，也使维修运转费用和故障率大为降低。对回转窑头、尾密封罩及密封结构进行改造，使回转窑在负压操作状态下减少漏风，改善操作环境。原配备的2台315kW双传动的直流电机改为2台200kW变流变频调速电机传动（一用一备）。同时，根据工艺需要对回转窑的斜度、填充率、转速和窑尾缩口等进行了重新设计。

新建中径 12.5m 环冷机代替原来 2 台 3.7m×50m 冷却筒作为冷却设备。从回转窑排出的炽热球团矿,通过环冷机受料斗上的固定筛布到环冷机台车上。环冷机设 9 个风箱与 3 台鼓风机,环冷机的转速依据回转窑的转速可调。环冷机罩分为 3 个区,一冷、二冷区回收热风至回转窑和链箅机,三冷区废气温度较低,通过烟囱排放。

(4) 合理的生产操作。合理的生产操作方法必定需有研究摸索的过程,首钢球团厂在生产实践中进行了深入细致的摸索并形成了一套完整的操作技术。

4.5.1.2　技术应用效果

2000 年 10 月 18 日,首钢球团厂改造工程正式投产,经过 1 个月的试运行后,顺利进入了稳定生产状态,主要技术经济指标发生了显著的变化(见表4-8)。

表 4-8　首钢球团矿主要技术经济指标比较

主要技术经济指标	改造前	改造后	变化率/%
球团年产量/万吨	72.20	120.0	+66.2
设备日历作业率/%	80.07	90.4	+10.3
燃煤消耗/kg·t^{-1}	52.10	19.1	−65.9
电耗/kW·h·t^{-1}	49.70	35.94	−27.7
水耗/m^3·t^{-1}	0.922	0.07	−93.0
年修理费/万元	2170	1320	−39.2
工序能耗/kgce·t^{-1}	63.54	31.31	−50.7
单球抗压强度/N	1653	2100	+27.0
FeO 含量/%	7.08	0.68	−90.4

4.5.2　首钢年产 200 万吨球团生产线技术完善

链箅机-回转窑-环冷机球团工艺技术应用成功后,经济效益显著。首钢决定建设第二条球团生产线,规模为年产 200 万吨,确定产品为熔剂性球团。

在年产 200 万吨球团生产线建设中,技术人员在总结经验基础上,考察吸取了一些国外的先进技术,使其在技术上更加合理。

4.5.2.1　工艺技术

(1) 采用国际上最先进的风流系统(见图 4-18)和立式混合机技术。立式混合机较卧式混合机具有混合效果均匀、设备事故率低、检修方便、电耗低等优点。

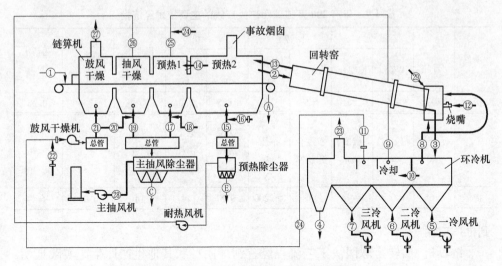

图 4-18　球团生产线工艺风流系统

（2）采用挠性箅床技术。链箅机采用挠性箅床技术后，大大减轻了小轴的受力负荷，为链箅机设备大型化提供了技术保障。

（3）采用可调式铲料板技术。链箅机采用可调式铲料板结构，改善了铲料板在高温下的受力状况，且可实现在线调整，降低了机头漏料率。

（4）回转窑采用液压马达传动。它较传统的电机-减速机方式具有启动性能好、可靠度高、维护量低、齿圈受力均匀等优势。

（5）回转窑托轮采用滚动轴承。以此轴承代替滑动轴承，降低了运行阻力，简化了托轮组结构，提高了使用寿命，也便于安装和维护。

（6）采用变刚度弹簧板技术。回转窑大齿圈与筒体的连接采用变刚度弹簧板结构，保证了传动装置运转的平稳性，减少了对窑内衬的冲击负荷。

（7）采用新型可调垫铁技术。回转窑托圈采用新型可调垫铁技术后，使垫铁更换成为可能，且非常方便。

4.5.2.2　改造效果

2000 年 10 月，首钢球团厂一系列球团生产线投产后，生产顺稳。仅过了 3 个多月球团矿生产能力就达到并超过了设计能力，主要技术经济指标也均达到国内先进水平（见表 4-9）。2001 年 3 月首钢球团厂一系列链箅机-回转窑生产工艺改造鉴定会后，钢铁冶金企业普遍认为链箅机-回转窑球团法开创了国内自主建设大型球团生产线新局面；链箅机-回转窑-环冷机球团工艺技术的开发并应用成功，在扩大生产规模、提高产品质量、降低消耗、节约能源、保护环境等多方面显示出了强大的生命力。该技术先后在首钢、武钢、柳钢、鞍钢等十几家企业得

表 4-9　年产 200 万吨球团矿生产线的主要技术经济指标

项目	年产量 /万吨	链算机		回转窑		环冷机		作业率 /%	电耗 /kW·h ·t⁻¹	耗新水 /m³·t⁻¹
		宽度/m	长度/m	直径/m	长度 /m	中径 /m	面积 /m²			
指标	200	4.5	56	5.9	38	18.5	130	90.4	35	0.25

项目	$w(TFe)$ /%	$w(FeO)$ /%	粒度 /mm	粒度合格率/%	单球抗压强度 /N	铁粉消耗 /kg·t⁻¹	皂土消耗 /kg·t⁻¹	煤粉消耗 /kg·t⁻¹	压缩空气 /m³·t⁻¹	工序能耗 /kgce·t⁻¹
指标	≥65	≤0.8	8~16	90	≥2200	975	14	18	6.00	46.74

到推广应用。

链算机-回转窑球团法工艺流程经首钢球团厂和其他生产厂生产实践证明，各项技术经济指标已达到国内球团行业先进水平，球团产品质量完全可满足大高炉生产操作对炉料性能的要求。

4.5.2.3　值得注意的问题

（1）注重原料研究。球团生产线对铁矿粉的粒度、水分及化学成分有着严格的要求。一定的粒度、适宜的水分和均匀、稳定的化学成分是生产优质球团的 3 个重要因素。一些企业在原料尚未落实的情况下就开工建设，易造成生产不正常或不能达到预期目的。

随着国内钢铁工业的迅速发展，受铁矿资源和开采、选矿技术的限制，球团矿粉的资源尤为短缺，球团行业将越来越多地依靠国外铁矿粉的资源供应，因此注重球团矿原料研究，特别是赤铁矿粉原料研究尤为必要。

（2）注重技术论证。链算机-回转窑-环冷机球团工艺技术是一套在高温状态下工作的生产系统，强调工艺的合理性和设备的可靠性，禁忌频繁停机。因此企业在项目建设中应注重技术的论证，在设计中充分考虑链算机-回转窑球团工艺的特点以及高温状态下工作设备的特殊性，使球团工艺生产过程稳定、顺行，否则，一旦系统不能正常生产将会给企业带来重大的经济损失。

4.6　宝钢湛江 500 万吨链算机-回转窑生产线

宝钢湛江 500 万吨球团生产线是目前世界上规模比较大的生产全赤铁矿，并采用链算机-回转窑工艺的球团生产线。在该生产线的设计过程中，不是对生产规模的简单放大，而是针对链算机-回转窑球团生产过程中遇到的实际问题，提出了具体的解决方案。更重要的是，在湛江球团设计过程中突破了一些技术瓶颈，例如：大型链算机的传动、耐火材料烘烤等问题。这些问题的有效解决，为链箅机-回转窑球团工艺的发展打开了广阔的空间。

4.6.1　非标装备大型化

4.6.1.1　圆盘造球机

在宝钢湛江球团建成以前，国内球团生产线采用的圆盘造球机直径都在 6.0m 以下，存在成球率低、单位能耗高、厂房以及设备初期投入大等缺点。直径 6.0m 造球机成球率为 80%，直径 7.5m 造球机成球率为 83%；直径 6.0m 造球机单位能耗 1.8kW·h/t，直径 7.5m 造球机单位能耗 1.3kW·h/t。从数据对比可以看出，造球设备大型化后，设备利用率高、能耗低。

湛江圆盘造球机的直径为 7.5m，具有盘面转速可调、旋转刮刀转速可调、圆盘倾角可调等优点。同时，根据生球成长机理"滴水成球，雾水长大"的原则，设计了两种给水喷头，加水量可以根据实际情况进行调节。

4.6.1.2　链箅机

设计的链箅机规格较大（宽 5.8m、长 78m），为了解决设备平稳运转以及头部单独传动动力不足的问题，设计了头尾四点传动，这种头尾传动结构电机输出扭矩必须一致，并且必须保持步调一致。

考虑到赤铁矿球团固结需要热量多的特点，在链箅机预热段上罩侧墙上间隔布置辅助烧嘴为球团补充热量。根据赤铁矿球团固结温度，通过热平衡计算以及试验确定辅助烧嘴的数量及供热能力。该烧嘴为平燃型天然气烧嘴，烧嘴沿链箅机轴线对称布置，烧嘴工作时，火焰刚好与对面烧嘴火焰相遇后反弹，由于风箱负压作用，火焰向下倾斜，均匀覆盖在箅床球团矿表面上方，通过热辐射把热量均匀传递给球团矿。

4.6.1.3　回转窑

设计的回转窑确保了赤铁矿球团的焙烧温度和焙烧时间。在回转窑窑头罩上设置高温成像仪，可以实时有效地监控窑内不同断面上的温度以及球团矿的焙烧情况，通过人工调控主燃烧器的燃料量调节窑内的焙烧温度，这样既可以保证球团的焙烧效果又可以控制窑内温度，减少回转窑内"结圈"的几率，为生产稳定运行提供有利保障。

在回转窑排料端，设计了大倾角固定筛，"结圈"大块可自动排出，排大块不需打开窑头罩，能稳定窑内焙烧制度。设计采用自动扒大块装置，这种装置具有高效易操作等优点，并且可以避免工人接触高温物体而发生的生产事故。

回转窑内球团矿往往会由于过烧出现结大块的现象，大块由回转窑筒体排至固定筛上，如果不及时把大块清理出去会影响正常下料。目前，国内各球团厂扒大块均采用人工来处理。由于这个区域温度高，可达 900℃ 左右，粉尘含量大，工作环境十分恶劣。在环冷机操作平台上设置一台小型叉车，该叉车头部安装一套用于扒大块的专用装置，当固定筛出现大块时，可以利用扒大块装置进行处理。该装置可以完全取代以往人工扒大块的工作，具有操作灵活，工作环境好等优点。

4.6.1.4　环冷机

设计的球团环冷机保证了球团的冷却效果，并可充分回收冷却余热，冷却废气循环利用，既节能又避免了污染环境。一冷段约 1100℃ 热气流通过给料斗上部窑头罩和管道直接入窑作二次风，提高窑内温度；二冷段约 650℃ 热气流通过热风管直接引入链箅机预热 I 段作为热源；三冷段约 280℃ 热气流被送至链箅机鼓风干燥段。四冷段低温风（低于 120℃）进入环境除尘系统，除尘后浓度 ≤20mg/m^3 再排入大气。环冷机鼓风机通过风门自动调节冷却风量，在满足回热风温度的前提下完成冷却任务。

4.6.2　工艺优化

4.6.2.1　膨润土自动拆袋

膨润土是制造球团需要添加的一种粘结剂。目前，球团厂膨润土进厂参加配料的方式有两种：一种是汽车罐车从厂家运至配料室，通过气力输送装置输送至配料室膨润土矿槽；一种是袋装膨润土运输进厂，堆放在膨润土储存与拆袋车间，通过人工方式拆袋，再通过气力输送装置送至配料室膨润土矿槽。人工拆袋卸料过程中会产生大量的扬尘，由于膨润土粉末轻又细，极易被吸入身体内部形成"尘肺"，对拆袋工人身体健康造成严重影响，环境污染与物料浪费严重，拆袋效率低，工人劳动强度大。

在湛江球团项目中，采用了自动拆袋工艺，同时增加了除尘设施，有效地解决了以往膨润土拆袋过程中遇到的各种问题，真正做到了清洁生产。袋装膨润土采用自动化拆袋工艺，其具有环境清洁、节省人工、对操作工人身体健康影响小、对环境污染少、拆袋效率高等优点。

4.6.2.2　内配燃料、熔剂

宝钢湛江球团所用原料为巴西赤铁矿，具有高温反应性差、焙烧温度高、成品球团强度低、还原膨胀高、高温固结温度区间窄等特点。

研究表明，与未配碳球团相比，配少量无烟煤可降低焙烧温度 20~50℃，缩短焙烧时间 5~10min，同时焙烧温度区间范围扩大了 50℃。研究还发现：（1）无烟煤在预热阶段会着火燃烧，释放热量，可降低赤铁矿球团的预热温度；（2）

无烟煤中碳燃烧产生的 CO 气体可使赤铁矿在预热阶段部分转化为磁铁矿，这部分磁铁矿在焙烧阶段再氧化放热，转化为活性较高的次生赤铁矿，从而降低赤铁矿球团的焙烧温度，改善球团矿固结强度。但是，内配无烟煤的添加量一直是业界的一道难题，添加少了不会起到预期效果，添加多了不但会影响造球还会影响成品球团矿的强度。技术人员通过建立数学模型进行模拟分析，同时结合实验室的实验结果，最终确定了准确的无烟煤配加量。实践证明，该添加量十分合适，既保证了造球效果和成品球团矿的强度，又有效地降低了焙烧温度及焙烧时间。

考虑到高炉炼铁各种碱度，以及生产熔剂性球团矿的要求，通过添加石灰石粉来提高成品球团矿的碱度。试验表明：由于石灰石在预热阶段分解吸热，会降低球团内部的温度，致使预热球强度降低而分解出的 CaO 在预热阶段会与 Fe_2O_3 发生固相反应，生成铁酸钙等低熔点矿物，在焙烧阶段形成少量液相，促进了铁氧化物的微晶连接，提高了焙烧球团的强度，可以适当降低球团的焙烧温度。

4.6.2.3 除尘灰预混

球团生产线上不同区域的除尘灰由除尘器进行除尘回收利用。由于不同区域的除尘灰化学成分不同，如果直接送至配料室灰尘矿槽参与配料，往往会出现成分偏析的问题。

为了解决这个问题，回收的除尘灰气力输送至灰尘缓冲仓，位置设在造球室端部，经缓冲仓流化混匀后再气力输送至配料室灰尘矿槽参加配料。通过除尘灰预混，保证了球团混合料化学成分的稳定。

4.6.2.4 耐火材料优化与烘烤

A 回转窑耐火材料砌筑

在我国，球团回转窑耐火材料使用寿命很短，主要表现为高温状态下耐火材料表面逐渐剥落，最终露出窑体钢板，导致无法生产。由于回转窑的特殊结构特点，耐火材料施工时不能像其他炉窑耐火材料施工时那样预留膨胀缝，以往回转窑耐火材料设计施工过程中还未考虑预留膨胀缝的问题。耐火材料随着温度的升高而膨胀，如何有效消除这个膨胀量是回转窑耐火材料使用寿命提高的关键。由于回转窑是一个筒体结构，理论上耐火材料径向的膨胀可以通过回转窑的筒体钢板受热向外膨胀来消除，耐火材料轴向的膨胀通过长度方向的钢板膨胀来消除。但是，事实上径向的钢板受热膨胀量要低于耐火材料高温膨胀量，这就会在耐火材料工作层内产生由膨胀导致的热应力，当耐火材料本身的强度无法克服热应力时，耐火材料的工作层就会剥落；由于回转窑内的温度分布是中部高两端低，造成高温区域的耐火材料膨胀量大于钢板的膨胀量，从而在径向方向上产生剪切力，对耐火材料产生破坏，这是高温段耐火材料易损坏的主要原因之一。

在耐火材料设计及施工过程中，充分考虑了耐火材料在工况下的膨胀趋势，通过在预制砖靠近工作层表面增加膨胀板，在浇注料带沿着回转窑长度方向设置膨胀缝，防止在膨胀缝处出现整个断面的情况发生。膨胀缝设置间隔根据工况温度确定，膨胀缝的深度约为浇注料深度的三分之二，膨胀缝的布置采取螺旋前进的方式。

这种砌筑的新方法有以下优点：可以有效地消除由于耐火材料和钢结构膨胀不一致产生的热应力；由于膨胀缝没有贯穿整个耐火材料，高温烟气不会沿着膨胀缝穿透至钢板造成"红窑"，也不会由于窜风而侵蚀靠近窑体钢板的轻质耐火材料。应用该方法砌筑回转窑耐火材料，经受住了实践的考验，取得了良好的效果。

B　环冷机耐火材料砌筑

环冷机上罩采用锚固砖结合浇注料的结构形式，浇注料同样采用重质浇注料加轻质浇注料（或硅钙板）的结构。考虑到环冷机温度低，浇注料很难达到耐火材料烘烤温度的要求，使侧墙采用类似于回转窑的结构形式，可以很大程度上提高侧墙的整体强度，延长耐火材料的使用寿命。上罩炉顶结构与链箅机相类似，通过改变工作层与外部保温层的材质和厚度来处理不同冷却段。

C　耐火材料烘烤

耐火材料砌筑完毕，链箅机以及环冷机内无热源，无法按照耐火材料升温曲线进行烘烤，传统做法是用木材对耐火材料进行简单烘烤，无法达到耐火材料理论强度，很大程度上影响耐火材料使用效果。如果使用木材为烘烤耐火材料的燃料，要通过人工观察木材燃烧情况，不断往炉膛内添加木材。

为了保证链箅机、环冷机耐火材料的使用效果，设计了一种新型烘炉器，该烘炉器具有众多优点：（1）设备结构简单，工艺布置容易；（2）燃烧连续，温度可控，时间可控，提供热量均匀，节能污染小，可循环使用；（3）燃料燃烧效率高。

根据传热学基础知识，建立烘炉器与待烘烤耐火材料之间的热平衡方程式，计算出不同温度曲线下的燃烧参数。在湛江球团项目中的应用表明，新型烘炉器燃料燃烧效率高，能源介质消耗低，完全能够满足耐火材料烘炉曲线的要求。

4.6.2.5　补热系统

在二冷段、三冷段热风管道上设置管道加热炉，在生产初期，链箅机鼓风干燥段和预热Ⅰ段热风温度不够的情况下，开启管道加热炉可以保证生产的顺利进行。

在湛江球团之前，国内的链箅机-回转窑球团生产线上尚未设置管道加热炉，未考虑生产初期链箅机的热源问题，也未考虑生产过程中鼓风干燥段和预热Ⅰ段热量不够的情况。生产初期，环冷机不能为链箅机提供热量，会导致链箅机以及回转窑内球团升温不均，造成生球破碎，产生大量的废品，造成不必要的经济损失。

管道加热炉具有以下优点：（1）生产初期可为预热Ⅰ段和鼓风干燥段提供热风；（2）正常生产时，如果预热Ⅰ段和鼓风干燥段热风温度不能达到工艺要求，可以提供热源增加这两段的热风温度保证生产；（3）提供热量稳定可靠，温度可根据生产需要实时调节；（4）设备占地小、维护量小；（5）高效烧嘴燃烧效率高；（6）管道加热炉提供热风温度均匀；（7）自动化程度高，无需增加岗位工人。

4.6.2.6　炉罩除尘系统

以前，国内链箅机-回转窑生产线上不设鼓风干燥段炉罩除尘器及风机，均采取靠鼓风干燥段上罩烟囱直排的方式。链箅机鼓风干燥段为正压操作，一部分废气从链箅机进料端或者风箱接口的缝隙处排入车间，温度在 $60 \sim 70℃$，且夹杂着灰尘，对车间的生产环境造成很大影响。由于鼓风干燥段热废气自下而上穿过生球料层，携带生球脱掉的水分从鼓风干燥段上罩排出，在没有足够负压的情况下，生球上表面空间里聚集一段含水量非常大的废气层，这些废气的含水量与链箅机箅床上部分生球的含水量形成动态的平衡，这部分生球不但没有得到干燥反而水分会增加，造成生球大量破碎。

宝钢湛江项目中，从链箅机鼓风干燥段上罩引出一个热风管道（主风管道），废气依次通过除尘器和除尘风机排出；在鼓风干燥段进料端下部设置两个副风箱，把副风箱的除尘管道直接与主风管道连接，这样就可以保证这两个风箱内形成足够的负压；为了提高废气的温度，使之不会在设备上结露，用管道从链箅机高温区域引入热风，可有效地降低结露的概率。鼓风干燥段强制抽风除尘工艺具有三个优点：（1）鼓风干燥段强制抽风除尘；（2）工艺布置容易，操作简单；（3）环境污染小。

4.6.3　总结推广

在宝钢湛江 500 万吨链箅机-回转窑球团工程设计过程中，应用了大量专利技术，解决了一系列技术问题：膨润土拆袋污染问题；回转窑焙烧温度控制问题；回转窑窑头大块处理问题；除尘灰成分不均匀问题；回转窑耐火材料寿命短问题；三大主机耐火材料烘烤问题；生产初期以及生产过程中链箅机热量补充问题；链箅机鼓风干燥段生球水分脱除困难以及环境污染问题。

该工程中，先进工艺及装备得到了实践的检验，取得了良好的经济效益。该工程为推动大型链箅机-回转窑球团工艺的发展迈出了重要的一步，具有广泛推广的价值。

4.7　鲁奇-德腊伏型带式焙烧机法

带式焙烧机是一种历史最古老、灵活性最大、使用范围最广的细粒物料造块设备，但用于球团生产却是 20 世纪 50 年代才开始的。由于当时对带式焙烧机的急切需要，这项研究工作在全世界各地几乎是同时而又独立地进行着。60 年代以后得到迅速发展，是国外普遍采用的球团生产方法。我国带式焙烧机应用较少，截至 2018 年我国只有鞍钢、包钢以及首钢京唐各有一套带式焙烧机球团生产系统。带式焙烧机主要具有下列特点：

（1）生球料层较薄（200~400mm），可避免料层压力负荷过大，又可保持料层透气性均匀。

（2）工艺气流以及料层透气性所产生的任何波动只能影响到一部分料层，而且随着台车水平移动，这些波动很快消除。

（3）可根据原料不同，设计成不同温度、气体流量、速度和流向的各个工艺段，因此带式焙烧机可以用来焙烧各种原料的生球。

（4）采用热气流循环，利用焙烧球团矿的显热，球团能耗较低。

（5）可以制造大型带式焙烧机，单机能力大。

带式焙烧机法可分为固体燃料鼓风带式焙烧机法、麦基型带式焙烧机法和鲁奇-德腊伏型带式焙烧机法。固体燃料鼓风带式焙烧机法由于球团矿质量不能满足用户要求，便停止了生产。麦基型与鲁奇-德腊伏型两者有许多相似之处，而鲁奇-德腊伏型带式焙烧机法是世界上应用最广泛的带式焙烧机法。

4.7.1　工艺特点

鲁奇-德腊伏带式焙烧机工艺首先由德国鲁奇公司创立，并在加拿大国际镍公司投产了第一台这样的带式焙烧机，后经修改，至今成为世界上运用最广泛的带式焙烧机法。主要具有以下特点：

（1）采用圆盘造球机制备生球。

（2）采用辊式筛分布料机，对生球起筛分和布料作用，并降低生球落差，节省膨润土用量。

（3）采用铺边料和铺底料的方法，以防止栏板、箅条、台车底架梁过热。

（4）生球采用鼓风和抽风并用的干燥工艺，先由下向上往生球料层鼓入热风，然后向下抽风干燥，避免下层球过湿而削弱球的结构。

（5）为了回收球团矿显热，采用鼓风冷却，冷却风首先经过台车和底料层预热后，再穿过高温球团料层，避免了球团矿冷却速度过快，使球团矿质量得到改善。

4.7.2 工艺类型

鲁奇-德腊伏带式焙烧机法最主要功能就是能将各种矿石有效地生产球团矿。它可以根据不同的矿石类型采用不同的气体循环和换热方式，一般可分为如下四种类型：

（1）第一种类型用于生产赤铁矿和磁铁矿的混合精矿球团。如图 4-19（a）所示，采用鼓风循环和抽风循环相结合，前段冷却热风直接进入直接回热罩供预热、焙烧和均热带使用；机尾冷却热风通过炉罩换热风机进入抽风干燥段；焙烧段和均热段出来的热风进入鼓风干燥段；鼓风干燥段、抽风干燥段以及预热段的气流通过烟囱排入大气。

（2）第二种类型由第一种类型稍加修改后用于生产磁铁矿精矿球团。如图 4-19（b）所示，主要修改是将炉罩内换热气流全部采用直接循环，抽风干燥段由直接回热罩供风。取消了炉罩换热风机，将冷却段较冷端连同鼓风干燥段和抽风干燥段的气流排入大气。

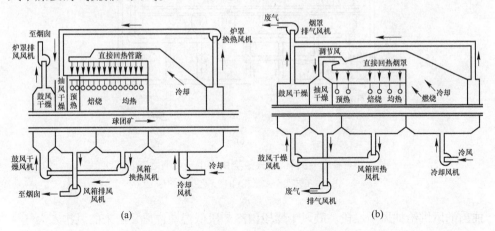

图 4-19　鲁奇-德腊伏带式焙烧机法工艺类型之一、之二

（a）工艺类型之一；（b）工艺类型之二

（3）第三种类型用于生产赤铁矿球团。如图 4-20（a）所示，为了适合生球需要较长干燥和预热时间的特点，增大了焙烧机的面积，同时增加抽风干燥和预热区所需的风量。采用炉罩换热气流全部直接循环，预热段、焙烧段、均热段都采用直接循环热风。

（4）第四种类型是为处理含有害元素的铁矿石配置的球团工艺。如图 4-20（b）所示，将高温抽风区（焙烧后段和均热段）的废气排出，以消除某些矿物产生的易挥发性污染物对环境的污染，如砷、氟、硫等，也可以处理含有结晶水的矿物。在抽风干燥段和预热段之间设置脱水段，由预热段和焙烧段的前段供风，

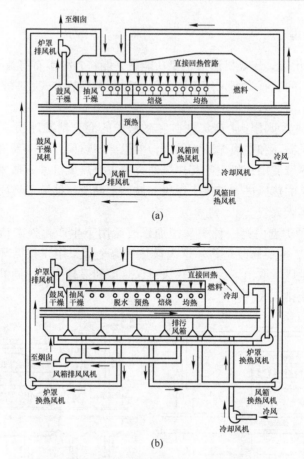

(a)

(b)

图 4-20　鲁奇-德腊伏带式焙烧机法工艺类型之三、之四

（a）工艺类型之三；（b）工艺类型之四

抽出的风供给抽风干燥段。鼓风干燥段由冷却段低温端供风，出来的风排入大气。

　　20 世纪 80 年代鲁奇公司又设计了一种以煤代油的新型带式焙烧机（图 4-21）。使用这种焙烧机的方法称为鲁奇多级燃烧法。该法首先将煤破碎到一定

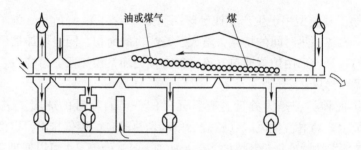

图 4-21　鲁奇-德腊伏带式焙烧机法工艺类型之五

粒度组成，通过一种特制的煤粉分配器在鼓风冷却段两侧用低压空气将煤粉喷入炉内，并借助于从下向上鼓入的冷却风，将煤粉分配到各段中去燃烧。煤粉在带式焙烧机内的燃烧由三种类型组成：第一种叫固定层燃烧，它发生在煤的重力大于风力的情况下，煤粒停留在球团料层顶部，在随台车移至焙烧机的卸料端的过程中燃烧；第二种叫流态化燃烧，或叫沸腾燃烧，它发生在煤的重力和风力相当的情况下，煤在悬浮状态中燃烧；第三种叫飘飞燃烧，它发生在风力大大超过煤粉重力的情况下，当飘飞燃烧结束以后，最终的工艺温度也就达到了。

这种流程可使用100%的煤、煤气或油，也可使用这几种燃料以任何一种比例关系在带式焙烧机上焙烧。第一个这样的球团厂建在库德雷穆克铁矿公司，该厂用50%的油和50%的高灰分煤进行燃烧。

该工艺要求煤粉有合理的粒度组成，煤的灰分熔点要高于球团焙烧温度。至于煤的种类，没有特别限制，烟煤、无烟煤、褐煤等均可。这类流程目的在于降低球团矿成本。

4.8 首钢京唐504m²带式焙烧机球团技术创新与应用

首钢京唐带式焙烧机球团生产线自2010年8月投产以来，为5500m³高炉的稳定生产、优化炉料结构、提高精料水平提供了有力支撑，是国内设计并应用的首条504m²带式焙烧机球团生产线。经过多年的稳定运行，实现了"高效率、低成本、节能环保"的球团生产，满足了两座5500m³高炉高效低耗生产对炉料的要求。

设计研究针对带式焙烧机球团生产工艺过程和技术特征，通过冶金过程工艺理论研究、工艺流程和功能解析、数值仿真设计优化、工业试验研究和关键设备开发研制，系统地研究了大型带式焙烧机球团技术的工艺优化、关键设备国产化和精准控制体系，为该项技术的成功应用提供了重要的技术保障。

4.8.1 工艺技术的设计研究与创新

4.8.1.1 工艺流程的优化

首钢京唐钢铁厂是"十一五"国家重大工程，是按照循环经济理念建设的新一代可循环钢铁厂，其整体规划设计基于冶金流程工程学理论，以流程优化、功能优化、结构优化、效率优化为目标，以动态精准设计为指导思想，因此构建新一代"低成本、低碳、环境友好"的球团生产运行体系，合理的工艺设计及布局是基础。首钢京唐球团生产线注重原料准备工序的精细化设计，为精准配料及高质量、多品种球团提供了调节手段，突出了造球、干燥、预热、焙烧、冷却、工艺风系统等主工序的功能解析和高效集约化配置，为高效、低耗、优质、清洁的绿色球团生产奠定了基础。

首钢京唐球团工艺流程如图4-22所示，设计中对工艺流程、功能集成、集约高效、布局紧凑方面进行了大量研究。对预配料、干燥、辊压、熔剂与燃料制备、配料、混合、造球、焙烧、冷却到成品分级等多工序进行紧密衔接，最大限度地缩短物流运距、减少物料转运，将功能相同或相近的建筑物联合设置，以减少占地面积，实现了连续紧凑，全厂无转运站。

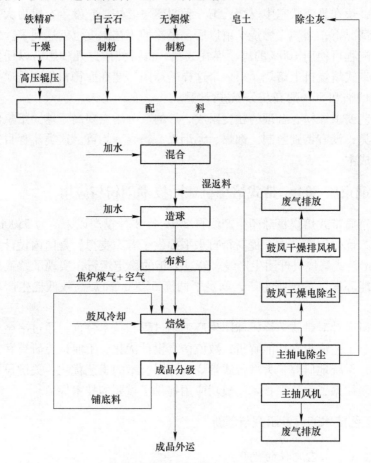

图4-22　首钢京唐球团工艺流程图

4.8.1.2　工艺技术的创新及应用

A　采用先进的带式焙烧机球团工艺

首钢京唐球团采用国际先进的带式焙烧机工艺，主机集7个工艺区段于一体，通过台车的循环运行，依次完成球团的干燥、预热、焙烧、均热和冷却过程。带式焙烧机主要参数见表4-10。

表 4-10　带式焙烧机主要参数

区段参数	鼓风干燥段	抽风干燥段	预热段	焙烧段	均热段	一冷段	二冷段
长度/m	9	15	15	33	9	33	12
面积/m²	36	60	60	132	36	132	48
面积比/%	7.14	11.9	11.9	26.19	7.14	26.19	9.52
风箱数/个	1.5	2.5	2.5	5.5	1.5	5.5	2
风箱序号	1、2A	2B~4	5~7A	7B~12	13~14A	14B~19	20~21
气流方式	上鼓	下抽	下抽	下抽	下抽	上鼓	上鼓
烧嘴数量/个×排	—	—	5×2	11×2	—	—	—
工艺烟气温度/℃	320~330	320~330	330~1300	1300~1340	1130	1130~580	580~150

B　高效的热风循环利用系统

带式焙烧机热风循环系统主要由风机、风箱、烟罩及连接管道等组成，提供生球在带式焙烧机台车上依次完成各工艺区段时所需的热风。鼓风干燥段主要是利用冷却Ⅱ段热风对生球进行脱水干燥，抽风干燥段是通过回热风机抽取的预热段和焙烧段的热风对生球进行干燥。在预热段和焙烧段利用冷却Ⅰ段热风和外部热源加热，在均热段不再使用外部热源，主要是利用球团自身放热和冷却Ⅰ段的热风。工艺风机系统采用变频调速风机及自动控制阀门，实现各个工艺段温度的灵活调节和热量的合理分配，最有效地实现热的再利用，高效短捷的流程将散热面积降到最低，有效地降低了热耗，提高了能源循环利用率，首钢京唐球团热风循环系统如图 4-23 所示。

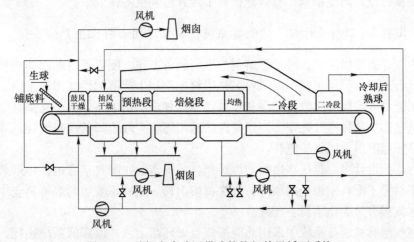

图 4-23　首钢京唐球团带式焙烧机热风循环系统

C　采用先进的燃烧系统，合理利用钢铁厂二次能源

首钢京唐球团采用焦炉煤气作为外部热源，在带式焙烧机烟罩两侧共设置32组烧嘴，通过焦炉煤气流量的精准控制实现工艺温度的灵活调节，再依靠工艺风机系统调节焙烧机各个工艺段的温度和压力，实现温度梯度的准确变化，最大限度地适应不同原料的需求。与此同时可以实现钢铁厂副产煤气的高效化利用，使高热值煤气得到最优化的利用，实现能源高效转换。首钢京唐球团带式焙烧机各工艺区段温度分布如图4-24所示。

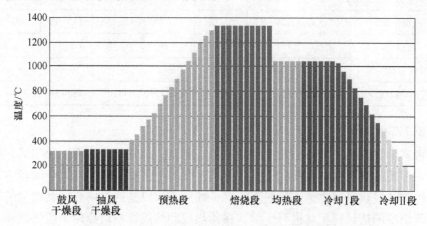

图4-24　首钢京唐球团带式焙烧机各工艺区段温度分布

D　台车在线更换，提高作业率

首钢京唐带式焙烧机球团工艺采用铺底料、边料系统，以保护台车及栏板，以延长台车耐热件的使用寿命。头部设置台车更换装置，可以实现在5min之内在线更换台车，离线维修，有效地提高了带式焙烧机的作业率。

4.8.1.3　创新设计熔、燃制备系统，提供球团多样化生产的条件

为了提高球团质量，设计了熔剂与燃料制备工序，配置了内配固体燃料、内配白云石工序，预留根据不同原料调整燃料配比和生产熔剂性球团的手段。内配燃料工艺可以增加球团的孔隙率和还原性，这种球团用于高炉生产能提高生产率和降低焦比。这种高气孔率、高还原性的球团还能有效地降低燃料消耗、降低焙烧机算床温度以及风机的电耗。

在工艺设计中，首次将熔剂与燃料制备系统布置在配料室旁边，将熔剂与燃料收集器置于配料室料仓的顶部，直接将熔剂粉、燃料粉输送到配料料仓中，通过优化流程有效简化了设备配置。

熔剂与燃料制备系统中采用热废烟气自循环新工艺，以降低系统热耗，降低热风炉设备规格及投资，减少废气排放量，有利于节能环保。

4.8.1.4 开发应用往复式布料技术，提高生球合格率

研究开发了新型球团专用布料胶带机，将往复式布料器与造球盘下的集料皮带集成为一条皮带，通过控制布料器头轮直径及高度，将生球落料高度控制到最小。通过布料器往复行走，实现生球单行程布料，有效地减少了生球的转运次数和落差，提高了生球合格率，布料均匀，两侧无堆积。先进的布料胶带机+宽胶带+双层辊筛布料工艺，保证了带式焙烧机上生球料层均匀一致，具有较好的透气性。往复式布料器如图4-25所示。

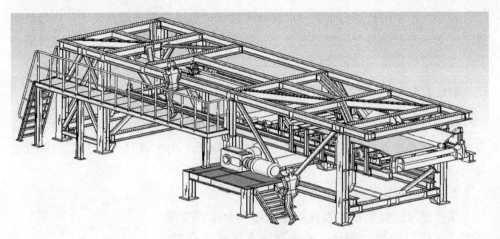

图 4-25　往复式布料器三维效果图

4.8.2 大型技术装备集成创新与应用

首钢京唐 504m² 大型带式焙烧机，首次采用了 $\phi1700mm$ 辊径的辊压机、600m² 电除尘器及叶轮直径为 $\phi3.6m$ 的耐热风机，其中 600m² 电除尘器是当时国内单台除尘面积最大的电除尘器；主要工艺风机实现国产化，解决了以前球团大型风机由国外引进的问题，其他相应配套的技术装备均得到了研究与开发。

4.8.2.1 开发应用大型矿粉干燥窑

为了满足 504m² 带式焙烧机的正常生产，首钢京唐联合设备制造商共同开发大型球团干燥窑技术。首次开发的当时中国最大规格的 $\phi5m \times 22m$ 矿粉干燥窑是根据矿粉干燥特点，专门设计长径比为 4.4 的短粗型回转式干燥窑，既能强化干燥效果，也能降低出料口气体流速，从而减小除尘器的负荷，确保粉尘排放达标。并且首次在干燥窑上采用液压马达传动装置，实现无极变速技术，确保矿粉水分能按照生产要求进行灵活调整。

4.8.2.2　开发应用 φ7.5m 圆盘造球机

球团生产的稳定顺行，最重要的是要保证生球质量，同规格的造球盘能力受物料成球性影响较大。为确保造球效果，在国内首次与制造厂共同开发与大型带式焙烧机相配套的最大规格的 φ7.5m 新型造球盘。与常规 φ6m 造球盘相比，单机造球能力大幅度提高，圆盘直径加大，增加了球团滚动次数，改善了造球效果，提高了生球强度。同时，通过规模化造球，造球盘数量减少，厂房占地减小，工程造价降低。

在设计中采用造球盘盘面角度调整机构和球盘转速变频调速装置，以满足造球工序对水分和物料变化的要求，此外特别考虑采用全新形式的固定刮刀及造球盘的支撑结构来适应设备大型化的需要。

4.8.2.3　带式焙烧机球团重型台车的研究及应用

带式焙烧机的关键设备是台车，首钢京唐球团项目最初采用的台车是进口设备，生产后考虑备件的便利性及维护成本的降低，决定开展国产台车的研究及应用。

A　台车体及算条的研究

生产过程中台车很难直接测量和检测台车在工况下温度和应力分布的变化，通过已知条件建立模型、编制专门的程序，模拟台车在整个循环中的温度和应力分布情况，使用 ANSYS 软件进行有限元应力分析，分析台车的失效形式。根据台车热工条件，通过三维设计和热应力有限元分析，合理确定台车的结构（见图 4-26、图 4-27）。

计算分析表明台车在一个运行周期中承受交变机械应力和脉动热应力，其中热应力占主导因素，尤其进入高温段，温度上升快，温度梯度大。根据计算结果，一方面，要选择既满足强度要求同时又经济合理的材料，并对材料的化学成分、组织状态、铸造和加工质量等各方面提出特别要求，有效保证主梁热强度；另一方面，通过传热学研究，设计开发新型算条，优

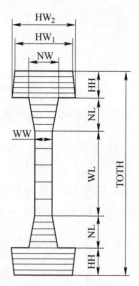

图 4-26　台车主梁截面图

化算条结构，减少算条对台车梁的直接热传导，以降低台车梁的热负荷。通过对算条形状的优化，能对风流进行合理引导，有效地减少了算床通风阻力，减少堵料。

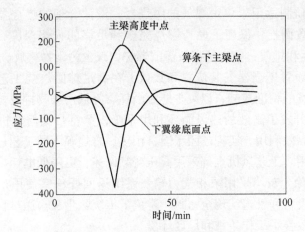

图 4-27 一个运行周期内台车应力变化

B 创新采用自润滑辊套技术

台车辊轮轴承采用自润滑轴承结构，轴承机体上嵌入由二硫化钼和二硫化钨组成的固体润滑剂，在摩擦过程中润滑剂微粒吸附在金属表面，起到润滑作用。具有制造成本低、制造周期短、使用寿命长的特点，可以有效地降低维护成本，提高焙烧机的作业率。

4.8.2.4 开发风箱端部及隔断密封技术

在生产实践中，为了进一步改善系统密封性，通过对风箱端部及隔断密封工作条件的深入研究，优化设计了新型带式焙烧机的风箱端部及隔断密封装置，有效地提高了密封效果，降低了系统漏风率。

在生产实践的基础上，对带式焙烧机炉罩与台车间的密封效果进行分析，采取了针对性的改进措施，开发了新型炉罩与台车间的密封技术，进一步地提高了密封效果。

4.8.3 节能环保技术的研究应用

首钢京唐球团项目设计之初就秉承节能减排、绿色环保的先进理念，综合近十年国内外球团行业先进的生产技术经验，采用带式焙烧机球团生产工艺，在节能减排、清洁生产和循环经济等方面创新采用了多项先进技术，节能环保技术优势显著。主要表现在：

（1）带式焙烧机可在一个密闭炉罩内完成干燥、预热、焙烧、冷却的全部工艺，同时带式焙烧机整体布置在一个封闭厂房内，有效地减少了粉尘泄漏。

（2）利用钢铁厂自产的焦炉煤气作为球团焙烧的燃料，其取代了高热值天然气，不仅使钢铁厂能源流结构得到优化，同时也使焦炉煤气得到高效化利用。

（3）开发研制适用于焦炉煤气的燃烧器，设计合理的燃烧器结构，实现了低空气过剩系数调控，保证了燃料燃烧完全和足够的火焰温度，降低了 CO_2 和 NO_x 的大量产生和排放，实现了高效清洁燃烧，减少污染物排放。

（4）合理设置燃烧器安装位置和数量，在满足球团焙烧工艺的前提下，实现燃烧和温度场的精准控制，以减少能源消耗、降低污染物排放。

（5）设计开发了高效的热风循环利用系统，可将带式焙烧机焙烧过程产生的各梯级热能高效利用，实现球团干燥、预热、焙烧等不同工艺过程能量的合理匹配和高效利用。工艺风机全部采用高压变频调速，可降低电耗。

（6）全部除尘灰均采用浓相气力输灰系统返回配料室使用，充分回收和利用资源。输送设备和管道实现全密封，避免了传统除尘灰输送过程中产生的二次扬尘，极大地改善了工作条件和厂区环境。

（7）开发研制了球团内配碳技术，可以将钢铁厂碳素粉尘及焦化粉末作为能源，实现固体废弃物的资源化、高效化综合利用，还可以提高球团焙烧质量、降低工序能耗。

4.8.4　生产应用

首钢京唐球团厂于 2010 年 8 月投产以来，先后试用过各种不同原料，如使用多种铁精矿粉和辅料，高比例赤铁矿等，先后生产过普通酸性氧化球团矿、蛇纹石球团矿、白云石球团矿以及低硅镁质球团矿，充分体现了带式焙烧机球团工艺的灵活性，主要应用特点有：

（1）原料适应性强。在使用不同原料及生产不同品种球团矿的转换过程中，通过对带式焙烧机 32 组烧嘴组成的燃烧系统的灵活调节以及工艺风系统的热风平衡配合，满足了生球在带式焙烧机上整个工艺过程中对焙烧温度曲线的精准要求，过渡平稳，充分显示出了带式焙烧机球团工艺适应性强的优势。

（2）球团矿质量优。先进的布料工艺，紧凑连续的工艺流程，极大地保障了生球强度。焙烧机自身高效的热风循环系统以及方便精确的调节手段，确保了生球的合格率和生球焙烧过程中的成品率。2014 年平均膨润土消耗为 15.07kg/t，球团矿品位达到 65.95%，球团矿单球强度达到 3000N，工序能耗 17.11kgce/t，达到国内领先水平，与国内外先进球团生产线的指标对比见表 4-11。

表 4-11　京唐与国内外先进球团生产线的指标对比

项　目	首钢京唐	国内 A 球团	国内 B 球团	首钢矿业	巴西 CVRD	伊朗 GMI
设备型式	带式焙烧机	带式焙烧机	回转窑	回转窑	带式焙烧机	带式焙烧机
年设计能力/万吨	400	210	500	200	750	500
作业率/%	98.32	93.34	95.86	90.84	96.44	82.20

项　目	首钢京唐	国内 A 球团	国内 B 球团	首钢矿业	巴西 CVRD	伊朗 GMI
球团矿 TFe/%	65.95	57.80	63.26	65.20	65.50	66.78
单球抗压强度/N	3000	2427	2584	2782	3300	2700
筛分指数/%	0.35	2.82	2.31	0.73	2.47	3.35
工序能耗/kgce·t⁻¹	17.11	35.12	25.51	17.55	30.78	19.10

（3）自动化程度高。带式焙烧机球团工艺主机只有一台设备，经过近 6 年的生产实践，开发布料闭环控制、温度闭环控制、风系统闭环控制、铺底料平衡控制和煤气安全系统，实现了球团生产的最优化操作，有效地降低劳动强度，减少了岗位定员，降低了人工成本，提高了劳动生产率。

（4）工艺配置完善。生产调节手段灵活，通过探索研究带式焙烧机球团生产工艺规律，研究开发了不同原料条件下稳定生产高品质、高性能球团的关键技术。建立了基于配料研究、造球、布料、焙烧控制等多工序的综合控制管理技术体系。

（5）风机寿命长。工艺风流系统互联互通，烧嘴调整灵活，球团静止的焙烧过程，使粉料量大幅度降低。热风循环利用中粉尘量一直保持在极低水平，平均在 0.5% 以下，灰尘粒度更细，耐热风机转子使用寿命延长，在没有传统球团工艺配备的耐热多管除尘器的条件下，已经使用 5 年以上，没有进行任何修复和更换。

（6）作业率高。带式焙烧机耐热件的消耗是影响球团生产维护成本的最主要因素，也是影响作业率的关键。采用铺底、铺边料保护台车，效果明显，设备运行稳定，检修量很少。根据首钢京唐球团现场统计，运行 3 年时台车没有更换过，甚至中间体都没有翻转过，更换的篦条量很少。台车可以实现在线快速更换，目前可以做到在 5min 内更换一个台车，热工况条件保持稳定，有效地提高了作业率，年工作日达到 350d 以上。

（7）耐火材料寿命长。由于带式焙烧机上炉罩静止，耐火材料固定，没有机械震动、变形及球团磨损和结圈造成的损坏。台车的快速更换，减少了因事故造成的焙烧炉和焙烧设备的急冷急热，延长了设备和耐火材料的使用寿命。连续使用 4 年时，还未进行过任何修补和更换。

首钢京唐 504m² 带式焙烧机球团项目集成创新应用了国内外先进工艺和技术装备，优化了工艺流程，工艺配置完备，生产运行高效。工程设计中特别注重原料准备阶段和焙烧热量调节的精细化，可以适应多种原料条件，为生产多品种、高质量球团矿创造了有利条件。生产实践证实，带式焙烧机球团生产工艺，可以高效率、低成本、大规模稳定生产高品质、高性能的球团矿。

首钢京唐 504m² 带式焙烧机球团是我国首台产量 400 万吨的大型带式焙烧机

球团生产线，从前期的设计开发、技术装备集成创新以及后期的生产应用研究，开发并形成了大型带式焙烧机球团高效低耗生产技术，为我国球团生产大型化开创了新的思路。目前由首钢国际工程公司设计的包钢年产 500 万吨带式焙烧机球团已经顺利投产，再次引起了业内人士对大型带式焙烧机球团技术的关注。

4.9　带式焙烧机设计理念

带式焙烧机对原料的适应性强，生产效率高，并具有自动化、大型化、环保等优势，因此世界范围内带式焙烧机球团矿的产量高于链箅机-回转窑（见图 4-28）。近年来，随着全球原料条件的变化，优质球团原料越来越少，再加上钢铁行业竞争日趋激烈，产品升级及向大型化发展，球团工艺选择越来越多倾向于带式工艺。目前，世界上带式焙烧机最大的单机年产量达到 900 万吨，尤其高炉使用球团矿比例增加后，熔剂球团或含镁球团需求量增加，带式焙烧机球团工艺更有优势。

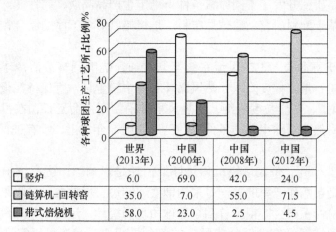

图 4-28　世界及中国不同球团工艺在球团产量中所占的比例

4.9.1　带式焙烧机的技术特点

（1）静料层焙烧。带式焙烧机具有：1）对原料的适应性强，宜处理复杂原料；2）球团无滚动摩擦和碰撞，产生的粉末少；3）对预热球强度要求相对低。焙烧机料床通过热传导进行加热，传导效率高，回转窑球团通过热辐射可进行均匀地加热（见图 4-29）。

（2）整体炉罩布置（见图 4-30）。可以减少传热环节，系统控制滞后性小，容易实现系统的温度及压力平衡，减少热损失。

（3）传热过程合理。采用多烧嘴小火焰供热，系统控制可灵活调节；烧嘴的温度峰值容易控制，使燃烧区形成均匀的温度场，球团料层受热均匀；减少热力场 NO_x 的生成。带式焙烧机烧嘴供热系统示意图见图 4-31。

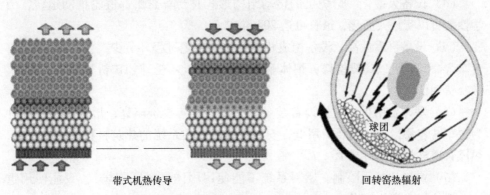

图 4-29 带式焙烧机和回转窑加热形式示意图

图 4-30 带式焙烧机整体烟罩布置示意图

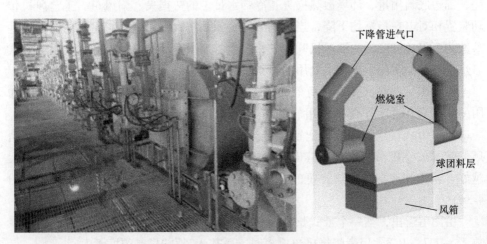

图 4-31 带式机烧嘴供热系统示意图

（4）设备大型化。焙烧机的传动结构形式是台车靠头部链轮推动运转，力学性能可以实现大型化，最长可达 204m。

（5）设备可靠性高。设备构成相对简单，工艺过程环节少，生产稳定性高；台车寿命长，可以离线检修；炉体耐材静止状态，不受球团矿机械冲击；运转、维修费用低。

（6）基建费用少。主体设备装备水平高，设备投资略高；焙烧机主要部件为台车，容易运输、安装费用低，安装要求高；主系统的建筑材料、耐火材料、热风管道材料量相对减少。

（7）燃料选择受限制。燃料系统不能使用固体燃料（烟煤），只能使用重油、天然气或高热值煤气。

（8）高温材料要求苛刻。台车上栏板的耐热温度略高于链箅机，材质要求更高些；燃烧区域耐材性能要求略高。

4.9.2　国外带式焙烧机设计理念

国外（如北欧、东欧、中南亚、南北美洲等国家）对带式焙烧机的认识，不仅仅停留在单台机设计合理度的问题上，在大面积使用带式焙烧机的背景下，考虑更多的是怎样更节能降耗，如带式焙烧机理想设计面积、合理的设计台数等。以苏联为例，在 20 世纪 80 年代，有人以单位面积为基准，来考量台车宽度、工艺风机尺寸、设备磨损、风机传动装置单位电耗及密封系统漏风量、耐火材料单位消耗、环境散热、冷却水的热损及钢材单位消耗和铺边底料用量等之间的关系，并给出了具体的趋势图，如图 4-32 所示。

结果显示，随着带式焙烧机规格的增大，钢材单位消耗、耐火材料单位消耗、铺边底料用量、环境散热损失、冷却水带走的热损失、漏风量、工艺风机传动装置相对电耗指标均下降，当带式焙烧机面积增大到 450~550m² 以上时，这些参数的下降速度变缓。而风机叶轮尺寸和设备磨损率却明显加大。并给出了带式焙烧机有效面积与各项加工费用的关系图，如图 4-33 所示。

可看出，当带式焙烧机有效面积由 108m² 增大到 306m² 时，生产 1t 铁矿球团的实际费用达到了降低费用的最大效果。

而对带式焙烧机的合理配置台数，国外引入了均衡系数的概念。一个球团厂的带式焙烧机台数决定着其停机大修时产品运出的不均衡性，均衡系数越大越好。认为在选择带式焙烧机的规格时，要同时考虑带式焙烧机的台数（见图 4-34）。

由图可看出，当一个带式焙烧机球团厂建有 4~5 台带式焙烧机时，均衡系数 $K_p = 0.75 \sim 0.8$。但带焙烧机再增多时，系数 K_p 值的提高幅度不大。

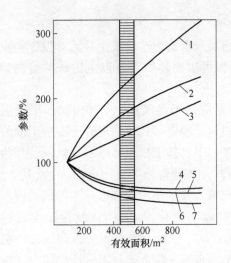

图 4-32 带式焙烧机有效面积对其
各项参数和指标的影响

1—台车宽度；2—工艺风机叶轮尺寸；3—设备磨损；
4—工艺风机传动装置单位电耗及密封系统漏风量；
5—耐火材料单位消耗；6—环境散热损失；
7—冷却水带走的热损、钢材单耗、铺边底料用量

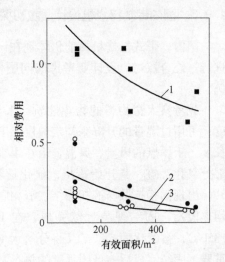

图 4-33 带式焙烧机有效面积与
各项加工费用的关系

（曲线 1、2、3 表示相关物理量的集中变化趋势；
■、●、○分别表示离散性的统计数据位置）

1—主要设备小修和保养；2—更换设备、
低值易耗品；3—生产工人基本工资和附加费；

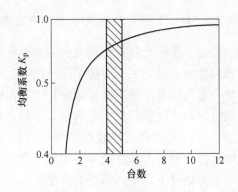

图 4-34 均衡系数与带式焙烧机台数的关系曲线

　　所以，一台带式焙烧机的有效面积应以 $450 \sim 550 m^2$ 为限，而且一个企业内的带式焙烧机台数应少于 4~5 台为宜。这对开展设计特别有指导意义。

　　以单位焙烧面积为基准，来考量各指标，与国内带式烧结机、链算机-回转窑以单位成品矿来作为衡量的基础思路一致。在工艺设计上，国内还有很长的路要走。

4.9.3　国内带式焙烧机设计理念初探

国内，带式焙烧机目前仍体现在设计拷贝和局部改造阶段，并无对设计实质进行过综合探讨。设计要考虑的问题依流程可以简述如下（以全磁铁矿焙烧为例）。

先考察入窑物料的物化性质，来初定对应的干燥风速、干燥时间、干燥温度；可用过湿带的升降来初定料层厚度、机速，确定带式焙烧机鼓干、抽干段的长度、干燥风的风量，风温要求在爆裂温度以下。接下来生球进入预热段，开始部分氧化，硫、氮开始析出，氧化逐步加剧；在焙烧段 $800 \sim 1000℃$ 的风温下，开始出现固相扩散与液相固结、渣相联结现象，并且固相固结进一步加强；进入均热段后，固结现象继续完成，在 $1350℃$ 以下氧化成 Fe_2O_3，但若温度超过 $1350℃$，被氧化的赤铁矿又将分解为 Fe_3O_4；这 3 段中，氧体积分数和温控特别重要。固结完成后，球团强度的热态基础基本定型，接下来只需保证冷却中联结键不发生大面积断裂，异常析出相少，强度形成条件就能基本定型并尽量保持下来，这就需设置合理的冷却制度。通过试验研究，来确定冷却风速、时间，初步确定一、二冷却段长度。再通过能量综合循环计算，复核微调各段设计参数，完成设计定义过程。

球团焙烧成败的主要决定因素是：焙烧温度、氧体积分数、干燥制度、冷却制度。带式焙烧机对各因素都可调节，故各类性质的物料都可成功焙烧。

4.9.3.1　物质流基础性能与炉窑参数及球团矿产质量影响分析

研究带式焙烧机物质流，实际上就是研究原料基础性能。在生球粒度变化不大的情况下，不同的原料性能，决定了不同的干燥、焙烧、冷却制度。研究带式焙烧机炉窑各段的参数，需先研究配混后原料的综合性质，依据原料的综合性质来设计带式焙烧机。通过球团矿试验研究，可确定最佳的原料配合比，最合理的干燥、焙烧、冷却制度，从而确定带式焙烧机的最佳设计工艺-各功能段面积、机速、风速、温度。做的目的都是力求达到球团的最佳产质量。

在料种变化概率很小的情况下，带式焙烧机炉窑各段设计参数基本能确定下来。为适应变料焙烧，可以在带式焙烧机炉窑参数设计上适当宽泛些，不求特别精准。但宽余度多大，作为设计者，通过试验理论上的充分论证可以做到有理有据。变料焙烧、设计、生产调控能力及设计改造都是一个动态变化的过程，互相制约，宽余度过大或过小都涉及将来的设计改造。京唐球团是一个大胆的尝试。

4.9.3.2　能量流与窑腔结构设计及球团矿产质量影响分析

球团矿产、质量的多少、好坏取决于循环能量流的多少、合理度。也就是说，抽风量大小直接决定球团矿产量大小；风流的段温度、段流速接口位置、运转方向直接决定着球团矿质量的好坏。

对特定性质的原料，球团的干燥、焙烧、冷却制度是一定的，因此，不允许对特定窑段内的风速施加过大或过小。带式焙烧机炉窑各段配置的离心风机的风量 Q 是固定不变的，而风量 $Q(m^3/s)$ = 风速 $v(m/s)$ × 窑或管道截面积 $S(m^2)$，特定的工艺风速要求下，要求过风窑腔或输气管道截面积确定。不同的功能窑段风速要求不同，其截面积要求也不同。另外，主管上风流接口位置不同，在各支管同一出口流速要求下，主管内腔截面积也呈线性变化。出于保持能量流流速稳定的目的，故在外方设计资料中，常见管道的锥形变径。

稳定的能量流速、温度、流量是球团矿保持稳定的质量、产量的保证因素之一。炉窑、管道内腔依要求设计完毕后，不应轻易变更，除非入窑原料基础性能有重大的变化，同时要考虑改造效益问题。

4.9.3.3 耐火材料成分与能量流影响分析

不同耐火材料，主要是体现在最高使用温度、焙烧后抗压强度、附着率、导热系数的大小不同上。带式焙烧机中耐材导热系数是比较重要的指标（单位为 $W/(m \cdot K)$），导热系数的大小不同，主要由化学成分、配比、团块制造工艺的不同造成。

不同功能的炉窑段，能量流温度不同。鼓干、抽干段能量流在 $20 \sim 400℃$ 梯形变化，预热段能量流 $500 \sim 1200℃$，焙烧、均热段能量流高达 $1350℃$，冷却段窑内温度从 $1100 \sim 330℃$ 梯形变化；鼓干、回热管道内能量流温度均达 $330℃$，主引风管道内 $200℃$，鼓干排风管道内 $120℃$。要求耐火材料品种多、耐磨损、强度高、导热系数低，以为机体钢结构的材质设计降低难度。

刚玉成分耐火材料耐磨、黏土质耐火材料耐高温、高磷耐火材料导热系数小可防止能量流的散逸，为球团矿的优质高产提供保证。在消化外方资料的基础上，国内耐火材料厂可提供耐材的生产、供货与施工，京唐球团厂使用 4 年来，耐火材料质量稳定，隔热保温效果明显，成功实现了国产化，其经验值得借鉴。

4.9.3.4 不同炉窑段外部温度与机体结构钢材关系

对带式焙烧机机架、壁板来说，主要是考虑其结构强度、耐蚀、抗疲劳性能。强度与热温度相关联。成分均匀、偏析少的钢材耐腐蚀；表面质量较好的钢材抗疲劳性能更好。

材料学上，强度高的材料性脆，韧性差，但针对不同需求可采取不同的强化手段。在这种高温腐蚀环境下，钢材的强化手段宜采用颗粒弥散强化相添加合金元素，增强屈服强度，达到适宜塑韧性、耐蚀性的要求。京唐带式焙烧机钢材基体弥散有少量的钛，通过 TiN、Ti(CN)、TiC 析出相来阻止晶粒的再长大，实现了细晶强化和沉淀强化作用。在高温环境下，不宜采用单纯的二相粒子微晶强化手段来对钢材进行强化。因为同材质纯二相粒子微晶在高温下会瞬时发育为大晶粒，使钢材强度急剧下降，导致瞬时疲劳断裂，这对带式焙烧机是极其危险的。

对带式焙烧机钢材强度和韧性、耐蚀性的研究，还处于开始阶段。未来希望科技人员在这方面能有所突破。

4.9.4 结论

带式焙烧机能源气体热值高，低热值下限低，故对铁精矿品种的适应性强。目前，带式焙烧机的设计在中国没有形成产业化，设计理论还没有成型。对其设计尚无量化的规范。在包钢、鞍钢、京唐球团厂带式焙烧机的使用和研讨基础上，从设计发展方向上，分析、总结出若干带式焙烧机成败的要点，供国内球团设计者参考。

（1）注重对入窑原料基础性能的研究，以原料基础性质的差异来考量带式焙烧机的不同设计细节；改善原料比表面积，提高生球质量。

（2）注重物质流、能量流的设计前平衡和准确模拟理论研究。精细反映在设计中，节能降耗低碳，精准设计。

（3）注重生球布料系统的设计，大量提高 12mm 粒级焙烧生球的质量分数。

（4）设置铺底料、铺边料，以增强料层透气性和保护台车栏板、箅条。

（5）带式焙烧机宜采用成型的 7 段式焙烧结构，成熟的风流循环系统，譬如京唐模式。

（6）注重焙烧中含氧量的控制，避免 Fe_3O_4 再结晶周结形式的大量形成，提高球团强度和还原性。

（7）鼓干排风机的风量要考虑鼓干段的漏风率；主引风机和冷却鼓风机的风量适当留富余，以备事故停机急冷和扩容增产。

（8）一台带式焙烧机的有效面积应以 $450 \sim 550 m^2$ 为限，而且一个企业内的带式焙烧机台数应不少于 4~5 台。

（9）注重设计、操控数据的收集，形成数据库。这对带式焙烧机规范设计和后期改造有特别重要的意义。

（10）加强对耐火材料、结构材料的深入研究。

（11）提高自控水平，实现准确模拟、精细控制。尤其需提高造球、焙烧段自控水平，造出高质量合格粒度生球，精确控制能量流运转，提高成品球质量和产量，实现绿色焙烧。

4.10 三种球团焙烧工艺比较

目前世界上用得最多的主要有三种焙烧设备，即竖炉、带式焙烧机、链箅机-回转窑。

4.10.1 三种焙烧工艺设备优缺点

这三种设备的主要优、缺点见表4-12。

表 4-12 三种焙烧法设备优缺点比较

设备名称	优　缺　点	单机日产量/t	球团质量	基建投资	管理费用	电耗
竖炉	优点：结构简单、维修方便、不需要特殊材料、热效率高，投资少，建设周期短 缺点：焙烧不够均匀，生产能力受限制。原料适用性差	2000~3000	一般	低	低	高
带式焙烧机	优点：设备简单、可靠，维护操作方便、可以处理各种矿石、热效率高、单机生产能力大 缺点：作业温度高、台车易损、需要高温合金材料、需铺底料、流程复杂	6500~7000	良好	中	高	中
链箅机-回转窑	优点：设备简单、焙烧均匀，可以处理各种铁矿石，可生产自熔性球团矿 缺点：易结圈，维修工作量大	6500~12000	好	高	中	低

4.10.2 对原料的适应性

竖炉一般只能用于焙烧磁铁矿精矿球团或者磁、赤铁矿混合精矿球团，并且要求二价铁含量不应低于20%。带式焙烧机和链箅机-回转窑可以处理各种原料，但据统计，以磁铁精矿为原料，带式焙烧机占44.1%，链箅机-回转窑占38.7%，竖炉占16.2%；以赤、褐铁矿混合矿为原料，带式焙烧机占75.5%，链箅机-回转窑只占24.5%，竖炉还没有先例。

4.10.3 各种焙烧设备的单机生产能力

随着世界铁矿市场上的竞争加剧，各球团厂都不得不设法保持尽可能低的投资和经营费用，这点可以部分地通过采用更大型的设备来达到。目前，最大型带式焙烧设备的单机年生产能力达900万吨球团矿，链箅机-回转窑的单机年生产能力最大达600万吨。

较小型的焙烧设备大部分在1965年以前建造，1965年以后单机能力不断增大，大约 1975 年以后，建成了第一批单机年生产能力为 400 万~500 万吨的大型焙烧设备。年生产能力在 50 万吨以下的球团厂，主要采用竖炉和带式焙烧机，而生产能力超过 50 万吨的球团厂，则适宜采用带式焙烧机和链箅机-回转窑。单机年生产能力在 200 万吨以上的，只有带式焙烧机和链箅机-回转窑。

4.10.4　产品质量与经济指标

一般来说，带式焙烧机和链箅机-回转窑都可以生产出优质团矿，两者生产的球团矿质量无明显区别，而竖炉由于炉内球层受热不均匀，产品质量均匀性比前两者稍差。

爱里斯-哈默斯公司曾为了分析带式焙烧机和链箅机-回转窑两种设备的产品质量分别调查了 7 个球团厂。将成品球团矿中大于 6.3mm 粒级的百分数视为质量指数，该指数综合地反映了球团含粉末量及耐磨性。调查得出：带式焙烧机的质量指数为 90.8%，链箅机-回转窑为 91.3%。关于带式焙烧机料层上、中、下层质量差别，马尔康纳球团厂曾测定它们的转鼓指数（+6.3mm）分别为 86.4%，96.2% 和 94%。由此也可看出带式焙烧机上、中、下层球团矿质量无明显差别。

鞍钢集团和中冶钢联的于丽娟和宋宪平两位学者对球团生产的三种工艺从工程规模、设备、工程技术经济、投资和运行成本等方面作了全面的对比分析，提出了带式焙烧机工艺由于投资低，适应各种原料，将成为球团生产工艺发展的趋向。

从全国 2016 年三种球团焙烧工艺的工序能耗可以看出，链箅机-回转窑平均 26.19kgce/t，竖炉平均 30.49kgce/t，带式焙烧机平均 22.23kgce/t。

4.11　我国三种球团工艺的主要经济技术指标

据中国联合钢铁网调研全国 136 家样本球团企业，2017 年球团矿年产能 1.908 亿吨，占全国总产能 76.3%（据中国冶金报 2017 年统计全国球团矿年产能约为 2.5 亿吨）。其中竖炉 141 座，产能 8080 万吨；回转窑 80 座，产能 11000 万吨。从企业隶属情况来看，样本企业 136 家，99 家企业为钢厂直属，占总数的 72.8%；25 家为独立球团厂，占总数的 18.4%；另 12 家企业为矿山直属。从企业性质来看，89 家民营企业，47 家国有企业。

4.11.1　21 世纪以来我国三种球团工艺的主要生产技术经济指标

2001~2016 年我国球团生产的产能发展状况列于表 4-13，三种球团工艺的主要生产技术经济指标见表 4-14~表 4-16。

表 4-13 2001~2016 年我国生铁和球团年产量基本情况

年 份	2001	2006	2007	2008	2009	2010	2011	2012	2013	2014	2015	2016
生铁年产量/万吨	15554	41245	47652	47824	54942	59022	62969	65430	70900	71200	69141	70074
同比增长/%	18.7	20	15.5	0.4	13.7	7.4	8.4	3.9	8.36	0.42	-3.45	0.74
球团年产量/万吨	1784	8500	9934	12000	17500	19810	20410	16660	14410	12000	12800	15200
同比增长/%	30.7	45.85	16.87	20.8	45.83	13.2	3.03	-18.37	-13.51	-16.72	6.67	18.75
占炉料比例/%	6.95	12.72	12.77	15.45	18.73	19.74	19.07	15.43	12.32	10.21	11.22	13.15

由表 4-13 可见，球团矿在我国高炉炼铁炉料结构所占比例较低。日本学者成田贵一的研究提出：高炉综合炉料的最大压差值与高碱度烧结矿及配入酸性球团矿的比例相关，当酸性球团矿配入比例达到 25%~50% 时，Δp_m 处于最低值，说明优化高炉操作指标，发展球团矿生产尚有一个很大的空间。

表 4-14 2001~2016 年全国链算机-回转窑球团生产主要技术经济指标

年份	链算机利用系数/t·(m²·h)⁻¹	单球抗压强度/N	转鼓指数/%	膨润土量/kg·t⁻¹	精矿粉量/kg·t⁻¹	煤气用量/m³·t⁻¹	电耗/kW·h·t⁻¹	工序能耗/kgce·t⁻¹	$w(TFe)$/%	$w(FeO)$/%	$w(SiO_2)$/%
2001	0.646	2000	90.88	37.43	992	1506.16	37.70	65.35	62.87	0.68	—
2002	0.962	2082	91.73	36.10	982	1256.75	38.84	47.70	63.27	1.92	—
2003	0.960	2030	91.07	24.09	1014	1199.08	37.92	49.30	63.67	2.65	—
2004	0.900	2092	91.23	30.32	989	1461.55	39.93	42.49	64.40	1.20	—
2005	0.979	2283	92.78	36.15	1023	1109.50	36.08	32.16	64.62	1.16	—
2006	1.075	2423	93.77	27.21	978	1771.20	34.37	31.80	64.74	0.71	—
2007	1.070	2501	94.60	21.65	1014	858.58	32.34	28.95	63.73	0.69	5.43
2008	1.053	2482	95.00	18.69	998	768.35	31.76	27.61	63.46	0.65	5.98
2009	1.066	2535	94.46	20.00	987	782.86	30.40	31.50	62.70	1.09	5.64
2010	1.135	2524	95.07	19.27	1002	705.88	29.80	24.92	63.55	0.74	5.72
2011	1.272	2725	94.58	19.53	999	752.00	31.50	27.42	63.49	0.95	5.40
2012	1.713	2725	94.02	20.65	980	651.17	29.75	24.45	63.55	1.10	5.42
2013	1.613	2567	94.30	19.00	993	462.33	29.43	24.45	63.42	1.09	6.36
2014	1.674	2553	95.02	19.00	985	505.96	31.03	25.91	61.88	1.09	6.68
2015	—	2692	94.77	18.72	995	220.90	29.77	29.03	62.01	1.52	5.82
2016	1.742	2529	95.43	19.17	990	185.08	31.19	26.19	61.83	1.28	5.96

表 4-15　2001~2016 年全国竖炉球团生产主要技术经济指标

年份	利用系数 /t·(m²·h)⁻¹	单球抗压强度 /N	转鼓指数 /%	膨润土量 /kg·t⁻¹	精矿粉量 /kg·t⁻¹	煤气用量 /m³·t⁻¹	电耗 /kW·h·t⁻¹	工序能耗 /kgce·t⁻¹	w(TFe) /%	w(FeO) /%	w(SiO₂) /%
2001	5.718	2614.5	90.97	35.05	1061.2	218.1	33.53	42.84	62.54	0.86	—
2002	5.891	2426.1	89.41	32.27	1049.0	207.8	31.95	41.20	62.48	0.74	—
2003	6.238	2551.1	90.36	31.45	1050.0	208.8	33.39	41.65	63.08	0.68	—
2004	6.349	2412.2	90.91	29.08	1059.5	209.6	32.40	42.68	63.37	0.66	—
2005	6.457	2463.3	91.45	26.04	1030.2	213.1	32.99	44.18	62.45	0.64	—
2006	6.697	2604.4	91.99	23.85	1033.2	207.3	33.81	36.66	62.91	0.71	—
2007	6.880	2525.4	92.03	22.35	1019.1	206.6	33.41	37.12	62.34	0.75	—
2008	6.872	2548.8	92.20	21.17	1019.2	194.5	34.63	35.07	62.01	0.69	—
2009	7.092	2518.6	91.64	20.74	1016.3	183.5	34.88	35.69	62.23	0.64	6.62
2010	7.244	2453.5	91.35	21.77	1011.2	181.1	33.22	31.90	62.06	1.01	6.68
2011	7.230	2493.5	91.30	21.04	1006.1	182.0	33.76	31.73	61.81	0.75	6.20
2012	7.210	2392.8	91.46	20.72	1008.8	169.2	34.20	30.98	61.92	1.00	6.44
2013	7.300	2433.0	89.75	19.84	1003.2	166.5	32.99	31.53	61.10	0.84	6.97
2014	7.170	2394.1	90.15	18.06	991.5	157.7	36.78	30.25	61.32	0.67	6.29
2015	6.600	2452.8	90.84	18.10	1038.6	199.7	32.86	26.63	62.67	0.67	5.98
2016	7.275	2287.7	91.78	21.97	995.8	200.3	35.20	30.49	62.11	1.15	6.53

表 4-16　2001~2016 年全国带式焙烧机球团生产技术经济指标

年份	利用系数 /t·(m²·h)⁻¹	单球抗压强度 /N	转鼓指数 /%	膨润土量 /kg·t⁻¹	精矿粉量 /kg·t⁻¹	煤气用量 /m³·t⁻¹	电耗 /kW·h·t⁻¹	工序能耗 /kgce·t⁻¹	w(TFe) /%	w(FeO) /%	w(SiO₂) /%
2001	0.892	2260	93.04	—	1060	243.88	55.63	53.25	62.92	1.27	—
2002	0.922	2425	91.34	10.84	1049	224.33	56.45	49.46	64.07	1.16	—
2003	0.863	2426	91.10	15.77	1050	238.36	54.09	48.72	64.20	1.45	—
2004	0.891	2545	89.85	19.27	1054	235.82	57.06	51.22	63.39	2.96	—
2005	0.870	2821	90.65	14.00	1039	215.69	55.49	48.42	63.36	3.05	7.10
2006	0.880	2786	91.86	20.50	1027	198.81	57.44	37.57	63.95	2.30	6.39
2007	0.860	2820	92.91	13.00	1025	213.38	64.13	40.60	64.30	1.95	5.79
2008	0.840	2724	92.57	12.00	1023	216.52	60.03	36.41	64.48	2.25	5.65
2009	0.830	2675	92.14	11.00	990	216.66	54.75	38.97	64.59	2.20	6.01

续表 4-16

年份	利用系数 /t·(m²·h)⁻¹	单球抗压强度 /N	转鼓指数 /%	膨润土量 /kg·t⁻¹	精矿粉量 /kg·t⁻¹	煤气用量 /m³·t⁻¹	电耗 /kW·h·t⁻¹	工序能耗 /kgce·t⁻¹	w(TFe) /%	w(FeO) /%	w(SiO₂) /%
2010	0.812	3103	92.36	17.40	1015	215.55	44.15	34.29	65.13	1.36	4.52
2011	0.760	2927	94.07	15.58	1007	127.86	49.78	26.99	64.41	1.48	4.40
2012	0.650	2857	93.70	15.30	1009	127.43	39.79	24.64	65.10	1.57	4.15
2013	—	2741	93.57	11.65	990	123.69	36.27	23.06	65.00	1.76	4.46
2014	0.890	2588	93.25	10.89	988	130.75	37.80	23.76	64.63	1.60	4.28
2015	0.875	2557	94.86	11.93	982	133.90	37.82	24.14	64.89	0.40	4.48
2016	0.788	2765	95.35	15.80	1020	206.37	33.34	22.23	64.63	0.55	4.33

4.11.2 三种球团工艺 21 世纪以来主要生产指标的分析

（1）球团矿作为高炉炼铁炉料，与高碱度烧结矿配搭，其核心在于含铁品位和 SiO₂ 含量。高炉合理炉料结构发挥高碱度烧结矿优良的冶金性能及酸性球团高品位、低渣量（即低 SiO₂）的优势。我国已有的带式焙烧机球团自 2007 年以来一直保持着高于 64% 的含铁品位，SiO₂ 含量自 2011 年以来始终低于 4.5% 的水平。由含铁品位和 SiO₂ 含量而论，带式焙烧机球团的质量明显优于竖炉和链算机-回转窑球团。

（2）转鼓指数和抗压强度也是球团矿质量的重要指标。由表 4-14 ~ 表 4-16 可见，三种球团工艺的这一指标比较接近。从近几年情况而论，问题在于成品球团矿的粒度是否小而匀，这方面差异较大。这方面也是首钢京唐公司的球团矿，以及扬州泰富特种材料公司的商品球团矿做得比较好。

（3）精矿粉和膨润土等原材料消耗是关系到资源循环，生产成本和成品球质量的问题。精矿粉主要影响成本，三种工艺有一定差别，看上去带式焙烧机工艺的精矿粉用量高，这主要是由于包钢带式焙烧机于 2015 年底投产后，个别指标还未步入正常，其精矿粉用量达到了 1098kg/t 的高消耗，而京唐公司的精矿粉消耗仅为 968kg/t，竖炉和链算机-回转窑工艺比较接近，竖炉工艺比链算机-回转窑高出 5kg/t。对于膨润土用量，带式焙烧工艺用量最低为 15.8kg/t；链算机-回转窑工艺次之，为 19.17kg/t；竖炉工艺的用量最高达到 21.97kg/t。三种工艺膨润土用量，2016 年平均值比 2015 年增加了。膨润土用量高，不仅影响成品球的含铁品位和 SiO₂ 含量，同时也增加了生产成本和降低了成品球的质量，这是球团矿生产厂值得关注的一个重要问题。

（4）球团矿生产的能耗包括煤气消耗、电耗和工序能耗三项指标。在三种工艺中，带式焙烧机煤气消耗比其他两种工艺高，也是由于包钢投产后还未步入正常，其煤气消耗达到 388.5MJ/t，未反映出带式焙烧机工艺的真实水平。同样首钢京唐公司的煤气消耗仅为 27.527MJ/t，总的能耗竖炉工艺高，带式焙烧机工艺低，链算机-回转窑介于两者之间。

2016 年我国球团矿生产的指标，相比 2015 年改善不明显。甚至几项主要指标均比 2015 年有退步，如含铁品位、SiO_2 含量、膨润土和精矿粉用量等，这些在以后应奋起直追，加快球团生产主要质量指标的改善。

4.11.3　我国球团矿生产和质量指标的发展趋势

基于以上讨论和分析，可以得出我国球团矿生产和主要质量指标发展将会出现以下几个方面的趋势：

鉴于球团生产在环保、能耗、成本、含铁品位等方面与烧结生产有较大的优势，提高高炉炉料中球团矿配比是我国炼铁技术发展的方向。

球团矿作为高炉炼铁的一种精料，从与高碱度烧结矿形成合理炉料结构的比例看，今后球团矿在我国还会有一个很大的发展空间。

从烧结矿和球团矿产生的烟气和烟气净化对环境保护的影响比较出发，发展球团矿生产，压缩烧结矿生产，将是一个必然的趋势。我国高炉炼铁原料的未来将会出现像北欧和北美国家一样以球团矿为主的状态。

从球团矿生产工艺对原料的适应性、成品球质量、环境保护和能耗指标及综合生产成本比较，我国球团矿生产将会加快淘汰竖炉工艺的落后产能，改善链算机-回转窑生产工艺，带式焙烧机工艺将会得到较快的发展。

参 考 文 献

[1] 孔令坛. 试论我国球团矿的发展 [C]//全国炼铁生产技术会议暨炼铁年会文集，2008：28~32.

[2] 张天启. 竖炉球团技能 300 问 [M]. 北京：冶金工业出版社，2012：124~251.

[3] 徐亚军，李长兴，王纪英. 链算机-回转窑球团工艺的开发与应用 [J]. 中国冶金，2005，15 (4)：18~21.

[4] 吴增福，郑绥旭. 500 万吨链算机-回转窑球团工艺及装备 [J]. 冶金能源，2016，35 (1)：7~10.

[5] 张彦博. 回顾我国链算机-回转窑团 30 年的发展历程 [C]//全国球团技术研讨会论文集，2012：9~14.

[6] 姜涛. 烧结球团生产技术手册 [M]. 北京：冶金工业出版社，2014：299~326.

[7] 李长兴，韩志国，易毅辉. 首钢京唐 504m^2 带式焙烧机球团技术创新与应用 [C]//全国

炼铁生产技术会议暨炼铁学术年会文集, 2016: 90~94.

[8] 夏雷阁, 刘文旺, 黄文斌. 大型带式焙烧机在首钢京唐球团的应用 [C]//全国烧结球团技术交流年会论文集, 2011: 116~120.

[9] 张福明, 王渠生, 韩志国, 等. 大型带式焙烧机球团技术创新与应用 [C]//第十届中国钢铁年会暨第六届宝钢学术年会论文集. 2015: 1737~1743.

[10] 傅菊英, 朱德庆. 铁矿氧化球团基本原理、工艺及设备 [M]. 长沙: 中南大学出版社, 2007: 274~299.

[11] 解海波. 带式焙烧机设计要点与球团矿产质量关系 [J]. 中国冶金, 2015 (8) 28~35.

[12] 任伟. 带式焙烧机球团技术介绍 [EB]//全国球团技术研讨会, 2018: 3~18.

[13] 许满兴. 新世纪我国球团矿生产现状及发展趋势 [C]//全国烧结球团技术交流会, 2016: 18~23.

[14] 许满兴. 炉料结构的调整与低 SiO_2 球团矿生产 [C]//全国炼铁生产技术会议暨炼铁学术年会文集, 2018: 295~299.

5 高 TFe、低 SiO$_2$ 球团技术

【本章提要】

    本章主要介绍了球团生产工艺的特殊性,含铁品位、SiO$_2$含量对球团性能和高炉的影响,国内外球团矿质量现状与差距,我国发展低 SiO$_2$、高品位球团矿的可行性分析,发展球团矿对钢铁企业减排的重要意义,以及我国球团矿生产发展面临的问题和对策。

    球团矿作为人造富矿之一,由于其特有的冶金性能而成为当今高炉炉料中不可缺少的重要组成部分。现代高炉对球团矿质量的要求包括化学成分、物理性能和冶金性能三个方面。就化学成分而言,要求含铁品位高,脉石含量低;物理性能要求机械强度高,粒度小而匀;冶金性能则要求还原性好,还原膨胀指数低,低温还原粉化少,并具有优良的软熔性能。国外球团矿铁品位普遍较高,硅含量较低,而我国球团矿各项质量指标均差,有待提高。

5.1 铁矿石球团特点及研究

    自从 1961 年阿姆科钢铁公司的一座高炉使用球团冶炼取得重大进展以来,直到 1975 年,球团法始终是很受欢迎的一种新造块方法。尽管球团生产能力迅速增长,可是球团总是供不应求。新球团厂起初都建在北美,但很快就遍布于全世界。到 1975 年世界球团总生产能力已增长到 2.1 亿吨,其后仍一直在迅速增长,但均未过多地关注球团矿的质量与成本。然后,随着钢铁工业持续衰落,球团生产状况也发生了急剧变化。在球团已经成为高炉主要炉料的北美,与生铁产量相比,球团的用量已在减少。在欧洲以及世界其他地区,球团用量的下降更加明显,只占炉料的 10% 左右,而且主要是用来提高高炉利用系数。在这种新的情况之下,这些钢铁厂不可避免地把利用本身的烧结矿生产能力放在了首位,同时都要求减少价格较贵球团的入炉比。于是,很多球团厂被迫关闭或者降低产量。但是,到了 1996 年欧美各国为控制 SO$_2$、氮氧化物、二噁英等污染物的排放,纷纷关闭烧结厂,转为生产球团矿,甚至高炉 100% 使用球团矿。

5.1.1 球团工艺

球团生产工艺可分为两大部分：一是通过造球工序制取生球；二是生球焙烧以获得足够强度。

造球是球团工艺的基础部分，没有造球，就不可能有球团法。球团的许多重要特性以及存在的问题可能都与造球工序有关，所以科技人员对造球细节做了深入的研究。研究指出，造球过程中主要有两种力：一个是压实力，它在造球过程中使生球相互碰撞；另一个是空气与水的表面张力，在最佳水分条件下，这种表面张力可以形成毛细力。后者的作用就如同在各个生球表面上产生一个连续压力。所以，适宜而且分布均匀的水分对于良好地造球乃至对于整个球团工艺过程都是一个很重要而且也很关键的因素。

图 5-1 为烧结混合料与球团混合料的对比。可见，烧结混合料与球团混合料大不相同。在一般烧结过程中，工艺气流从料层内的各颗粒之间通过，为使料层具有足够的透气性，混合料需要有较大的粒度和气孔率。但这点只针对烧结过程本身的要求，而不是针对最终烧结产品的要求。因为对于烧结矿还原来说，微气孔已足够。

(a)　　　　　　　　　　　　(b)

图 5-1　烧结混合料与球团混合料的对比

（a）烧结混合料，料层气孔率占体积的 50%~60%；（b）生球，单个生球气孔率占体积的 25%~30%

在球团焙烧过程中，工艺气流从各个生球之间通过。生球内的气孔率只有烧结混合料气孔率的一半，而生球内部的反应面积却比烧结混合料大许多倍。球团的最高焙烧温度比烧结矿约低 250℃，虽然如此，由于球团压实得比较致密，所以其强度比烧结矿大得多。实际上，球团的强度甚至于高过大多数块矿。此外，焙烧温度较低的球团表面渣化程度较轻，则使球团的气孔基本上都保持开口状态，使气孔内表面便于还原气体通过。总之，与烧结矿相比，在成分相同的条件下，球团基本上把强度高和还原性好这两个按理说不能并存的重要特性良好地结合在了一起。球团的这种最佳特性相结合的优点已在直接还原法中得到利用。在直接还原法中，一般不加焦炭，沉重的炉料只好单靠含铁组分承担。早在 20 世纪 60 年代的瑞典，球团就已被认为是威伯格（Wiberg）直接还原法唯一可以使用的人造富矿。如今，球团仍然是唯一可供竖炉直接还原法使用的人造富矿。

5.1.2　球团形状

球团的圆球形状便于工艺气流通过，具有良好的料层透气性。这点尤其是有利于回流换热，因此便有可能在球团焙烧过程中达到良好地回收余热和热交换。但是，球团的圆球形状也带来一些严重的问题。第一个问题是与球团体积相比，其外表面积较小，球团外壳必须保持开气孔状态，以便在氧化和还原过程中工艺气流可以流入每个球团并从球团中排出。这点将在下节中与酸性球团和碱性球团一起来讨论。

偏析是由于球团的形状而引起的一个最严重问题，偏析造成高炉内炉料分布不匀，因而造成煤气分布不匀，增大了焦比。在改善球团形状方面曾做过某些尝试，但均未获成功。高炉内的这一问题必须解决，保罗沃思（Paul Wurth）型高炉上料装置被认为是一种防止偏析的最好办法。这种防偏析装置适合于各种炉料，特别适用于球团。该装置的中央有一旋转溜槽，可以灵活上料，又可防止球团四散滚动。配有一台 Agfa-lbris 型高温摄像机，可连续提供炉顶热量与炉料分布的信息。第一套保罗沃思型装置已于 1971 年安装使用（目前几乎每座新设计的高炉都采用了）。加拿大一座使用 100% 球团的高炉，采用了这种装置后，焦比下降 4.5%，利用系数提高 12.5%。

5.1.3　酸性球团

第一批工业性球团是用梅萨比矿区的高硅贫铁矿石生产出来的，含有酸性脉石成分。大家都知道，需要通过细磨来降低精矿的 SiO$_2$ 含量，这就是球团法的起因。后来，当高品位精矿也用来生产球团时，便需要添加一些 SiO$_2$ 以使球团在高炉还原过程中有足够的强度。如今，世界球团产量中仍有 90% 以上是酸性的。

长期以来，酸性球团的还原性是满足了要求的。但是，随着高炉冶炼技术快速发展，对炉料质量提出了更高的要求。随着炉容的增大，操作速度加快，炉内的间接还原时间大大缩短。未还原的低熔点铁氧化物便进入炉内高温带。这种铁氧化物大约在 1150℃ 温度下同 SiO$_2$ 反应，生成铁橄榄石，封住了球团外壳上的气孔。这一反应一旦开始便进展很快，在一定程度上阻止了进一步的还原。结论是：这种老品种酸性球团的还原性只能满足高炉低速操作的要求，而满足不了现代化高炉快速操作的要求。

5.1.4 碱性球团

日本最先对球团提出了这样的要求，软化温度高而且高温还原性好。这些要求使神户钢铁公司从使用酸性球团转向使用加石灰的碱性球团。后来在 1978 年，又改为使用当时由瑞典 LKAB 公司研究出来的添加白云石的新球团品种。这种球团日本目前仍在使用。

根据日本的实验室试验结果，白云石球团的高温特性与优质碱性烧结矿相同，而且在还原性以及其他特性方面甚至还优于优质烧结矿。值得注意的是，尽管使用白云石球团取得了十分良好的实验室试验结果，但是良好的高炉操作指标总是在使用烧结矿的条件下达到的。因此，日本认为：烧结矿是最好的高炉炉料。在日本进行试验之前，世界各地一些球团厂也进行了不少的碱性球团试验，但目的各不相同。进行这类试验的动机乃是希望使用碱性球团能取得与过去由酸性烧结矿改为碱性烧结矿时所取得的同样明显的改善效果。在使用碱性球团的情况下所取得的改善效果主要是由于排除了未煅烧的熔剂和这种球团的良好还原性。最早的一次碱性球团试验是由美国克利夫兰-克利夫斯钢铁公司在雷普布利克链箅机-回转窑球团厂进行的。生产出来的碱性球团在阿利奎帕钢铁厂的一座高炉内进行了冶炼试验，但未取得明显成果。

1969 年 LKAB 公司开展了一项碱性球团的扩大试验研究。目的和以前一样，但还有另外两个目的：一是用更适宜的碱性添加剂取代以往添加的石英石；二是生产出既适用于高炉冶炼又适用于直接还原法的高品位碱性球团。

十多年来，这项研究工作与现场试验都是围绕碱性球团进行的，在此期间，研究出了白云石球团。在瑞典、加拿大、法国、西德、波兰和英国总共进行了 12 个炉期。最终，高炉冶炼效果仍然是与实验室试验结果相矛盾的。实验室试验中所发现的白云石球团优于酸性球团的特性，在高炉试验中却未能得到证实。

结论是有一个重要因素在整个实验室试验中被忽略了，利用排除比较法得出了碱金属的影响就是被忽略的那个因素。在试验室试验中，由于设备条件有限，根本不可能研究在高炉冶炼过程中高温下的气化碱金属的影响。使用法国的 Boris 装置可以做一些模拟试验，但是其最高温度限制在 1200～1250℃。看来碱金属问题必须直接在高炉中通过系统的试验来加以研究。

5.1.5 碱性球团与碱金属

高炉冶炼过程中碱金属的循环与积聚现象是人们早已知道的。如今，碱金属问题越来越受到重视。现对有关碱金属在高炉内的行为进行简要概述如下：

高炉炉料的所有各种组分都含有一些碱金属，碱金属一般是以含 SiO_2/Al_2O_3 络合物的矿物形态出现，只有一小部分被还原、气化并经过炉身返回。这些碱金属在炉身低温带再冷凝并被炉料带走，但这时碱金属已成为一种更容易还原和气化的形态。这种还原—气化—再冷凝循环重复进行，碱金属蒸汽便积聚在炉身的上部。碱金属由于具有化学侵蚀性，将会造成许多干扰。首先，它可能破坏承担炉料的焦炭。碱金属的循环-积聚是很复杂的，而且其循环-积聚程度与许多因素有关。一个重要的因素是各炉料组分能够带走气化碱金属，并保持其结合状态而随炉渣向下流出的物理化学性能。球团的开气孔便于气化碱金属的流进和流出，就像还原气体流动那样。从高炉中取出的球团试样表明：炉身几个不同水平下的碱金属量要比带入量增大数百倍。球团内这样高的碱金属含量几乎从各单个球团的外壳到内核都是一样的（原注：有一点很重要，上述试验中碱金属含量很低，仅 0.01%K$_2$O，而炉内几个不同水平上球团的碱金属含量可能会变得很高，达 2.4%K$_2$O）。

　　碱金属被球团中的 SiO$_2$ 结合的强度，即 SiO$_2$ 的碱金属结合能力（Alkalieapa City）取决于球团脉石的碱度。当然，碱性球团的这一能力要比酸性球团低得多。表 5-1 所列数据证明，球团的碱度（CaO/SiO$_2$）对 SiO$_2$ 的碱金属结合能力在理论上有很大的影响。最后要指出的是碱性球团的这种作用同球团的开气孔结合起来会加快碱金属的蒸发-积聚-再冷凝这一连续反应。看来，这一连续性的积聚反应大概只有靠采取连续性的对策来解决了。

表 5-1　1979 年神户钢铁公司各种球团与烧结矿的特性指标

特性指标	平均粒度 /mm	总气孔率 /%	开气孔率 /%	容重 /t·m^{-3}	单球抗压强度/N	膨胀率 /%	JIS 还原率 /%	还原后单球抗压强度/N
酸性球团	13.7	25.7	—	2.23	5950	8.5	54.5	—
熔剂性球团	12.0	26.2	23.0	2.10	3620	8.7	88.6	583
白云石球团	11.2	26.3	23.5	2.09	3750	7.0	83.7	713
烧结矿	17.6	—	—	1.60	1530	—	64.8	—

特性指标	1100℃荷重还原		软化温度 /℃	熔融温度 /℃	化学成分/%					
	最终收缩率/%	最终还原率/%			TFe	FeO	CaO	SiO$_2$	MgO	Al$_2$O$_3$
酸性球团	58.0	59.0	1150	1350	61.65	0.56	4.09	5.56	0.45	1.09
熔剂性球团	35.6	89.1	1155	1380	60.80	0.30	5.40	4.10	0.40	2.00
白云石球团	4.7	81.0	1230	1430	60.20	0.43	5.30	4.03	1.84	1.55
烧结矿	16.4	70.0	1250	1510	56.50	6.50	10.10	5.60	0.60	1.85

　　近年来，关于碱性球团同碱金属的反应有着特别不利的影响的这种观点已得到一些碱金属研究者的支持。例如，加拿大汉密尔顿麦克马斯特大学 W. K. 卢教授指出："高炉内碱金属的加剧循环往往要影响使用熔剂性球团的预计效果。"

5.1.6　橄榄石球团

由于长时间来使用碱性球团一直未获成功，因此，1979 年 LKAB 公司便把添加 MgO 的酸性球团列入了公司的研究计划。这项研究的目的是克服酸性球团的一个主要弱点：软熔点低。研究结果，得出了一种添加橄榄石（$MgO/Al_2O_3 = 0.7$）的所谓"橄榄石球团"。很快在瑞典钢铁公司（SSAB）吕勒欧钢铁厂高炉使用 100%橄榄石球团冶炼获得重大成功。球团的化学成分是：TFe 66.0%、SiO_2 2.4%、MgO 1.8%、CaO 0.2%、K_2O 0.03%、Na_2O 0.06%。

经过数月之后，由于所得结果均优于一般酸性球团，该厂便把高炉炉料永久性地改成橄榄石球团。从那时以后，高炉操作状况大为改善。至今，仍在持续改善。焦比和渣量均明显下降，炉况顺行而稳定，虽然渣量降低 40%，减少至 170kg/t，但没有出现任何碱金属富积的迹象。关于碱金属和高炉渣的几项研究结果表明：添加 MgO 取代 CaO，提高了 SiO_2 的碱金属结合能力。1984 年 9、10 两个月期间内，使用下述成分的高品位橄榄石球团（TFe 67.8%、SiO_2 1.55%、Al_2O_3 0.43%、CaO 0.15%、MgO 1.12%）进行了冶炼试验，使用品位约 68%的橄榄石球团，焦比可能降到 450kg/t，渣量可降到 120kg/t。

西德萨尔茨吉特钢铁公司派涅钢铁厂的一座高炉已使用 100%的这种球团作炉料。当时据称，LKAB 公司已签订了一项向日本提供 20 万吨橄榄石球团的五年合同。日本和瑞典相距遥远，加上日本钢企大部分采取了限制球团用量，这项合同可看作是橄榄石球团的成功。由于高炉使用橄榄石球团操作效果良好，所以现在 LKAB 公司所生产的高炉球团全部是橄榄石型的。

尽管橄榄石球团已取得良好效果，仍然应当指出，白云石熔剂性球团的强度、还原性以及还原强度等主要特性均优于橄榄石球团。

5.1.7　球团矿生产背景

现代工业化的炼铁生产，无论是广泛采用的高炉炼铁工艺，还是直接还原与熔融还原 COREX 工艺，其含铁原料必须使用一定规格的块状炉料，主要包括块矿、烧结矿和球团矿。早期的炼铁炉料采用块矿，随着炼铁技术的进步发展和铁矿资源限制，细颗粒铁矿资源越来越多地应用于炼铁生产，铁矿粉造块成为钢铁生产流程中的重要工序环节。铁矿粉造块发展历史、理论和实践都明确地告诉我们：铁矿粉烧结和球团都是成熟的铁矿粉造块工艺，细铁精矿粉应采用球团工艺，而粉矿（8~0mm）应采用烧结工艺。

球团矿和烧结矿比较，球团矿具有品位高、强度好、粒度均匀、还原性好、生产过程能耗低、清洁环保等优势。其工艺特点要求原料为细铁精矿粉（比表面积>1800cm²/g）。如果将粉矿（8~0mm）细磨后生产球团矿，就需要大幅度增加加工费，带来球团矿生产和炼铁成本的增加，经过长期的探讨、论证和实践，在一般情况下是不宜选择的，在世界生产中也极少见。

而细铁精矿用于烧结生产，也将给烧结带来诸多不利。包括烧结料层透气性差、烧结生产效率低，烧结矿强度变差、粉末含量高、能耗高、粉尘污染严重、高浓度 SO$_2$、NO$_x$ 烟气排放等诸多问题。

20 世纪 50 年代美国钢铁工业大发展，块矿和粉矿来源越来越紧张，而铁燧岩细磨选矿技术的开发成功，大量的细精矿粉出现，曾在烧结生产中采用添加细精矿粉的生产工艺，例如阿列魁巴 260m^2 烧结机生产中，尝试在粉矿中添加细精矿粉的大型烧结生产实践。当细精矿粉配加到 20% 时，烧结生产严重恶化，产量下降，质量变差。从此就不再采用细精矿粉应用于烧结，而大规模应用于生产球团矿。因而在美国形成了高炉炼铁炉料结构以球团矿为主的特点。

20 世纪苏联钢铁生产大发展的时期，由于铁矿资源的丰富，虽然有相当量的粉矿，但还需大量的经选矿生产的细精矿粉。由于球团矿生产的技术复杂性和难度，当时还未能掌握球团矿的生产技术，因而大力的开展细磨精矿烧结的研究和进行大规模使用细精矿的烧结生产。但到 20 世纪 70 年代带式焙烧机球团技术和生产取得成功后，开始大量的建设球团工厂和改造原有的烧结厂，同时引进美国的艾利斯链箅机-回转窑球团矿生产线，形成了年产 7000 万吨的生产能力，成为当时世界球团矿产能最大的国家。

日本在 20 世纪 70 年代钢铁生产和技术大发展，由于其原料绝大部分都来自澳大利亚，而且都是富矿粉，理所当然应是采用烧结法对含铁原料进行加工。而且创造了很多烧结新技术和先进的装备技术。虽然也推出了细精矿的“球团烧结矿”生产技术，但由于细精矿烧结的固有缺点，在世界范围内也没有得到推广。

新中国早期的钢铁工业是在苏联援助的基础上发展起来的。我国铁矿资源的多为贫矿的特点，大量的是经磨选后的细精矿粉，受苏联的影响，在 20 世纪 50~80 年代初，细精矿粉烧结工艺在中国钢铁生产中被广泛采用，并伴随着我国钢铁工业长期以低水平、粗放式、大产量的模式发展，这种细精矿粉的烧结技术一直延续至今。虽然自 2000 年以后球团矿的生产，特别是大中型链箅机-回转窑氧化球团生产有了较大的发展。但由于烧结生产的原理和生产技术及管理的较为简单，且烧结厂必须设在钢铁厂内，便于钢铁生产和管理，同时受日本钢铁生产高炉炼铁采用 80% 烧结矿的炉料结构模式影响，我国细精矿粉烧结技术仍然被继续广泛采用和大规模发展。虽然目前我国烧结矿的生产规模最大，烧结技术水平也很高，烧结机型也达到单机世界最大的 660m^2，但若仍继续大量配加使用细铁精矿，必然对烧结矿产、质量和环境产生影响，也不能发挥其先进性和获得更好的技术经济指标。通过技术手段可以实现解决粉矿烧结。

目前，球团矿的生产在世界各地却有了大规模的发展，特别是南美洲、北美洲和欧洲等地区。因此，从炼铁精料原则和整个钢铁生产的节能减排、环境保护以及大量的生产实践来看，发展细精矿粉生产优质球团矿工艺、技术和装备将是我国高炉炼铁节能减排最重要的技术措施。

5.2 矿物组成和微观结构决定球团的特殊性

球团是一种比烧结更为精致的生产工艺，球团矿的某些优点是烧结矿所无法替代的。比如，球团矿主要靠矿物固相固结，不同于烧结矿，主要靠烧结过程产生的液相黏结，因此生产球团矿所需的燃料少；另外，由于球团矿生产节省燃料，产生的 CO_2 少，对减少污染、改善大气环境十分有利。目前国内外普遍认为球团矿有以下优点：（1）粒度小而均匀，有利于高炉料柱透气性的改善和气流的均匀分布。（2）冷态强度（抗压和抗磨）高，在运输、装卸和贮存时产生粉末少。（3）铁品位高，有利于增加高炉料柱的有效质量，提高产品质量和降低焦比。（4）还原性好，有利于改善煤气化学能的利用。

5.2.1 球团矿的矿物组成

与烧结矿比较，球团矿的矿物组成比较简单。因为生产球团矿的含铁原料品位高，杂质少，而且混合料的组分比较简单，一般只包含有一种铁精矿，最多也只是包含两种，包含两种以上铁精矿的则比较少见，再配加少量的黏结剂，而且只有在生产熔剂性球团矿时，才配加熔剂。此外球团矿焙烧过程的物化反应也较简单，一般为高温氧化过程。

5.2.1.1 酸性球团矿的矿物组成

酸性球团矿的矿物成分中，95%以上为赤铁矿。由于在氧化气氛中石英与赤铁矿不进行反应，所以一般可看到独立的石英颗粒存在，赤铁矿经过再结晶和晶粒长大连成一片。由于球团矿的固结，以赤铁矿单一相的固相反应为主，因此液相数量极少。它的气孔呈不规则形状，多为连通气孔，全气孔率与开口气孔率的差别不大。这种结构的球团矿，具有相当高的抗压强度和良好的低、中温还原性。目前国内外大多数球团矿属于这一类。

用磁铁精矿生产的球团矿，如果氧化不充分，其显微结构将内外不一致，沿半径方向可分三个区域：

（1）表层氧化充分，和一般酸性球团矿一样。赤铁矿经过再结晶和晶粒长大，连接成片。少量未熔化的脉石，以及少量熔化了的硅酸盐矿物，夹在赤铁矿晶粒之间。

（2）中间过渡带的主要矿物仍为赤铁矿。赤铁矿连晶之间，被硅酸铁和玻璃质硅酸盐充填，在这个区域里仍有未被氧化的磁铁矿。

（3）中心磁铁矿带，未被氧化的磁铁矿在高温下重结晶，并被硅酸铁和玻璃质硅酸盐液相黏结，气孔多为圆形大气孔。具有这样显微结构的球团矿，一般抗压强度低，这是因为中心液相较多，冷凝时体积收缩，形成同心裂纹，使球团矿具有双层结构，即以赤铁矿为主的多孔外壳，以及以磁铁矿和硅酸盐液相为主的坚实核心，中间被裂缝隔开。因此用磁铁矿生产球团矿时，必须使它充分氧化。

5.2.1.2　自熔性球团矿的矿物组成

对于自熔性球团矿，在正常情况下，其中的主要矿物是赤铁矿，铁酸钙的数量随碱度不同而异，此外还有少量硅酸钙。含 MgO 较高的球团矿中，还含有铁酸镁，由于 FeO 可置换 MgO，实际上为镁铁矿，可以写成 $(Mg \cdot Fe)O \cdot Fe_2O_3$。

自熔性球团矿当焙烧温度较低，在此温度下停留时间较短时，它的显微结构为赤铁矿连晶，局部存在由固体扩散而生成的铁酸钙；当焙烧温度较高及在高温下停留时间较长时，则形成赤铁矿和铁酸钙的交织结构。因为铁酸钙在焙烧温度下可以形成液相，故气孔呈圆形。

实验证明，当有硅酸盐同时存在的情况下，铁酸盐只能在较低温度下才能稳定。1200℃时，铁酸盐在相应的硅酸盐中固溶；超过 1250℃时，Fe_2O_3 再结晶析出，铁酸盐在熔体中已难发现，球团矿的黏结相中出现了玻璃质硅酸盐。

自熔性球团矿与酸性球团矿相比，其矿物组成较复杂。其成分除了以赤铁矿为主外，还有铁酸钙、硅酸钙、钙铁橄榄石等，在焙烧过程中产生的液相量较多，故气孔呈圆形大气孔，其平均抗压强度较酸性球团矿低。

综上分析，可以看出，影响球团矿矿物组成和显微结构的因素有两个：一个是原料的种类和组成；另一个是焙烧工艺条件，主要是焙烧温度、气氛以及在高温下保持的时间。球团矿的矿物组成和矿物结构，对其冶金性能影响极大。

5.2.2　球团矿中 Fe_2O_3 结晶规律

铁矿氧化球团矿的固结机理是靠 Fe_2O_3 晶粒发育、长大、互联成整体固结，通常叫固相固结。球团矿微观结构中并非全是固相，也有一定的液相，只是以固相固结为主，所以 Fe_2O_3 是主晶相。

生产实践表明，氧化球团矿是一种铁品位高，还原性好，强度高的酸性高炉炉料，而且优质酸性球团矿与高碱度烧结矿搭配可以显著地改善炉料结构，使高炉增产节焦，降低生产成本。近年来，随着我国钢铁工业的发展，氧化球团矿生产发展极快。

中南大学烧结球团研究所先后对鞍钢、武钢、涟钢、柳钢、昆钢、成钢等几十家钢铁厂进行了试验研究，获得了令人满意的结果，并对氧化球团矿中的

Fe_2O_3再结晶进行了深入研究。氧化球团矿就是靠这种Fe_2O_3再结晶固结作为固结机理。因此，观察、研究Fe_2O_3再结晶行为很有价值。国内有关专家认为，由Fe_3O_4氧化成Fe_2O_3，此时由于晶格结构发生变化，新生的Fe_2O_3具有很大的迁移能力。在较高的温度下，颗粒之间通过固相扩散形成赤铁矿晶桥将颗粒连接起来，使球团矿具有一定的强度。通过一系列的科研试验，在大量的氧化球团矿显微结构中，发现Fe_2O_3结晶总是从初晶→发育晶→互联晶。这一客观现象的重复出现，表明了Fe_2O_3再结晶是有规律可循的。

5.2.2.1　焙烧温度对Fe_2O_3结晶的影响

从不同工艺条件下氧化球团焙烧结果来看，焙烧温度对氧化球团矿中Fe_2O_3结晶影响极大，在1150~1200℃时焙烧出来的球团矿结晶特点是Fe_2O_3再结晶呈单独颗粒状较多，少量呈线条状。晶粒稀散、微细（见图5-2，白色为Fe_2O_3），这种晶形称为初晶，说明焙烧温度偏低，矿物没有得到充分软熔，Fe_2O_3结晶不完善，而且焙烧时间较短，Fe_3O_4氧化不完全，球团内部有残存Fe_3O_4，故成品球团矿常常具有较强的磁性，用普通磁铁就可以吸起。球团单球均在2000N以下，可供2000m³以下高炉使用。

当焙烧温度上升到1220~1250℃时，球团矿中Fe_2O_3再结晶的特点是初晶长大靠拢，部分晶形开始相互联接，但仍有部分单独的粒状晶体，结构欠致密，这种晶形称为发育晶（见图5-3，白色的为Fe_2O_3）。表明焙烧温度较高，Fe_3O_4氧化较好，Fe_2O_3再结晶处于成长发育阶段。成品单球抗压强度处于中等水平，都在2500~3000N，这种晶形的球团矿可供3000m³以下高炉使用。

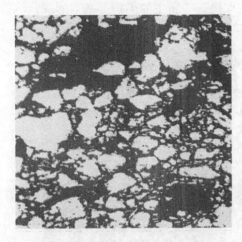

图5-2　氧化球团矿初晶显微结构
（反光，200×）

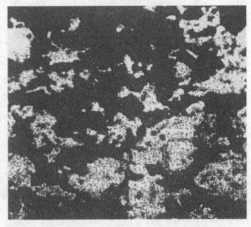

图5-3　氧化球团矿发育晶显微结构
（反光，200×）

当焙烧温度继续上升到 1280℃
时，球团中 Fe$_2$O$_3$ 再结晶的特点是晶
粒互联成整体，晶粒粗大，连接紧密，
结构力强。这种晶形称为互联晶（见
图 5-4，白色的为 Fe$_2$O$_3$），表明焙烧
温度和时间都很适宜，Fe$_3$O$_4$ 软熔充
分，氧化完全，残存的 Fe$_3$O$_4$ 极少，
成品球无磁性，单独颗粒，无黏结，
瓦灰色，单球强度高达 4556N，这种
优质氧化球团矿才能满足 3000m^3 以上
的现代大型高炉炼铁要求。

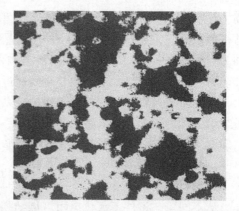

图 5-4　氧化球团矿互联晶显微结构
（反光，200×）

5.2.2.2　焙烧时间对 Fe$_2$O$_3$ 结晶的影响

焙烧时间长短对氧化球团中 Fe$_2$O$_3$ 结晶有直接的影响，焙烧时间短时，
Fe$_3$O$_4$ 氧化不完全，Fe$_2$O$_3$ 再结晶差，基本都是一些初晶，单独颗粒多、互联差，
显微结构松散、强度低，如图 5-2 所示焙烧的氧化球团矿就是这种初晶状的显微
结构。随着焙烧时间的延长，Fe$_3$O$_4$ 氧化渐趋完全，Fe$_2$O$_3$ 再结晶会从部分互联
的发育晶过渡到全部连结成整体的互联晶，这时的氧化球团矿才有很高的强度。

5.2.2.3　预热时间和温度对 Fe$_2$O$_3$ 结晶的影响

球团进行预热是生产氧化球团矿的重要环节。在预热球团显微结构中观察
到，在 900℃预热 12min 时，铁酸镁、钙铁橄榄石等新生的矿物都基本形成，结
晶完善、轮廓分明，只是颜色与高温下的矿物有些差别。同时，大部分的 Fe$_3$O$_4$
氧化成 Fe$_2$O$_3$ 再结晶，但晶形不互
联，显微结构强度不高。

5.2.2.4　焙烧气氛对 Fe$_2$O$_3$ 结晶的影响

生产氧化球团矿必须是在氧化
性气氛中焙烧，才能保证 Fe$_2$O$_3$ 再
结晶完善。在弱还原性气氛中，
Fe$_3$O$_4$ 氧化不完全，残存较多（见
图 5-5）Fe$_3$O$_4$ 为黑色，Fe$_2$O$_3$ 为白
色），再结晶不完全。当还原性气
氛较浓时，Fe$_3$O$_4$ 会还成 FeO，FeO
与球团中的 SiO$_2$ 结合，生成铁橄

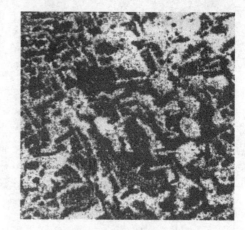

图 5-5　弱还原气氛中焙烧时氧化球团矿显微结构
（反光，200×）

榄石:

$$Fe_3O_4 + CO \longrightarrow 3FeO + CO_2$$
$$2FeO + SiO_2 \longrightarrow 2FeO \cdot SiO_2$$

导致硅酸盐液相大量形成,球团出现互相黏结,成葡萄状,单颗粒的氧化球团矿就会大量减少,球团矿质量变差。因此,保证较强的氧化性气氛是生产氧化球团矿的必要条件。

5.2.2.5 冷却速度对 Fe_2O_3 结晶的影响

矿物结晶是在冷却过程中形成的,所以成品球团矿冷却速度越快,矿物结晶越不好,来不及结晶的便形成易脆的玻璃质。当将高温(1280℃)焙烧后的氧化球团全部投放在冷水中进行急剧冷却时,发现球团矿中的互联晶被破坏,矿物结晶不完善,支离破碎,Fe_2O_3(白色)再结晶很差,全是单独颗粒,残存的 Fe_3O_4(黑色)呈块状,大量的玻璃质(云雾状)形成,填充在各种裂缝中(见图5-6),氧化球团矿物组成和显微结构很不理想。

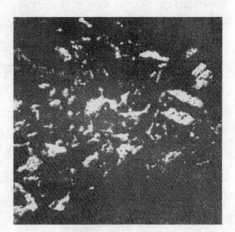

图5-6 球团矿急剧冷却时显微结构
(反光,200×)

综上所述,生产氧化球团矿必须注意以上五个影响因素,选择适宜的工艺条件,遵循 Fe_2O_3 结晶规律,才能生产出优质的氧化球团矿。

5.2.3 球团的高温固结

与烧结矿的固结方式不同,球团矿的固结主要靠固相黏结,通过固体质点扩散反应形成连接桥(或称连接颈)、化合物或固溶体把颗粒黏结起来。但是当球团原料中 SiO_2 含量高,或在球团中添加了某些添加物时,在球团焙烧过程中会形成部分液相,这部分液相对球团固结起着辅助作用,但液相量的比例一般不超过5%~7%,否则球团矿在焙烧过程中会相互黏结,影响料层透气性,导致球团矿产质量降低。因此,从球团矿固结机理看,球团矿中含 SiO_2 越少越好,对降低高炉渣量越有利。

5.2.3.1 颗粒间连结机理

球团原料都是经过细磨处理的,具有分散性高,比表面能大,晶格缺陷严重，呈现出强烈地位移潜在趋势的活化状态。矿物晶格中的质点（原子、分子、离子）在塔曼温度下具有可动性，而且这种可动性随温度升高而加剧。当其取得了进行位移所必需的活化能后，就克服周围质点的作用，可以在晶格内部进行位置的交换，称之为内扩散，也可以扩散到晶格的表面，还能进而扩散到与之相接触的邻近其他晶体的晶格内进行化学反应，或者聚集成较大的晶体颗粒。

　　球团被加热到某一温度时，矿粒晶格间的原子获得足够的能量，克服周围键的束缚进行扩散，并随着温度的升高，这种扩散持续加强，最后发展到在颗粒互相接触点或接触面上扩散，使颗粒之间产生黏结，在晶粒接触处通过顶点扩散而形成连接桥（或称连接颈）。在连接颈的凹曲面上，由于表面张力产生垂直于曲颈向外的张应力，使曲颈表面下的平衡空位浓度高于颗粒的其他部位。这种过剩空位浓度梯度将引起曲颈表面下的空位向邻近的球表面发生体积扩散，即物质沿相反途径向连接颈迁移，使连接颈体积长大。

　　铁矿球团中 Fe$_2$O$_3$ 或 Fe$_3$O$_4$ 再结晶固结就是遵循以上的固结形式。

　　影响固相扩散反应的因素很多，除温度和在高温下停留的时间外，凡能促进质点内扩散和外扩散的因素，都能加速固相反应，如增加物料的粉碎程度、多晶转变、脱除结晶水或分解、固溶体的形成等物理化学变化都伴随着晶格的活化，促进固相扩散反应。除此之外，液相的存在，对固相物质的扩散提供了通道，也是强化固相扩散反应不可忽视的重要因素。

　　球团矿焙烧固结过程中，预热阶段（900~1000℃）进行的反应一般均为固相扩散反应。Fe$_2$O$_3$ 固相扩散是球团矿固结的主要形式。当生产球团矿的原料为磁铁矿时，由 Fe$_3$O$_4$ 氧化变成 Fe$_2$O$_3$，此时由于晶格结构发生变化，新生成的 Fe$_2$O$_3$ 具有很大的迁移能力。在高温作用下，颗粒之间通过固相扩散形成赤铁矿晶桥，将颗粒连接起来，使球团矿具有一定的强度。图5-7 为 Fe$_2$O$_3$ 固相扩散固结示意图。由于两

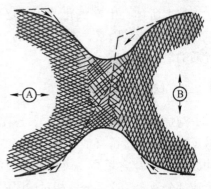

图 5-7　Fe$_2$O$_3$ 固相扩散固结示意图

个颗粒同质，所以在颗粒之间的晶桥是 Fe$_2$O$_3$ 一元系。但由于相邻颗粒的结晶方向很难一致，所以晶桥成为两个不同结晶方向的过渡区。且其晶体结构极不完善，只有在 1200~1250℃高温下，Fe$_2$O$_3$ 才发生再结晶和聚集再结晶；若原料为赤铁矿时，则要在 1300~1350℃下，才能消除晶格缺陷，增加颗粒接触面积与球团矿致密化程度，球团矿才能获得牢固的固结和高的抗压强度。

5.2.3.2　液相在颗粒连结中的作用

球团矿在焙烧过程中产生的液相填充在颗粒之间，冷却时液相凝固并把固体颗粒连结起来。铁精矿球团矿中，液相量虽然不多，但在球团矿的固结过程中却起着重要的作用：

（1）液相将固体颗粒表面润湿，并靠表面张力作用使颗粒靠近、拉紧，并重新排列，因而使球团矿在焙烧过程中产生收缩而使其结构致密化。

（2）液相使固体颗粒溶解和重结晶。由于一些细小的具有缺陷的晶体比具有完整结构的大晶体在液相中的溶解度大，因而对正常的大晶体饱和的溶液，对于细小的有缺陷的晶体却是未饱和的液相。从而使小晶体不断地在液相中溶解，大晶体不断地长大，这个过程称为重结晶过程，重结晶析出的晶体，消除了晶格缺陷。

（3）液相促使晶体长大。由于液相的存在，可以加快固体质点的扩散，使相邻质点间接触点的扩散速度增加，从而促使晶体长大，加速了球团矿的固相固结。

球团矿焙烧过程中液相的来源主要是固相扩散反应过程中形成的一些低熔点化合物和共熔物；其次是球团矿原料中带入的低熔点矿物，如钾长石，在1100℃左右便可熔化；造球过程中添加的膨润土的熔化温度也较低。

在生产熔剂性球团矿时，若在氧化气氛中进行焙烧，产生的液相主要是铁酸钙体系，如 $CaO \cdot Fe_2O_3$、$CaO \cdot 2Fe_2O_3$ 及 $CaO \cdot Fe_2O_3\text{-}CaO \cdot 2FeO$ 共熔混合物，它们的熔点均较低，分别为1216℃、1226℃和1205℃。在正常焙烧温度下形成液相，这种液相对球团矿固结有利；但如果氧化不完全，熔剂性球团矿焙烧过程中也有可能出现钙铁橄榄石体系的液相，这种情况应尽量避免出现。

球团矿中液相量通常不超过5%~7%，熔剂性球团矿液相量显然高于高品位非熔剂性球团矿。在熔剂性球团矿焙烧过程中应特别注意严格控制焙烧温度和升温速度，防止温度波动太大，产生过多的液相。因为液相量太多，不仅会阻碍固相颗粒的直接接触，也会使液相沿晶界渗透，使已聚集成大晶体的固结球团"粉碎化"，且球团会发生变形、相互黏结，从而恶化球层透气性。

5.2.4　影响球团矿固结的因素

影响铁精矿球团焙烧的因素很多，如焙烧温度、高温保持时间、加热速度、气氛、冷却制度、原料物化特性等，都会对球团矿的产量、质量有影响。

5.2.4.1　焙烧温度

温度对球团焙烧过程有很大的影响。如果温度太低，则各种物理化学反应都进行得非常缓慢，甚至难以达到焙烧固结的效果；当温度逐渐升高时，焙烧固结的效果逐渐提高。生产球团的原料不同，其适宜的峰值焙烧温度也不同，必须根据其矿物的类型和成分，通过试验确定。下面分别以非熔剂性球团矿和熔剂性球团矿来介绍温度对焙烧过程的影响。

A　非熔剂性球团矿

对于高品位的非熔剂性球团矿，其固结主要靠氧化铁固相固结。因此，一般焙烧的峰值温度比较高。

磁铁矿球团在氧化气氛中焙烧时，温度对强度的影响如图 5-8 和图 5-9 所示。可见，在低温下球团矿的强度增加很慢，只有当超过 1000℃时，强度才开始快速上升。球团矿强度取决于最终温度，即在某一温度下，保持一定的时间后，球团强度达到某种程度以后就不再提高。

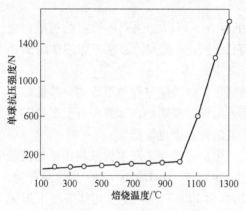

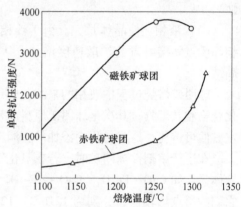

图 5-8　磁铁矿精矿球团强度与焙烧温度的关系　　图 5-9　焙烧温度对球团强度的影响

赤铁矿球团焙烧的温度要求比磁铁矿高，如图 5-9 所示。如前所述，磁铁矿氧化能促进质点扩散黏结，因此磁铁矿球团在较低的温度下便开始固结；而赤铁矿则需要在较高的温度下，才能使晶格中的质点扩散，所以只有在较高的温度下才发生晶粒长大和再结晶固结，但焙烧温度也不能过高，否则会使赤铁矿显著分解。同时，过高的温度还会引起球团熔化。

因此，从提高球团矿的质量和产量的角度出发，应该尽可能选择较高的温度。较高的温度可以提高球团矿的强度，缩短焙烧时间，增加生产率，但此温度不能超过球团矿的熔点和赤铁矿显著分解的温度。而从设备使用寿命、燃料和电力消耗的角度出发，应该尽可能选择较低的焙烧温度。因为高温焙烧设备的投资与消耗较高多，但是焙烧的最低温度应足以使生球中的各颗粒之间形成牢固的连接。对于高品位磁铁球团矿，一般的焙烧温度选 1250～1300℃，赤铁矿焙烧温度一般为 1300～1350℃。

B 熔剂性球团矿

对于含 CaO 物质的熔剂性球团矿，其峰值温度较低，必须仔细地加以控制。液相渣的数量对温度非常敏感，随着温度的增加，液相量便迅速增加。如果球团内温度不均匀，则在一些区域中液相量生成得太多，而在另一些区域又生成得太少，这样会影响球团矿的强度并会使孔隙分布不均匀。当焙烧温度高于 1200℃ 时，其矿相结构中有铁酸半钙产生，温度越高，铁酸半钙就越多。

如果添加白云石，由于氧化镁的存在，其球团焙烧的温度应该比氧化钙熔剂球团矿高，因为铁酸镁的形成比铁酸钙困难，其渣相的熔点也比较高。

5.2.4.2 加热速度

加热速度对球团矿质量有重大的影响，升温过快会使磁铁矿氧化不完全，球团矿产生双层结构，即表层由 Fe_2O_3 组成，而中心由 Fe_3O_4 和 $2FeO \cdot SiO_2$ 体系所组成，这样在未氧化的磁铁矿和已氧化形成的赤铁矿之间会产生同心裂纹；同时，升温速度过快，使球团内外形成较大的温差，从而产生不同的膨胀，也会导致裂纹产生，影响球团矿的强度。实验室测得加热速度与球团矿的强度关系见图 5-10。从图中可以看出，升温速度减慢，球团矿的强度上升，但升温过慢，会使生产率下降，一般升温速度为 57~120℃/min。

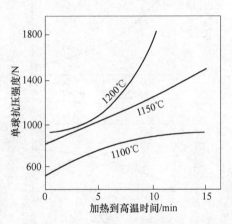

图 5-10 加热速度对球团矿强度的影响

对于含 MgO 磁铁球团矿，由于磁铁矿氧化和铁离子扩散比镁离子扩散快得多，因此，为了使 Mg^{2+} 能扩散到磁铁矿晶格中，形成 $MgO \cdot Fe_2O_3$，必须用快速加热的方式，使之在磁铁矿未氧化完全之前完成，因为在较慢的加热速度下会有较多的 MgO 进入渣相。

5.2.4.3 高温保持时间

生球焙烧时，必须在最适宜的焙烧温度下保持一定的时间，因为各种物理化学反应、晶粒长大和再结晶过程需要一定的时间才能完成，缺乏必要的高温保持时间会使所获得的球团矿强度低。然而也不必在高温下保持过长的时间，因为超过一定的时间后，强度保持在一定值而不再升高，而且还有可能引起球团矿熔化黏结，降低球团矿质量和设备生产率。

5.2.4.4　冷却速度

冷却速度是决定球团矿强度的重要因素。随着冷却速度增加，球团矿强度下降，如图 5-11（a）所示；快速冷却会增加球团矿的破坏应力，引起焙烧过程中所形成的黏结键破坏；从图 5-11（b）可见，球团矿总孔隙率随冷却速度的增加而增加。球团矿的强度还与球团冷却的最终温度和冷却介质有关。随球团冷却的最终温度降低，球团强度升高，且在空气中冷却比在水中冷却的强度好，如图 5-12 所示。球团矿一般不允许用水冷却。

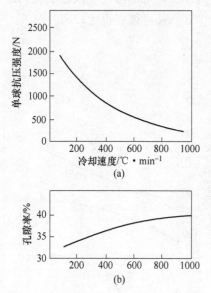

图 5-11　冷却速度与球团矿抗压
强度和孔隙率的关系

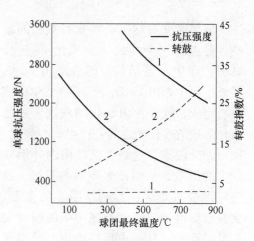

图 5-12　冷却最终温度和冷却介质与强度关系
1—空气冷却；2—水冷却

5.2.4.5　焙烧气氛

生球焙烧时，气体介质的特性对球团的氧化和固结有重要的影响。通常，气体介质的特性由燃烧产物的含氧量所决定，通常按照燃烧产物的含氧量不同可分为：

>8%	强氧化气氛
4%~8%	正常氧化气氛
1.5%~4%	弱氧化气氛
1.0%~1.5%	中性气氛
<1%	还原性气氛

磁铁矿球团在氧化气氛中焙烧，能得到较好的焙烧效果。因为磁铁矿氧化成 Fe_2O_3 后，质点迁移活化能比未氧化的磁铁矿小（见表5-2）。因此，在氧化气氛中焙烧所获得的 Fe_2O_3，其原子扩散速度大，有利于粒子间固相固结和再结晶。如果焙烧熔剂性球团矿，则形成铁酸钙固结；而在中性或还原性气氛中焙烧时，磁铁矿原子扩散速度慢，再结晶不完全，靠形成硅酸铁或钙铁硅酸盐来固结。所以，磁铁矿球团在氧化气氛中焙烧比在中性或还原性气氛中焙烧所获得的成品球的强度大，还原度高。

对于赤铁矿球团的焙烧，只要不是还原性气氛，其他各种气氛对它的强度影响不大。

表 5-2 不同铁矿石的活化能

原 料	赤铁矿	磁铁矿	磁铁矿氧化的赤铁矿
质点迁移活化能/kJ·mol^{-1}	58.604	376.74	50.232

5.2.4.6 球团尺寸

球团尺寸对焙烧过程中热能的消耗、设备的生产能力及产品强度都有重要的影响。直径大的球比直径小的球单位热耗量多。在鲁奇公司编制的带式焙烧机球团法的计算机模型中，通过不同的均一粒级球团料层的对比，从热耗和生产率两方面研究了最佳球团矿的直径。研究表明：焙烧球的直径为8mm，单位热耗量为1758kJ/kg；焙烧球为16mm时，单位热耗量上升到大约2345kJ/kg。与此同时，被废气带走的单位热量也增加，从直径8mm的360kJ/kg，增加到16mm球的850kJ/kg，如图5-13所示。这说明球径小有利于热能的利用。

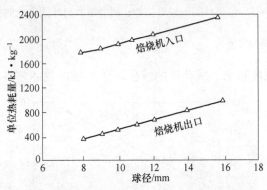

图 5-13 球团直径对焙烧带单位热耗量的影响

球团直径与球团焙烧的关系见图5-14。直径为10mm的球团焙烧时间最短，直径12mm的球所需冷却的时间最短，而综合焙烧和冷却总的时间来看，

11mm 的球所需要的时间最短。球径较大，比表面积下降，则冷却速度慢，冷却需要的时间长；而球径很小，则由于气流阻力增大，所以冷却时间也长。

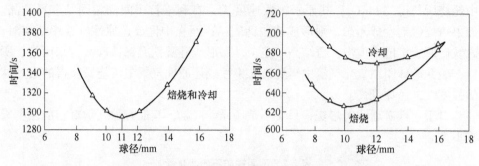

图 5-14　球团直径与焙烧时间和冷却时间的关系

球团矿转鼓强度与球团矿直径的关系见图 5-15。从图中可以看出，球团矿的直径有最佳值；球的直径太小，由于比表面积大，相互剥磨厉害，因此转鼓强度差；球的直径太大，可能由于固结不好，转鼓强度也差。

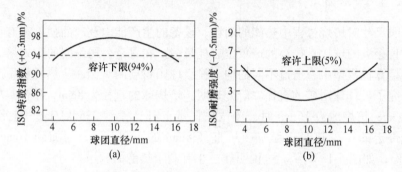

图 5-15　焙烧球团的转鼓指数、耐磨指数与球团直径的关系

5.2.4.7　精矿粒度

造球的原料粒度越细，所获得的成品球团矿强度就越好（见图 5-16）。因为

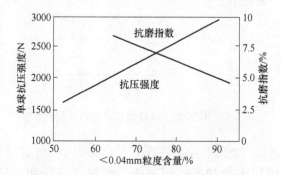

图 5-16　原料粒度对焙烧球团矿抗压强度和抗磨指数的影响

颗粒越细，球内颗粒之间接触点越多，有利于质点扩散和黏结，所以能提高球团矿强度；但是原料粒度过细，会使生球破裂温度降低，影响生球干燥速度。

5.2.4.8 精矿中含硫量

含硫生球在氧化焙烧时，能达到较高的脱硫率，但是硫对球团的氧化、抗压强度和固结速度有相当大的影响。精矿中含硫会妨碍磁铁矿的氧化，因为氧对硫的亲和力比氧对铁的亲和力大，所以硫首先氧化，同时所形成的二氧化硫向外逸出，一方面阻碍了空气向球内扩散；另一方面，由于二氧化硫存在，使磁铁矿表面氧的浓度降低。这样影响了球团内部氧化，使球团出现层状结构，表面是赤铁矿，内部是磁铁矿和渣相。渣相熔融收缩离开外壳，结果在核心与外壳之间形成空腔，降低了球的强度。随着球团中硫的含量增加，球团矿的强度和氧化度都显著下降。用含硫高的磁铁精矿生产球团矿时应当延长预热时间，使硫先于磁铁矿氧化。

5.2.5 改善球团矿微观结构的方法与技术

随着科学的进步，球团事业也在不断地发展和创新。过去球团焙烧温度为1280~1300℃，现在通过优化配矿、原料预处理等先进方法和技术，使球团焙烧温度不断降低，中南大学烧结球团研究所在1220℃焙烧出了高质量的球团矿，单球抗压强度可达3000N左右。先进的方法、技术、设备提高了球团矿质量，改善球团矿微观结构，也更新了球团矿理论。

（1）优化配矿。试验反复证明，单一铁精矿制备的球团矿总比不上两种或两种以上铁精矿制备出来的球团矿质量。在球团矿微观结构中可以清楚地见到，单一的矿物其晶粒单独颗粒多，连接差，故其强度难以提高。采用不同粒度的矿物搭配，晶粒排列、组合等有所好转，晶粒能互相掺和，首尾连接，整体结构好。

（2）添加白云石或者石灰石。将白云石（$CaO \cdot MgO \cdot 2CO_2$）或石灰石（$CaO$）细磨到-200目以下，配加在球团矿的原料中，可以改善球团矿的微观结构，因为白云石或石灰石中的 CaO 和 MgO 与 Fe 反应，有利于铁酸半钙（$1/2CaO \cdot Fe_2O_3$）和铁酸镁（$MgO \cdot Fe_2O_3$）等矿物的形成，促使球团矿结构变好，强度增加。

（3）添加蛇纹石。蛇纹石（$3MgO \cdot 2SiO_2 \cdot 2H_2O$）理论化学组成为 MgO 占43.64%、SiO_2 占43.36%、H_2O 占13.1%。将蛇纹石细磨到0.074mm（-200目）以下，配加到球团矿原料中，焙烧后成品球团矿微观结构中会增加一些铁酸盐和硅酸盐矿物，液相量增加，矿物之间的黏结性能变好，球团矿结构强度提高。

（4）添加有机黏结剂。球团中添加适量的有机黏结剂代替膨润土，是降低球团矿中游离 SiO_2、进行富氧焙烧提高球团矿质量的一种有效方法。如添加佩利多等有机黏结剂，效果优良。

佩利多是一种有机黏结剂，它对提高干球强度的效果比膨润土更好（见图 5-17），其作用机理类似膨润土，但佩利多是水溶性物质，它在生球中各颗粒接触点之间形成连续的黏性溶液，干燥后成为连续的固相连接桥，使干球强度提高。由于这种连续性，即使只加入少量的佩利多就能充分发挥作用。

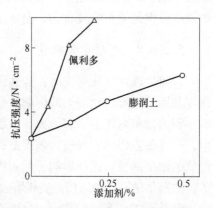

图 5-17　黏结剂对干球强度的影响

（5）物料进行高压辊磨。造球物料进行预处理，除了碾压、润磨外，进行高压辊磨也是一种较好方法，其作用是物料经过高压辊磨后，其比表面积成倍增长，尤其是对那些亲水性差、实密度大的矿物，效果明显。经过高压辊磨后的物料，不但使生球质量提高，更重要的是球团矿微观结构得到改善，Fe$_2$O$_3$ 结晶互联优良，矿物排列、组合变好，球团矿质量提高。

5.3　酸性球团矿冶金性能的不足与改善措施

5.3.1　酸性球团矿冶金性能的不足

现有的炉料结构一般为高碱度烧结矿搭配部分酸性球团矿，这两种炉料的冶金性能见表 5-3。相比高碱度烧结矿，酸性球团矿具有好的冷态强度、低温还原粉化性能和良好的低中温还原性，但其软化性能、熔融滴落性能、还原膨胀指数、高温还原性等都不如高碱度烧结矿。研究表明，如果球团矿软熔温度太低，使得烧结矿与球团矿不能同步软熔，球团矿先于烧结矿成渣滴落，使炉身砖衬受侵蚀和黏结，影响炉身部位的透气性，进而影响炉身煤气流的分布，同时也影响高炉的快速操作和炉况顺行。而还原膨胀的高低对于高炉生产至关重要，这是因为在高炉冶炼过程中，高膨胀指数的球团在还原过程中的强度急剧下降，引起球团矿粉化，从而影响高炉内炉料的透气性。因此，改善球团矿的还原膨胀性能和缩小球团矿与烧结矿软熔性能的差距意义重大。

表 5-3　含铁炉料的性能

性　能	高碱度烧结矿	酸性球团矿
冷态强度	弱	强
低温还原粉化性	弱	强
荷重软化性能	强	弱
熔融滴落性能	强	弱

续表 5-3

性 能	高碱度烧结矿	酸性球团矿
还原膨胀指数	强	弱
低中温还原性	弱	强
高温还原性	强	弱

5.3.2 改善酸性球团矿冶金性能的措施

生产高碱度烧结矿的原料除了铁矿石外，还加入了相当比例的含 CaO、MgO 的熔剂，而生产酸性球团矿的原料主要是铁精矿，外加少量粘结剂。因此两种炉料在化学成分上的区别主要是 CaO、MgO 的含量。如果能够优化 CaO、MgO 在两种炉料中的分配，理论上能缩小冶金性能上的差异。

不同 MgO 含量的球团矿和烧结矿的冶金性能见表 5-4。可见，随着 MgO 含量的增加，还原膨胀率减小，软化开始温度、软化结束温度、熔滴温度都得到提高，球团矿的冶金性能得到了改善；球团 MgO 含量由 0.4%（未加含镁熔剂）提高到 2.5%，软化开始温度提高 47℃、软化结束温度提高 45℃、熔滴温度提高 89℃，还原膨胀率由 13.3% 下降到 6.0%；比较球团矿与烧结矿冶金性能可见，球团中 MgO 含量增加能缩小球团矿与烧结矿软熔性能的差距；在球团中加入含钙、镁的熔剂改变球团碱度和 MgO 含量，在试验范围内，相比未加熔剂的球团矿（$R = 0.4$、$w(MgO) = 0.4\%$），球团矿软化开始温度和软化结束温度、软熔温度升高，还原膨胀率降低，球团矿冶金性能得到改善。

表 5-4 CaO、MgO 含量对球团矿冶金性能的影响及各种炉料的冶金性能对比

炉料种类	添加熔剂	R	$w(MgO)$ /%	膨胀率 RSI/%	软化开始 温度/℃	软化结束 温度/℃	熔滴温度 /℃
球团矿	—	0.04	0.40	13.3	1128	1191	1242
	含镁	0.04	1.00	7.1	1143	1207	1273
		0.04	1.75	6.7	1138	1210	1313
		0.04	2.50	6.0	1175	1236	1331
	含钙、镁	0.2	2.50	5.7	1162	1224	1352
		0.5	2.50	4.0	1137	1209	1329
烧结矿	含钙、镁	2.0	2.00	—	1176	1291	1430

但高炉冶炼要求炉渣有一定的流动性、热稳定性以及脱硫能力，因此对炉渣化学成分有一定的要求。炉渣中含钙、镁熔剂的加入应满足炉渣化学成分的要求，实现烧结矿和球团矿 CaO、MgO 含量的优化配置需综合考虑炉料结构，以及 CaO 和 MgO 对炉料性能的影响。

5.4　铁品位、SiO$_2$ 含量对球团矿性能和高炉的影响

　　众所周知，品位是高炉炼铁原料质量的核心，也是球团矿质量的核心。对高炉炼铁而言，提高 1% 的入炉品位，可降低 2% 的焦比，提高 3% 的产量，渣量将减少 20kg/t。现代炼铁精料水平提高后，1% 的品位将影响 1.6% 的焦比和 2.25% 的产量。因此，现代高炉炼铁追求高品位、低渣量的炉料。

5.4.1　品位、SiO$_2$ 对球团矿冶金性能的影响

　　SiO$_2$ 是影响炼铁原料质量的关键因素，也是影响球团矿质量的关键因素。当 $w(SiO_2) < 3\%$，烧结过程难以形成针状复合铁酸钙（SFCA），烧结质量最佳 SiO$_2$ 含量为 4.8%~5.3%。球团矿的固结机理是依据 Fe$_2$O$_3$ 的再结晶长大，不需要一定的 SiO$_2$ 含量，当 SiO$_2$ 含量增加到 4.5% 后，不仅球团矿的强度会下降，而且还原性和软熔性能会明显下降，特别是熔滴性能会变得很差。品位、SiO$_2$ 对球团矿冶金性能的影响列于表 5-5。

表 5-5　品位、SiO$_2$ 对球团矿冶金性能的影响

球团矿名称	$w(TFe)$ /%	$w(SiO_2)$ /%	RI /%	RSI /%	T_s /℃	T_d /℃	ΔT /℃	Δp_m /×9.8Pa	S 值 /kPa·℃
CVRD 球团	66.70	2.40	69.4	29.1	1375	1380	5	88	1.86
Aust 球团	64.85	2.63	68.0	17.9	1345	1360	15	121	10.44
Samarco 球团	66.45	2.32	59.9	25.7	1410	1463	53	248	102.84
首承球团	63.52	4.67	53.0	15.7	1285	1387	102	296	245.90
乌克兰球团	65.76	6.03	54.7	17.6	1360	1492	132	269	283.30
沙钢 1 号球团	62.89	7.50	—	16.1	1168	1378	210	332	580.36
唐钢青龙球团	62.80	7.55	70.6	12.3	1281	1456	175	390	583.10
沙钢 2 号球团	62.47	8.35	—	14.8	1134	1391	257	411	909.21
沙钢 3 号球团	61.91	9.22	—	17.5	1111	1320	209	807	1550.50

　　由表 5-5 可见，要发挥球团矿在炉料结构和高炉冶炼的作用，品位必须大于 63.5%，SiO$_2$ 含量必须小于 4.5%。

5.4.2　品位、SiO$_2$ 含量对高炉的影响

　　球团矿作为酸性炉料与高碱度烧结矿搭配，要的就是它的高品位、低 SiO$_2$，因为对球团矿而言，只有高品位，低 SiO$_2$ 含量，其熔滴性能总特征 S 值才会低，才能在高炉内发挥其作用，减小阻力，改善高炉下部透气性。日本学者国分春生等提出，酸性球团矿的熔滴性能总特征 S 值≤166.6kPa·℃较适宜。只有当球团

矿的 SiO$_2$ 含量≤4.5%，才能满足熔滴性能总特征值的要求。美国学者 L. A. Hass 等提出，熔滴性能总特征值对高炉炉料（即高碱度烧结矿搭配酸性炉料组成的综合炉料）来说，S 值≤40kPa·℃较适宜。这样的结果只有发挥高碱度烧结矿优良的冶金性能与酸性球团矿高品位、低 SiO$_2$ 两者优势才能实现。这就是高品位和低 SiO$_2$ 含量对球团矿生产的重要价值。

例如，我国宝钢高炉采用高碱度烧结矿搭配高品位、低 SiO$_2$ 的球团矿和块矿组成的炉料结构，由于组成炉料的品位高，SiO$_2$ 含量低，综合炉料的熔滴性能均低于 40kPa·℃。宝钢综合炉料组成化学成分和综合炉料的熔滴性能分别列于表 5-6 和表 5-7。

表 5-6　宝钢高炉综合炉料化学成分

方案	化学成分/%					CaO/SiO$_2$
	TFe	CaO	MgO	SiO$_2$	Al$_2$O$_3$	
A	59.89	6.50	1.42	4.36	1.49	1.49
B	59.93	6.53	1.42	4.37	1.50	1.49
C	59.88	6.51	1.42	4.38	1.52	1.49
D	59.98	6.51	1.42	4.42	1.44	1.47

表 5-7　宝钢高炉综合炉料熔滴性能试验结果

方案	模拟高炉条件下的软化性能			熔滴性能				
	$T_{10\%}$/℃	$T_{40\%}$/℃	ΔT_A/℃	T_s/℃	T_d/℃	ΔT/℃	Δp_m/×9.8Pa	S 值/kPa·℃
A	1156	1253	97	1403	1423	20	141	17.84
B	1125	1264	139	1423	1438	15	119	10.14
C	1109	1207	98	1378	1418	40	113	24.70
D	1087	1203	116	1376	1410	34	157	35.65

由表 5-6 与表 5-7 可见，宝钢高炉综合炉料的含铁品位均大于 59.8%，SiO$_2$ 含量均小于 4.5%，形成综合炉料熔滴性能总特性值 S 远低于 40kPa·℃。

下面是一组相反的例证，由于综合炉料的品位低，SiO$_2$ 含量高，导致其熔滴性能总特性 S 值远高于 40kPa·℃的适宜值，具体情况列于表 5-8 和表 5-9。

表 5-8　酒钢、莱钢高炉综合炉料的化学成分

企业名称	化学成分/%					CaO/SiO$_2$
	TFe	SiO$_2$	CaO	MgO	Al$_2$O$_3$	
酒钢	56.92	6.77	7.83	1.14	1.25	1.16
	54.58	7.93	10.00	1.59	1.45	1.26
	54.46	8.29	9.56	1.65	1.47	1.15

续表 5-8

企业名称	化学成分/%					CaO/SiO_2
	TFe	SiO_2	CaO	MgO	Al_2O_3	
莱钢	53.23	8.43	11.29	2.12	1.82	1.34
	53.11	9.22	12.14	2.24	1.80	1.32
	52.28	9.70	12.81	2.04	1.83	1.32

表 5-9　酒钢、莱钢高炉综合炉料的熔滴性能

企业名称	模拟高炉条件软化性能			熔滴性能				
	$T_{10\%}$/℃	$T_{40\%}$/℃	ΔT_A/℃	T_s/℃	T_d/℃	ΔT/℃	Δp_m /×9.8Pa	S 值 /kPa·℃
酒钢	1173	1290	117	1375	1453	78	193	109.31
	1157	1260	103	1385	1479	94	212	149.23
	1147	1241	94	1338	1471	133	251	261.98
莱钢	1180	1300	120	1325	1460	135	190	185.22
	1158	1237	79	1249	1425	176	175	215.60
	1188	1259	71	1290	1488	198	210	310.46

由表 5-8 和表 5-9 可见，综合炉料的品位越低，SiO_2 含量越高，其熔滴性能总特性 S 值就越高，即高炉内阻力损失越大，高炉强化越困难，高炉冶炼效果也就越差。

高炉炼铁对球团矿的质量要求集中体现在高品位、低 SiO_2 含量，我国大多数球团矿都违背了高炉炼铁对其质量的要求。世界上先进的高炉指标都离不开低渣量和低燃料比（见表 5-10），其也为中国高炉炉料结构和炉料质量的发展指明了方向。

表 5-10　国外具有代表性的炉料结构与操作指标

企业高炉	炉料结构			高炉技术经济指标				
	烧结矿 /%	球团矿 /%	块矿 /%	利用系数 /t·(m³·d)⁻¹	入炉品位 /%	焦比 /kg·t⁻¹	煤比 /kg·t⁻¹	渣铁比 /kg·t⁻¹
美国米塔尔 7 号	20	80	—	2.366	63.33	335	120	275
美国美钢联 14 号	20	80	—	2.377	61.89	300	160	250
瑞典 SSAB 3 号	—	99.05	—	2.60	65.69	300	150	164
瑞典 SSAB 4 号	1.27	88.56	—	2.91	65.26	352	90	153
瑞典瑞钢	0.50	97.2	2.3	3.00	66.00	457 （燃料比）	—	164
加拿大多法斯科	—	100	—	3.20	65.10	480	—	194

综上所述，无论是单一球团矿还是作为高炉的综合炉料，其质量和冶炼效果的核心和关键因素都是含铁品位和 SiO_2 含量。具体地说，1% 的入炉矿品位，影响燃料比 1.6%，影响高炉产量 2.25%，而且品位与 SiO_2 含量相联系，入炉矿的 SiO_2 含量升高 1%，渣量会增加 50kg/t，影响 15kg/t 喷煤比，100kg/t 渣量将会影响燃料比和产量各 3%~3.5%。

不同铁矿石的冶金价值和不同入炉矿 SiO_2 含量对高炉指标的影响分列于表5-11 与表 5-12。

表 5-11　不同品位铁矿石的冶金价值

铁矿石品位 /%	综合燃料比 /kg·t⁻¹	渣铁比 /kg·t⁻¹	铁矿石价值 /元·t⁻¹	1%铁分价值 /元
40	1570	2688	−364	−9.10
45	1290	2014	−87.5	−1.96
50	1063	1470	192.5	3.85
55	870	1020	479.5	8.72
60	717	644	763.0	12.71
65	585	325	1050	16.17

表 5-12　铁矿石 SiO_2 含量对高炉冶炼指标的影响

入炉矿 SiO₂ 含量/%	入炉矿 品位/%	吨铁矿石 用量/kg·t⁻¹	渣铁比 /kg·t⁻¹	渣量增长 比例/%	燃料比变化 /kg·t⁻¹	高炉产量 变化/%
3.5	63	1508	233.5	0	490	0
4.5	60	1583	283.0	+21.2	520	−7.5
5.5	57	1667	344.6	+47.5	560	−15.0
6.5	54	1759	406.0	+73.9	600	−22.5
7.5	51	1863	479.0	+102.1	650	−30.0

5.4.3　提高球团矿品位、降 SiO_2 的措施

据统计，国内球团矿 TFe 大多在 63% 左右；加拿大高品位球团矿 TFe 为 67.9%，SiO_2 为 2.00%；瑞典高品位球团矿 TFe 为 66.59%，SiO_2 为 2.40%。因此，国内球团矿 TFe 还有较大的提升空间。

5.4.3.1　提高铁精粉 TFe

我国铁矿资源的特点是富矿少，以贫矿、复杂矿为主，需要经过选矿富集。近年来围绕铁精矿"提铁降硅"和稳定质量的技术发展方向，在选矿工艺和设

备的研究方面取得了巨大的进展：阴（阳）离子反浮选、高频细筛、磁-重选矿、浮选机、脉动强磁选机等一批新工艺、新设备、新药剂投入应用，使我国铁精矿 TFe 迈上一个新的台阶，部分厂家的铁精矿 TFe 已满足直接还原的要求。我国典型的高 TFe 铁精矿见表 5-13，铁精矿中 SiO_2 含量下降到了 4% 以下。

表 5-13　我国高 TFe 铁精矿

厂　　家	鞍钢弓长岭	鞍钢齐大山	太钢尖山	本钢南芬
选矿技术	阳离子反浮选	阴离子反浮选	阴离子反浮选	磁选柱
铁矿类型	磁铁矿	赤铁矿	磁铁矿	磁铁矿
$w(TFe)/\%$	68.9	67.5	69.0	69.5

细粒铁精矿适合制备氧化球团矿，鞍钢弓长岭加大选矿深度提高 TFe 对球团质量的影响（见表 5-14）。可见，TFe 的提高对球团质量影响不大；球团焙烧固结以固相固结为主，球团强度主要靠 Fe_2O_3 的再结晶，SiO_2 含量的降低对焙烧球团强度影响不大。

表 5-14　TFe 提高对球团质量的影响

$w(TFe)/\%$	生球单球落下强度/次	成品球单球抗压强度/N	转鼓强度/%	$RDI_{+3.15}/\%$
63.48	12.3	2384	92.44	89.57
65.10	12.8	2380	92.69	89.35

5.4.3.2　减少膨润土用量

球团矿 TFe 高低不但取决于含铁原料，还和膨润土配入量密切相关。膨润土主要成分为蒙脱石（硅铝酸盐黏土矿物），其理论 Al_2O_3 含量为 28.3%，SiO_2 含量为 66.7%。因此用膨润土作球团粘结剂会给球团矿带入额外的脉石。有经验表明，每加入 1% 的膨润土，会带入 0.6%~0.7% 的 SiO_2，降低 0.6% 左右的球团 TFe。各国球团生产所需的膨润土用量不一，一般为 0.5%~1.5%，低的只需 0.2%~0.6%，例如美国蒂尔登球团厂膨润土用量为 0.67%~0.98%。而我国由于铁精矿粒度粗和膨润土质量差等原因，目前大多数球团厂膨润土用量在 2.0%~3.0%，因此对我国来说，降低膨润土用量也是提高球团矿 TFe 的有效途径。

A　膨润土种类的选择

膨润土具有吸水、吸附、胶粘、悬浮、分散的特性，在球团领域可用胶质价、膨胀倍、2h 吸水率、蒙脱石含量、碱性系数等物理特性反映膨润土的特性。不同的膨润土具有的特性相差较大，其在铁精矿中的适应性也不同，一般通过试验确定膨润土对成球性的影响。以我国某球团厂的原料为例，试验结果见表

5-15。可见，三种膨润土的适宜用量不同，最低的为膨润土 A，适宜用量 1.0%；最高的为膨润土 C，适宜用量 2.0%。对球团厂来说，应尽量选择用量最低的膨润土，以提高球团矿的 TFe。

表 5-15 膨润土种类、特性与造球适宜用量

膨润土种类	膨润土特性			膨润土适宜用量/%	生球质量指标		
	膨胀容/mL·g⁻¹	吸水率(2h)/%	吸蓝量/g·(100g)⁻¹		单球落下强度/次	单球生球抗压强度/N	爆裂温度/℃
A	30.8	491.3	37.7	1.00	5.3	12.41	450
B	20.0	530.7	40.0	1.60	5.0	12.33	530
C	20.7	216.5	39.3	2.00	4.7	11.50	400

B 铁精矿粒度对膨润土用量的影响

铁精矿特性对膨润土的用量有重要的影响，其包括颗粒表面的亲水性、颗粒的形状、粒度及粒度组成。对于特定的铁精矿特性，能较容易改变的是粒度和粒度组成。由表 5-16 可知，铁精矿粒度降低，可减少膨润土用量。当 0.074mm（-200 目）粒级从 56.4% 增加到 85.8%，膨润土用量可从 2.5% 下降到 1.75%；铁精矿粒度变细，生球中颗粒排列更加紧密，形成的毛细管平均直径变小，膨润土填充在颗粒间，能进一步减少毛细管管径，使得毛细力增大，因而在更低的膨润土用量下能得到质量相当的生球。

表 5-16 铁精矿粒度对膨润土适宜用量的影响

0.074mm(-200 目)比例/%	膨润土用量/%	单球落下强度/次	单球生球抗压/N	爆裂温度/℃
56.4	2.50	5.1	11.72	560
72.9	2.00	5.2	12.56	511
85.8	1.75	5.4	12.87	486

但并非颗粒越细越好，粒度过细，膨润土适宜用量变化不大，甚至有可能增加。但由于铁精矿粒度还需满足一个合适的粒度组成，粒度越小，磨矿的能耗越高，因此应综合考虑磨矿能耗对球团质量的影响，寻找一个最优的粒度。我国铁精矿粒度普遍偏粗，可考虑降低铁精矿粒度以减少膨润土用量。

C 有机黏结剂替代膨润土

采用有机黏结剂替代膨润土，由于有机黏结剂在焙烧过程中燃烧分解，所以能提高球团矿的 TFe。由表 5-17 可知，采用某球团厂的铁精矿，有机黏结剂替代膨润土比例增加，生球抗压强度降低，爆裂温度提高，成品球强度降低；当完全采用有机黏结剂，成品球强度偏低；当有机黏结剂配合部分膨润土，可满足生产要求，替代的比例应根据试验情况和球团质量的要求来确定。

表 5-17　有机黏结剂替代膨润土试验结果

膨润土配比 /%	有机黏结剂 配比/%	单球落下强度 /次	生球单球抗压 /N	爆裂温度 /℃	成品球单球 抗压强度/N
2.0	0	4.1	9.05	512	2509
1.2	0.03	4.2	7.35	550	2311
0.8	0.05	4.6	7.18	>600	2027
0	0.08	4.0	7.30	>600	1481

5.5　改善球团原料成球性、焙烧性和冶金性能的技术进展

　　球团矿具有粒度均一、强度高，适合长途运输和贮存，铁品位高、冶金性能好，有利于提高冶炼时料柱透气性和降低焦比等优点，其与烧结矿、天然块矿已构成了现代高炉的理想炉料。在欧洲国家，焙烧球团矿在高炉炉料中的比例高达 80%~90%，甚至达到 100%，然而多年来我国球团矿在高炉炉料中的平均比例只有 15% 左右。

　　世界钢铁工业的迅速发展使得球团矿的产量显著增加，图 5-18 所示为历年来世界和中国的球团矿产量及球团矿在中国高炉中的入炉比例。可见，从 2006 年到 2012 年，世界球团矿的年产量从 3.5 亿吨增加到了 4.4 亿吨，其后增势减弱，2015 年全球球团矿的年产量维持在 4.47 亿吨；生产的焙烧球团中有 70% 用于高炉，其余则用于生产直接还原铁；中国是世界上最大的氧化球团生产国，2011 年的球团产量超过了 2 亿吨，但 2012 年以后，由于受矿价、成本和理念的影响，我国球团矿的年产量减少至 1.2 亿吨左右。如前所述，氧化球团在大多数高炉中的入炉比例普遍在 20% 以下。

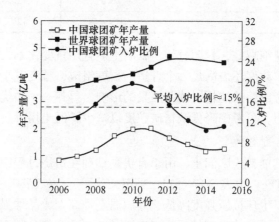

图 5-18　近十年世界和我国球团矿产量及我国球团矿入炉比例

　　目前，商业化大规模生产氧化球团的工艺有竖炉、链算机-回转窑、带式焙烧机三种，且链算机-回转窑和带式焙烧机工艺在当今的球团工艺中已占据主导地位。2013 年全球通过带式焙烧机、链算机-回转窑、竖炉三种工艺生产的球团矿产量比例分别为 58%、35% 与 6%。图 5-19 所示为我国 2000 年来三种球团生产工艺所占比例的对比。可以看出，我国球团生产工艺已逐步由竖炉向链算机-回转窑工艺转变，2012 年时链算机-回转窑工艺生产的球团比例已占 70% 以上，单窑的球团年生产能力达到了 500 万吨（武钢鄂州球团厂、宝钢湛江球团厂）。相比之下，带式焙烧机工艺相对链算机-回转窑工艺在我国的发展较慢，生产的球团矿比例一直在 10% 以下。但近年来，带式焙烧机工艺开始得到发展，如在首都京唐钢铁和包钢已建立了两条年产量分别为 400 万吨和 500 万吨的带式焙烧球团生产线，将有望进一步提高带式焙烧工艺在球团矿产量中的比例，同时对我国球团技术的发展也将产生积极的促进和示范作用。国外最大链算机-回转窑工艺单炉产量达到 600 万吨，单条带式焙烧机（巴西 SAMARCO 第四球团厂，816m^2）最大达到 950 万吨。我国在链算机-回转窑工艺的大型化上与国外差距较小，但在带式焙烧机生产能力上仍有较大差距。

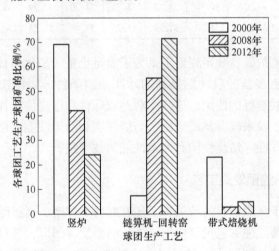

图 5-19　不同时期时我国球团生产工艺分别在球团产量中所占的比例

　　国外不同球团生产工艺的能耗水平比较如表 5-18 所示。可见，赤铁矿球团能耗远高于磁铁矿球团；对磁铁矿球团而言，带式焙烧机电耗高于链算机-回转窑工艺，热耗低于链算机-回转窑工艺，但总的工艺能耗基本相近；对赤铁矿球团而言，带式焙烧机总能耗低于链算机-回转窑工艺。

　　我国球团矿生产能耗指标见表 5-19，与表 5-18 比较发现，我国球团矿生产能耗远高于国外。其主要是由于我国原料条件差，整体上装备水平低，尤其是竖炉工艺还占相当的比例，主流工艺链算机-回转窑平均单窑生产能力仍然偏低所致。

表 5-18　国外球团矿生产能耗比较

能　耗	磁铁矿（欧洲）		赤铁矿（南美）	
	带式焙烧机	链箅机-回转窑	带式焙烧机	链箅机-回转窑
电耗/kW·h·t^{-1}	27.5	14.5	17.2	25.0
热耗/kgce·t^{-1}	6.79	9.94	31.46	40.05
合　计	10.17	11.72	33.58	43.13

注：热耗按理论上 1kW·h/t=0.123kgce/t 折算。

表 5-19　国内球团矿生产能耗比较

年　份		2009	2010	2011	2012	2013	2014	2015	2016
链箅机-回转窑	电耗/kW·h·t^{-1}	30.40	29.80	31.50	29.75	29.43	31.03	29.77	30.24
	工序能耗/kgce·t^{-1}	31.50	24.92	27.42	24.45	24.45	25.91	29.03	26.81
带式焙烧机	电耗/kW·h·t^{-1}	54.75	44.15	49.78	39.79	36.27	37.80	37.82	42.91
	工序能耗/kgce·t^{-1}	38.97	34.29	26.99	24.64	23.06	23.76	24.14	27.98
竖炉	电耗/kW·h·t^{-1}	34.88	33.22	33.76	34.20	32.99	36.78	32.86	34.10
	工序能耗/kgce·t^{-1}	35.69	31.90	31.73	30.98	31.53	30.25	26.63	31.24

　　球团生产工艺的转变一定程度上是为了满足设备大型化和日益增长的产量需要，也为了适应更多新的且性能复杂的球团原料条件，如镜铁矿、高硫磁铁精矿、针铁矿和硫酸渣等的使用。这些原料的成球性和焙烧性能往往较差，需要使用一些强化技术手段来改善其成球性、焙烧性能和冶金性能。接下来将着重介绍改善球团原料成球性、焙烧性能和冶金性能的技术进展。

5.5.1　球团原料的预处理工艺

　　当前广泛用于球团原料的预处理工艺有润磨、球磨、高压辊磨或这些方法的联合工艺。润磨预处理工艺主要应用于中国的竖炉球团厂，其目的就是改善磁铁精矿的成球性和减少膨润土用量。以大冶精矿为例，2.5% 膨润土的混合料不经润磨处理其最佳生球单球落下强度（0.5m）仅 4.2 次，而经过润磨处理（1.0% 膨润土）的混合料制备的生球，其落下强度可达 4.9 次/(0.5m·个球)，膨润土用量可减少 0.5%~1.0%。润磨效果主要取决于磨矿时间、原料水分、填充率、磨矿介质的粒度组成，润磨转速等因素。此外，大量研究表明，润磨预处理工艺还能明显改善以赤铁矿粉为主要原料、高 MgO 球团原料和一些特殊球团物料（如 100% 硫酸渣或其与普通铁精矿组成的混合精矿）的成球性和球团预热焙烧性能。然而，润磨在生产中常常只能用于以磁铁矿为原料、以竖炉生产焙烧球团的小型球团厂使用，其年生产能力仅为 30 万~80 万吨；另一方面，润磨工艺不适用于坚硬的镜铁矿粉的预处理，其润磨时间较长，磨矿功耗和材质损耗较大，且经润磨处理的球团矿焙烧性能依然较差。

当球团原料较粗时，如以烧结粉料为原料，通常需要通过球磨得到细粒粉料后才能造球。在生产中，预处理磁铁精矿和镜铁矿通常采用湿式球磨工艺，而预处理赤铁矿粉时采用干式球磨工艺，主要原因是细粒赤铁矿的沉降性能较差，难以过滤。1990 年澳大利亚一钢（One Steel）公司就已经将赤铁矿粉球磨后用于造球，目前这项技术在印度的一些球团厂也得到了应用，如印度塔塔钢铁（Tata Steel 年产 600 万吨的 1 号带式焙烧机球团厂和京德勒西南钢铁（JSW Steel）年产 420 万吨的带式焙烧机球团厂都使用干式磨矿工艺。该工艺可将印度赤铁矿粉的比表面积磨至 $2600\sim3000cm^2/g$。此外，加古川市神户钢铁（Kobe Steel）球团厂的链算机-回转窑工艺同样也采用了干式球磨闭路流程。表 5-20 所示为以印度赤铁矿粉为原料干式球磨至不同粒度组成对生球质量的影响。可见，当小于 0.074mm 的颗粒含量达到 80%～81%，膨润土用量仅为 0.5%时，便能够制备质量良好的生球，单球落下强度（0.5m）达 14 次以上。相比而言，镜铁矿则要求有更高的比表面积和更细的粒度来降低膨润土用量和提高生球质量（如图 5-20 所示），此时球磨的能耗往往比一般赤铁矿和磁铁矿高。

表 5-20　以印度赤铁矿粉为原料干式球磨至不同粒度组成对生球质量的影响

矿　种	粒度组成 （-0.074mm）/%	生　球　质　量		
		单球落下强度 /次	单球抗压强度 /N	爆裂温度 /℃
1	81.6	14.6	18.3	326
	85.3	17.0	19.8	315
	90.8	23.7	22.3	306
2	80.1	22.9	25.7	329
	85.1	35.3	26.7	307
	90.5	68	28.4	295

注：原料铁品位为 63%～65%，粒度 0～8mm，0.5%膨润土，7.5%水分，造球 15min。

高压辊磨机于 1996 年正式应用于钢铁行业的球团原料预处理。与常规的润磨和球磨预处理工艺相比，高压辊磨工艺往往可节省 20%～50%的磨矿能耗，特别是在处理某些坚硬矿石（如石英）时，其能耗比传统球磨工序低 5 倍以上。高压辊磨工艺可以采用单一高压辊磨机开路或是闭路流程，如首都京唐 400 万吨带式焙烧机生产线配套了一台 $\phi700mm\times1200mm$ 型高压辊磨机（处理量 700t/h）进行磨矿预处理。但当球团原料太粗或太硬时，需在高压辊磨前增设一段球磨工序，如在武钢鄂州球团厂中采用球磨-高压辊磨联合工艺预处理巴西和加拿大镜

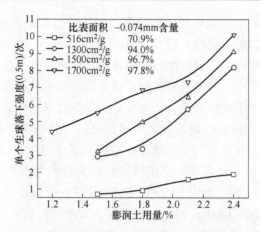

图 5-20　以巴西镜铁矿为原料，湿式球磨至不同比表面积和粒度组成对造球性能的影响
（原矿比表面积为 516cm²/g；造球水分 8.3%~8.6%，造球时间为 12min）

铁矿粉、巴西粗粉和毛粉等。图 5-21 所示就体现了球磨预处理对单一 A 矿、A 矿和磁铁精矿的混合精矿对后期高压辊磨提高比表面积的重要性。球磨预处理后物料的 0.074mm 以下含量宜在 60% 以上，同时比表面积在 900cm²/g 以上。

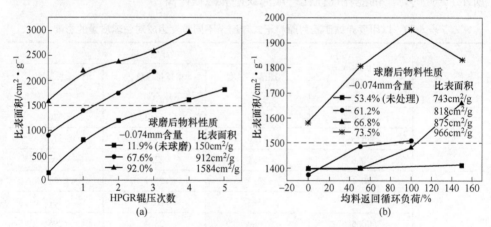

图 5-21　采用球磨-高压辊磨联合工艺时，湿式球磨预处理单一矿和
混合矿的性质对高压辊磨效果的影响
（辊磨参数：辊压水分 6.0%~7.5%；辊压 0.47MPa，转速 40r/min）
（a）单一 A 矿；（b）A 矿的磁铁精矿

高压辊磨预处理能显著提高生球强度，降低膨润土用量，同时改善球团的预热焙烧性能。其也是改善镜铁矿、硫酸渣、高结晶水锰矿粉、铬铁矿等一系列特殊球团原料成球和预热焙烧性能的关键技术。其作用机理主要在于：（1）高压辊磨工艺使物料的微细颗粒含量明显增多，比表面积变大，改善了原料的颗粒形貌和粒度组成，使得颗粒在成球过程中堆积更加紧密，同时扩大了其在高温固结

时颗粒间的（反应）接触面积；（2）高压辊磨作为一种机械活化作用能够将一部分机械能转化为自由能，通过结构的破坏如物料的非晶化，表面积、晶粒大小和强度的改变以及相位转变，内部破裂形成了大量的晶格缺陷使物料的表面活性增强，从而促进了焙烧过程中质点的迁移和连接颈的形成。

5.5.2　优化配矿

当前球团厂面临着原料品种繁多、物化性质、成球性和预热焙烧性能存在差异的问题，给现场生产组织、操作及球团矿产品质量的稳定性带来了严峻的考验。对球团原料进行优化配矿有以下几个优势：（1）节省原料成本，合理使用经济矿。如武钢鄂州球团厂对包含毛粉、巴粗粉、邦矿和铁红等一系列非主流经济矿种在内共多达 7 种铁精矿进行优化配矿来稳定球团质量，同时降低球团生产成本。（2）改善难冶球团原料的成球性和焙烧性能，如赤铁矿（镜铁矿）、硫酸渣配加磁铁矿，混合精矿可能仍需润磨或球团-高压辊磨工艺进行预处理。（3）基于原料自身性质进行优劣互补，实现对原料进行不磨或少磨，降低磨矿能耗和生产成本。如图 5-22 所示，使用西澳超细粒磁铁精矿（比表面积达 2100cm^2/g以上，0.028mm 以下含量达 90% 以上）搭配粒度较粗的国产磁铁精矿或 20% ~ 40% 比表面积较低的巴西镜铁矿时可制备性能合格的生球和焙烧球。

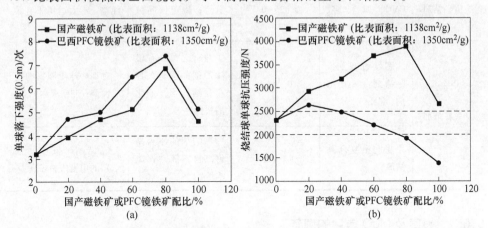

图 5-22　西澳超细粒磁铁精矿与粒度较粗的国产磁铁精矿、焙烧性能差的巴西 PFC 镜铁矿
搭配使用时对生球、焙烧球性能的影响
（1.5% 膨润土用量，造球时间 16min；焙烧温度 1280℃，焙烧时间 15min）

5.5.3　新型球团黏结剂的使用

在造球物料中添加球团黏结剂能够有效地改善其成球性和提高生球内颗粒之间的分子结合力，从而提高生球的强度和热稳定性。迄今为止，人们已经开发了

几百种用于球团的黏结剂，按照黏结剂的本身性质大致可将其分为无机黏结剂、有机黏结剂和复合黏结剂三大类。表 5-21 列举了几类最常见黏结剂及其优缺点。迄今为止，膨润土仍是球团生产中最常用的黏结剂。近年来，新型球团黏结剂在球团工业生产中不断得到成功应用。美国 Cliffs 公司的一条链箅机-回转窑球团生产线已成功应用 100% 的有机黏结剂取代膨润土，而带式焙烧机工艺的发展有望进一步推广有机黏结剂的应用。另外，一种基于常规膨润土进行有机小分子插层复合的复合黏结剂被研制出来并成功应用于武钢、涟钢等球团厂。而国内别的复合黏结剂在球团厂现场应用的实践并不多。因此，开发对球团原料适应性好、能够满足球团工艺生产要求及高效低成本的新型复合球团黏结剂始终是今后研究的一个重要方向。

表 5-21　几类最常见黏结剂的对比

类　别	黏结剂名称	一般使用量/%	优　点	缺　点
无机黏结剂	膨润土	0.5~3	传统黏结剂，热稳定性高，来源广泛	用量高；降低铁品位；恶化球团的冶金性能尤其是还原性
有机黏结剂	纤维素类（如 CMC、佩利多、阿科泰）	0.025~0.1	用量少；高温易分解；避免铁品位下降	合成成本高；热稳定性差，不太适用于链箅机-回转窑
复合黏结剂	腐殖酸型复合黏结剂（F 黏结剂、MHA）	0.25~1	兼有无机和有机添加剂的优势，具有黏结性强，催化的特性	对某些球团原料的适应性差；制备成本偏高
	膨润土复合黏结剂	1.0~1.5	黏结剂的原料易得，制备简单，成本低	黏结剂（其中膨润土）的用量依然较高

5.5.4　碱度及 MgO 含量的调节

现代高炉操作要求高炉炉渣中有一定量的 MgO 以改善其流动性和提高炉渣脱硫能力；另一方面，当以某些赤铁矿（镜铁矿）作为球团原料时得到的焙烧球机械强度和冶金性能均比较差，如还原膨胀严重，此时调节球团碱度和 MgO 含量将是改善球团焙烧性能和冶金性能的有效技术手段。

研究表明，熔剂的类型和数量对球团质量至关重要，因为它影响到球团固结阶段黏结相的形成和还原阶段的稳定性。图 5-23 所示体现了球团二元碱度和 MgO 含量对 100% 巴西镜铁矿球团抗压强度、还原性和还原膨胀的影响。可见，

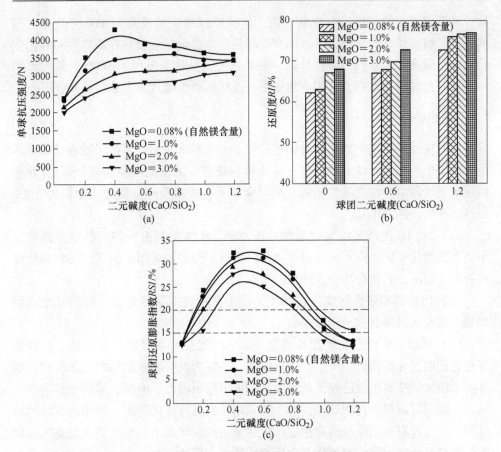

图 5-23 球团二元碱度和 MgO 含量对 100%巴西镜铁矿球团抗压强度（a）、
还原性（b）和还原膨胀性能（c）的影响

（SiO$_2$ 含量：3.0%～3.1%）

MgO 含量一定时，提高球团碱度对增加焙烧球抗压强度和改善球团还原性有利，但球团的还原膨胀则随碱度增加（自然碱度 1.2）呈先增后减趋势，最大还原膨胀率出现在碱度为 0.4～0.6 时；但当碱度维持不变时，提高 MgO 含量能改善球团的还原性和还原膨胀性能，但将导致球团抗压强度下降。其主要原因在于：提高碱度能够促进球团内铁酸钙液相生成和更多孔隙形成，使球团固结和还原性更好；而 MgO 含量能够稳定磁铁矿尖晶石的晶型，抑制磁铁矿的氧化、赤铁矿的再结晶和液相的生成。除熔剂带入的 MgO 外，MgO 也可以通过铁矿石本身摄入，如高镁磁铁精矿，这类球团原料的焙烧性能要优于外加 MgO 熔剂得到的球团原料的焙烧性能。

自 20 世纪 70 年代以来，欧洲、北美和日本等国家就开始生产和在高炉应用熔剂性及含镁球团，而我国高炉主要采用高碱度烧结矿配加酸性球团矿的炉料结构，导致球团矿的碱度提升空间有限，熔剂性球团发展受限。2000 年以来，国内在生产熔剂性和镁质球团矿方面有所加强，如首钢矿业公司在 200 万吨球团生产线生产碱度为 1.0 的自熔性球团、河北宣化正朴铁业采用了 100% 自熔性球团入炉。与此同时，武钢、首钢、包钢等对镁质球团也进行了工业试验和应用。

5.5.5　小结

前面主要是对铁矿球团的最新进展做了一个系统介绍，包括了世界球团矿产量、球团生产工艺、球团原料准备（原料预处理、优化配矿）、黏结剂以及改善焙烧球强度和冶金性能的措施等，同时介绍了一些改善难焙烧球团原料的方法。得到以下的一些结论：

（1）球团矿的产量将持续增加并在未来有很大的提升空间。其一方面是由于更多细磨精矿的生产；另一方面也是因为更多的焙烧球团作为高炉的炉料能够改善高炉炉况，其符合炼铁业环保的要求。

（2）回转窑和带式焙烧机在球团生产工艺中占据主导地位。特别是带式焙烧机工艺在我国将有进一步发展。

（3）球团原料将会变得越来越复杂。一些难处理镜铁矿、硫酸渣、针铁矿或是它们的混合物将被用于生产氧化球团。一些为改善这些原料的成球性和降低膨润土用量的技术手段已经开始采用，如采用高压辊磨、润磨、球磨或是这些方法混合使用对原料进行预处理，对不同球团原料进行优化配矿，使用新型球团黏结剂等。开发对球团原料适应性好、能够满足相应球团工艺生产要求及高效低成本的新型复合球团黏结剂始终是今后研究的一个重要方向。

（4）提高球团碱度和 MgO 含量是改善球团焙烧性能和冶金性能的有效技术手段，自熔性球团及镁质球团在国内将进一步快速发展。

5.6　国内外球团矿质量现状与存在的问题

球团矿作为高炉炼铁炉料与高碱度烧结矿配搭，其核心在于含铁品位和 SiO_2 含量。高炉合理炉料结构可发挥高碱度烧结矿优良的冶金性能及酸性球团矿高品位、低渣量（即低 SiO_2）的优势。我国目前竖炉和链箅机-回转窑球团的含铁品位低、SiO_2 含量高，而带式焙烧机球团的质量明显优于竖炉和链箅机-回转窑球团。我国已有的带式焙烧机球团自 2007 年以来一直保持着高于 64% 的含铁品位，SiO_2 含量自 2011 年以来始终低于 4.5% 的水平。

转鼓指数和抗压强度也是球团矿质量的重要指标，表 5-22 为 2010~2016 年我国三种球团工艺主要质量指标。可见，三种球团工艺在这些质量指标方面比较接近。

表 5-22 2010~2016 年我国三种球团工艺主要质量指标

年份	链算机-回转窑					竖炉					带式机				
	单球抗压强度/N	转鼓指数/%	$w(\mathrm{TFe})$/%	$w(\mathrm{FeO})$/%	$w(\mathrm{SiO_2})$/%	单球抗压强度/N	转鼓指数/%	$w(\mathrm{TFe})$/%	$w(\mathrm{FeO})$/%	$w(\mathrm{SiO_2})$/%	抗压强度/N	转鼓指数/%	$w(\mathrm{TFe})$/%	$w(\mathrm{FeO})$/%	$w(\mathrm{SiO_2})$/%
2010	2523	95.1	63.55	0.74	5.72	2453	91.3	62.06	1.01	6.68	3103	92.36	65.13	1.36	4.52
2011	2725	94.6	63.49	0.95	5.40	2493	91.3	61.81	0.75	6.20	2927	94.07	64.41	1.48	4.40
2012	2725	94.0	63.55	1.10	5.42	2393	91.5	61.92	1.00	6.44	2857	93.70	65.10	1.57	4.15
2013	2567	94.3	63.42	1.09	6.36	2433	89.7	61.10	0.84	6.97	2741	93.57	65.00	1.76	4.46
2014	2553	95.0	61.88	1.09	6.68	2394	90.2	61.32	0.67	6.29	2588	93.25	64.63	1.60	4.28
2015	2692	94.8	62.01	1.52	5.82	2453	90.8	62.67	0.67	5.98	2557	94.86	64.89	0.40	4.48
2016	2529	95.4	61.83	1.28	5.96	2288	91.8	62.11	1.15	6.53	2765	95.35	64.63	0.55	4.33

成品球团矿的粒度是否小而匀,直接影响球团矿的冶金性能。这方面首钢京唐公司的球团矿以及扬州泰富特种材料公司的商品球团矿做得比较好。国内外典型球团矿的化学成分见表 5-23 与表 5-24。

表 5-23 首钢京唐公司带式焙烧机的主要技术质量指标

年份	利用系数/t·$(\mathrm{m^2 \cdot h})^{-1}$	膨润土消耗/kg·t^{-1}	精矿消耗/kg·t^{-1}	煤气用量/MJ·t^{-1}	电耗/kW·h·t^{-1}	工序能耗/kgce·t^{-1}	单球抗压强度/N	转鼓指数/%	$w(\mathrm{TFe})$/%	$w(\mathrm{FeO})$/%	$w(\mathrm{SiO_2})$/%	R_2
2011	0.687	17.54	989.69	25.00	27.23	19.44	3130.8	97.59	65.88	0.40	3.51	0.14
2012	0.887	17.60	994.30	26.90	27.62	20.72	2946.0	96.75	65.65	0.68	3.20	0.18
2013	1.016	12.78	985.38	26.50	22.91	19.97	2695.0	95.90	65.24	0.47	2.85	0.26
2014	0.948	13.31	991.41	26.70	24.22	19.47	2827.0	96.74	65.52	0.41	2.96	0.22
2015	1.025	13.86	973.06	28.32	21.57	20.17	2595.0	96.25	64.91	0.52	2.85	0.24

表 5-24 国外球团矿的化学成分

名 称	化学成分/%						$\mathrm{CaO/SiO_2}$
	TFe	$\mathrm{SiO_2}$	CaO	MgO	$\mathrm{Al_2O_3}$	S	
澳大利亚球团	64.85	2.63	0.46	2.45	0.46	0.002	0.17
印度 Mandovi 球团	66.50	1.15	0.60	0.35	2.00	0.008	0.52
印度 Mandovi 球团	64.00	2.20	2.60	0.10	2.30	0.01	1.18
印度 KIOLC 球团	65.00	3.50	0.10	0.05	1.25	0.03	0.03
美国美钢联球团	63.12	3.70	3.09	1.10	0.14	—	0.84
加拿大 QCM 球团	66.00	2.10	2.10	1.0	0.40	0.012	1.00

名　称	化学成分/%						CaO/SiO₂
	TFe	SiO₂	CaO	MgO	Al₂O₃	S	
巴西 CVRD 球团	66.11	3.01	0.88	1.0	0.60	0.005	0.29
巴西 CVRD 球团	66.00	2.98	1.04	0.92	0.66	0.005	0.35
巴西 CVRD 球团	66.70	2.04	1.10	0.10	0.40	0.005	0.54
巴西 Camarco	66.82	2.25	0.85	0.19	0.74	—	0.38
巴西 Camarco	66.45	2.32	1.84	0.17	0.53	0.005	0.79
南美智利球团	65.80	3.64	1.94	0.05	0.39	0.010	0.53
南美秘鲁球团矿	65.60	4.32	0.51	0.85	0.42	0.011	0.12
瑞典 LKAB 球团	66.90	2.60	0.55	0.52	0.23	0.003	0.21
瑞典 LKAB 球团	66.60	2.10	0.46	1.40	0.23	0.003	0.22

由表 5-24 可知，13 种酸性球团矿的含铁品位只有澳大利亚一种低于 65% 的，澳大利亚酸性球团矿是含 MgO 2.45% 的镁质球团矿，加上 MgO 的含量品位超过 67%；15 种球团矿的 SiO₂ 含量只有 3 种超过 4.0%，有 10 种球团矿低于 3.0%，说明国外球团界真正把球团矿作为精料，突出高品位、低 SiO₂ 含量的特征。

由表 5-22~表 5-24 及以上分析可知，我国目前球团矿生产存在以下两个突出的质量问题：

（1）品位低、SiO₂ 含量高对高炉的严重影响。近几年，我国生产的球团矿除了京唐公司等少数企业生产的球团矿品位高于 66%，SiO₂ 低于 4% 以外，大多数企业生产出来的球团矿，含铁品位低于 62%，SiO₂ 含量高于 6%，有的甚至高达 9%。球团矿是高炉的精料，它在与高碱度烧结矿搭配的炉料结构中发挥着高品位、低渣量的优势。理论研究和生产实践均证明，只有高品位、低 SiO₂ 的球团矿在高炉内才能发挥低阻力损失与改善透气性的作用。球团矿的 SiO₂ 含量只要超过 5%，在高炉内的透气性会显著变差，起不到改善高炉透气性的作用。

（2）粒度大，表面粗糙对焙烧和高炉燃料比的严重影响。近几年来，我国多数企业生产的球团矿粒度大，表面粗糙不圆，只有京唐公司等少数企业生产的球团矿粒度小而匀，表面也较光滑。学者许满兴曾测定过我国东北某大型球团厂的平均粒度大于 18mm，迁安地区某企业的球团矿粒度平均大于 22mm；26~28mm 的粒级约占 15% 以上，且表面粗糙有裂纹；调研过多家民营企业竖炉生产的球团矿，多数粒度大，表面颜色呈黄褐色，没有烧熟，表面黄褐色的球团矿单球抗压强度低于 1500N，入炉后灰尘量大，给煤气净化造成困难。德国鲁奇公司曾做过测定，焙烧 15mm 粒径的球团要比焙烧 9mm 粒径的能耗高 33.4%，且产量低。缩小粒度对降低高炉燃料比有直接作用，据统计，首钢试验高炉入炉矿粒度由 8~45mm 缩小为 8~30mm，焦比降低 8.6%；日本入炉矿粒度由 8~30mm 改为 8~25mm，吨铁降低焦比 5~7kg/t；法国索里梅福斯厂一座 2843m³ 高炉，通过

11 个月的工业试验，入炉矿粒度大于 25mm 的由 23%降低到 17%，5~10mm 粒径由 30%上升到 34%，平均粒度由 15.5mm 降低到 13mm，渣铁比 305kg/t，风温 1250℃，创造了 439kg/t 入炉焦比的世界纪录。可见降低球团矿的粒级，对发挥球团矿在高炉低燃料比炼铁中具有很大的价值。

5.7　我国发展低 SiO_2、高品位球团矿的可行性分析

由于我国有大量的磁精矿粉适合于球团生产，2001~2011 年我国球团矿生产得到了快速发展，年产量从 1784 万吨增长到 20410 万吨。但由于我国球团矿生产的原料准备不精，粒度粗、SiO_2 含量高，从而造成球团矿粒度大、品位低、SiO_2 含量高、质量差，严重影响了球团矿在我国钢铁的使用地位和效果。因此，提高品位，降低 SiO_2 含量是改善我国球团矿质量的重点。

进入 21 世纪以来，我国球团矿生产，不仅产能有了巨大的发展，质量也在不断前进和提高（见表 5-25）。

表 5-25　我国球团矿的化学成分与冶金性能

生产工艺	企业名称	成分/%				CaO/SiO_2	RI/%	RSI/%	$RDI_{+3.15}$/%
		TFe	FeO	SiO_2	CaO				
链箅机	首钢	65.44	0.33	4.82	0.30	0.06	61.00	11.0	83.50
	首钢	62.33	0.18	4.76	3.89	0.82	73.30	17.0	87.40
	鞍钢	65.54	0.31	5.34	0.30	0.06	68.90	14.05	95.50
带式机	武钢鄂州	64.85	0.25	3.21	0.58	0.18	76.00	18.60	78.30
	鞍钢总厂	65.44	0.25	5.68	0.31	0.05	71.60	16.30	88.00
	京唐公司	65.75	0.72	3.47	0.58	0.17	70.00	18.62	95.10

由表 5-25 可见，目前，我国生产的球团矿大多数品位偏低，SiO_2 含量偏高。为了解决这一问题，从 2000 年以来，鞍本地区和太钢展开的提铁降硅的科技攻关，有效地提高了铁精矿的品位和降低了 SiO_2 含量，其攻关前后的变化情况列于表 5-26。

表 5-26　我国鞍本和太钢铁精粉提铁降硅的攻关效果　　　　　　（%）

年　份	调军山		齐大山		弓长岭		本钢歪头山		太钢尖山矿	
	TFe	SiO_2	TFe	SiO_2	TFe	SiO_2	TFe	SiO_2	TFe	SiO_2
2000	64.36	5.88	63.50	8.50	65.44	8.33	67.00	8.00	66.10	7.55
2001	65.37	5.07	65.09	7.66	65.56	8.31	—	—	—	—
2002	66.81	4.12	67.02	4.88	68.90	5.16	—	—	—	—
2003	67.32	3.80	67.66	4.00	68.87	3.91	69.00	4.00	69.15	3.67

　　由表 5-26 可知，对铁精粉进行提铁降硅攻关，都不同程度地取得良好的效果，从而说明在我国条件下，可生产高品位、低 SiO$_2$ 的球团矿。但据了解，我国磨矿设备还落后于西方国家，要实现持久的高品位、低 SiO$_2$ 还有困难，这可以通过引进先进磨矿设备国产化去解决。只要全国采选和球团工作者进一步齐心努力，我国高品位、低 SiO$_2$ 的球团矿生产将具有广阔的发展前景。

5.7.1　球团矿生产的发展目标

　　《2006~2020 年中国钢铁工业科学与技术发展指南》（下称《发展指南》）指出，"中国高炉炉料中球团比约 12%，从当前优化炉料结构发展趋势看，中国应大力发展球团生产，并全面提高球团生产水平。"《发展指南》提出，球团技术的发展目标要"实现装备大型化，形成以不小于 200 万吨年产量的链箅机-回转窑为主体的球团生产工艺与装备，加快淘汰小竖炉球团工艺装备"。2011~2020年带式焙烧机和链箅机-回转窑的生产指标要求列于表 5-27。

表 5-27　2011~2020 年带式焙烧机和链箅机-回转窑的生产指标要求

项　　目	利用系数 /t·(m^2·h)$^{-1}$	作业率 /%	球团矿品位 /%	还原膨胀指数 RSI/%
带式焙烧机	1.40	97.0	66.0	≤15
链箅机-回转窑	14.0	95.0	66.0	≤15

　　球团生产工艺的关键技术：（1）铁精粉的 -0.074mm（-200 目）粒度高于85%，含铁品位不低于 68%；（2）提高造球效率和生球质量的技术；（3）球团用添加剂的研发和应用技术（包括研发新型高效不含 K、Na 的球团添加剂）；（4）大幅度降低各种球团焙烧能耗的技术；（5）实现球团烟气脱 SO$_x$、NO$_x$ 及降低生产过程 CO$_2$ 产生量的技术。我国球团界在 2020 年实现以上目标，仍需大量工作，特别是在降低各种球团焙烧的能耗和改善环保方面需加强，应加大力度解决球团矿生产过程中产生的烟气净化问题。

5.7.2　发展球团矿生产对改善高炉技术经济指标的意义

　　低碱度和自熔性烧结矿由于其强度和冶金性能不良，不适合作为高炉炼铁的主要炉料，高碱度烧结矿由于其具有优良的冶金性能，多年来已成为我国高炉炼铁的主要炉料。正因如此，球团矿也就成了我国高炉炼铁与高碱度烧结矿搭配的一种主要炉料。25%~30% 球团矿的配入可提高入炉矿品位 15% 以上，同时可降低 1.5% 的渣量，总体可降低焦比 4%，提高产量 5.5%，故球团矿生产对改善高炉技术经济指标起着十分重要的作用。我国球团矿的年产量已近 2 亿吨，占高炉炉料的比例已接近 20%。但距离 30% 的配比，还有 1 亿吨的发展空间，且随着我国工业化和农村城镇化的进展，高炉炼铁的产能还有发展的空间，因此我国球团矿生产有着广阔的发展前景。

2013 年 6 月和 8 月，唐钢先后派出以技术专家组成的代表团考察了瑞典和美国的钢铁企业（主要是高炉炼铁的炉料结构），两次考察的结果说明，瑞典和美国等西方工业发达国家，从它们的矿产资源特点和节能减排、环境保护出发，实施以球团矿为主和全球团矿冶炼的高炉炉料结构。如美国的米塔尔和美钢联两大钢铁公司炉料结构均为 80%球团矿配 20%的超高碱度烧结矿，瑞典的 SSAB 钢铁公司高炉炉料结构为 100%的全球团冶炼。美国和瑞典的高炉炉料结构与冶炼指标列于表 5-28。

表 5-28 瑞典和美国高炉炉料结构与冶炼指标

企　业	炉料结构			利用系数 /t· $(m^3 \cdot d)^{-1}$	入炉品位 /%	高炉技术经济指标			
	球团矿 /%	烧结矿 /%	块矿 /%			渣铁比 /kg·t^{-1}	焦比 /kg·t^{-1}	煤比 /kg·t^{-1}	燃料比 /kg·t^{-1}
瑞典瑞钢	97.20	0.50	2.30	3.00	66.00	164	—	—	457
瑞典 SSAB 3 高炉	92.05	0.95	7.00	2.60	65.69	166	300	150	450
瑞典 SSAB 4 高炉	88.56	1.27	10.17	2.91	65.26	153	352	90	442
加拿大多法斯科	100	—	—	3.20	65.10	194	—	—	480
美国米塔尔 7 高炉	80	20		2.366	63.33	275	335	120	455
美钢联 14 高炉	80	20		2.377	61.89	250	300	160	460

这些国家高炉炼铁为什么以球团矿为主甚至全球团冶炼？一是符合他们国家细铁精粉的矿产资源特点；二是以球团矿为主冶炼渣铁比低、燃料比低、高炉冶炼经济指标优良；三是球团矿生产的烟气净化难度小、能耗低、加工费低，有利于清洁生产和节能减排。

我国是以细精矿为主的钢铁大国，矿产资源也适合球团矿生产，我国高炉炼铁以烧结矿为主不符合我国国情，目前年产烧结矿达 9 亿吨以上，吨烧结矿排出 2000m^3 烟气，一年向大气排放含硫氧化物、氮氧化物、二噁英等有害烧结烟气达 18000 亿立方米，而且氮氧化物和二噁英等有害气体至今我国尚无有效地净化推广办法，因此，从保护环境出发，我国高炉炼铁的炉料也不适宜以烧结矿为主。

另外，由于球团矿含铁品位比烧结矿高出 8% ~ 10%，对高炉炼铁降低燃料比和提高产量是显而易见的，以球团矿为主的高炉炼铁入炉矿品位高、渣铁比低，燃料比低，效率高。

5.7.3 发展球团矿对高炉炼铁节能的意义

钢铁生产的能耗 70%左右在炼铁及铁前工序中产生，影响高炉能耗高低 70%的因素是在"精料"。而"精料"原则中重要的一点是采用球团矿并实现合理炉料结构，其也是降低炼铁能耗最重要的技术措施之一。球团矿生产对高炉炼铁节能减排应包括：（1）球团矿生产自身的节能；（2）球团矿质量的节能；（3）球团矿搭配高碱度烧结矿炉料结构的节能。

5.7.3.1　球团矿生产的节能

球团矿的工序能耗与烧结矿相比，有很大的优势，据近几年的统计均在 50%~54% 之间，2011~2015 年我国球团矿与烧结矿能耗比较详见表 5-29。

表 5-29　2011~2015 年球团矿与烧结矿能耗比较

年份	矿种	固体燃耗 /kg·t^{-1}	煤气消耗 /m^3·t^{-1}	电耗 /kW·h·t^{-1}	工序能耗 /kgce·t^{-1}	（球团矿/烧结矿）比值/%
2011	烧结矿	54.00		43.22	55.35	51.87
	球团矿		353.95	38.35	28.71	
2012	烧结矿	53.00		43.01	52.97	50.22
	球团矿		273.46	34.58	26.60	
2013	烧结矿	44.77		44.49	51.39	51.27
	球团矿		250.84	32.90	26.53	
2014	烧结矿	44.20		45.39	51.05	52.18
	球团矿		264.80	35.21	26.64	
2015	烧结矿	47.20		44.41	49.50	53.74
	球团矿		184.83	33.41	26.60	
	带式机		133.90	37.82	24.14	48.76

2017 年中国钢铁协会会员单位的球团工序能耗为 25.59kgce/t，而烧结矿的工序能耗为 48.50kgce/t，说明球团工序能耗比烧结低 22.91kgce/t；可见发展球团矿生产对节能减排，改善环保有着无可比拟的优越性。

5.7.3.2　球团矿质量的节能

（1）铁品位高。铁品位高有利于提高综合入炉品位，对减少渣量起着根本性的作用。用于球团生产的铁料是经细磨和精选的细精矿，所含有害杂质的量极少，含铁品位远高于生产烧结矿的粉矿，国外球团矿的品位都在 65% 以上。当然铁矿粉的含铁品位与资源和选矿有着极大的关系。高品位入炉料使渣量降低，有利于改善冶炼的各项技术经济指标，降低燃料比，效果显著，已成为入炉料的质量指标是一个十分强调的新概念。根据经验数据：入炉铁品位提高 1.0%，高炉渣量减少 30kg/t，焦比下降 0.8%~1.2%，产量增加 1.2%~1.6%，增加喷煤量 15kg/t。

（2）粒度均匀、形状规则，球团矿的粒度一般在 8~16mm，其中 8~12mm 的占 85% 以上，优于其他入炉料。有利于改善高炉上部料层的透气性、分布的均匀和合理性，有利于发展间接还原，提高煤气利用率，降低能耗。

（3）强度高、含粉率少。球团矿转鼓指数要求大于 94%，小于 5mm 的粉末比例一般不超过 3%，好的不超过 1.5%。粉末对一切炉窑的冶金工艺操作不利，粉末量的增加必然会带来炉（窑）况的不利，极易诱发各种事故，对企业的设备作业率和产品的产、质量指标会造成严重，甚至是恶劣的影响，必须将其含量降到最低的程度。使用精矿粉进行烧结，高炉槽下的烧结矿粉末量有的高达 20% 以上，不但会对高炉炼铁造成严重的影响，而且大量的返矿返回烧结，也会使烧结生产有效产量大幅下降，且能量会极大地被浪费。

（4）球团矿含 FeO 低、还原性好。铁矿物在高温氧化性气氛下，再结晶焙烧固结得到的球团矿，含铁矿物为赤铁矿，FeO 的含量很低，一般可达 1.0% 以下，远低于精矿烧结 9%~11% 的水平。不仅对铁矿石在高炉内的间接还原十分有利，同时可降低高炉消耗的焦炭量，因而对降低焦比十分有利。

5.7.3.3 球团矿与高碱度烧结矿合理搭配的节能

球团矿作为高炉炼铁的搭配炉料，对高炉炼铁节能的作用越来越突出。随着酸性与熔剂性球团矿的发展，其冶金性能的改善对高炉炼铁的节能减排将会发挥更大的作用。

高炉炼铁要实现低耗、环保、优质、长寿、高效的 10 字方针离不开合理的炉料结构，炉料结构包括炉料质量和不同炉料的合理搭配，炉料结构国内外没有固定形式，不同的国家、地区、资源条件、工业与经济水平及环境要求会有不同的炉料结构。

新中国成立近 70 年来，我国高炉炼铁经历了天然块矿加低碱度烧结矿、100% 自熔性烧结矿和高碱度烧结矿搭配部分酸性炉料（酸性球团和块矿）三个阶段。我国几家钢铁企业几个阶段不同炉料结构的冶炼效果列于表 5-30。

表 5-30 我国几家企业几个阶段不同炉料结构的冶炼效果

项　目		首　钢				鞍　钢			
		1949 年	1976 年	1995 年	2016 年	1950 年	1952 年	1999 年	2016 年
炉料结构	烧结/%	—	95.1	77.4	64.52	70	70	72	73.24
	球团/%	—		20.1	27.57			28	23.99
	块矿/%	100	4.9	2.5	7.91	30	30	—	2.77
烧结矿	$w(TFe)$/%	—	53.3	53.94	56.65	51	53	51	56.35
	$w(FeO)$/%	—	17	10.5	8.5	23.5	22	10	8.97
	$w(SiO_2)$/%	—	7	6.1	5.17	—		8.65	5.62
	CaO/SiO_2	—	1.2	1.79	2.11	自然	—	1.87	2.07

续表 5-30

项　目		首　钢				鞍　钢			
		1949 年	1976 年	1995 年	2016 年	1950 年	1952 年	1999 年	2016 年
球团矿	$w(TFe)/\%$	—	—	63.88	65.2	—	—	62.56	64.68
	$w(SiO_2)/\%$	—	—	5.8	3.72	—	—	8.91	6.21
	CaO/SiO_2	—	—	自然	0.09	—	—	0.04	0.04
冶炼效果	入炉品位/%	48.8	53.3	56.57	59.41	—	—	54.28	58.26
	渣量/kg·t^{-1}	1015	540	410	295.6	580	550	470	342.6
	系数/t·(m^3·d)$^{-1}$	0.38	1.246	2.024	2.174	1.00	1.145	1.84	2.044
	焦比/kg·t^{-1}	1083	538	498.5	318.9	1050	1000	439	319
	煤比/kg·t^{-1}	—	99.6	50.7	163.1	—	—	125	152.2
	燃料比/kg·t^{-1}	1083	637.6	549.2	482	1050	1000	564	471.2

项　目		本　钢			包　钢			
		1976 年	1996 年	2016 年	1967 年	1982 年	1998 年	2016 年
炉料结构	烧结/%	100	89	82.13	20.3	73.7	72.35	73.61
	球团/%	—	11	17.87		5~10	18.05	22.65
	块矿/%	—	—	—	79.7	15~20	9.6	3.74
烧结矿	$w(TFe)/\%$	50.36	56.25	56.86	46.78	50.26	52.86	57.01
	$w(FeO)/\%$	17	12	9.01	—	—	10.02	9.77
	$w(SiO_2)/\%$	12.34	8.7	4.94	11.98	6.43	6.38	4.87
	CaO/SiO_2	1.17	1.65	2.05	0.91	1.85	1.87	1.97
球团矿	$w(TFe)/\%$	—	62.69	63.35	—	55.5	61.85	62.26
	$w(SiO_2)/\%$	—	5.6	4.86	—	10.5	10.02	6.5
	CaO/SiO_2	—	0.04	0.04	—	0.55	0.12	0.1
冶炼效果	入炉品位/%	52.79	56.9	58.3	48.6	50.3	55.57	58.31
	渣量/kg·t^{-1}	620	400	381.8	1000	590	450	387.5
	系数/t·(m^3·d)$^{-1}$	1.201	1.95	2.212	0.788	1.082	1.568	2.036
	焦比/kg·t^{-1}	614	490	350.8	793.2	611.1	558.7	411.8
	煤比/kg·t^{-1}	油 41	75	131	—	85	81.46	126.5
	燃料比/kg·t^{-1}	687.8	565	528.33	793.2	696.1	640.16	538.3

　　由表 5-30 可见，无论是首钢、鞍钢，还是本钢或包钢，由于炉料结构不同，造成入炉矿品位不同、吨铁渣量不同，导致高炉的产量不同，焦比和燃料比不同。炉料结构和入炉料的质量是影响高炉冶炼效果的关键因素；同时也可看出，

高炉在不同时期随着球团矿比例的增加和质量的改善，高炉冶炼的效果得到明显改善。

5.8 发展球团矿对钢铁企业减排的重要意义

在钢铁生产过程中对环境造成恶化排放的有：粉尘、固体废弃物和有害气体，主要集中在高炉炼铁及其以前的原料加工系统，占整个钢铁生产排放量的90%以上。因此，钢铁企业生产减排，首先应把重点放在铁前系统。在炼铁及原料的加工工序，粉尘和有害气体对钢铁生产企业环境造成了严重的污染，生产和使用球团矿将有利于钢铁企业环境的改善和减轻减排的压力。

（1）球团矿制造过程粉尘产生量少。球团矿焙烧以制成一定形状和粒级的生球（含粉末量极少），在密闭的状态下进行，而且没有破碎和筛分整粒系统，外逸的粉尘量极少；外排烟气中所含粉尘量低，即使有所生成，其总量少，通过高效除尘器除尘后，很容易达到环保标准。从生产环境上看，球团生产环境相比烧结生产洁净。

（2）减轻钢铁生产的环保压力。球团矿强度高，可以长途陆路、水路运输。球团矿生产线可建在矿山或矿石港口，不需要在钢铁企业内和附近建设，对钢铁生产企业的环保压力将大大减轻，同时减少运输、倒运造成的物料损失，缓解运能压力。

（3）废气中有害成分量少。当前烟气外排最关注的有害成分是 SO_2，球团矿生产也是一个氧化脱硫的过程，其脱硫率和烧结生产相近。但是用于球团矿生产的细精矿都经过细磨和精选，含硫量都较低，进口铁矿粉如巴西球团粉其含硫量也很低。通常情况下，脱硫设备选型可小些，投资省，能耗低。

但烧结工序能耗高、烟气排放量大，烧结烟气净化治理的设备投资大，运营费用高，脱硫、脱硝、脱二噁英的技术难度大。到目前为止，烧结矿烟气的污染治理以末端治理为主，把气体污染物转化为固体污染物，大多数处于积存状态，造成环境的二次污染，已不适应建设美丽中国、绿色发展和智能发展钢铁工业的党的十九大精神。自 2011 年以来，在我国钢铁领域形成的"球团矿贵，烧结矿便宜，要多吃烧结矿少吃球团"的认识理念也发生了根本变化，随着我国选矿技术的进步和选矿成本的大幅度降低，建设低价、高品质铁精粉生产基地已成为可能，目前球团矿与烧结矿生产成本投入和烟气净化的对比列于表 5-31。

表 5-31　球团矿与烧结矿生产成本和烟气净化的对比

项　目	球团矿生产	烧结生产	比　较
每吨矿粉价格/USD	75	60	+15
成品矿品位/%	65	56.5	+8.5
电耗/kW·h·t^{-1}	32	43.5	-11.5

项　目	球团矿生产	烧结生产	比　较
工序能耗/kgce · t⁻¹	24.5	50.5	-26
加工费/元 · t⁻¹	60	115	-55
粉尘排放/%	5.2	35.4	-30.2
SO₂ 排放/%	20.1	67.0	-46.9
NOₓ排放/%	10.4	51.1	-40.7

由表 5-31 可见，采购球团精粉每吨价格高了 15 美元，相当于每吨球团精粉高了 100 元，但球团精粉的品位比烧结粉高了 6%，6% 相当 90 元/t，因此每吨球团精粉与烧结粉相比仅贵了 10 元。成品球团的品位较烧结矿的品位高 8.5%，这相当于成品球团矿的价格比烧结矿便宜了 120 元/t。此两项之比在价格上球团矿已具有很大的优势。

球团矿与烧结矿生产相比，球团矿的电耗为烧结矿的 73.6%，工序能耗为烧结矿的 48.5%，球团矿的加工费仅为烧结矿的 52%；粉尘、SiO₂ 和 NOₓ 烟气排放，球团矿分别为烧结矿的 1/7，1/3，1/5。通过表 5-31 的比较可充分说明，球团矿与烧结矿生产相比，不仅原料价格上不吃亏，加工费和能耗上也具有较大的优势，球团矿生产的粉尘和烟气排放，比烧结矿生产具有更大的优势。

党的十九大精神，发展钢铁工业在于绿色发展和智能发展，绿色发展、智能发展的核心是节能减排。球团矿与烧结矿生产相比，关键在于球团矿生产能耗低、排放量少。因此，调整我国高炉炼铁的炉料结构，减少烧结矿的配比，增加球团矿的配比，势在必行，从目前以烧结矿为主的形式逐渐转变为以球团矿为主的形式。

我国铁矿资源的特点基本与北美国家类同，都是以细结晶颗粒贫矿为主，都需要细磨富选，适合作为球团矿生产的原料。借鉴北欧和北美国家炉料结构的经验，降低烧结矿生产和使用比例，增加球团矿的比例，其比例达到 80%~100%，这极有利于满足日益严格的环境保护要求。

5.9　我国球团矿生产发展面临的问题和对策

我国球团矿生产发展面临的问题有：（1）球团矿的质量问题；（2）球团矿生产的经济问题。

5.9.1　球团矿的质量问题

炼铁生产若要获得好的节能减排的效果，必须以球团矿具有高质量为基础。并非使用任何球团矿均可得到节能减排的效果，球团矿质量差，可能其效果还会适得其反，只有高质量球团矿才能起到好的效果。因而我们在提倡、确定生产及使用球团矿时，为了能够达到我们的要求和期望值，真正起到改善冶炼效果、节能、降耗、减排的目的，对球团矿质量必须要有严格的要求。不能简单认为只要生产或使用球团矿作为含铁炉料即可，这是一个重要的科学观念。

5.9.1.1　现状

目前我国球团矿生产的质量，在一些书刊上多有报道，但很不全面。体现在缺少大量数据，部分企业根本就没有数据，部分数据缺少应有的科学性、不够正确（有水分）等。总体上看，我国的球团矿质量不佳，和世界水平有着很大的差距。即使是在国内生产质量领先的球团企业也存在明显的差距。

5.9.1.2　问题

提高我国球团矿生产的质量，目标就是要对照国外的先进水平，主要有以下几个方面：

（1）提高铁品位。国际上高炉用球团矿品位一般为 $\geq 65\%$，同时 SiO_2 含量要在 $2.0\% \sim 3.0\%$。为达到这一质量指标必须严格控制铁精矿的品位，一般应在 66.5% 以上，对国产铁精矿必须实行细磨精选。同时应选用优质黏结剂，严格控制膨润土的加入量，坚持实现不超过 1% 的目标，争取达到 0.8%，国外一般为 $0.6\% \sim 0.8\%$。此外不能单一强调价格因素，否则必然导致占小便宜而吃大亏的结果。膨润土用量增加，使球团铁品位下降所造成的损失，不但影响到球团矿的质量和价值，还会严重影响到高炉的节能效益。

（2）良好的冷态性能。国际上传统的高炉用球团矿单球抗压强度为不小于 2500N，转鼓指数不小于 90%。进口的优质球团矿其含粉率一般不超过 1.5%，FeO 含量不超过 1%，球团外形均匀。我国球团矿生产往往因为原料质量和生球质量低，焙烧热工制度未优化，造成成品球机械强度较差、含粉率高、FeO 含量高、粒度的均匀性差、形状不规则。竖炉球团由于设备和工艺问题，更应重视其质量的均匀性。

5.9.1.3　对策

（1）造好球。造球即铁精矿粉成型，是球团矿生产的主要环节，也是保证球团焙烧质量的基础性条件和球团矿生产的一大核心技术。要达到造好球的目的，必须保证铁精矿的细度、粒度组成、比表面积及合适的造球水分、高质量的膨润土和其他添加料，以及良好的混匀效果。对于不同的矿种，其要求虽然有所不同，但一般来讲铁精矿的细度必须达到小于 0.074mm 占 90% 以上，比表面积也应在 $1800cm^2/g$ 以上，最好为 $2000 \sim 2200cm^2/g$。

生球质量的优劣决定着整个球团矿生产工艺过程的成败和生产技术经济指标

的好坏。生球质量要求：单球落下强度（0.5m）不应低于 5 次，最好在 8 次以上；生球的爆裂温度应保证在 450℃以上，这和膨润土性能的好坏有关，因而一定要选用优质的膨润土。

球团矿的质量检测有一套科学严格的方法、装备和制度。如采样的代表性、操作的规范性等。例如抗压强度决不是最高和最低的平均值，同时对球团的粒度组成也有要求等。对各种数据的测定和数据处理及计算都应严格遵循计算规则，粗放式的习惯必须改变，克服浮夸，强调实事求是的科学精神。总之，我们对球团生产各类数据检测、指标计算，是为了不断地改善我们的生产和获得更好的企业效益及较好的钢铁节能减排效果。

（2）先进的热工制度。先进的热工制度不但能保证合理的升温速度、气体流速和流量、焙烧气氛和较高的焙烧温度。同时可以使生球不会产生爆裂，加热和氧化均匀，最终获得较好的成品球质量。先进的热工制度必须以性能优越的设备质量来保证，如耐高温、低漏风、长寿命、安全可靠性等。先进的热工制度不但对产品质量有保证，而且也是球团矿生产本身达到节能最重要的技术。

（3）熔剂性球团矿和镁质球团矿的生产。国外为了满足高炉更多的使用球团矿和直接还原的需求，熔剂性球团矿的产量大幅增长。同时也为了克服和改善某些矿种球团的膨胀性，生产"镁质球团"。这些球团矿的生产工艺和普通酸性球团矿的生产相比有较大的技术难度和技术要求。熔剂性球团矿和镁质球团矿的生产不仅是目前国外大型球团矿企业的生产主流，也是球团矿今后发展的方向，但是在我国球团生产企业目前仍然是一个空白。这与目前我国高炉炼铁炉料结构很多局限在 80%烧结矿搭配 20%酸性球团矿的炉料结构模式有关。我们应正确地认识球团矿优越的冶金性能和对冶炼带来的好效果，另外，熔剂性球团矿和镁质球团矿生产的空白也和我国直接还原产量有关。

5.9.2　球团矿生产的经济问题

虽然近十年来，我国球团矿生产在数量有较大的发展，但也存在着许多不正确的认识，其阻碍了我国球团矿产业的健康发展。除了上面所阐述的影响球团矿质量及优越性的问题以外，我们对球团矿生产的经济性问题的认识也存在着误区。如与烧结矿生产相比，错误地认为球团矿生产的能耗高、成本高、投资高。同时由于球团矿用量少，仅作为高碱度烧结矿搭配的酸性炉料配合料，因而缺乏对球团矿先进生产技术和"大型化"重要性的应有认识。

5.9.2.1　能耗和生产加工费

球团矿生产能耗的高低关键的是燃耗，而影响球团矿焙烧燃耗高低的因素主要有：（1）矿石的种类，一般讲赤铁矿球团矿生产远高于磁铁矿；（2）生球所含水分的多少和水存在的形态（游离水还是结合水等）及产品的种类（酸性还是碱性等）；（3）焙烧设备的性能、机型的大小、散热的大小和漏风率的高低；（4）生产管理、操作的水平。

国外磁铁矿球团焙烧的燃耗最先进的可达9kgce/t，赤铁矿为21kgce/t。我国磁铁矿球团焙烧的最先进指标为16kgce/t，赤铁矿为45kgce/t，远落后于国际先进水平。但是即使如此，也远低于烧结矿生产的燃耗。

球团矿生产的燃耗低主要是因为其升温焙烧和冷却过程均在密闭的容器中进行，漏风少；废气经多次循环，余热得到了充分利用，效率高，而且也节省投资和方便管理。球团矿生产流程较短，少有干料的破碎、筛分、运输系统，所以除尘设备少。整个工序的电耗仅为28kW·h/t，也远低于烧结。

目前，我国高炉炼铁使用球团矿的成本费显得比烧结矿高的原因主要是进口球团矿的价格高。国外使用高热值的重油或天然气作主要燃料，价格高、劳动工资高，使其本身的生产加工费很高，又加以高额利润和海运费，因而使炼铁生产使用球团矿的费用远高于烧结矿。国产球团矿在球团生产企业和炼铁企业之间，也有一个利润和利益的问题，有的企业往往把自产球团矿的内部使用价格参照进口球团矿的价格，从而使球团矿在高炉中的用量受到限制。

5.9.2.2　投资

综观国外和国内近十年来球团厂建设的投资情况看，每单位产品的投资接近烧结，并不是远高于烧结。然而，产生球团矿贵这一误解的原因主要有：（1）先进的链箅机-回转窑和带式焙烧生产技术，在我国还在起步阶段，相应需要一笔较大的科技开发费；（2）焙烧设备所用耐高温材质的材料要求档次高，数量大；（3）有些关键工艺设备还需要引进，如高压辊磨和强力混合机；（4）控制水平高，有些软件和仪表仪器还需引进等。另外，在同样的条件下，单系统规模的大小对单位产品的投资也有着很明显的关系，大型化对经济效益十分有益。

5.9.2.3　大型化和淘汰落后

"大型化"带来的规模效益，不单是单位产品投资的下降。例如1×500万吨/年和2×250万吨/年相比，单位产品投资可节约25%以上。而且能耗也有大幅下降，如燃耗可下降20%以上。而且球团矿质量更好、更均匀；定员少，劳动生产几乎成倍的提高；对环境的影响更低。其可从国外球团生产的发展看出，国外从80万吨/年很快到单窑200万～300万吨/年以上，近期建设的都在500万～700万吨/年。这不但标志着技术的进步，而且也揭示了"大型化"仍然是目前和今后球团生产的发展方向。

目前，我国竖炉和小型链箅机-回转窑球团厂的产量仍居40%左右。这些企业的生产总体上看装备水平低、产品质量差、作业率低、能耗高、对环境的污染严重，有可能被淘汰，而从国家、企业、行业的长远利益看，这并不足惜。但球团矿的需求量随着炼铁技术的进展会越来越多，因而球团的生产规模还会有较大地发展。同时也要求产品的质量要优、能耗要更低、环保措施更有力、工厂装备水平要更高、操作和管理水平更科学。因此我们必须坚持大型化、采用先进的工艺和高效的装备、实现低能耗和低排放，彻底改善我国球团矿的生产和使用面貌。

5.10　酸性球团矿在武钢高炉上的应用

武钢自 1958 年投产，20 世纪 60 年代，高炉采用以低品位天然块矿和自熔性烧结矿为主要原料，炉料质量差，导致渣量大，利用系数低，焦比高。进入 70 年代，在推广使用高碱度烧结矿的同时，也尝试使用球团矿，使用配比最高时达到 20%。由于它的理化、冶金性能较差，加上钟式炉顶布料手段有限，高炉技术经济指标难以得到改观，有时还会出现炉料难行与悬料，因此该种球团矿于 1980 年左右停用。几经摸索，加上近 30 多年的生产实践，逐步形成了以高碱度烧结矿为主搭配球团矿及块矿的炉料结构。

为了改善高炉炉料结构，提高熟料率和入炉铁分，1993 年上半年 5 号高炉开始配用进口球团矿，其用量逐年增加，并积累了一定的经验。1999 年大冶铁矿年产 70 万吨球团矿竖炉建成投产，使得其他高炉推广使用球团矿成为可能。2003 年程潮铁矿年产 120 万吨球团矿的链箅机-回转窑建成投产，在原燃料日趋紧张的情况下，为武钢高炉优化炉料结构，强化生产提供了保障。武钢所使用的球团矿的化学成分见表 5-32。

表 5-32　球团矿的化学成分

矿　种	成分/%					R
	TFe	FeO	CaO	MgO	Al$_2$O$_3$	
进口球团矿	65.19	1.09	1.48	0.61	0.91	0.30
程潮球团矿	63.55	1.14	1.27	—	—	0.40
大冶球团矿	62.96	1.03	1.49	1.29	1.34	0.38

5.10.1　球团矿在 5 号高炉的使用

5.10.1.1　不同球团矿冶金性能

5 号高炉主要使用冶金性能较好、质量较稳定的进口球团矿。这些球团矿主要来自印度、秘鲁、巴西、南非等。根据原料场实物检查，进口球团矿粒度均匀，粉末少，其理化冶金性能分别见表 5-33 与表 5-34。

表 5-33　主要进口球团矿的化学成分

矿　种	成分/%					CaO/SiO₂
	TFe	FeO	CaO	Al₂O₃	S	
印度球团矿	65.61	0.54	0.49	0.56	0.050	0.28
秘鲁球团矿	65.34	1.84	1.63	0.46	0.021	0.14
巴西球团矿	65.43	0.72	0.02	1.25	0.008	0.01

表 5-34　主要进口球团矿的冶金性能

矿　种	还原度/%	低温还原粉化率/%	软化开始温度/℃	软化终了温度/℃	常温单球抗压强度/N
印度球团矿	70.6	12.3	1170	1340	2469
秘鲁球团矿	69.8	15.1	1220	1370	2352
巴西球团矿	71.3	11.2	1130	1326	2494

由表可见，三种进口球团矿含铁量高，FeO 低，含硫量低，有害杂质少，CaO/SiO₂ 低，属酸性球团矿。三种球团矿均具有较高的常温抗压强度，较低的低温还原粉化率。

5.10.1.2　球团矿在 5 号高炉的使用效果

5 号高炉自 1993 年开始使用进口球团矿，当时球团矿的配比只有 10% ～ 13%，烧结矿用量在 71% 以上，澳块用量在 7% ～ 10% 左右，用海南矿来调剂碱度。球团矿使用前后的高炉操作制度与装料基本上没有大的变化。尽管装料制度没有太大变化，但高炉顺行程度明显提高，其技术经济指标也有明显改善（见表 5-35）。使用进口球团矿的 1993 年、1995 年、1999 年的指标明显优于没有使用球团矿的 1992 年，主要原因有：

（1）进口球团矿含铁量高达 65.2%，配用后高炉入炉铁分上升 1.0% ～ 2.5%，渣比下降 40～80kg/t。

（2）渣量的减少，可以改善高炉内的透液性，促使风量增加，鼓风动能提高，有利于炉缸活跃，并减轻了炉渣对铁口通道的冲刷，使高炉渣铁排放更为稳定。同时还可缓解 INBA 炉渣粒化装置处理能力紧张的矛盾。

（3）球团矿粒度均匀，冶金性能良好，改善了料柱透气性。

（4）由于球团矿有利于渣铁分离，滴落性能优于烧结矿，而烧结矿升温还原性能优于球团矿，当它们组成混合料后，可实现优缺点互补。由于透气、透液性能改善，高炉风量上升了 7% ～ 10%，高炉强化程度明显提高。

表 5-35　5 号高炉部分冶炼指标

	年　份	1992	1993	1995	1999	2000	2001	2002	2003	2004
炉料结构	烧结矿/%	77	76	74	70	69	70	69	68	68
	球团矿/%	23	12	18	17	17	17	20	22	23
	块矿/%	23	12	15	13	12.5	11.5	9.5	8.5	8
	钒钛矿/%	—	—	3	—	1.5	1.5	1.5	1.5	1
球团质量	$w(TFe)/\%$	—	65.34	64.01	64.36	64.36	65.84	66.66	66.60	66.60
	$w(FeO)/\%$	—	1.84	0.20	—	—	6.89	1.07	0.72	0.72
	$w(CaO)/\%$	—	0.61	1.93	1.63	1.63	0.84	0.49	0.53	0.53
	$w(SiO_2)/\%$	—	4.42	5.26	2.58	2.58	1.70	1.80	2.60	2.60
高炉冶炼指标	平均日产/t	4534	5485	5791	6911	6992	7133	7400	7090	7449
	入炉品位/%	55.19	57.89	57.91	58.52	58.67	59.17	59.71	60.03	60.23
	利用系数 /t·(m³·d)⁻¹	1.424	1.718	1.812	2.160	2.185	2.229	2.313	2.216	2.328
	焦比/kg·t⁻¹	533.8	486.9	478.4	405.9	398.7	396.1	386.7	376.2	362.2
	煤比/kg·t⁻¹	31.5	69.4	82.8	120.0	122.1	123.3	124.1	136.2	130.9
	风量/m³·min⁻¹	4941	5843	6001	6274	6283	6285	6367	6138	6267

　　由于使用球团矿后，高炉强化程度不断提高。因此在条件许可范围内，尽可能多地使用球团矿，有利于高炉冶炼。1995 年年均配比达到 18%，2002 年年均配比达到 20%，2003 年年均达到 22%，有些时候达到 27%。目前 5 号高炉进口球团矿用量稳定在 25% 左右，当球团矿用量大于 20% 时，球团矿易于滚向中心，故高炉装料制度也向适当发展边缘煤气流的方向调剂，力争将球团矿布到中间环带，以保证中心通道不被堵死。5 号高炉增加球团矿配比后，采用 10 号角位布料，并取消 5 号角位布矿，布矿往外推，效果良好，确保了球团矿配比达到 25% 以上时持续维持高炉的稳定与顺行。

5.10.2　球团矿在武钢其他高炉上的应用

　　5 号高炉使用高配比球团矿取得成功后，加之大冶铁矿球团矿竖炉于 1999 年建成投产，武钢其他高炉有机会相继使用球团矿。

　　1 号高炉在 2001 年 5 月份大修投产后，采用烧结矿+块矿+大冶球团矿，其中大冶球团矿配比在 8%~10%。2003 年改用进口球团矿，指标得到明显优化。1 号高炉近几年炉料结构及冶炼指标见表 5-36。

表5-36 1号高炉部分冶炼指标

年 份		2001	2002	2003	2004（1~2月）
炉料结构	烧结矿/%	76	74	70	72
	自产球团矿/%	8	10	—	14
	进口球团矿/%	—	—	18	6
	块矿/%	16	16	12	8
高炉冶炼指标	平均日产/t	4262	4565	4835	4849
	入炉品位/%	57.43	58.03	59.04	59.21
	利用系数/t·$(m^3·d)^{-1}$	1.938	2.077	2.199	2.204
	焦比/kg·t^{-1}	460.1	443.6	407.7	411.7
	煤比/kg·t^{-1}	81.6	94.0	108.7	114.8
	风量/m^3·min^{-1}	3752	3981	4121	4098

2号、3号、4号高炉主要使用大冶球团矿，尽管大冶球团矿冶金物化指标欠佳，但高炉技术经济指标也有不同程度的改善。采用链箅机-回转窑工艺的程潮球团矿2003年投产，在2号高炉上进行试验并取得成功。2004年程潮球团矿主要用于4号高炉，使用后，技术经济指标进一步优化。目前4号高炉使用程潮球团矿配比达到20%左右时，装料制度上尝试将布矿角位超前布焦一个角位，滚动性好的球团矿布向靠边缘的中间环带，取得了良好的效果。

总体来说，进口球团矿优于程潮球团矿，程潮球团矿优于大冶球团矿。其中主要原因是它们的冶金物化性能及制造工艺相差较大。几种球团矿的冶金物化性能比较见表5-37。

表5-37 武钢所使用球团矿的冶金物化性能比较

矿 种	还原度/%	低温还原粉化率/%	单球抗压强度/N	膨胀率/%	熔滴性能测定		
					软化开始温度/℃	软化终了温度/℃	熔滴温度/℃
进口球团矿	59.9	8.9	2400~2500	24.1	1162	1325	1497
程潮球团矿	70.5	16.2	2300~2400	20.8	1160	1308	1491
大冶球团矿	79.6	23.3	2000~2100	19.6	1156	1294	1488

注：抗压强度为随机取样测值所得。

5.10.3 高炉合理炉料结构的探讨

实践表明，为了取得良好的经济效益，根据实际情况来选择不同的炉料结构。按照"熟料率要高，冶金性能要好"的要求来确定配矿的比例。根据武钢1992~2004年炉料结构变化及指标可知，加入球团矿，可降低高炉入炉焦比。这是由于球团矿品位高，还原性能好，煤气利用改善的结果。另外，采用高球团矿配比，入炉矿品位提高，熟料率增加，渣量明显降低，有利于降低料柱压差，强化冶炼，从而促使高炉增铁降焦。根据武钢多年来高炉生产实践，目前 5 号高炉合理的炉料结构是：高碱度烧结矿（65% ~ 70%）+ 球团矿（20% ~ 25%）+ 块矿。这种炉料结构能保持高炉较长时间的稳定、顺行与强化。其他高炉也尝试增加球团配比的炉料结构，同样收到了良好的效果。

提高精料水平是现代高炉的重要措施，增加球团矿是精料的重要手段之一。武钢高炉目前主要使用进口球团矿、程潮球团矿与大冶球团矿，随着球团矿用量的增加，高炉技术经济指标不断改善，但同时也存在以下问题：

（1）尽管进口球团矿质量优于自产球团矿，但由于近年来进口球团矿的供货厂家多，质量难以稳定，含粉量增加，不利于高炉炉况顺行。因此原料场需加强日常管理工作，另需增改球团矿过筛装置。

（2）程潮球团矿采用链算机-回转窑工艺，在国内外属于先进水平。但以目前的生产质量来看，与国外相比存在一定的差距，故需尽快提高其含铁品位、抗压强度等冶金物化性能，以满足高炉强化生产的需要。

（3）大冶球团矿采用竖炉法生产，受工艺限制球团矿冶金物化指标难以有效改善，高炉增加球团矿用量到一定值后将导致高炉不顺。

（4）球团矿的价格高于烧结矿，尽管增加球团矿的配比可改善高炉顺行，但根据 5 号高炉的生产经验，球团矿配比应以不高于 25% 为宜。

5.10.4　结语

（1）在一定范围内增加优质进口球团矿的配比，可强化高炉冶炼，优化技术经济指标。武钢 5 号高炉在使用进口球团矿方面积累了较丰富的经验，得出较合理的炉料结构为：烧结矿（65% ~ 70%）+ 球团矿（20% ~ 25%）+ 块矿。

（2）当球团矿用量小于 12% 时，高炉装料制度无须大的变动，而当球团矿配比大于 20% 时，宜将矿石布向靠近边缘的中间环带，以保证高炉的稳定与顺行。

（3）球团矿的质量决定了其使用量，质量差的球团矿不利于高炉顺行，其配比也受到限制，因此应努力改善武钢自产球团矿的质量。

参 考 文 献

[1] P-A 伊尔莫尼. 铁矿石球团—未来的高炉炉料 [J]. 烧结球团，1986（6）：51~57.
[2] 范晓慧，甘敏. 从炼铁精料探讨氧化球团技术的发展方向 [C]//全国烧结球团技术交流年会论文集，2009：4~7.

［3］陈耀铭，陈锐. 烧结球团矿微观结构［M］. 长沙：中南大学出版社，2011：115~119.

［4］姜涛. 烧结球团生产技术手册［M］. 北京：冶金工业出版社，2014：173~179.

［5］许满兴，张玉兰. 新世纪我国球团矿生产技术现状及发展趋势［J］. 烧结球团，2017，42（2）：25~30.

［6］朱德庆，黄伟群，杨聪聪，等. 铁矿球团技术进展［C］//全国烧结球团技术交流论文集，2017：1~7.

［7］许满兴. 论我国大力发展高品位、低 SiO_2 球团矿的价值［C］//全国球团技术研讨会论文集，2018：1~6.

［8］许满兴. 炉料结构的调整与低 SiO_2 球团矿生产［C］//全国炼铁生产技术会议暨炼铁学术年会文集，2018：295~299.

［9］叶匡吾，冯根生. 我国球团矿的发展及应用［C］//全国炼铁生产技术会议暨炼铁年会文集，2010：36~40.

［10］杨佳龙，赵志国，谭穗勤. 球团矿在武钢高炉上的应用［C］//全国炼铁生产技术会议暨炼铁学术年会文集，2004：247~250.

［11］谭穗勤，王朝平. 球团矿在武钢高炉上的应用［J］. 炼铁，2004，23（4）：44~46.

6 MgO 球团技术

【本章提要】

本章介绍了 MgO 对球团矿冶金性能的影响、配加镁橄榄石对球团性能的影响，生产镁质氧化球团的可行性及质量分析，以及河北津西、扬州泰富、首钢京唐氧化镁球团生产实践，镁质球团在梅钢高炉的应用。

高炉炼铁生产实践表明，高碱度烧结矿搭配酸性球团矿的炉料结构是中国高炉炉料结构的主要形式。该炉料结构能最大限度地发挥高碱度烧结矿冶金性能好及球团矿品位高、还原性好、强度高、粒度均匀的优越性，但是酸性球团矿的软熔滴落温度与烧结矿差异较大，而且存在软化温度低、软熔区间宽、膨胀率高等冶金性能缺陷，其高炉入炉比普遍偏低。为此，冶金界对其进行了大量的研究。研究中，发现球团中添加 MgO 可以改善球团矿的冶金性能。国内很多学者通过向球团中添加白云石、轻烧白云石、镁粉、橄榄石等制备含镁球团矿，研究添加剂对球团性能的影响，促进了镁质球团矿的发展。

在瑞典、美国等国家的钢铁生产过程中，球团矿入炉配比较高，烧结矿并不能充分地提供高炉造渣所需的钙和镁。因此，国外在 20 世纪 60 年代就开始研究白云石、石灰石、镁橄榄石等在球团造块中的应用，并取得了重大的进展。

目前，瑞典已经实现 100%球团矿入炉炼铁，其使用的镁质添加剂为镁橄榄石。国内首钢球团厂则最早于 2011 年通过在原料中配加镁质添加剂对含镁球团进行了初步实验研究，现含镁添加剂已应用于其生产实践并取得了良好的效果。

6.1 MgO 对球团矿高温特性影响及在高炉内的行为

在高炉冶炼生产操作过程中，改善原料准备，如改进造块工艺，强化整粒等对稳定炉况、提高产量、降低焦比起了明显作用。1973 年开始的第一次石油危机引起了世界性的经济衰退，这就迫切要求高炉转向低焦比操作，对人造富矿的质量要求越来越严苛。针对这种情况，有关研究人员将自熔性球团同烧结矿作了比较，提出了球团矿在高温特性以及外形方面存在的问题。近年来，通过添加 MgO 生产出了在高温特性上可与烧结矿相媲美的自熔性球团。

日本学者小野田守进行了一系列研究，首先从矿物学角度出发，研究了 MgO 对自熔性球团矿物组成、高温性能的影响及 MgO 在高温还原过程中的行为。其次是 MgO 对高炉操作的影响，以及通过高炉解剖分析 MgO 的炉内行为。

6.1.1 添加 MgO 自熔性球团的矿物组成

6.1.1.1 改善自熔性球团矿高温特性

加石灰石的自熔性球团（以下简称自熔性球团），一般来说，碱度（CaO/SiO_2）为 $1.2 \sim 1.4$，比烧结矿低，而且原料均为细粒矿粉。因此，其高温特性（这里主要是指 1523K 高温下的还原性和软熔性）较差。尽量提高碱度，可以使其高温特性得到改善，但低温还原粉化性变坏。特别是在原料含脉石较多的情况下焙烧时，会产生窑内结圈等不良现象。因此，实际上都把碱度控制在 1.4 左右。

球团的高温性能主要取决于高温还原过程、球团中心未还原层中的富氏体同渣相反应而生成的低熔点渣相及富氏体本身的熔融温度。所以，提高这两个相的熔融温度减少液相生成量，就成为改善高温特性的要点。

自熔性球团的最低熔点温度是 1443K，而由于加入 MgO 该温度上升到 $1493 \sim 1523K$，并且 1573K 以下的低熔点区间也较狭窄。同时，在富氏体中，CaO 固溶富氏体的熔点下降，而 MgO 固溶，熔点反而上升。

6.1.1.2 添加 MgO 球团的矿物组成

关于这个问题的研究并不很多，现就土屋等人的研究结果叙述如下：

土屋等人用电子探针显微分析仪定量地分析了碱度（CaO/SiO_2）为 0.5、1.0、1.5 的自熔性球团改变 MgO 含量和焙烧温度时出现的矿物组成是：赤铁矿（含一部分磁铁矿），铁酸钙（其成分接近为二铁酸钙，以下记为 CF），铁酸镁（以下记为 MF）和碱度为 1.0、1.15 及 $1.4 \sim 2.0$ 的各低、中等和高碱度渣相。

MgO 对自熔性球团矿物组成的影响，其特点就是 MF 相的生成状况，当球团的 MgO 含量在 $1\% \sim 2\%$ 以上时，生成 MF 相，而随着碱度及焙烧温度的提高，MF 相的数量增加。在碱度为 1.5，焙烧温度 1473K，以及碱度为 2.0，焙烧温度为 1532K 的情况下，MgO 含量在 $1\% \sim 2\%$ 时，CF 相生成量都显著增加。这是因为高温下易分解的 CF 项中 MgO 也能固溶，而有助于 CF 相的稳定。渣的生成量与 MgO 含量无关，一般保持约为 10%。

通过对碱度为 1.5、焙烧温度为 1523K 时的球团显微组织进行观察看出，不含 MgO 的自熔性球团中 CF 相消失，赤铁矿和磁铁矿呈条状结晶的渣相组织。在 MgO 含量为 $1\% \sim 2\%$ 的球团中，能看到长柱状的 CF 和磁铁矿。MgO 含量为 4% 的球团，渣相中看不到 CF 相，而保持有较多时 MF 相和结晶的赤铁矿。

6.1.1.3　各矿相中 MgO 的分配及其固溶量

各矿相中 MgO 的分配比例取决于 CF 相和 MF 相，特别是 MF 相的生成量。在不生成此两种矿物相的低 MgO 球团中，MgO 就进入渣相，一旦生成 CF 相和 MF 相，则进入渣相的 MgO 比例就减少。

（1）MF 相中的 MgO 固溶量。球团中的 MgO 在焙烧过程中与氧化铁产生固相反应，而生成 MF 相，该相与磁铁矿相同，MF 相也是逆尖晶石构造。焙烧温度越低，MF 相中 MgO 固溶量便增多，同时，MgO 固溶量在球团外层与核心部是不同的，外层为 10%～15%，而核心为 5%～10%，外层中较多。

（2）CF 相和渣相中 MgO 固溶量。低碱度渣中固溶 MgO 在 10% 左右，中等碱度和高碱度渣中固溶量在 6% 以下。同时，在相同碱度下焙烧温度升高，MgO 固溶量有减少的趋向。随球团中 MgO 含量的增加，进入 CF 相中的 MgO 固溶量稍有增加，其含量在 4% 以下。同时，在低焙烧温度或是低碱度情况下，MgO 固溶量稍有增多。在这种条件下，MF 相很难生成。这是因为 MgO 优先分配到 CF 相和渣相中。因此，为了控制进入渣相的 MgO 量，使 MgO 进入 CF 相或 MF 相，而过分提高焙烧温度是不适宜的。

6.1.2　MgO 对球团高温特性的影响

6.1.2.1　高温特性和矿物组织

研究显示，在碱度为 0.5、MgO 含量为 1% 时，高温还原率值最小。当 MgO 含量为 4% 时，其值就显著上升至 50% 左右。当碱度为 1.5、MgO 含量为 1% 时，其值仍较小；当 MgO 含量为 2%～4% 时，高温还原率高达 80%～90%。当碱度为 2.0 时，与 MgO 含量无关，高温还原率均达到 85%～97% 的高水平。另外，软化熔融性在碱度为 0.5、MgO 含量为 1%～2% 时，软化开始温度、60% 软化温度和熔滴温度都下降。当 MgO 含量为 4% 时，上述几项温度都升高。在碱度为 1.5～2.0 时，软化特性随 MgO 含量增加也得到改善。

球团高温特性与焙烧球团的矿物组成有对应关系。也就是说，MF 或 CF 相生成量多，就表示高温特性变好。同时，如没有 MF 相生成，低碱度或中等碱度渣生成量增大。碱度为 0.5 或 1.5、MgO 含量为 1% 时，则高温还原率的值极小，从而知道，渣的碱度对高温特性也有很大影响。

图 6-1 表示单一矿物的软化特性。MF 的软化良好，仅次于高碱度渣（D）。CF（C）的软化特性由于含有 MgO，而在 1403～1603K 的温度区间内有较大的改善。但低碱度渣（A）恰恰相反，其软化特性由于含 MgO 而变差。如含 MgO 约 2% 的中等碱度渣（B）的软化特性，比低碱度渣（A）稍好些，但温度超过 1473K 时就急剧软化，约在 1533K 时熔融。从上述结果可以看出，球团高温特性与焙烧球团的矿物组成有着密切联系。

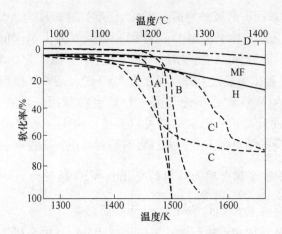

图 6-1 赤铁矿及合成矿物的软化率温度曲线

H—赤铁矿；MF—铁酸钙；A—低碱度渣；A^1—低碱度渣（MgO 9.9%）；C—铁酸钙；

B—中碱度渣（MgO 1.8%）；D—高碱度渣；C^1—铁酸钙（MgO 4%）

6.1.2.2 初期液相生成温度的差热分析

高温还原过程中球团的高温特性，主要取决于富氏体和渣相反应生成的液相熔点和液相生成量。因此，可以根据差热分析结果来推断各种球团的液相生成温度（见图 6-2）。

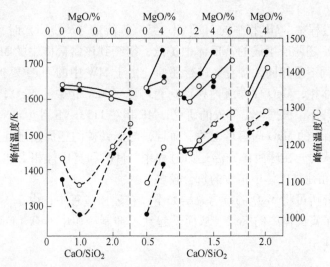

图 6-2 不同碱度和 MgO 含量情况下，求出的富氏体化的
球团矿粉末的吸热、发热峰值温度曲线

○—升温时吸热峰值温度 t_1；●—冷却时发热峰值温度

　　不含 MgO 的球团，其吸热峰值温度（t_1 温度）在碱度为 0.5 时极小；随着碱度增大，该温度上升。对于含 MgO 的球团，当碱度为 1.5、MgO 含量为 1% 时，温度 t_1 稍有下降，随着 MgO 含量增加，温度 t_1 上升；碱度为 0.5 及 2.0，MgO 含量为 2% 以上时，温度 t_1 显著上升。在不含 MgO 时，最终峰值温度随碱度增加有降低的趋势。在含 MgO 时，不论是哪一种碱度的球团，其液相生成温度都随MgO 含量的增加而升高。从以上结果可以看出，由于添加 MgO，自溶性球团中渣相及富氏体本身的熔点都上升，并且可对两者反应加以控制。

6.1.2.3　还原过程中矿物组织的变化和 MgO 的行为

A　矿物相存在量、MgO 分配比例及其固溶量

　　因为还原是从球团表面进行的，所以，球团外层是由金属铁、富氏体和渣三相组成。中心还没有出现金属铁，只有富氏体和渣两相。在球团中心 MgO 富氏体（以下简称 MW）中，MgO 占 80% 以上，在外层渣相中分配较多。MgO 固溶量与焙烧球团的 MF 相中 MgO 固溶量（5%～15% MgO）相比，MW 相中的 MgO 固溶量几乎没有减少，而中心部分则显著减少。另外，渣中 MgO 固溶量在球团中心几乎没有变化，而外层内则浓度增高。特别是 MgO 含量越大，则浓度增高越显著。而且，渣相中 FeO 固溶量，无论在球外层和中心都随 MgO 含量增加而降低。

B　MgO 的行为

　　在还原过程中，MF 相中的 MgO 超过某一固溶量（$R = 1.5$）时，首先向赤铁矿（磁铁矿）还原所生成的富氏体中扩散，继续到该富氏体中的 MgO 固溶量和原 MW 中的固溶量相同，接着又进行还原。由于 MW 中的 MgO 要扩散又没有生成新的富氏体相，MgO 便向渣内移动。它可说明 MW 相中的 MgO 固溶量始终都是相同的。另外，根据松山等人的研究，MF 相在 1173K 下用 CO/N_2 气体的还原速度与 MF 相中的 MgO 固溶量无关。而且，与赤铁矿的还原速度几乎是相同的。因此，可以认为，在球团矿升温还原过程中，MW 和富氏体相大体上同时生成，MgO 从 MW 相往富氏体中扩散的机会较多。

　　从上述分析可将 MgO 的行为总结如下：在还原过程中，由于 MgO 在富氏体中固溶稳定了富氏体中的 Fe^{2+}，从而，起到了抑制渣相中 FeO（FeO 的活量低）溶解的重要作用。

6.1.3　MgO 在高炉内的行为

6.1.3.1　MgO 球团对高炉操作的影响

　　1973 年 6 月初，在加古川 1 号高炉（3090m³）和 2 号高炉（3550m³）开始

进行了 MgO 球团高炉冶炼试验。于同年 8 月，转入正式冶炼操作。随 MgO 含量的增加球团收缩率降低，矿/焦比可以增大。同时，尽管矿/焦比增大，但 Δp（送风压-炉顶风压）反而有下降倾向。炉内透气性显著改善，使富氧和风温提高成为可能。而且，随着球团 JIS 还原率下降，高炉的直接还原率增大，热平衡得到改善。因此，煤气利用率提高（见图 6-3）。当 MgO 含量为 1.4% 时，燃料比从 495kg/t 降至 451kg/t。高炉操作效果明显提高。

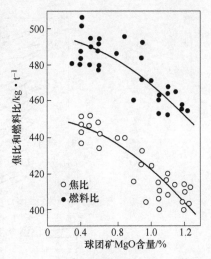

图 6-3 加古川 2 号高炉焦比、燃料比和球团 MgO 含量的关系

6.1.3.2 MgO 在高炉内的行为

尼崎 1 号高炉（721m³）1976 年 11 月休风期间，成田等人对高炉软熔带内 MgO 球团的行为同烧结矿进行了对比研究。

高炉休风时的炉料是 MgO 球团（以下简称球团）40%、烧结矿 40%、块矿 20%，炉料的化学成分见表 6-1。取样位置如图 6-4 所示。从炉中心向南侧 2.5m 处，粘连开始点至熔融点为止。图中的 13 号是休风时的风口水平的矿石层，假定的矿石层为 1 号。以上顺序号表示 13 个矿石层。从 19 号附近起矿石颗粒间开始粘连，但粘连程度较弱。从矿石软化状况来看，球团和烧结矿在这个阶段基本上没有软化，而块矿软化明显。特别是好像把球团包围起来一样，软化黏结。16 号附近球团和烧结矿也开始软化，粘连也较牢固。13 号（约 1623K）处粘连较显著，形成牢固的岩块，但仍能判别出铁矿石的种类，至 12 号（约 1723K）时，已分辨不清了，炉渣和金属铁开始凝集和分离。在 10 号（约 1773K）粘连层内部，呈半熔融状，表面呈熔融和即将熔滴的状态，所观察到的这些现象，与佐佐木等人进行的高炉解剖分析结果基本一致。

表 6-1 炉料化学成分 （%）

矿石种类	TFe	CaO	SiO$_2$	Al$_2$O$_3$	MgO
球团矿	60.4	5.53	3.84	1.72	1.40
烧结矿	57.0	9.86	5.68	2.66	0.22
印度矿	67.2	0.06	0.94	0.92	0.12
纽曼山矿	69.0	0.03	1.17	0.29	0.21

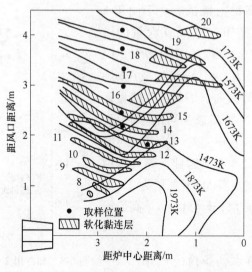

图 6-4　软溶带取样位置

试样的富氏体和黄长石（2CaO·Al$_2$O$_3$·SiO$_2$-CaO·MgO·SiO$_2$ 固溶体）中，MgO 含量以及用 X 射线衍射测得的渣相中矿物组成的变化列于表 6-2。19 号样中烧结矿和球团中都不存在金属铁（可能是冷却过程中再氧化的影响），而有较多的富氏体存在，因此，富氏体中 MgO 的固溶量低，和烧结矿比较，球团中该量仍是较高的。到 13 号样时，出现金属铁，富氏体就减少了。因此，球团的富氏体中 MgO 含量增加。但烧结矿没有变化，而且，在 13 号样（S-1.6）中富氏体存在量极度减少。因此，其富氏体中 MgO 含量非常高。

表 6-2　富氏体及渣中的 MgO 含量　　　　　　　　　　（%）

矿石层	矿　种	分析值		渣相中矿物相
		W 中 MgO	Mel 中 MgO	
19 号	球团矿	1.45	2.18	Mel、CS、C$_2$S、Mer
	烧结矿	0.14	1.04	Mel、C$_2$S、Mer
13 号（S-2.5）	球团矿	2~5	0.6~0.8	Mel、C$_2$S、Mer、Kal
	烧结矿	<0.1	0.6~2.0	Mel、C$_2$S、Mer、Kal
13 号（S-1.6）	混合矿	1.4~1.8	1.5~2.0	Mel、C$_2$S、Mer、Kal

注：W—富氏体；Mel—黄长石；CS—硅灰石；C$_2$S—硅酸二钙；Mer—镁蔷薇石；Kal—方解石。

其次，从渣相中矿物的变化来看，在 19 号中仅有微量镁蔷薇石，在金属铁出现的 13 号样中镁蔷薇石量增多。因而，富氏体中固溶的 MgO，在由富氏体转变为金属铁的还原过程中 MgO 富氏体浓度增大，同时，另一部分转移到渣中，形成镁蔷薇石。另外，10 号样中富氏体已不存在，因此，渣中铁蔷薇石存在量增多。黄长石中的 MgO 固溶量不很高（约 3%），随着富氏体的还原，渣中的 MgO 浓度提高，而黄长石中 MgO 固溶量没有很大变化。

6.1.4 总结

与烧结矿相比，球团的质量在高温特性方面存在有弱点。通过添加 MgO，自熔性球团矿的矿物组成中除赤铁矿、CF 和渣相外，又增加了新生的 MF 相，这可以看成是它的特点，MF 相的生成量主要取决于 MgO 的添加量，还受到球团的碱度及焙烧温度的影响。另外，在还原过程中 MF 相转变成 MW 相，因为这个 MW 相中的 MgO 抑制了生成低熔点渣的作用。

另一方面，这种具有良好高温性能的 MgO 球团。在高炉中冶炼时，高炉软化粘连带的透气性得到提高，燃料比（矿/焦）能够显著改善。根据高炉解剖分析，证实 MgO 在高炉中的作用与试验结果是一致的。但是，还原过程中 MgO 的行为是复杂的，因此，今后还要进一步深入研究 MgO 从 MW 相向渣相内迁移的状况。

6.2 MgO 对酸性球团矿冶金性能的影响

酸性球团矿与烧结矿相比，除外观形状对高炉布料的影响外，高温性能较差。因此，改善酸性球团矿的高温冶金性能是亟待解决的重要课题。20 世纪 80 年代初，鞍钢进行了不同 MgO 含量的酸性球团矿高、低温性能实验室试验，其结果表明，MgO 对改善酸性球团的高温性能有良好的效果。各球团化学成分、常温、高温性能试验结果见表 6-3~表 6-6。

表 6-3 各球团的化学成分分析

球团序号	成分/%						CaO/ SiO$_2$	MgO/ SiO$_2$	（CaO+MgO）/ （SiO$_2$+Al$_2$O$_3$）
	TFe	FeO	CaO	SiO$_2$	MgO	Al$_2$O$_3$			
22	63.84	2.70	0.50	8.70	0.48	0.35	0.06	0.06	0.11
7-1	59.82	3.56	3.98	9.15	1.53	0.48	0.43	0.17	0.57
11-1	61.14	1.62	0.79	8.92	2.82	0.47	0.09	0.32	0.39
16-1	60.87	0.72	1.12	9.04	2.90	0.48	0.12	0.32	0.42
6-2	60.87	6.74	1.23	8.64	3.55	0.45	0.14	0.41	0.53
17-1	61.39	5.99	0.90	8.45	4.03	0.35	0.11	0.48	0.56
23-1	60.90	3.15	1.57	7.90	4.19	0.39	0.20	0.53	0.70
18-1	60.97	7.11	1.01	8.35	4.79	0.37	0.12	0.57	0.67
21-1	60.10	5.31	2.24	8.10	5.12	0.42	0.28	0.63	0.86
24	58.95	5.75	3.59	8.20	4.23	0.14	0.44	0.52	0.91
25	54.77	1.98	0.31	8.00	3.99	0.55	1.16	0.50	1.56
26	60.45	7.06	1.10	8.35	4.39	0.42	0.17	0.52	0.65

表 6-4　各球团常温性能试验结果

球团序号	22	7-1	11-1	16-1	6-2	17-1	23-1	18-1	21-1	24	25	26
单球抗压强度/N	3018	2725	1838	1634	1623	1547	2404	1798	2000	2335	2282	1866
转鼓指数（>5mm）/%	94.67	88.06	92.67	84.67	92.67	94.0	92.27	93.34	94.67	92.67	88.99	94.67
转鼓指数（<1mm）/%	4.66	0.80	5.73	14.00	6.00	4.00	6.76	1.33	0.80	6.33	0.40	0.67
真密度/g·cm^{-3}	4.83	—	4.68	4.59	4.66	4.59	4.68	4.73	4.65	4.80	4.49	—
假密度/g·cm^{-3}	3.74	—	3.41	3.35	3.40	3.55	3.49	3.46	3.34	3.29	2.97	3.43
气孔率/% 总气孔率	22.65	—	27.13	26.99	27.01	22.66	25.35	26.78	28.04	31.35	33.76	
气孔率/% 闭气孔率	5.65	—	5.93	4.29	5.84	4.56	3.95	7.18	7.34	10.45	4.26	
气孔率/% 开气孔率	17.00	—	21.20	22.70	21.17	18.10	21.40	19.60	20.70	20.90	29.50	

表 6-5　各球团的低温和高温性能

球团序号		22	7-1	11-1	16-1	6-2	17-1	23-1	18-1	21-1	24	25	26
低温还原粉化	RDI_{-3mm}/%	17.01	—	17.33	11.69	6.57	5.08	—	3.55	6.27	4.82	5.35	—
低温还原粉化	RDI_{-1mm}/%	12.06	—	12.31	9.64	5.46	3.63	—	2.81	5.14	4.00	5.25	—
低温还原粉化	还原率/%	10.90	—	12.34	12.26	11.00	9.33	—	9.91	8.87	8.58	14.14	—
900℃还原率/%		76.04	—	71.24	75.58	65.59	60.56	—	71.23	61.95	61.34	88.30	
900℃ R30 膨胀率/%		16.51	—	14.01	10.87	6.65	7.68	—	7.06	5.50	8.37	5.59	
900℃ R30 单球抗压强度/N		171.4	—	206.8	159.0	249.0	312.0	—	426.6	457.8	250.0	497.5	
高温还原率/%		14.70	熔融	15.28	16.29	17.22	28.13	16.85	54.19	59.50	13.73	35.78	22.07
荷重还原软化性能	软化开始温度/℃	1090	1070	1100	1100	1125	1140	1135	1170	1180	1105	1200	1140
荷重还原软化性能	软化温度/℃	1500	1420	1480	1460	1470	1500	1470	1510	1525	1425	1515	—
荷重还原软化性能	软化区间/℃	410	350	385	360	345	360	335	340	345	320	315	
荷重还原软化性能	4%收缩温度/℃	995	1040	1035	1035	1050	1080	1080	1110	1140	1075	1160	
荷重还原软化性能	40%收缩温度/℃	1225	1140	1215	1225	1250	1260	1250	1260	1300	1185	1350	

表 6-6　MgO 含量与荷重软化温度的关系

试样编号	13	10	3	6	9	15	17	23	26	28	18	21
CaO/SiO$_2$	0.46	0.44	0.34	0.14	0.35	0.23	0.11	0.20	0.17	0.16	0.12	0.28
CaO+MgO/SiO$_2$+Al$_2$O$_3$	0.73	0.72	0.69	0.53	0.73	0.61	0.56	0.70	0.65	0.72	0.67	0.86
w(MgO)/%	2.62	2.84	2.98	3.55	3.55	3.55	4.03	4.19	4.31	4.48	4.79	5.12
4%收缩温度/℃	1040	1000	1080	1050	1040	1010	1080	1080	1080	1090	1110	1140
10%收缩温度/℃	1075	1060	1110	1125	1090	1080	1140	1135	1140	1140	1170	1180
40%收缩温度/℃	1170	1150	1200	1250	1195	1200	1260	1250	—	1260	1269	1390
100%熔融温度/℃	1420	1420	1430	1470	1475	1460	1500	1470	—	1480	1500	1525
10%~100%温度区间	345	360	320	345	385	380	360	335	—	340	330	345

6.2.1　低温还原粉化率

　　铁氧化物在低温（400～600℃），由 Fe_2O_3 还原为 Fe_3O_4 时，体积变化产生内应力，使其强度降低而粉化，产生粉化的主要原因是焙烧过程中生成次生 Fe_2O_3。低温还原粉化率高是烧结矿的致命弱点，良好的烧结矿该值为 30% 左右。而球团矿以固相结合为主，不易产生次生 Fe_2O_3，其低温还原粉化率比烧结矿低得多。酸性球团以及加入 MgO 的酸性球团与其还原粉化率的

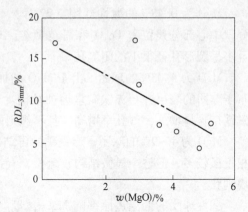

图 6-5　MgO 对酸性球团还原粉化率的影响

关系见表 6-5 和图 6-5。其中酸性球团的还原粉化率最高为 17.01%。随 MgO 含量的增加，还原粉化率逐渐降低。当 MgO 为 4.79% 时，还原粉化率仅为 3.55%；而 MgO 为 4.0% 的自熔性球团（CaO/SiO_2 = 1.16），还原粉化率为 5.35%。

6.2.2　900℃还原率及气孔率

　　MgO 对酸性和自熔性球团还原率的影响如表 6-5 和图 6-6 所示，随 MgO 含量的增加，球团矿的还原率降低。当 MgO 为 4% 左右时，还原率由不加 MgO 的 76.04% 降到 61% 左右。而 MgO 同样为 4.0% 的自熔性球团的还原率则升高到 88.30%。还原率的高低主要受矿物本身的性能、组织结构和气孔率的影响。

　　图 6-7 为全气孔率、焙烧温度、MgO/SiO_2 之间的关系曲线。由图可看出，在同样焙烧温度下，全气孔率随 MgO/SiO_2 的增大而升高，但随焙烧温度的升高有降低的趋势。

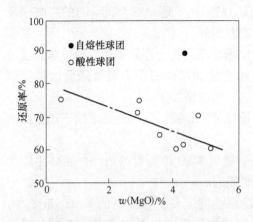

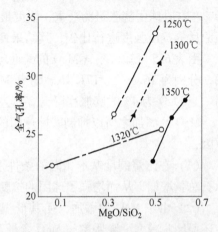

图 6-6　MgO 对酸性和自熔性球团还原率的影响　　图 6-7　MgO/SiO_2 焙烧温度对气孔率的影响

MgO 为 0.48%的酸性球团（22 号），其主要矿物是赤铁矿，由于氧化不充分，中心部分残留着 Fe_3O_4 和石英颗粒。球团中 Fe_2O_3 结晶程度高，气孔率低，且多呈圆形孔径很小的闭气孔。

MgO 为 4.03%的球团，由于 MgO 的加入，产生少量铁酸镁矿物，且大多分布于球团的表层并与赤铁矿呈熔蚀结构。球团中赤铁矿的再结晶程度大大变差，磁铁矿含量增加，气孔率增高，且不规则的开气孔比例增大。

MgO 为 4.79%的球团，赤铁矿的再结晶程度较前二者为差，含量也减少，渣相量虽较多，但整个显微结构较疏松，气孔率增加，气孔孔径变得粗大并多呈不规则状。

酸性球团的低温还原率随 MgO 含量的增加有降低的趋势。酸性球团的赤铁矿再结晶程度高，而随着 MgO 加入量的增加，Fe_2O_3 再结晶程度变差，并且 Fe_2O_3 含量减少。另外，气孔率虽然随 MgO 含量的升高而增加，气孔的形态不同。22 号酸性球团气孔率虽低，但气孔孔径小，气孔个数多，气孔壁的总表面积大。加 MgO 的球团气孔率虽然增高，但其气孔孔径变大且多呈不规则状。所以，气孔壁的总表面积变小。因此，恶化了还原气体与铁氧化物的接触条件，致使还原率降低。

自熔性 MgO 球团，由于还原性良好的铁酸钙出现，使其低温还原性大大改善。

6.2.3　球团矿的还原膨胀

球团在还原过程中产生膨胀现象是球团的缺点之一。球团的焙烧制度、脉石的数量和组成均对球团的还原膨胀产生影响。

试验所用精矿焙烧的球团，通过多次试验均未发现异常膨胀，但当还原率在 30%左右时球团膨胀最为严重，强度最低，故采用了还原率为 30%时的膨胀率及还原后的抗压强度进行比较，其结果列于表 6-5。

由表 6-5 可知，不含 MgO 的酸性球团膨胀率最大、还原膨胀后的单球强度最低，分别为 16.5%和 171.4N。随着 MgO 含量的增加膨胀率显著降低，强度增高。当 MgO 为 4%时膨胀率降低 27%左右，强度增加了一倍。

MgO 的添加之所以抑制酸性球团的还原膨胀，我们认为主要是如下几方面的原因：

（1）在焙烧制度基本相同的条件下，随着 MgO 添加量的增加，使球团所含脉石总量增加，从而增强了球团的抗膨胀能力。

（2）由于 MgO 的添加，使其低温还原性能变差，再结晶的 Fe_2O_3 量变少，使还原膨胀减弱。膨胀率与 MgO 含量及球团抗压强度与 MgO 含量之间的关系见图 6-8。

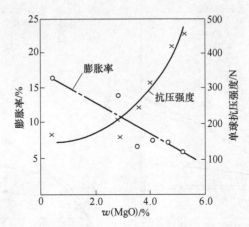

图 6-8　MgO 含量与 900℃还原率为 30%时的膨胀率、抗压强度的关系

（3）由于 MgO 的含量增多，酸性球团的气孔率增高，气孔孔径变大，故防止还原膨胀的能力增强。

6.2.4　高温还原性能

球团矿在低温区有比烧结矿高的还原率，可是到了 1100℃以上的高温区还原速度减慢，高温还原性能不如烧结矿，因此，改善球团的高温还原性是重要的研究问题之一。

6.2.4.1　1250℃时的高温还原率

不同氧化镁酸性球团的高温还原率见表 6-5。图 6-9 是不同氧化镁的酸性球团矿高温还原速度曲线。由实验结果可知，不加 MgO 的酸性球团高温还原率最低，不到 15%；根据当时的鞍钢原料条件，添加少量 MgO 对高温还原所起的作用也不大。MgO 的含量在 4.0%以下，高温还原率均不超过 20%，其中 MgO 为 1.53%的球团在高温还原过程中发生熔融现象，以致实验无法进行。当 MgO 含量超过 4%以后，高温还原的速度显著加快，最终还原率也大大升高。MgO 由 4% 增加到 5.12%时，最终还原率从近 30%升高到近 60%，几乎提高了一倍。

图 6-10 是 MgO 含量大体相同（≈4%）而碱度不同的球团高温还原曲线。从图中可明显看出，极低碱度和自熔性 MgO 球团高温还原性好，尤其是自熔性球团，最终还原率接近 56%，而中等碱度（$R=0.44$）的球团尽管 MgO 含量较高，还原速度却最低，最终还原率在 15%以下，还不如不加 MgO 的酸性球团还原率高。可见，碱度在 0.5 附近时高温性能最差。主要是 CaO/SiO_2 在 0.5 左右的范围内，最容易生成玻璃质的低熔点的渣相。在高温还原时形成典型的金属铁壳，故其高温还原性能最差。

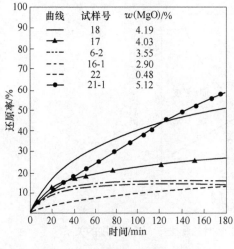

图 6-9　不同氧化镁酸性球团
高温还原率曲线

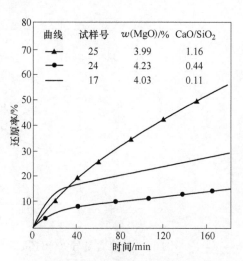

图 6-10　不同碱度的酸性氧化镁
球团的高温还原曲线

6.2.4.2　不同温度下的高温还原

图 6-11 是 23 号球团在不同温度下进行高温还原时的还原速度曲线。在 900～1200℃温度区间，还原速度随温度升高而加快，最终还原率也升高。在 1200℃ 的温度下的还原率高达 85%。当温度超过 1200℃ 时，随着温度升高还原速度显著减慢，且最终还原率也大幅度降低。1250℃ 的还原率为 17%。

23 号球团在不同温度下还原后的矿相结构随还原温度的提高，低熔点液相量增多，外周部分金属铁层逐渐变薄。

6.2.4.3　升温还原试验

图 6-12 是不同 MgO 含量的酸性球团升温至 1250℃ 时的还原曲线，MgO 含量为 4.7% 的 18 号球团在 1000℃ 恒温阶段还原速度虽然减慢，但不发生明显的还原停滞现象，至 1250℃ 时的最终还原率高。由此可认为，用该原料生产球团较好，为改善高温还原性能，MgO 含量应在 4.0% 以上，使还原停滞现象得到抑制。

6.2.5　荷重软化还原性能

表 6-6、图 6-13 为 MgO 含量与荷重软化温度的关系。由图中可见，无 MgO 的酸性球团开始软化温度低，当收缩率超过 40% 时收缩变得缓慢，收缩率到 70% 以后急剧收缩而熔化滴落。这种球团在高炉冶炼过程中恶化下部透气性。MgO 的加入使荷重软化性能改善。开始软化温度、软化终了温度以及熔化温度均随 MgO 含量的增多而升高。MgO 每增加 1%，开始软化温度约升高 50℃。

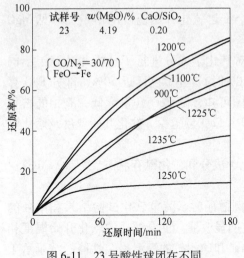
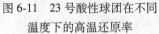

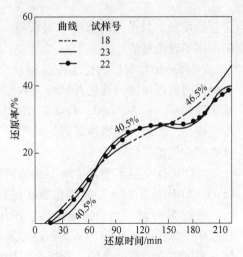

图 6-11　23 号酸性球团在不同
温度下的高温还原率

图 6-12　不同 MgO 的酸性球团
升温还原曲线

图 6-14 是球团矿碱度、MgO 含量和软化熔融性能的关系。图中可见，不论 MgO 含量多少，在碱度为 0.44 处均有一拐点。碱度为 0.44 的 24 号球团开始温度为 1105℃，而碱度为 1.16 的自熔性球团开始温度较高达 1200℃，软化曲线的斜率，即单位温升内收缩率的变化率是不同的。24 号球团软化曲线的斜率较大，说明软化得快，在碱度为 0.44 左右区域以外，随 CaO/SiO_2 的降低或升高，软化开始温度、软化终了温度及熔化滴落温度均有升高的趋势。MgO 含量越高，曲线越往上移。可认为 CaO/SiO_2 值的大小是影响软化性能的基本因素，而 MgO

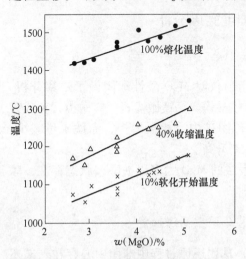

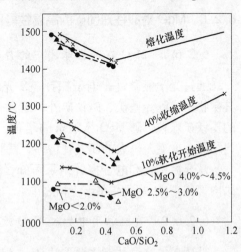

图 6-13　MgO 含量与荷重软化温度关系

图 6-14　碱度（CaO/SiO_2）、MgO 含量
与软化温度关系

含量的增加，只在相同碱度下可获得一个推迟软化开始温度的增量，可见 MgO 的作用是辅助性的。

28 号球团在荷重软化还原试验后，对其化学成分进行了分析并计算了不同收缩率时的还原度。软化开始时（收缩 10%时），还原度已近 50%，部分 FeO 存在于渣相中，由 $MgO-SiO_2-FeO$ 三元系相图可知，随 FeO 含量降低，渣相的熔化温度提高。因此，还原性越好的球团，渣中 FeO 量越少。软化开始温度及熔化温度亦相应提高。

球团的熔化温度主要取决于终渣的化学成分和矿物赋存状态、（CaO+MgO）/（SiO_2+Al_2O_3）值的大小及熔化温度有关。

酸性 MgO 球团与高碱度烧结矿按比例搭配时，荷重软化试验结果和单独的烧结矿、球团矿相比较，其基本特性发生明显改变。混合试样的软化开始温度和熔化温度都介于两者之间，即综合了烧结矿和球团矿的高温冶金性能，结果示于表 6-7。MgO 的加入能防止球之间的熔融黏结，无疑对降低炉料料层阻力损失，提高煤气利用率是有益的。

表 6-7　球团和烧结矿混合试验结果

样　号	CaO /SiO$_2$	$w(MgO)$ /%	4%收缩温度 /℃	10%收缩温度 /℃	40%收缩温度 /℃	100%熔化温度 /℃
单独 8-2 烧结矿	2.00	1.81	1125	1210	1425	1550
单独 15-1 球团矿	0.35	3.55	1010	1080	1200	1400
40%球团+60%烧结	1.34	2.506	1025	1100	1285	1490

6.2.6　MgO 对酸性球团矿的高温性能作用的初步分析

6.2.6.1　MgO 在酸性球团中的存在形态

通过光学显微镜、电子探针、X 光衍射仪对 MgO 酸性球团做了观察分析，其矿物组成除赤铁矿、磁铁矿外，还含有铁酸镁、钙镁橄榄石、镁橄榄石和残存的菱镁矿颗粒。随 MgO 添加量的增加，球团矿内渣相量增多，赤铁矿量减少，再结晶程度变差。大的闭气孔增多，气孔率升高。

从显微结构和电子探针结果可知，表层的 MgO 大多以铁酸镁状态存在，球团内部的 MgO 大多存在于渣相之中。

6.2.6.2　酸性球团中加入 MgO 改善球团矿高温性能

球团矿的高温性能主要取决于：（1）球团还原过程中球团中心存在着未还原的 FeO，它与其他渣相成分反应生成低熔点的液相；（2）FeO 本身的熔融性能。改善球团矿高温性能的根本途径就是设法提高以上两相的熔融温度，MgO 的加入正起到了这个作用。

MgO 含量增加，其渣相熔点向高温区移动，且位于广阔的高温区域。从试验的结果看，当添加的 MgO 量增加到 4.5% 后，软化温度升高，软化变形小，气孔堵塞现象相应减少，没有上述典型的金属铁壳生成，还原能够由表及里地均匀进行，球外层有一较厚的金属铁带，球的中间部分也有金属铁出现。

通过上述试验分析，MgO 对酸性球团冶金性能的影响可归纳如下几点：

（1）MgO 加入能有效地降低球团低温还原粉化率和还原膨胀率。MgO 在 4.0% 以上时，可分别降低到 5% 和 10% 以下。

（2）MgO 能显著改善酸性球团的高温还原性和荷重软化性能。MgO 在 4.0% 以下的酸性球团高温还原率大都在 20% 以下，MgO 含量在 4.0%~5.0% 范围内高温还原率可达 40%~60%。酸性球团的软化开始温度最低，在 1050~1080℃ 范围。当 MgO 增加到 4.0%~5.0% 时，软化开始温度可升至 1140~1170℃，熔化温度也相应升高。

改善酸性球团的高温性能，不仅取决于 MgO 的绝对含量，还与 MgO/SiO_2 之比有关，此值在 0.5 左右为宜。

（3）碱度对球团性能的影响也很大，试验证实，同样条件下碱度为 0.5 左右的球团性能最差，含 MgO 的自熔性球团性能则最佳。

（4）MgO 加入后，首先是形成了某些含镁的化合物，提高了渣相的熔融温度，其次，是固溶于富氏体中，形成含 Mg 富氏体，使其熔点提高。再者，使渣中 FeO 相应减少，缩小了低熔点液相渣的生成范围。所以，使高温区的还原发展到球团内部，限制了金属铁壳的形成，故改善了球团的高温性能。

6.3 低碱度镁质氧化球团的试验研究

高炉冶炼对炉渣化学成分有一定的要求，研究表明，在炉渣碱度为 1.0~1.2、Al_2O_3 为 13%~15%、MgO 为 10%~12% 时，炉渣的性能最佳，高炉能达到较好的冶炼效果。一般来说，单靠矿石中含有的 MgO 难以提供炉渣所需的 MgO，因此通常要往高炉炉料中添加含镁熔剂。如果直接向高炉内加含镁熔剂（主要为白云石、菱镁石等碳酸盐），由于碳酸盐分解吸热，使得高炉焦比明显升高，这种做法既不经济，也不科学。现阶段主要是在烧结造块的过程中加入含镁熔剂。当生产高硅低铁的烧结矿时，配加含镁熔剂能改善烧结矿的自然粉化和低温还原粉化性能。近年来，中国的铁矿原料向高铁低硅转变，这种烧结矿以铁酸钙为主要黏结相，MgO 会阻碍铁酸盐的生成，而且含镁熔剂反应性也较弱，不易反应完全，将造成烧结矿强度下降和燃耗升高。所以生产低硅烧结矿时，一般控制 MgO 在 2.0% 以下，这使得部分原本在烧结中添加的含镁熔剂需要转移到球团矿中。因此，有必要研究 MgO 含量对球团矿质量的影响。

随着中国球团矿产量的迅速增加，势必导致高炉炉料中球团矿配比的增加，为平衡高炉炉渣碱度，需要提高烧结矿或球团矿碱度。通过高炉配料计算，烧结矿和球团矿的碱度分配见表 6-8。如果保持酸性球团矿碱度不变，球团矿入炉比例从 44.79% 提高到 59.94%，烧结矿碱度应从 2.0 提高到 2.8；而如保持烧结矿碱度 2.0 不变，球团矿入炉比例从 44.79% 提高到 57.36%，球团矿碱度从 0.09 提高到 0.49。有研究表明，烧结矿在碱度为 1.8~2.4 时强度达到最佳值，而碱度超过 2.0 以后，开始软化温度呈下降趋势，还原度变化不大，粉化指数略变差。所以，随着球团入炉比例的增加，应考虑提高球团矿碱度，从而有必要研究碱度对球团矿质量的影响。

表 6-8　球团矿入炉比例对烧结矿和球团矿碱度分配的关系

条　件	球团矿 R 不变				条　件	烧结矿 R 不变			
球团入炉比例/%	44.79	53.70	59.94	64.55	球团入炉比例/%	44.79	50.36	57.36	66.44
烧结矿 R	2.00	2.40	2.80	3.20	球团矿 R	0.09	0.29	0.49	0.69

6.3.1　原料物化性能与试验方法

6.3.1.1　原料物化性能

试验原料物化性能见表 6-9。可见，铁精矿品位较高，除 SiO_2 外其他杂质较少；菱镁石主要矿物为 $MgCO_3$，菱镁石中碳酸盐分解后 MgO 可达 94.1%，是一种优良的镁质添加剂；石灰石中主要矿物为 $CaCO_3$，SiO_2 为 5.01%。此外，铁精矿和添加剂的粒度都较细，小于 0.074mm 粒级都在 90% 以上，比表面积也都超过了 $1000cm^2/g$。膨润土胶质价为 99mL/15g、膨胀容为 20.7mL/g、2h 吸水率为 500%、蒙脱石含量达 88.8%、小于 0.074mm 粒级为 99.6%。

表 6-9　原料的化学成分　　　　　　　　　　（%）

原料	TFe	FeO	SiO_2	Al_2O_3	CaO	MgO	K_2O	Na_2O	P	S	Ig
铁精矿	67.08	23.96	5.00	0.48	0.13	0.34	—	—	0.023	0.031	0.55
膨润土	1.86	0.13	61.08	13.16	3.06	2.82	1.66	2.19	0.015	0.010	12.58
菱镁石	0.22	0.20	1.09	0.023	1.02	46.90	—	—	—	—	50.18
石灰石	0.31	0.13	5.01	0.67	49.31	2.13	—	—	—	—	41.84

6.3.1.2　试验方法

试验包括生球制备、生球干燥、预热和焙烧等过程，并对生球、干球、预热球、焙烧球等强度以及球团矿冶金性能进行了检测。生球爆裂温度测定参照美国

AC 公司的动态测定法，预热焙烧试验是在卧式管炉中进行。冶金性能检测包括球团矿的还原性、低温还原粉化、还原膨胀及软熔性能。

6.3.2 试验结果与分析

6.3.2.1 MgO 含量对球团质量的影响

在膨润土用量 2.0% 的情况下，通过添加菱镁石来改变球团矿的 MgO 含量，其对球团生球质量的影响见表 6-10。可见，当不添加菱镁石，MgO 的质量分数为 0.4% 时，生球单球落下强度（0.5m）为 4.7 次，单球抗压强度为 11.50N，爆裂温度为 400℃；保持膨润土配比不变，随着 MgO 含量的增加，生球落下强度呈降低的趋势，抗压强度变化不大，但生球爆裂温度得到大幅提高。将制备好的球团干燥 2h 后进行预热、焙烧试验，其条件为 950℃ 预热 10min，1250℃ 焙烧 12min。随着 MgO 含量的增加，预热、焙烧球强度降低，当 MgO 的质量分数由 0.4% 增加到 3.0% 时，预热球单球强度从 720N 球下降到 420N，焙烧球单球强度从 3167N 下降到 2407N。

表 6-10 MgO 含量对生球指标的影响

菱镁石用量 /%	$w(MgO)$ /%	单球落下强度 (0.5m)/次	生球单球抗压强度 /N	爆裂温度 /℃	预热球单球 抗压强度/N	焙烧球单球 抗压强度/N
0	0.40	4.7	11.50	400	720	3167
1.38	1.00	4.4	11.56	493	560	2878
2.43	1.50	4.3	11.30	549	490	2791
2.96	1.75	4.3	11.42	563	470	2673
3.49	2.00	4.1	11.38	>600	458	2597
4.54	2.50	3.5	10.80	592	485	2566
5.58	3.00	3.3	10.33	500	420	2407

镁质酸性球团（$w(MgO) = 2.5\%$）和普通酸性球团（不添加菱镁石，$w(MgO) = 0.4\%$）焙烧特性曲线见图 6-15。

由图 6-15 可以得到以下规律：

（1）普通酸性球团随着焙烧时间的延长，球团抗压强度先增加后变化不大，而镁质酸性球团强度先增加后又有一定幅度降低；随着焙烧温度的提高，两种球团矿的抗压强度均先增加后降低，但强度开始降低的温度不同，普通酸性球团从 1280℃ 开始下降，而镁质酸性球团从 1250℃ 就开始下降，温度提前了，而且下降的速度更快。

（2）在相同的焙烧制度下，镁质酸性球团的抗压强度要明显低于普通酸性球团。

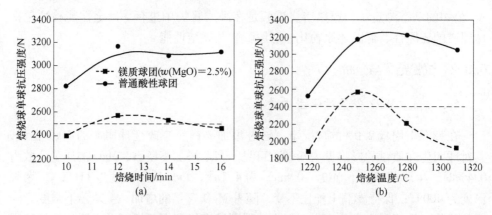

图 6-15　镁质酸性球团与普通酸性球团的焙烧特性曲线

（3）与普通酸性球团相比，镁质球团的焙烧时间、温度的适宜范围都变窄了。当 $w(\text{MgO})$ 为 2.5% 时，球团单个球强度要达到 2500N，适宜的焙烧时间为 11~14min，焙烧温度为 1240~1270℃。

不同 MgO 含量的球团矿和烧结矿的冶金性能见表 6-11。与普通酸性球团相比，镁质酸性球团还原度增加，还原膨胀率减小，软化开始温度、软化结束温度、熔滴温度都得到提高，软化区间变化不大，软熔区间有所增大。因此，镁质球团的冶金性能得到了改善。当球团 MgO 含量由 0.4% 提高到 2.5% 时，软化开始温度提高 47℃、软化结束温度提高 45℃、熔滴温度提高 89℃，还原膨胀率由 13.3% 下降到 6.0%，还原度从 70.53% 提高到 78.36%。

表 6-11　MgO 含量对球团矿冶金性能的影响及各种炉料的冶金性能对比

炉料种类	$w(\text{MgO})$ /%	低温粉化 $RDI_{+3.15}$ /%	还原度 RI/%	还原膨胀率 RSI/%	软化开始温度 T_a/℃	软化结束温度 T_s/℃	熔滴温度 T_m/℃	软化区间 (T_s-T_a) /℃	软熔区间 (T_m-T_a) /℃
酸性球团矿	0.40	91.91	70.53	13.3	1128	1191	1242	63	51
镁质球团矿	1.00	88.27	86.61	7.1	1143	1207	1273	64	66
	1.75	92.67	79.55	6.7	1138	1210	1313	72	93
	2.50	91.58	78.36	6.0	1175	1236	1331	61	95
烧结矿 $(R=2.0)$	2.00	87.04	89.49	—	1176	1291	1450	115	159

比较普通酸性球团矿与烧结矿冶金性能可见，高碱度烧结矿还原性比酸性球团矿好，开始软化温度、软化结束温度、熔滴温度分别比酸性球团矿高 48℃、100℃、208℃；有研究表明，如果球团矿软熔温度太低，使得烧结矿与球团矿不能同步软熔，球团矿先于烧结矿成渣滴落，使炉身砖衬侵蚀和黏结，影响炉身部

位的透气性，进而影响炉身煤气流的分布，同时也影响高炉的快速操作和炉况顺行。镁质球团矿缩小了与烧结矿的还原性能以及软化性能的差异，烧结矿开始软化温度、软化结束温度、熔滴温度只比镁质球团矿（MgO 2.5%）分别高1℃、55℃、119℃。因此，镁质球团矿与烧结矿组成的炉料，能获得更好的高炉操作指标。

6.3.2.2　碱度对球团质量的影响

在 MgO 的质量分数为 2.5% 的条件下，研究了碱度（R）对球团质量的影响。添加石灰石改变球团的碱度，试验结果见表 6-12。可见，随着碱度的提高，生球落下强度和抗压强度有所降低、爆裂温度提高。当 R 超过 0.4 时，生球单球落下强度（0.5m）低于 3 次，但可以通过提高膨润土的用量，改善球团的生球质量。例如在球团 $R = 0.5$ 时，膨润土用量从 2.0% 提高到 2.25%，生球单球落下强度（0.5m）从 2.6 次提高到 4.7 次。提高镁质球团碱度，预热球强度有所降低，但碱度不高于 0.4 时，预热球单球强度大于 400N。提高预热温度可提高预热球强度，例如 R 为 0.5 时，预热温度从 950℃ 提高到 980℃，预热球单球强度从 384N 提高到 446N。提高球团 R，焙烧球强度先迅速增加后降低，在碱度为 0.4 左右达到最大值。当碱度从 0.04（没添加石灰石）提高到 0.2，球团矿单球强度从 2566N 提高到 3517N。

表 6-12　碱度对生球质量的影响

碱度	膨润土用量/%	单球落下强度(0.5m)/次	生球单球抗压强度/N	爆裂温度/℃	预热球单球抗压强度/N	焙烧球单球抗压强度/N
0.04		3.5	10.80	592	485	2566
0.20		3.3	9.92	>600	470	3517
0.40	2.00	2.8	9.72	>600	435	4167
0.50		2.6	9.81	>600	384	3972
0.50	2.25	4.7	10.76	>600	451	4013

低碱度镁质球团（$R = 0.2$，$w(MgO) = 2.5\%$）和镁质酸性球团（$R = 0.04$，$w(MgO) = 2.5\%$）、普通酸性球团（$R = 0.04$，$w(MgO) = 0.4\%$）焙烧特性曲线见图 6-16。

由图 6-16 可知：

（1）随焙烧温度的提高，低碱度镁质球团强度提高。当温度提高到 1280℃ 时，球团强度开始下降，稍微提高球团碱度可以使镁质球团强度开始降低的温度从 1250℃ 提高到 1280℃。因此，低碱度球团的适宜焙烧温度区间变宽。在试验范围 1220~1310℃ 内，低碱度镁质球团强度都能满足生产的要求。

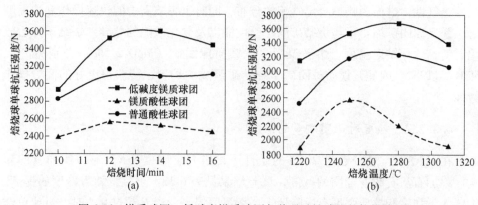

图 6-16　镁质球团、低碱度镁质球团与普通酸性球团的焙烧特性

（2）随着焙烧时间的延长，低碱度镁质球团的强度先增加后有所降低，但在相同的焙烧条件下，强度明显好于镁质酸性球团，而且比普通酸性球团的强度要高。

（3）稍微提高球团的碱度就可大幅提高镁质球团的强度。三种球团强度从小到大的顺序为：镁质酸性球团、普通酸性球团、低碱度镁质球团。

因此，略微提高球团碱度，可以解决镁质球团机械强度低、焙烧区间范围窄的问题。碱度对球团矿冶金性能的影响见表 6-13。可见，当碱度由 0.04 提高到 0.2 时，球团的还原度有很大地改善，低温还原粉化、软化开始温度、结束温度均有所降低，但降幅不大，熔滴温度升高。软化区间变化不大，但软熔区间拉宽；当碱度提高到 0.5 时，冶金性能各指标有所变差，但相比普通酸性球团矿，冶金性能仍有所改善。在碱度较低时，球团保持了镁质球团良好的冶金性能。

表 6-13　碱度对球团矿冶金性能的影响

碱度	$w(MgO)$ /%	低温粉化 $RDI_{+3.15}$ /%	还原度 RI/%	还原膨胀率 RSI/%	软化开始温度 T_a/℃	软化结束温度 T_s/℃	熔滴温度 T_m/℃	软化区间 $(T_s - T_a)$ /℃	软熔区间 $(T_m - T_a)$ /℃
0.04	0.4	91.91	70.53	13.3	1128	1191	1242	63	51
0.04		91.58	78.36	6.0	1175	1236	1331	61	95
0.20	2.5	90.64	80.80	5.7	1162	1224	1352	63	149
0.50		93.61	70.30	4.0	1137	1209	1329	72	120

6.3.3　试验结论

（1）添加菱镁石生产镁质酸性球团矿，球团冶金性能显著改善。随着 MgO 含量的增加，生球落下强度有所降低，但抗压强度变化不大，爆裂温度得到改善，预热球强度也有一定程度的降低。球团的 MgO 含量对焙烧球强度影响较大，

MgO 含量提高则焙烧球强度下降,而且球团适宜的焙烧时间、温度区间变窄,使得镁质球团焙烧条件非常苛刻。

(2) 在镁质球团的基础上添加石灰石改变球团的碱度 ($\leqslant 0.5$),可以保持镁质球团良好的冶金性能,而且提高球团碱度,解决了镁质酸性球团焙烧球强度差、适宜焙烧范围窄的缺点。对于碱度在 0.5 范围内的球团来说,各性能都较好。

(3) 得到一种具有良好的机械强度、冶金性能的球团,即低碱度镁质球团,可以实现 MgO 从烧结矿向球团矿的优化转移,使烧结矿和球团矿质量都得到改善;而且球团碱度的提高,能解决近年来球团入炉比例增加带来的问题。同时,其与高碱度烧结矿搭配,克服了普通酸性球团矿与高碱度烧结矿搭配的不足,能够产生显著地冶炼效果。

6.4 碱度和 MgO 对球团矿冶金性能的影响研究

华北理工大学徐晨光等学者采用试验结合 Fact Sage 模拟软件,探究了 MgO 含量及碱度变化对高镁碱性球团冶金性能的影响规律,以期为改善球团性能,优化炉料结构提供依据。

6.4.1 研究方法

6.4.1.1 Fact Sage 热力学计算

采用 Fact Sage 软件中 Equilib 模块,对在不同条件下达到平衡状态时体系液相量进行定量分析。选取 $CaO\text{-}SiO_2\text{-}MgO\text{-}Fe_3O_4$ 体系,探究碱度及 MgO 含量变化对铁酸钙生成量的影响规律。原料成分及模拟所需原料配加量如表 6-14 与表 6-15 所示。

表 6-14 原料化学成分 （%）

原　料	TFe	SiO$_2$	CaO	MgO
磁铁矿	66.36	4.96	0.55	0.60
白云石	—	1.35	30.58	20.72
石灰石	2.70	48.80	4.53

表 6-15 原料配加量 （%）

编　号	铁矿粉	白云石	石灰石
$R_{0.6}MgO_{1.0}$	94.69	1.18	4.13
$R_{0.8}MgO_{1.0}$	92.91	0.75	6.34
$R_{1.0}MgO_{1.0}$	90.88	0.26	8.86

编　号	铁矿粉	白云石	石灰石
$R_{1.2}MgO_{1.0}$	89.82	—	10.18
$R_{1.0}MgO_{0.8}$	91.22	0.15	8.63
$R_{1.0}MgO_{1.2}$	90.78	1.47	7.75
$R_{1.0}MgO_{1.4}$	90.39	2.61	7.00

6.4.1.2　试验方法

将铁精粉、添加剂、膨润土混合后造球，固定造球料量为 6kg。一次性加入水和膨润土，人工混匀后采用 ϕ500mm×150mm 圆盘造球机造球；造球完成后筛出 10~12.5mm 的作为合格生球，将干燥好的生球进行预热、焙烧；然后进行冶金性能检测。

6.4.2　Fact Sage 模拟结果

6.4.2.1　碱度对铁酸钙生成量的影响

图 6-17 为碱度对铁酸钙生成量的影响。可见，当固定 MgO 含量为 1.0%时，随着碱度的提高，液相和铁酸钙生成量逐渐升高。因为碱度提高使得 CaO 含量相应增加，进而促进铁酸钙生成，有助于球团矿冶金性能改善。但随着 CaO 含量变得更多，液相量会进一步增加，而过多的液相量会阻碍 Fe_2O_3 的再结晶，又会使球团矿的冶金性能变差。

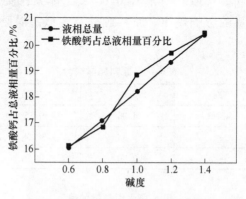

图 6-17　碱度对铁酸钙生成量的影响

6.4.2.2　MgO 含量对液相生成量的影响

图 6-18 为 MgO 含量对铁酸钙生成量的影响。可见，在固定碱度为 1.0 的前

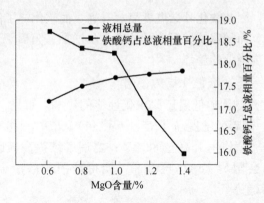

图 6-18　MgO 含量对铁酸钙生成量的影响

提下，随着 MgO 含量增加，液相总量逐渐增多，而大量 MgO 与 Fe_2O_3 反应生成铁酸镁，导致铁酸钙生成量减少，因此铁酸钙生成量占液相总量的比例呈下降趋势。与铁酸钙相比，高熔点的铁酸镁提高了渣相及浮氏体的熔点，且 Fe_2O_3 的再结晶能力更好，抑制了难还原的铁橄榄石相生成，因此球团矿的冶金性能得到改善。

6.4.3　试验结果与分析

6.4.3.1　碱度对高镁碱性球团矿冶金性能的影响

固定 MgO 含量为 1.0，改变碱度，对高镁碱性球团进行冶金性能测定（数据列于表 6-16）。

表 6-16　碱度对高镁碱性球团冶金性能的影响

实验编号	低温还原粉化			还原性		荷重软化		
	$RDI_{+6.3}$/%	$RDI_{+3.15}$/%	$RDI_{-0.5}$/%	RVI/%	RI/%	$T_{10\%}$/℃	$T_{40\%}$/℃	ΔT/℃
1 （$R=0.6$）	67.2	71.6	26.7	0.41	70.9	1112	1199	87
2 （$R=0.8$）	70.5	76.1	24.5	0.45	74.4	1120	1200	80
3 （$R=1.0$）	84.4	88.3	13.4	0.53	82.7	1136	1193	57
4 （$R=1.2$）	68.4	72.8	27.3	0.40	70.2	1132	1215	83
5 （$R=1.4$）	62.8	69.4	25.9	0.35	64.9	1122	1212	90

A　碱度对荷重软化性能的影响

图 6-19 为碱度对球团荷重软化性能的影响。可见，随着碱度提高（0.6～1.4），软化开始温度逐渐升高，最高达到 1136℃，但软化区间先变窄后变宽，在 $R=1.0$ 时达到最窄。当球团矿碱度提高至 1.0 时，玻璃相的生成量显著减少，

铁酸钙等液相增多，因此软化开始温度显著升高，而软化终了温度略有下降，故导致软熔区间变窄。而随着铁酸钙含量的进一步增加，阻碍了 Fe_2O_3 再结晶，故软化开始温度又呈现降低的趋势。

B　碱度对低温还原粉化性能的影响

图6-20为碱度对球团矿低温还原粉化性能的影响。可见，在固定 MgO 含量为 1.0% 的情况下，随着碱度提高（$R = 0.6 \sim 1.4$），$RDI_{+3.15}$ 指数先增后减。碱度升至 1.0 时，$RDI_{+3.15}$ 值迅速升高至 88.3%；之后继续提高碱度，液相生成量更多，而过多的液相会阻碍 Fe_2O_3 再结晶，使得球团矿的冶金性能变差，因此 $RDI_{+3.15}$ 值呈现下降趋势。

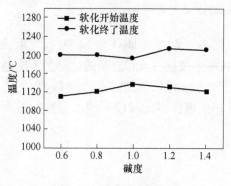

图 6-19　碱度对球团荷重
软化性能的影响

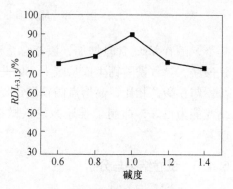

图 6-20　碱度对球团矿低温还原
粉化性能的影响

C　碱度对还原性的影响

图6-21为碱度对高镁碱性球团还原性的影响。可见，在固定 MgO 含量不变的前提下，随着碱度从 0.6 增至 1.4，RI 指数呈先升后降的趋势，并在碱度为 1.0 时达到最大值 82.7%。这是因为随着碱度的提高，铁酸钙生成量逐渐增多，但碱度超过一定值后，部分铁酸一钙会转变为较难还原的铁酸二钙，而且在铁酸钙增多的同时还会产生一定量的玻璃体，从而导致球团矿还原性能变差。

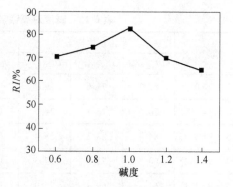

图 6-21　碱度对高镁碱性球团还原性的影响

6.4.3.2　MgO 含量对高镁碱性球团矿冶金性能的影响

固定碱度为 1.0，改变 MgO 含量，测定高镁碱性球团的冶金性能，实验数据见表6-17。

表 6-17 MgO 含量变化对高镁碱性球团矿冶金性能的影响

实验编号	低温还原粉化			还原性		荷重软化		
	$RDI_{+6.3}$/%	$RDI_{+3.15}$/%	$RDI_{-0.5}$/%	RVI/%	RI/%	$T_{10\%}$/℃	$T_{40\%}$/℃	ΔT/℃
1（MgO 0.6%）	59.1	68.5	28.4	0.46	75.6	1101	1165	64
2（MgO 0.8%）	57.0	71.2	27.1	0.50	79.5	1118	1177	59
3（MgO 1.0%）	73.9	76.8	17.4	0.53	82.7	1127	1184	57
4（MgO 1.2%）	79.2	83.3	15.8	0.54	83.7	1135	1200	65
5（MgO 1.4%）	80.3	84.6	15.1	0.55	85.1	1139	1203	64

A MgO 含量对荷重软化性能的影响

图 6-22 为 MgO 含量对球团矿荷重软化性能的影响。可见，在相同碱度（$R=1.0$）下，随着 MgO 含量的提高，磁铁矿球团软化开始温度从 1101℃逐渐升高到 1139℃，但软化区间先变窄后变宽。当 $w(\mathrm{MgO})=1.0\%$ 时，$\Delta T_s = 57℃$。这是因为当 MgO 含量提高至 1.0%时，开始有部分高熔点铁酸镁生成，且有部分 MgO 进入渣相和浮氏体中，进一步提高了渣相及浮氏体的熔点，从而使球团矿软化温度随之提高。

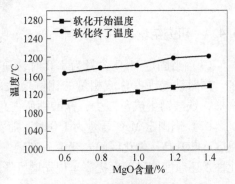

图 6-22 MgO 含量对球团矿荷重软化性能的影响

B MgO 含量对低温还原粉化性能的影响

图 6-23 为 MgO 含量对球团矿低温还原粉化性能的影响。可见，随着 MgO 含量的提高，磁铁矿球团 $RDI_{+3.15}$ 指标呈升高趋势（从 68.5%升至 84.6%），低温还原粉化性能明显改善。这是因为 MgO 以熔剂形式添加到球团中，并以弥散状态分布在铁相中，从而很好地抑制了 Fe_2O_3 还原及粉化。

此外，MgO 含量提高抑制了液相量的增加，促进了 Fe_2O_3 的再结晶能力，使晶格缺陷进一步完善，减小了晶格之间的应力，也使得低温还原粉化性能得到改善。

C MgO 含量对还原性的影响

图 6-24 为 MgO 含量对球团矿还原性的影响。可见，在固定碱度为 1.0 的前提下，随着 MgO 含量的提高，RI 指数由 75.6%升至 85.1%。这是因为 Fe_2O_3 再结晶能力改善，同时 Mg^{2+} 和 Fe^{2+} 可以相互取代，进而抑制了较难还原的铁橄榄石相的生成，从而使还原性能得到改善。

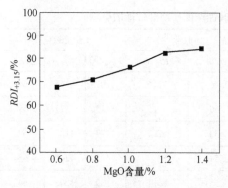

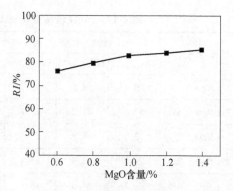

图 6-23　MgO 含量对球团矿低温　　　　　　图 6-24　MgO 含量对球团矿
　　　还原粉化性能的影响　　　　　　　　　　　　还原性的影响

6.4.4　研究结论

（1）当固定 MgO 含量为 1.0 时，随着碱度提高，球团矿中铁酸钙生成量增多，同时铁酸钙占总液相量的比例增大；而固定碱度为 1.0 时，随着 MgO 含量增加，铁酸钙生成量减少，铁酸钙所占总液相量的比例也降低。

（2）当固定 MgO 含量为 1.0 时，随着碱度提高，高镁碱性球团矿的软化开始温度逐渐升高，软化区间先变窄后变宽，并在 $R = 1.0$ 时达到最窄；其低温还原粉化性及还原性均随碱度提高呈现先增后降的趋势，并在碱度为 1.0 时达到最佳。

（3）当固定碱度为 1.0 时，随 MgO 含量增加，球团矿软化开始温度逐渐升高，软化区间先变窄后变宽，并在 MgO 含量为 1.0% 时达到最优；其低温还原粉化性及还原性则随 MgO 含量增加而逐步得到改善。

（4）当碱度控制在 1.0 且 MgO 含量为 1.0% 时，高镁碱性球团矿的冶金性能最优。

6.5　配加镁橄榄石对球团矿性能影响研究

北京科技大学张建良等学者针对 Sibelco 镁橄榄石及国内某种氧化镁粉进行基础性能研究，采用化学分析、激光粒度分析、扫描电镜和能谱分析（SEM-EDS）等一系列方法进行分析，同时进行造球实验及预热焙烧实验分析不同镁质添加剂对球团矿冶金性能的影响，并与某钢厂实际生产的球团进行对比，为镁橄榄石在球团中的合理应用提供了理论依据。

6.5.1　试验原料及方法

6.5.1.1　试验原料

试验所用原料主要为国内某钢厂提供的两种铁矿粉、膨润土、氧化镁粉及

Sibelco 镁橄榄石。原料的主要成分见表 6-18。

表 6-18　原料的化学组成　（%）

成　分	TFe	FeO	SiO₂	CaO	MgO	Al₂O₃	TiO₂	S	P	LOI
矿粉 1	69.30	29.70	1.84	0.31	0.67	<0.05	0.074	0.20	0.004	≤0.01
矿粉 2	59.52	27.00	7.58	1.90	2.38	1.37	0.22	0.65	0.054	≤0.01
膨润土	—	0.40	63.23	2.82	2.68	14.65	—	0.088	0.082	9.26
氧化镁粉	0.42	0.033	9.06	1.51	83.30	0.62	—	0.051	—	4.95
镁橄榄石	5.18	6.42	41.63	0.116	48.73	0.642	—	—	—	0.98

由表 6-18 可以看出，矿粉 1 中 SiO₂ 含量较低，为低硅磁铁矿粉；矿粉 2 属于高硅磁铁矿粉；氧化镁粉中 MgO 含量高达 83.3%，其平均粒度为 7.494μm；镁橄榄石主要由 SiO₂ 和 MgO 及少量 FeO 组成，属于镁铁橄榄石，其原始粒度较大。因此使用球磨机进行 60min 的预磨处理，处理后镁橄榄石平均粒度为 6.753μm。

6.5.1.2　试验方法

试验包括球团制备试验、球团预热焙烧试验及球团冶金性能检测试验，主要考察不同镁质添加剂及其添加量对球团性能的影响。试验配料方案及成品球相关分析指标见表 6-19。其中 A 组为某钢厂现场的配料条件，作为实验中的基准球团；B 组球团在保证 MgO 含量与基准球团一致的情况下，将氧化镁粉替换为镁橄榄石。

表 6-19　配料方案　（%）

试验编号	矿粉 1	矿粉 2	膨润土	氧化镁粉	橄榄石粉	TFe	MgO
A				1.0	—	65.3	1.66
B	87.5	12.5	1.2	—	1.8	64.8	1.69
C				1.2	1.2	65.1	1.42
D					3.0	59.7	2.04

6.5.1.3　试验设备

X 射线衍射分析（XRD）所用设备为日本理学 Ulitma Ⅳ 3kW，扫描电镜-能谱分析（SEM-EDS）设备为 Quanta250 环境扫描电子显微镜，粒度检测设备为 LMS-30 激光粒度分布测定仪。球团干燥设备为 DHG-9140A 型电热恒温鼓风干燥箱，球团预热焙烧试验所采用的设备是管式炉，还原度及还原膨胀性能检测设备为高温晶闸管竖式电阻炉。

6.5.2 试验结果与分析

6.5.2.1 镁橄榄石对生球强度的影响

通过添加氧化镁粉及镁橄榄石两种镁质添加剂进行造球试验，将生球 MgO 含量控制在 1.66%~1.69% 范围内。试验结果如表 6-20 所示。可以看出，在相同的 MgO 水平下，添加氧化镁粉的生球（基准球团）抗压强度稍高于添加镁橄榄石的球团，落下强度呈相反趋势但差距很小，两种球团均满足下一步试验要求。

表 6-20 添加不同镁质添加剂造球试验结果

添加剂种类	单球抗压强度/N	单球落下强度（0.5m）/次	含水量/%
氧化镁粉	9.71	3.4	9.0
镁橄榄石	8.41	3.7	8.8

为研究镁橄榄石添加量对球团生球强度的影响，添加不同含量的镁橄榄石进行造球试验（见图 6-25）。

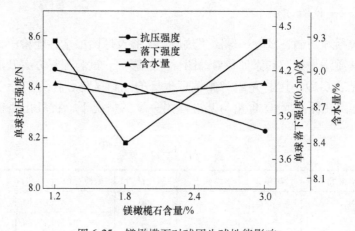

图 6-25 镁橄榄石对球团生球性能影响

由图 6-25 可以看出，在球团含水量相近的情况下，随着球团中镁橄榄石含量的增加，生球单球抗压强度逐渐降低，由 8.47N 减小为 8.23N，且趋势缓慢，这主要是因为镁橄榄石亲水性较差，不易同矿物颗粒接触，对颗粒间黏结作用影响较小，生球抗压强度变化小；生球的落下强度则呈现先降低后增加的趋势，当镁橄榄石含量为 1.8% 时，单球落下强度（0.5m）最低，为 3.7 次。这是由于生球落下强度与其含水量密切相关，镁橄榄石含量为 1.8% 时的球团含水量与其他球团相比稍低，对落下强度产生了一定影响，但仍满足实际生产需求。综上所述，镁橄榄石含量对球团生球强度影响较小，数值波动不大。

6.5.2.2 镁橄榄石对成品球性能的影响

为了分析不同种类添加剂及不同含量镁橄榄石对球团焙烧后强度的影响，采用管式炉对四组生球进行预热焙烧试验。试验结束后测定焙烧球的抗压强度，同时测定某钢厂现场球团的抗压强度并进行对比，结果分别如图 6-26 和图 6-27 所示。

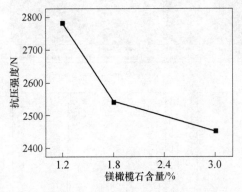

图 6-26 镁橄榄石含量对成品球强度的影响

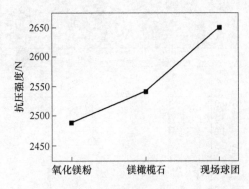

图 6-27 不同生产条件下球团强度对比

由图 6-26 可以看出，随着球团中镁橄榄石含量由 1.2% 增加到 3.0%，焙烧后球团抗压强度逐渐降低。造成这种现象的原因主要是在预热焙烧过程中，球团中 Mg^{2+} 进入磁铁矿晶格与 Fe_2O_3 作用生成铁酸镁，阻碍了 Fe_2O_3 结晶长大。因此，镁橄榄石含量的增加会增加球团中铁酸镁含量，进而会降低球团的抗压强度。

由图 6-27 可以看出，在相同的 MgO 水平下，预热焙烧后的基准球团单球强度为 2488N，镁橄榄石球团单球强度为 2541N，均低于钢厂现场球团单球强度 2650N。这是由于钢厂现场预热焙烧采用带式焙烧机，具有合理的干燥焙烧及冷却工序且预热焙烧过程中气体流速大，氧化条件明显优于实验室条件，球团氧化及 Fe_2O_3 再结晶充分，因此可以实现较高的强度。

其次可以看出，添加镁橄榄石球团的强度高于添加氧化镁粉的基准球团，使用 SEM-EDS 对两种球团微观形貌进行表征（见图 6-28），发现由于镁橄榄石中含有较多的 SiO_2 成分，焙烧时会生成高熔点硅酸盐，填充在 Fe_2O_3 颗粒间的缝隙中连接颗粒，部分抵消了 Mg^{2+} 进入磁铁矿晶格与 Fe_2O_3 作用生成铁酸镁对再结晶的抑制作用，而氧化镁粉基准球团中 MgO 含量高达 83%，几乎不含 SiO_2，Fe_2O_3 未能形成大片联晶，因此镁橄榄石球团强度高于基准球团。

6.5.2.3 镁橄榄石对球团矿冶金性能的影响

为进一步研究镁橄榄石对球团冶金性能的影响，对五组球团进行了还原度及

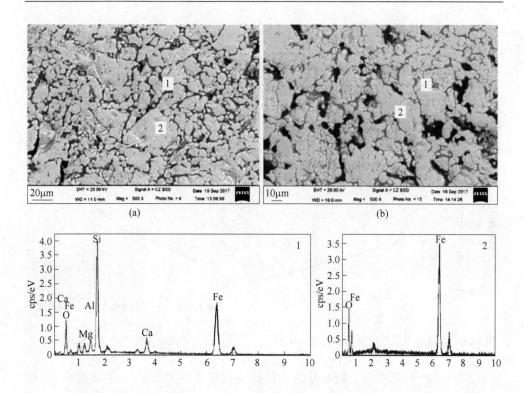

图 6-28　镁橄榄石球团（a）和氧化镁粉基准球团（b）的微观形貌

还原膨胀性能测定试验，还原度结果如图 6-29 所示。

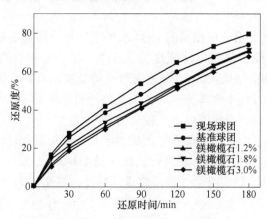

图 6-29　不同生产条件下球团还原度对比

可以看出，随着还原时间的增加，五组球团还原度均有不同程度的增加。在任意还原时间下，球团还原度高低依次为现场球团>基准球团>镁橄榄石 1.8%>镁橄榄石 1.2%>镁橄榄石 3.0%，即现场球团还原性最好，还原 180min 时还原度可达 79.8%，其次是氧化镁粉基准球团，还原度为 74.01%，镁橄榄石球团还原性最差。随着镁橄榄石含量增加，球团还原度先上升后下降。当镁橄榄石含量为 1.8% 时，球团还原度最大为 71.13%，稍低于基准球团。

球团还原膨胀率检测结果如表 6-21 可以看出，钢厂现场球团还原膨胀率最高，为 23.61%，还原后球团表面产生大量裂纹且裂纹尺寸较大，表面结构变得疏松，球团最外层物质容易剥落；添加氧化镁粉的基准球团还原膨胀率为 9.16%，其还原后表面也产生大量裂纹，但表面结构相对致密；镁橄榄石球团还原膨胀率最低，都在 8% 以下，还原后球团球形完好，仅表面产生细微裂纹。当镁橄榄石含量为 1.8% 时，球团还原膨胀率仅为 5.83%，因此使用镁橄榄石替代氧化镁粉可以有效地抑制球团的还原膨胀。

表 6-21　不同条件下球团的还原膨胀率

球团种类	基准球团	现场球团	镁橄榄石 1.2%	镁橄榄石 1.8%	镁橄榄石 3.0%
还原膨胀率/%	9.16	23.61	7.40	5.83	7.06

对于不同镁橄榄石含量的球团，其还原膨胀率变化趋势与还原度变化趋势相反，即还原膨胀先降低后升高。一般认为球团中加入含镁添加剂后，球团中生成铁酸镁，其在还原过程中晶体结构变化较小，不会发生 Fe_2O_3 转变成 Fe_3O_4 时所产生的晶格转变，从而降低其还原膨胀率。其次，球团在还原过程开始阶段会生成一层致密的海绵铁层，可以一定程度上抑制球团膨胀，保持球团矿的结构及强度，但随着镁橄榄石添加量的进一步增加，球团还原度逐渐降低，致密的海绵铁层生成缓慢，因此对球团还原膨胀的抑制作用较小。

综合以上分析可以得出，与基准球团相比，添加 Sibelco 镁橄榄石的球团还原度稍低，但差距不大，且当镁橄榄石添加量为 1.2% 及 1.8% 时，球团铁品位仍可保持在 65% 左右，不会对其造成太大的影响。其次，添加镁橄榄石（1.2% 及 1.8%）的成品球团抗压强度均高于基准球团，并且呈现出良好的还原膨胀性能。当镁橄榄石添加量为 1.8% 时，球团还原膨胀率仅为 5.83%，远远小于基准球团的还原膨胀率。因此，在球团中添加 1.2%～1.8% 的镁橄榄石可提升球团矿的性能，其具有良好的应用前景。

6.6　未煅烧与煅烧后橄榄石对球团矿质量的影响试验

试验用原料主要有：橄榄石两种，一种为煅烧后，另一种是未煅烧的；低硅磁铁矿粉；普通钠化膨润土；原料的化学成分见表 6-22，矿粉粒度组成见表 6-23，膨润土的物理性能见表 6-24。

表 6-22　原料化学成分　　　　　　　　　　　（%）

成　分	TFe	SiO$_2$	Al$_2$O$_3$	CaO	MgO	P	S	K$_2$O	Na$_2$O	LOI
矿粉	69.32	1.72	0.32	0.43	0.45	0.004	0.16	0.023	0.090	-2.76
煅烧橄榄石	5.17	36.76	4.51	2.97	44.70	0.15	0.22	1.20	0.14	1.06
未煅烧橄榄石	5.65	36.84	0.60	1.21	45.01	0.039	0.025	1.17	0.11	7.83
膨润土		61.22	14.52	2.28	2.59	0.001	0.037	0.015	0.008	13.75

表 6-23　矿粉粒度组成　　　　　　　　　　　（%）

范围/mm	+0.175	0.147~0.175	0.123~0.147	0.098~0.123	0.083~0.098	0.074~0.083	-0.074
矿　粉	0.2	1.44	1.25	1.26	3.09	4.56	88.2

表 6-24　膨润土物理性能

名　称	胶质价 /mL·(15g)$^{-1}$	吸蓝量 /g·(100g)$^{-1}$	膨胀指数 /mL·(2g)$^{-1}$	2h 吸水率 /%	-0.074mm（-200 目）占比/%
膨润土	38	32.2	18	456	100

6.6.1　试验研究方法

首先根据配料方案进行配料和混料，然后在直径为 ϕ800mm 的圆盘造球机上进行造球，造球结束后筛取 10~12.5mm 粒级的生球测定其落下强度、抗压强度、水分和爆裂温度。生球爆裂温度的测定方法是：取 20 个生球放入吊篮内，把吊篮放入标定风速为 1.8m/s 的热风中，5min 后拿出观察，看是否有生球破裂，如果没有破裂，上调风温，重复以上程序，直到有 10% 生球爆裂为止，此温度可作为生球的爆裂温度；生球焙烧试验采用高温管式电炉和球团焙烧杯；球团矿抗压强度测定按《高炉和直接还原用铁球团矿　抗压强度的测定》（GB/T 14201—2018）进行；还原度、还原膨胀率和低温还原粉化率指标按《高炉用铁球团矿自由膨胀指数的测定》（GB/T 13240—2018）《铁矿石　还原性的测定方法》（GB/T 13241—2017）和《铁矿石　低温粉化试验　静态还原后使用冷转鼓的方法》（GB/T 13242—2017）的规定测定。

6.6.2　试验结果及分析

6.6.2.1　煅烧和未煅烧橄榄石对造球及生球质量的影响

为了分析煅烧和未煅烧橄榄石对造球及生球质量的影响，分别配 0%、0.5%、1.0%、1.5%、2%、2.5% 和 3.0% 煅烧和未煅烧橄榄石并进行造球试验，膨润土配比 1.5%。图 6-30 是造球试验后测定的生球落下次数和抗压强度。可见，当煅烧橄榄石配比在 1.5% 以下时，生球落下和抗压强度指标与基准试验生球落下和抗压强度差别不大；当煅烧橄榄石配比超过 2.0% 以上时，生球落下次数下降；当煅烧橄榄石配比升到 3.0% 时，单个生球落下次数从 5.6 次（0.5m）下降到了 4.7 次（0.5m），但单个生球抗压强度提高，达到了 11.2N；当生橄榄石配比从 0.5% 提高到 3.0% 时，生球落下强度和抗压强度没有太大变化。表 6-25 是配不同橄榄石时生球爆裂温度结果。可见，球团配煅烧橄榄石时，生球爆裂温度比较高，都超过了 650℃；而当配未煅烧橄榄石时，随着配比的增加，生球爆裂温度呈下降的趋势。

表 6-25　生球爆裂温度

名　称	基准	煅烧橄榄石						未煅烧橄榄石					
配比/%	0	0.5	1	1.5	2	2.5	3	0.5	1	1.5	2	2.5	3
生球水分/%	8.8	8.7	8.6	8.6	8.7	8.6	8.5	8.8	8.8	8.9	8.7	8.6	8.8
爆裂温度/℃	650	650	650	650	650	650	650	610	610	610	610	600	600

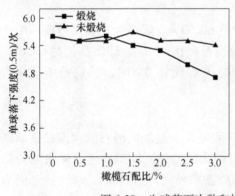 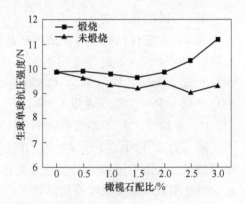

图 6-30　生球落下次数和抗压强度随橄榄石配比的变化

6.6.2.2　煅烧和未煅烧橄榄石对焙烧球抗压强度的影响

生球在 120℃ 下干燥 2h，然后用管式电炉在 950℃ 下预热 20min，预热后的球用管式电炉进行焙烧。焙烧温度分别是 1250℃ 和 1280℃，焙烧时间为 20min。图 6-31 是配煅烧橄榄石和配未煅烧橄榄石的球团矿抗压强度。从抗压强度结果看，焙烧温度 1250℃ 时，煅烧橄榄石和未煅烧橄榄石配比在 1.5% 以下时，焙烧球单球抗压强度均随着橄榄石配比的增加而提高，最高达到 2655N；配比超过 2% 时，抗压强度出现下降的趋势；且在相同配比下，配煅烧橄榄石的球团抗压强度相对较高。焙烧温度提高到 1280℃ 时，配煅烧橄榄石的球团抗压强度则先降低后上升，配 3% 煅烧橄榄石的球团单球抗压强度达到了 3134N。说明在高温下，煅烧橄榄石有利于提高球团矿抗压强度。配未煅烧橄榄石的球团抗压强度也是先降低后上升，但抗压强度相对比配煅烧橄榄石的球团抗压强度略低。

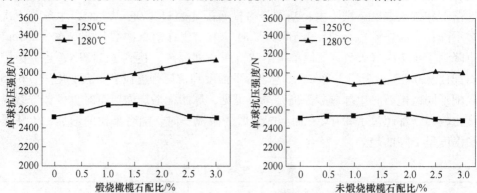

图 6-31   配煅烧橄榄石和配未煅烧橄榄石的球团矿抗压强度

6.4.2.3   煅烧和未煅烧橄榄石对球团矿冶金性能的影响

A   球团矿化学成分

基准期未配任何橄榄石的球团矿品位是 66.33%。煅烧和未煅烧橄榄石配比相同时，球团矿主要成分差别不大。当橄榄石配比 1% 时，球团品位约 65.6%，SiO_2 含量 2.86%，MgO 含量 0.93%；当橄榄石配比 3% 时，品位约 64.40%，SiO_2 含量 3.56%，MgO 含量 1.8%。

B   对球团矿还原膨胀率的影响

图 6-32 是 1280℃ 下焙烧的配不同比例煅烧和未煅烧橄榄石的球团矿还原膨胀率结果。从图中可以看出，随着橄榄石配比的增加，球团矿还原膨胀率均降低。基准期未配任何橄榄石的球团矿还原膨胀率较高，达到 50.48%。这是因为未配橄榄石时，球团矿 SiO_2 含量比较低，只有 2.5%，还原过程较难抑制铁晶须的发展，导致还原膨胀率升高。而配橄榄石后，焙烧球团内液相量增加，同时球团内出现了铁酸镁，尤其橄榄石配比较高时，液相数量较多，有利于控制球团还原过程铁晶须的发展，降低了还原膨胀率。从两者的效果看，在相同配比下，配煅烧橄榄石的球团矿还原膨胀率相对比配未煅烧橄榄石的球团还原膨胀率要低。当煅烧橄榄石配比 2.0% 时，球团矿还原膨胀率降到 19.56%；当未煅烧橄榄石配比 2.5% 时，球团还原膨胀率降到 19.48%。

C   对球团矿还原度的影响

图 6-33 是配加不同比例煅烧和未煅烧橄榄石的球团矿还原度结果。随着煅烧和未煅烧橄榄石配比的增加，球团矿还原度提高。基准期未配任何橄榄石的球团矿还原度是 67.6%；配 2% 煅烧橄榄石的球团矿还原度提高到 72.56%；当煅烧橄榄石配比提高到 3% 时，还原度达到 74.56%；而配 3% 未煅烧橄榄石的球团矿

还原度也达到了 73.41%。说明煅烧橄榄石和未煅烧橄榄石均可以提高球团矿的还原度。

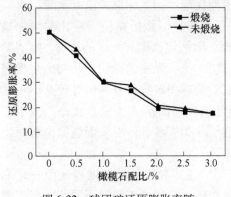

图 6-32 球团矿还原膨胀率随
橄榄石配比的变化

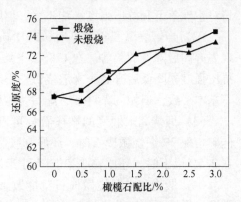

图 6-33 球团矿还原度随
橄榄石配比的变化

D 对球团矿低温还原粉化率的影响

表 6-26 是矿粉分别配 1%、2% 和 3% 煅烧橄榄石和未煅烧橄榄石的球团矿低温还原粉化率实验结果。从试验结果看，随着煅烧橄榄石配比的增加，球团矿低温还原粉化率指数升高，其中 $RDI_{+6.3}$ 指标从 95.43% 提高到 97.52%，$RDI_{+3.15}$ 指标从 96.29% 提高到 97.52%；配未煅烧橄榄石的球团矿低温还原粉化率则略有下降的趋势，其中 $RDI_{+6.3}$ 指标从 95.43% 降到 92.59%，$RDI_{+3.15}$ 从 96.29% 下降到 95.41%。

表 6-26 球团矿低温还原粉化率指标 （%）

煅烧橄榄石配比	未煅烧橄榄石配比	低温还原粉化率指标		
		$RDI_{+6.3}$	$RDI_{+3.15}$	$RDI_{-0.5}$
基准期		95.43	96.29	1.31
1.0		96.52	97.11	0.93
2.0		96.71	97.33	1.22
3.0		96.58	97.52	1.24
	1.0	93.51	94.78	1.78
	2.0	93.22	94.98	1.84
	3.0	92.59	95.41	2.02

6.6.3 结论

（1）当煅烧后的橄榄石配比在 1.5% 以下时，对生球质量影响不大；当配比超过 2% 时，随着配比的增加，生球落下强度下降，但抗压强度提高；煅烧后的橄榄石对生球爆裂温度没有影响，生球爆裂温度能达到 650℃ 以上；未煅烧橄榄石对生球落下和抗压强度影响不大，但随着配比的增加生球爆裂温度下降。

（2）当焙烧温度相对低时，球团矿抗压强度随煅烧后橄榄石配比的增加呈现先升高后降低的趋势。在 1280℃ 下焙烧时，随煅烧橄榄石配比的增加，球团矿抗压强度先降低后升高；未煅烧橄榄石对球团矿抗压强度的影响趋势与煅烧橄榄石基本一致，但相同条件下，配煅烧橄榄石后的球团矿抗压强度相对较高。

（3）煅烧和未煅烧的橄榄石都可以降低低硅球团矿的还原膨胀率。当用低硅矿粉配 2% 煅烧橄榄石时，还原膨胀率能降到 20% 以下；当未煅烧橄榄石配比在 2.5% 以下时，还原膨胀率能降到 20% 以下。

（4）煅烧和未煅烧橄榄石都能改善球团矿还原度。球团矿低温还原粉化率随煅烧橄榄石配比的增加而改善；配未煅烧橄榄石的球团矿低温还原粉化率则随配比的增加，略有下降。

6.7　河北津西钢铁镁质球团矿的生产实践

津西钢铁公司高炉炉料结构为高碱度烧结矿+普通酸性球团。此炉料结构存在着球团矿的冶金性能中荷重软化初始温度低，造成球团矿在高炉高温区提前熔化，影响高炉高温区的透气性，妨碍了铁矿石的间接还原，影响了高炉的焦比和产量。因此，进行 MgO 球团生产研究，既提高球团矿的软化性能，降低烧结矿的 MgO，改善烧结矿还原性，还可以提高烧结成品率，提高烧结矿产量，缓解现烧结矿供应不足之现象。基于生产现场情况，要求在不做大的设备改造，并且要求在成本不上升的前提下，使用镁质添加剂，提高球团 MgO 含量。

6.7.1　理论依据

球团矿的高温性能主要取决于：（1）还原过程中球团中心存在着未还原的 FeO，它与其他渣相成分反应生成低熔点的液相；（2）FeO 本身的熔融性能。改善球团矿高温性能的根本途径就是提高以上两相的熔融温度，而 MgO 的加入正起了这个作用。

酸性球团矿中加入 MgO 可能形成的几种矿物熔点为：铁酸镁（$MgO \cdot Fe_2O_3$）1720℃，斜顽辉石（$MgO \cdot SiO_2$）1525℃，镁橄榄石（$2MgO \cdot SiO_2$）1890℃，都比铁橄榄石（$2FeO \cdot SiO_2$）1205℃ 及富氏体（Fe_xO）1369℃ 的熔点高。

对于酸性球团矿，其本身的熔融温度不高，因此在高温还原时很容易出现熔融渣，球团矿软化变形，气孔被熔渣堵塞，表层生成一层致密的金属壳，影响还原的进行，从而使得球团矿的中心部分还原不完全，结果将形成一熔融的未还原核。核中未还原的 FeO 降低了熔点，促使了正硅酸铁（$2FeO \cdot SiO_2$）的形成，而很难还原，最终将使焦比增加。

MgO 球团矿由于固溶了高熔点矿物，使得本身的软熔温度得以提高，尽量避免了上述现象的发生，提高了间接还原，降低了焦比。

MgO 球团矿能防止球与球之间，球与矿之间的熔融黏结，无疑对降低炉料料层阻力损失，降低软熔带的厚度，提高煤气利用率有益。这也是降低焦比、提高炼铁产量的主要原因。

在保证高炉造渣的前提下，提高球团矿中的 MgO，可以降低烧结矿的 MgO，达到提高烧结矿强度和冶金性能的目的。

6.7.2 实验方案及结果分析

6.5.2.1 实验方案

降低烧结矿的 MgO 含量，对球团矿取消膨润土的添加，改加入镁质添加剂。球团矿、烧结矿化学成分见表 6-27、具体配料方案和预计效果见表 6-28、生产 MgO 球团矿对高炉成本影响预计效果见表 6-29。

表 6-27　球团矿、烧结矿化学成分　　　　　　　　　（%）

种类	TFe	SiO_2	Al_2O_3	CaO	MgO	FeO	S	P
烧结矿	53.80	5.91	2.38	11.94	3.07	9.32	0.023	0.047
低镁球团	63.60	5.05	1.94	1.02	0.76	0.78	0.031	0.009

表 6-28　预计生产 MgO 球团矿及烧结矿效果分析

种类	生产球团原料配比/%			所产球团矿			搭配烧结矿		
	精矿粉	膨润土	镁质添加剂	成本/元	$w(MgO)$/%	$w(TFe)$/%	$w(TFe)$/%	$w(MgO)$/%	成本/元
酸性球团矿	98.8	1.2	—	659.66	0.61	63.65	51.34	3.40	505.13
MgO 球团矿	97.5	—	2.5	618.16	1.85	62.77	51.92	2.72	514.68
对比	-1.3	—	—	-14.5	+1.24	-0.88	+0.58	-0.68	+9.55

表 6-29　生产 MgO 球团矿对高炉成本影响

种类	综合入炉品位/%	入炉矿成本/元	炼铁成本/元
酸性球团矿	55.11	997.25	2017.39
MgO 球团矿	55.35	996.85	2004.17
对比	+0.24	-0.40	-13.22

从表 6-27 和表 6-29 可以看出，通过添加镁质添加剂增加球团矿的 MgO 含量后，可以使球团矿的生产成本明显降低；球团矿 TFe 略有降低但不明显；烧结矿的

成本略有增加；但高炉的入炉矿成本降低，炼铁成品也明显地降低，效果显著。

6.7.2.2　实验过程

（1）实验过程中要求将镁质添加剂的 MgO 含量上调至 40% 以上时，发现符合实验要求，球团矿 MgO 含量调整至 1.85% 左右，达到了实验要求。

（2）实验过程中生球水分控制在 7.6%，落下大于 4 次，抗压 1.8kg，能满足竖炉焙烧球的物理要求。

（3）镁球焙烧温度高，使竖炉煤气燃烧温度提高了 60℃，这势必提高了煤气得使用量，提高了竖炉的热量，提高了生球的干燥效果，球团产量比使用镁质添加剂前提高 40t/天。

6.7.2.3　实验结果

实验结果如表 6-30 与表 6-31 所示。

表 6-30　烧结矿、球团矿冶金性能对比

名　称	900℃ 还原性 RI/%	900℃ 还原膨胀 RSI/%	500℃低温还原粉化性能			软化性能		
			$RDI_{+6.3}$ /%	$RDI_{+3.15}$ /%	$RDI_{-0.5}$ /%	开始温度 /℃	终了温度 /℃	温度区间 /℃
老烧结矿	77.1	—	67.1	83.7	5.6	1070	1241	171
新烧结矿 1	86.4	—	58.6	78.5	6.7	1076	1261	185
新烧结矿 2	83.6	—	47.3	72.8	7.4	1082	1269	187
低镁球团	61.0	10.40	—	—	—	956	1130	174
高镁球团	51.3	15.29	—	—	—	980	1138	158

表 6-31　炉料结构冶金性能

样　号	模拟高炉的软化性能			模拟高炉的熔融滴落性能				
	T_{BS}/℃	T_{BE}/℃	ΔT_1/℃	T_s/℃	T_d/℃	ΔT_2/℃	Δp_{max}/Pa	S 值/kPa·℃
MgO 调整前	1127	1253	126	1306	1409	103	3380	290.71
调整后 MgO（新烧结矿 1）	1159	1237	78	1305	1401	96	3440	276.60
调整后 MgO（新烧结矿 2）	1144	1290	146	1382	1468	86	1500	84.28

通过表 6-30 和表 6-31，对比烧结矿和球团矿可以看出：球团矿增加氧化镁含量后，还原性没有得到改善，反而有一定程度的降低，但是还原膨胀率得到了明显的改善；开始软化温度增高，温度区间变窄，软化性能明显得到改善。

烧结矿降低 MgO 含量后，其 900℃ 还原达到优良指标；500℃ 低温还原粉化性能略有下降，但维持在较好水平；烧结矿软化开始温度提高，但荷重软化性能变好。

降 MgO 烧结矿与提 MgO 球团矿搭配，模拟高炉冶炼其物料熔滴特性得到明显地改善，有利于高炉产量的提高和焦比的降低。高炉使用 MgO 球团矿效果如表 6-32 所示。

表 6-32　高炉使用效果对比

项目	平均日产/t	利用系数/t·(m³·d)⁻¹	燃料比/kg·t⁻¹	透气性指数	平均风温/℃	平均风压/kPa	矿批重/t	矿球比例/%	综合入炉矿含TFe/%	生铁含Si/%	悬料、坐料次数
试验前	1732.5	3.85	532.5	9.2	1150	265	16.3	70:30	56.5	0.46	16
试验期	1818	4.04	502.5	10.2	1175	262	16.8	70:30	55.8	0.35	2
对比	+85.5	+0.19	30	+1	+25	-3	+0.5	—	-0.7	-0.11	-14

通过表 6-32 可以看出，使用高氧化镁球团后，高炉日平均产量增加 85.5t，利用系数增加 0.19t/(m³·d)，透气性指数、平均风温都有提高，有利于高炉的顺行，同时生铁的含硅量、高炉的悬坐料次数都有所降低，有利于高炉操作，并有利于高炉顺产高产。

6.8　扬州泰富镁质球团矿生产实践

高炉冶炼对炉渣化学成分有一定的要求，研究表明，炉渣碱度在 1.0~1.2、Al_2O_3 为 13%~15%、MgO 含量 10%~12% 时，炉渣化学稳定性和热稳定性最佳，高炉能达到较好的冶炼效果。在低硅高铁原料的条件下，MgO 超过一定含量也将造成烧结矿强度下降和燃耗上升，因此为保证烧结矿质量，一般控制 MgO 在 2.0% 以下。如果能在球团矿中添加一定量的 MgO，则有可能缓解烧结生产所面临的问题。

为此，扬州泰富特种材料有限公司在 2017 年 5 月起进行了生产镁质球团矿（MgO 含量≥2.5%）的实验室试验及工业生产。实践表明，在现有原料条件下配加 MgO 粉生产镁质球团切实可行，同时配加 MgO 粉后球团矿冶金性能得到显著改善。

6.8.1　原料条件

生产用 MgO 为外购粉，铁精粉为扬州泰富球团生产车间在用矿粉，分别为中信澳矿、自选澳精粉、国内矿，膨润土为扬州泰富球团在用膨润土（详见表 6-33~表 6-35）。

表 6-33　MgO 粉主要理化指标　　　　　　　　　　（%）

品　种	SiO₂	CaO	MgO	Al₂O₃	TFe	烧损	-0.074mm 占比
氧化镁粉	6.22	2.34	80.80	0.80	—	6.28	90.95

表 6-34　铁精粉主要理化指标　　　　　　　　　　（%）

品　种	TFe	SiO$_2$	CaO	MgO	Al$_2$O$_3$	烧损	-0.074mm 占比
澳矿	64.84	8.27	0.22	0.39	0.22	-2.36	99.60
澳精粉	67.76	5.10	0.15	0.25	0.16	-2.50	99.30
国产矿	61.34	4.36	1.25	0.29	1.38	1.93	76.79

表 6-35　膨润土主要指标　　　　　　　　　　（%）

品　种	SiO$_2$	CaO	MgO	Al$_2$O$_3$	烧损	-0.074mm	水分	吸蓝量 /g·(100g)$^{-1}$	1h吸水率
膨润土	49.92	1.87	2.35	14.55	13.42	96.04	10.79	20.39	420

6.8.2　镁质球团生产工艺流程及配矿方案

扬州泰富特种材料有限公司年产球团矿 300 万吨，设备包括 5.2m×57m 链箅机、φ6.4m×43m 回转窑、178m^2 环冷机，生产工艺流程见图 6-34，配矿方案见表 6-36。

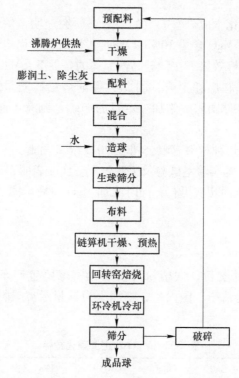

图 6-34　扬州泰富工艺流程图

表 6-36　原料配比

品　种	中信澳矿	澳精粉	国产矿	膨润土	MgO 粉
常规配比/%	61	30	9	1.2	0
镁质球团配比/%	61	30	9	1.0	2.7

6.8.3　生产过程和操作制度

6.8.3.1　生球质量对比

对生产镁质球团期间和常规球团生产期间生球质量进行对比（见表 6-37）。

表 6-37　生球质量统计

方　案	膨润土用量/%	生球水分/%	单球落下强度（0.5m）/次	单球抗压强度/N	爆裂温度/℃
常规球团	1.2	9.82	5.2	10.5	375
镁质球团	1.0	9.46	5.6	10.3	365

由表 6-37 可知，配加镁粉后，膨润土用量从 1.2%下降至 1.0%，且单球生球落下强度略有上升，达到 5.6 次（0.5m）。膨润土用量的降低一方面有利于提高球团矿的品位，另一方面降低了球团的加工成本。生球爆裂温度较常规球团下降，但降幅不大。

6.8.3.2　镁质球团生产操作制度

镁质球团生产操作以控制成品球团抗压强度为主，链箅机料层 185mm，对预热球、成品球抗压强度进行检测。根据检测结果对链箅机机速和热工制度进行调整，在保证单个成品球团抗压强度达到 2500N 的情况下，逐步增加生球供应量，链箅机机速最高达到 3.5m/min，小时产量达到 385t/h，达到正常生产工况。镁质球团生产期间及常规球团的热工制度见表 6-38。

表 6-38　热工参数主要统计

方　案	链箅机机速/m·min⁻¹	料厚/mm	鼓风干燥风箱温度/℃	预热Ⅱ段炉罩温度/℃	窑头温度/℃	预热球单球强度/N	成品球单球强度/N
常规球团	3.6	200	265	1010	981	870	2878
镁质球团 1	2.5	200	195	990	985	400	2750
镁质球团 2	2.9	190	210	1020	990	500	3310
镁质球团 3	3.5	185	250	1015	985	634	2620

由表 6-38 可以得出以下规律：

（1）在同等热工条件下，镁质球团矿的预热球强度、成品球抗压强度均有一定幅度的下降。氧化镁粉对预热球强度的影响是由于氧化镁粉在球团预热阶段都不能够矿化，未矿化的 MgO 分布在赤铁矿、磁铁矿颗粒之间，阻碍了赤铁矿和磁铁矿颗粒之间的微晶连接。氧化镁粉对焙烧球强度的影响原因主要有：1）在最初的焙烧阶段，Mg^{2+} 的扩散速率低并且 MgO 活性不是很好，部分 MgO 很难矿化并且分布集中，这阻碍了结晶长大，减少了焙烧球抗压强度；2）MgO 在磁铁矿中的固溶延迟了磁铁矿的氧化，这导致了赤铁矿再结晶减少而磁铁矿再结晶增多，从而导致了焙烧球抗压强度的降低；3）MgO 能够活化赤铁矿分解，MgO 的存在可以降低赤铁矿的分解温度，加快赤铁矿的分解速度，赤铁矿的分解使得球团晶粒难以聚集长大，球团强度下降。

（2）随着预热温度的提高，镁质球团预热球强度将会得到改善。因此为保证镁质球团生产过程中 MgO 矿化的完成，同时保证预热球、成品球团的抗压强度，应适当提高预热段的温度。

（3）在同等温度条件下，预热时间对于镁质球团抗压强度影响较大。

6.8.4　成品球性能分析

6.8.4.1　成品球物化性能

成品球物化性能指标见表 6-39。

表 6-39　成品球物化性能统计

品　种	成分/%							单球抗压强度/N	−5mm 粒级占比/%
	TFe	FeO	MgO	SiO_2	CaO	Al_2O_3	S		
常规球团	63.05	0.27	0.33	7.57	0.36	0.57	0.005	2878	0.71
镁质球团	61.62	0.32	2.75	7.50	0.45	0.49	0.005	2612	0.75

由表 6-39 可知，镁质球团受加入 MgO 粉影响，品位有所降低，但综合品位（TFe+MgO）呈上升趋势；成品球团 FeO、SiO_2、Al_2O_3 变化微弱。

6.8.4.2　成品球冶金性能

镁质球团和常规球团冶金性能结果见表 6-40。由表可知，镁质球团的冶金性能优良，且各项指标均优于常规球团。镁质球团矿的还原膨胀指数仅 10.35%，明显低于常规球团的 15.07%。这表明镁质球团具有较好的抗还原膨胀的能力。其主要是由于镁质球团矿在焙烧过程中形成铁酸镁（$MgO \cdot Fe_2O_3$，熔点为 1713℃），铁酸镁在还原时不发生 Fe_2O_3 向 Fe_3O_4 的转变，而生成 FeO 和 MgO 的固溶体，抑制了从 Fe_2O_3 到 Fe_3O_4 过程中晶格的膨胀，从而改善了球的还原膨胀指数；镁质球团的还原度达到 75.5%，还原度的改善是因为铁酸镁的融化温度比酸性球团矿内成分的融化温度高，CO 与 FeO 的反应没有受阻，从而提高了还原度。还原度的提高对高炉冶炼生产，特别是对于稳定和降低焦比有积极作用。

表 6-40 成品球冶金性能统计

品 种	还原度/%	还原膨胀/%	$RDI_{+3.15}$/%
常规球团	67.83	15.07	98.7
镁质球团	75.50	10.35	98.7

6.8.5 试验结论

（1）在球团添加一定比例的氧化镁粉可行。从扬州泰富镁质球团的生产实践来看，氧化镁粉配比在 2.5%~3.0%之间，生产情况良好，生球质量得到改善。

（2）氧化镁粉的配加可以降低膨润土的用量。

（3）配加部分氧化镁粉生产镁质球团，链箅机料层略有下降，预热温度对于预热球、成品球团抗压强度影响较大，其成品球团单球抗压强度低于常规球团，但达到 2500N 以上，能满足高炉对球团强度的要求。因此，在实际生产镁质球团过程中，需适当提高预热段温度以保证预热球及成品球的抗压强度。

（4）镁质球团冶金性能的各项指标均优于常规球团。

6.9 首钢京唐高镁球团工业试验

首钢京唐高炉炉渣中 MgO 含量原为 7%，计划提到 8%，在烧结矿 MgO 含量不变的情况下，球团矿 MgO 含量需达到 1.1%~1.2%（原产球团矿 MgO 含量 0.94%）。为此，于 2012 年 6 月组织了配加 MgO 粉的工业试验。

6.9.1 原料条件及工艺设备

6.9.1.1 原料条件

试验所用原料主要理化性能列于表 6-41，原料配比列于表 6-42。

表 6-41 试验所用原料的主要成分及粒度 （%）

品 种	TFe	SiO_2	CaO	MgO	Al_2O_3	烧损	-0.074mm（-200 目）占比
氧化镁粉	1.35	7.40	1.80	86.93	1.97	0.73	93.62
秘鲁球团粉	69.1	1.60	0.48	0.65	0.31	—	—
高品加工粉	67.0	3.30	1.04	1.30	0.58	—	—
地方球团粉	67.0	6.00	0.70	0.40	0.72	—	—
膨润土	—	55.2	2.37	1.02	15.81	—	—

表 6-42 原料配比 （%）

项 目	秘鲁球团粉	地方球团粉	高品加工粉	膨润土	氧化镁粉
正常配比	85	5	10	2	0
试验配比	85	5	10	2	0.8

6.9.1.2　工艺及设备条件

首钢京唐球团采用的是带式焙烧工艺（见图 6-35）。焙烧机有效长度为126m，有效焙烧面积 504m²，分为七个工艺段：鼓风干燥段、抽风干燥段、预热段、焙烧段、均热段、一次冷却段、二次冷却段。整个系统靠燃烧焦炉煤气提供热源，焦炉煤气通过烧嘴系统（共 32 个，编号为 1~32）匹配至预热段及焙烧段，通过调节焦炉煤气流量来调节预热段及焙烧段温度。

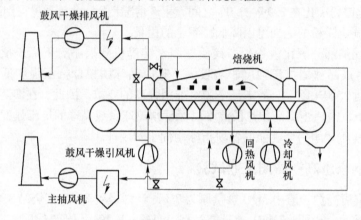

图 6-35　首钢京唐带式焙烧机示意图

铺底料采用粒度为 9~12mm 的成品球团，厚度 80~100mm；布料系统采用往复皮带+梭式小车+宽皮带+双层辊筛；台车上料层总高度 400mm。通过循环运行，台车上的生球依次经过干燥、预热、焙烧和冷却，焙烧好的成品球团在机尾卸料，再通过皮带系统运到成品筛分系统。

6.9.2　试验安排及操作制度

试验过程以控制成品球抗压强度为主，铺底料厚度为 100mm，机速控制在3.5m/min，烧嘴温度进行局部调整。试验开始 40min 后，预计实验球到达机尾，取样作抗压强度检测；根据检测结果调整控制参数，在确保单个成品球抗压强度达到 2800N 的情况下，逐渐增加生球上料量，提高机速至 4m/min，台时产量550t/h，达到正常生产工况。试验过程中 1~32 号温度梯度控制见表 6-43，焦炉煤气流量控制见图 6-36。

表 6-43　实验过程中温度梯度控制参数　　　　　　　（℃）

项　目	1, 2	3, 4	5, 6	7, 8	9, 10	11~16	17~24	25~32
正常	700	780	890	980	1080	1100	1180	1220
试验	670	780	890	980	1080	1170	1200	1250

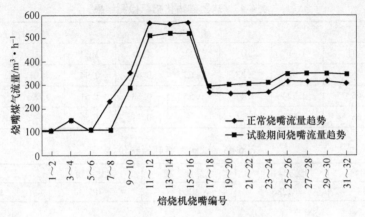

图 6-36 焦炉煤气流量控制图

6.9.3 试验结果及分析

6.9.3.1 试验球理化指标

每 2h 取样一批次进行化学成分和抗压强度检测。基准期和试验期各批次球团矿的理化指标列于表 6-44。其中，基准为前期未添加 MgO 粉球团指标。

表 6-44 球团矿理化指标

编 号	$w(TFe)$ /%	$w(FeO)$ /%	单球抗压强度 /N	$w(SiO_2)$ /%	$w(CaO)$ /%	$w(MgO)$ /%	$w(TFe+MgO)$ /%
基准期	65.68	0.90	2724	3.23	0.67	0.94	66.62
试验平均	65.57	0.61	3004	3.11	0.67	1.50	67.24

由表 6-44 可知，受加入 MgO 粉的影响，试验球品位有降低趋势，但综合品位（TFe+MgO）呈稳定升高趋势；SiO2 含量有降低趋势；MgO 含量稳定升高，平均达到 1.56%，达到实验预期要求。

此外，成品球 CaO 含量变化微弱，FeO 含量有明显降低趋势。综合分析，含镁球团矿质量明显优于在产球团，具体表现在以下几方面：（1）单个球抗压强度明显提高，从 2724N 提高到平均 3004N；（2）SiO2 含量从 3.23% 降低到 3.11%；（3）FeO 含量从 0.90% 降低到 0.61%，降低幅度达到 32.2%；（4）综合品位（TFe+MgO）提高了 0.62%。

6.9.3.2 各项指标对比

（1）理化指标及成本对比。试验球与在产球及 2011 年 11 月试验的蛇纹石球的理化性能及生产成本对比分别列于表 6-45～表 6-47。

表 6-45 球团矿物化指标检测结果

名　称	成分/%							单球抗压强度/N
	TFe	FeO	SiO_2	Al_2O_3	CaO	MgO	S	
在产球	65.68	0.90	3.23	0.65	0.67	0.94	0.01	2800
蛇纹石球	65.75	0.72	3.47	0.55	0.58	1.51	0.007	3632
氧化镁球	65.54	0.61	3.11	—	0.71	1.56	—	3103

表 6-46 试验时每吨原料价格   （元）

秘鲁球团粉	地方球团粉	高品加工粉	氧化镁粉	蛇纹石
1127.35	1286	1000	785	175

表 6-47 氧化镁粉试验球与蛇纹石试验球成本对比

名　称	原料配比/%					$w(TFe)$/%	1%TFe成本/元	每吨综合成本/元
	秘鲁粉	地方粉	高品粉	氧化镁粉	蛇纹石			
氧化镁球	85	5	10	0.8	0	65.54	17.23	1128.98
蛇纹石球	100	0	0	0	2.5	65.75	17.22	1131.91

　　从对比数据来看，相比于蛇纹石球，氧化镁粉试验球品位稍有降低。这主要是蛇纹石试验时采用了 TFe 含量较高的单品种秘鲁球团粉配加 2.5% 蛇纹石粉，而此次试验原料除秘鲁球团粉外，还配加了 10% 高加粉和 5% 地方粉，使综合配料品位有一定降低。从综合成本看，氧化镁粉实验球相比于蛇纹石球略有优势，1%TFe 成本基本持平。

　　（2）还原度指标对比。将京唐公司曾使用过的几种球团矿的还原度指标示于图 6-37。由图可知，在这几种球团矿中，镁质试验球的还原度指标较好，相比前期试验的蛇纹石球也提高了 5%。分析认为，MgO 与 Fe_2O_3 可形成少量铁酸镁，以及镁固溶到 Fe_3O_4 中，使渣相中难还原的铁橄榄石和钙铁橄榄石减少，所以镁质球团还原度指标要高于普通球团 0.8%~3%。还原度提高，将使间接还原比例提高，减少了直接还原，降低了冶炼焦比，有利于高炉增产降耗。

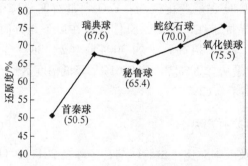

图 6-37 几种球团还原度指标对比图

（3）还原粉化指标对比。从低温还原粉化指标（见表6-48）来看，试验球团矿的 $RDI_{+6.3}$ 比在产球略有降低，$RDI_{+3.15}$、$RDI_{-0.5}$ 变化不大，但明显好于蛇纹石试验球。

表6-48　几种球团矿的低温还原粉化指数　　　　　　　　（%）

名　称	$RDI_{+6.3}$	$RDI_{+3.15}$	$RDI_{-0.5}$
在产球	98.2	98.7	1
蛇纹石球	91.0	95.1	1
氧化镁球	97.1	98.7	1

（4）还原膨胀率对比。还原膨胀率偏高是困扰京唐球团的一个重要问题。在球团矿配加 MgO 粉工业试验过程中，取了4组成品特样进行还原膨胀率检测。四个试样还原膨胀率指标分别是17.39%、19.47%、18.91%和20.15%，平均值18.98%，低于20%的控制标准值，比在产球的26.31%降低近28%。

（5）软熔指标对比。几种球团矿的熔滴性能指标列于表6-49。球团矿的熔滴性能与高炉冶炼效果息息相关，在高炉生产使用球团矿配比较高的情况下，其熔滴性能直接影响高炉的稳定顺行。从表6-49中对比数据来看，实验球团矿的综合熔滴性能优于秘鲁球团矿及京唐在产的普通酸性氧化球团矿，也好于前期试验的蛇纹石球。其开始软化温度有所提高，将有利于高炉软化带位置的降低，改善炉内煤气分布，并提高煤气利用率。熔融带最大压差大幅度降低，有利于改善炉内料柱透气性和高炉冶炼条件，促进高炉顺行。

表6-49　球团矿熔滴性能指标对比

名　称	$T_{10\%}$ /℃	$T_{40\%}$ /℃	ΔT_1 /℃	T_s /℃	ΔH_s /mm	Δp_m /Pa	T_d /℃	ΔT_2 /℃	ΔH /mm	S 值 /kPa·℃
秘鲁球	1121	1322	201	1321	48.33	10961	1413	92	48.33	702
瑞典球	1109	1333	224	1295	36.36	4711	1413	118	19.00	362
首秦球	1133	1306	173	1298	48.38	3548	1458	160	51.00	1577
在产球	1119	1286	167	1333	35.00	8538	1441	110	26.00	869
蛇纹石球	1161	1265	104	1242	24.00	2615	1434	192	25.00	408
氧化镁球	1152	1370	218	1352	46.15	4282	1395	43	10.00	109

6.9.4　高炉配加氧化镁球团的效果

试验期间共生产了2.2万吨氧化镁球团。试验后，高炉有计划地进行了配加高镁球试验。高炉试验结果表明：由于球团品位有所降低，渣比上升约3kg/t；渣中 MgO 上升至8.10%，Al_2O_3 略有降低，MgO/Al_2O_3 上升至0.55，脱硫效果改善明显；配加高镁球团期间，[Si]、[S]稳定性较好，铁水质量好转，合格率接近 100%，一级品率达到 75%。

6.10　镁质球团在梅钢 4070m³ 高炉应用实践

梅钢从 2010 年开始在 4070m³ 大高炉上使用球团矿。此外，为了提高烧结矿质量，其氧化镁含量从 2.3% 左右降到 1.7%~1.8%。烧结矿中降低的氧化镁以蛇纹石熔剂形式加入到球团矿中，改善球团矿的冶金性能，对优化梅钢大高炉操作、降低高炉冶炼成本具有重要意义。

6.10.1　镁质球团性能

对工业应用的酸性球团和镁质球团分别进行化学成分分析，其结果如表 6-50 所示。

表 6-50　工业应用酸性球团和镁质球团化学成分　　　　　　　　（%）

种　类	TFe	SiO$_2$	MgO	Al$_2$O$_3$	CaO	MnO	P	S
酸性球团	65.22	3.01	0.36	0.96	0.53	0.23	0.03	0.01
镁质球团	64.93	2.71	1.50	0.50	0.64	0.03	0.03	0.01

由表 6-50 可知，酸性球团中 MgO 含量为 0.36%，镁质球团中 MgO 含量为 1.50%，酸性球团品位较镁质球团稍高，两种球团中 S、P 含量均较低。

酸性球团和镁质球团抗压强度如表 6-51 所示。与酸性球团相比，镁质球团抗压强度较低，但也能满足大高炉对球团抗压强度的要求（一般要求单球大于 2500N）。

表 6-51　工业应用酸性球团和镁质球团抗压强度

种　类	单球平均抗压强度/N
酸性球团	2846
镁质球团	2504

对工业应用的酸性球团与镁质球团进行冶金性能检测，其结果如表 6-52 所示。

表 6-52　工业应用酸性球团和镁质球团软熔性能

种　类	还原度 RI/%	还原膨胀 RSI/%	低温还原粉化率 $RDI_{+3.15}$/%	软化开始温度 T_a/℃	软化结束温度 T_s/℃	滴落温度 T_d/℃
酸性球团	64.42	9.31	97.48	1064	1166	1353
镁质球团	66.23	8.86	97.86	1084	1199	1389

由表6-52可知，与酸性球团相比，镁质球团的还原度有所提高，还原膨胀降低，低温还原粉化指数变化不大，$RDI_{+3.15}$ 均在97%以上；与酸性球团相比，镁质球团软化开始温度、软化结束温度、滴落温度均有提高。

6.10.2 高炉应用实践

6.10.2.1 使用镁质球团后高炉指标概述

梅钢4070m³ 高炉于2016年9月15到11月14日进行使用镁质球团试验。高炉生产指标如表6-53所示，基准期和试验期的高炉风量、理论产量、焦比和煤比变化如图6-38~图6-41所示。

表6-53　梅钢4070m³ 高炉生产指标

项 目	基准 I 期	试验 I 期	基准 II 期	试验 II 期			
	9/15~24	9/25~10/4	10/5~10	10/11~20	10/21~31	11/1~14	试验 II 期平均
球团种类	酸性球团	镁质球团	酸性球团	镁质球团	镁质球团	镁质球团	镁质球团
高炉风量/m³ · min⁻¹	6582.3	6639.3	6553.3	6671.0	6588.5	6659.2	6639.6
高炉压差/kPa	172.3	168.3	166.2	172.4	174.7	170.6	172.4
边缘气流	0.36	0.38	0.35	0.42	0.28	0.30	0.33
指数/℃	59.3	65.5	65.2	67.3	52.1	48.6	55.0
中心气流	8.51	8.55	8.46	7.99	8.44	7.84	8.07
指数/℃	596.4	580.9	630.2	550.1	794.7	733.3	700.3
产量/t · d⁻¹	9169.5	9349.4	9019.8	9244.4	9136.5	9393.9	9258.3
焦比/kg · t⁻¹	365.5	369.2	366.2	365.3	360.8	342.3	356.1
煤比/kg · t⁻¹	119.2	118.6	119.4	119.5	134.7	146.6	133.6
燃料比/kg · t⁻¹	484.7	487.8	487.4	484.8	497.0	489.1	490.3
综合焦比/kg · t⁻¹	461.1	464.1	461.1	460.9	468.6	459.6	462.9
渣比/kg · t⁻¹	280.8	287.6	284.6	283.5	280.5	292.9	285.6
透气性	2.44	2.46	2.48	2.44	2.51	2.40	2.50
煤气利用率 η_{CO}/%	50.6	50.2	49.1	51.3	48.8	49.3	49.8
$w(Si)$/%	0.366	0.388	0.362	0.298	0.293	0.359	0.317
$w(S)$/%	0.0263	0.0260	0.0286	0.0275	0.0265	0.0191	0.0244
$w(MgO)$/%	7.32	7.46	7.09	7.38	7.15	7.40	7.31
铁水温度/℃	1512.5	1511.5	1507.7	1509.5	1506.3	1510.6	1508.9
R_2	1.19	1.18	1.17	1.20	1.20	1.19	1.20

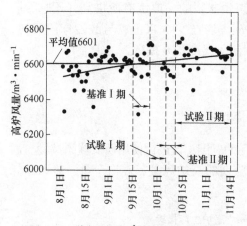

图 6-38　梅钢 4070m³ 高炉风量序列图

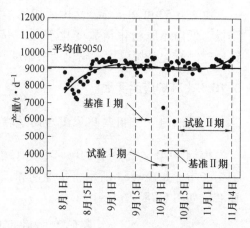

图 6-39　梅钢 4070m³ 高炉理论产量序列图

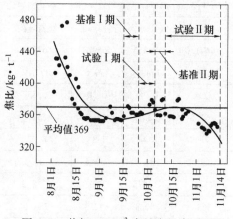

图 6-40　梅钢 4070m³ 高炉焦比序列图

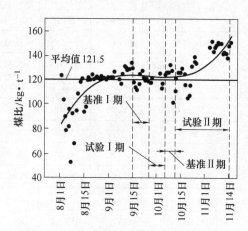

图 6-41　梅钢 4070m³ 高炉煤比序列图

采用镁质球团后，高炉风量（BV）显著提高。同时，每天产量提高，基准 I 期提高了 179.9t/d；到基准 II 期先降低，后又提高到 88.87t/d。就焦比而言，刚开始采用镁质球团后焦比和煤比变化不明显，连续使用镁质球团后，焦比降低、煤比提高显著。例如基准期焦比为 365kg/t 左右，煤比为 120kg/t 左右，到试验 II 期后期，焦比降低到 340kg/t 左右，煤比提高到 145kg/t 以上。

此外，采用镁质球团后铁水中的 Si 含量有所降低，铁水 S 含量显著降低，由基准期的 0.026% 左右降低到试验 II 期后期的 0.020% 左右。高炉透气性指数变化不大，煤气利用率稍微降低，炉渣中的 MgO 含量稍微升高，炉渣碱度变化不大。

6.10.2.2　使用镁质球团后高炉炉况分析

（1）风量增加。高炉使用镁质球团后，风量明显增加。与基准期对比，试验 I 期增加 57m³/min，试验 II 期增加 86.3m³/min。从表 6-53 可见，两次试验连续进行，风量升降趋势与镁质球团使用状况明显对应。试验期间镁质球团用量达到 8%~12%，最高达到 15%，其性能对块状带的透气性（还原膨胀和粉化）、以及对软熔带的位置和形状都能够产生一定的积极影响，促使高炉顺行状况改善，风量逐步吹大。风量增加，炉缸鼓风动能增加，炉缸趋于活跃，也是其他各项指标得以改善的基础。

（2）产量增加，焦比降低，煤比上升。在高炉稳定顺行的条件下，风量增加，产量上升。风量增加后，料柱中心趋于活跃，两道气流分布更加合理，高炉压差下降，为高炉提高煤比提供了条件。随着煤比上升，操作上适当疏松边缘气流，其炉况表现为：透气性指数维持在正常水平范围，煤气利用率在试验 I 期略有下降，在试验 II 期总体略有上升。因为软熔带位置下降，高炉间接还原区增加，以及镁质球团的还原度较高，使得高炉直接还原减少，炉料对炉缸的热量消耗大为降低，综合焦比明显下降（特别是试验 II 期时间较长的第三阶段）。

（3）炉缸活跃，热量充沛。因为鼓风动能增加，直接还原减少，高炉炉缸热量更加充沛，炉缸活跃程度得到明显改善。表现为铁水硅含量（化学热）下降，但铁水温度（物理热）保持在 1510℃ 左右；高炉炉渣脱硫能力大大增强，尽管炉渣碱度基本未变，但试验期的硫含量却呈明显下降趋势。

高炉使用镁质球团以取代炉顶添加含镁生矿（蛇纹石），除了改善球团矿的冶金性能以外，客观上还有以下两个优点：（1）避免含镁生矿成渣过程对高炉透气性、顺行的影响，以及对炉缸热量的消耗（蛇纹石的软熔温度远高于烧结矿，能直达高炉下部吸收热量，且因为流动性极差有可能在高炉下部炉墙形成黏结）；（2）镁质球团的冶金性能远优于含镁生矿，且用量大，其所含氧化镁对炉渣流动性的影响较含镁生矿更加快速均匀。从表 6-53 可见，试验期和基准期氧化镁含量基本稳定。

6.10.3 经济指标分析

如表 6-54 所示，根据梅钢 4070m³ 高炉成本分析，经计算梅钢 4070m³ 高炉使用镁质球团后平均燃料成本降低 38982 元/d，平均铁水利润增加 9779 元/d，合计总收益为 48761 元/d。因此，采用镁质球团对梅钢高炉炼铁具有显著的经济效益。

表 6-54 梅钢 4070m³ 高炉使用镁质球团后收益变化

项 目	基准 II 期	试验 II 期	变化	价格（利润）/元·t⁻¹	收益变化/元·d⁻¹
平均焦比/kg·t⁻¹	366.2	356.1	−10.1	1393.75（外购焦）	130.328
平均煤比/kg·t⁻¹	119.4	133.6	+14.2	694.815（喷吹煤）	−91.346
平均产量/t·d⁻¹	9019.8	9258.3	+238.5	41（吨铁利润）	9779

注：计算燃料收益时以试验 II 期产量为准计算。

参 考 文 献

[1] 小野田守. MgO 对球团高温特性的影响及其在高炉内的行为 [J]. 烧结球团, 1983 (5): 93~101.

[2] 吴锦文, 李贵松, 许彦斌. 氧化镁对酸性球团冶金性能的影响 [J]. 烧结球团, 1983 (4): 14~22.

[3] 范晓慧, 甘敏, 陈许玲, 等. 低碱度镁质氧化球团的试验研究 [J]. 钢铁, 2009 (3): 6~10.

[4] 徐晨光, 龙跃, 田铁磊, 等. 高镁碱性球团矿冶金性能试验研究 [J]. 烧结球团, 2016 (1): 36~40.

[5] 王榕榕, 张建良. 配加 Sibelco 镁橄榄石对球团性能影响研究 [C]//第十一届中国钢铁年会论文集, 2017: 2411~2417.

[6] 青格勒, 田筠清, 黄文斌, 等. 不同橄榄石对球团矿质量的影响研究 [C]//全国烧结球团技术交流年会论文集, 2017: 164~167.

[7] 张树江, 蒋中秋, 朱立光, 等. 球团矿添加镁质添加剂的研究 [J]//河北理工大学学报 (自然科学版), 2011 (4): 22~24.

[8] 陈方, 朱辛州, 耿瑞君. 镁质球团矿生产实践 [C]//全国球团技术研讨会论文集, 2018: 95~99.

[9] 刘文旺, 李明, 青格勒, 等. 首钢京唐高镁球团工业试验 [J]. 烧结球团, 2012 (5): 36~39.

[10] 毕传光. 镁质铁矿球团在梅钢 4070m³ 高炉应用实践 [J]. 烧结球团, 2018 (3): 58~62.

7 熔剂性球团技术

【本章提要】
　　本章介绍了熔剂性球团矿生产的理论、可行性及质量分析，酸性球团和熔剂球团不同特性研究，以及宝钢湛江球团配矿结构分析、熔剂球团稳定生产实践。

　　熔剂性球团矿是指在混合料中添加含 CaO 的熔剂（如生石灰、石灰石等）生产的球团矿。添加只含镁、不含钙熔剂（如菱镁石、橄榄石等）制备的球团矿称为含镁酸性球团矿，添加既含钙又含镁熔剂制备的球团矿称为含镁熔剂性球团矿。关于熔剂性球团矿的碱度，国内外尚无统一定论，但从大量研究和生产实践报道来看，熔剂性球团的碱度多为 0.8~1.3，也有人将熔剂性球团矿定义为二元碱度大于 0.6 的球团矿。

　　当球团矿配比提高时，酸性球团矿难以满足高炉炼铁所需的钙、镁等碱性成分。因此，国外在 20 世纪 60 年代就开始研究添加白云石、石灰石、镁橄榄石的熔剂性球团，发现熔剂性球团的某些冶金性能优于酸性球团。自 20 世纪 70 年代以来，欧洲、北美和日本等地区和国家就开始生产和在高炉中应用熔剂性及含镁球团。近年来，在钢铁生产节能减排的压力下，我国球团矿的生产突飞猛进。随着球团矿入炉比例的增加，我国发展熔剂性球团的条件日趋成熟而且势在必行。

7.1　熔剂性球团生产的可行性及质量分析

　　无论从我国铁矿资源开采和合理利用的前景看，或从高品位、低渣量的球团矿质量有利于改善高炉冶炼指标看，还是从球团矿生产比烧结矿能耗低，环境污染轻，有利于改善环境看，未来我国钢铁工业的原料生产必须大力发展球团矿生产。

　　球团矿依其碱度（CaO/SiO_2）可分为酸性球团矿和熔剂性球团矿两大类。目前我国高炉炼铁的炉料结构格局是以高碱度烧结矿搭配部分酸性球团矿（自然碱度），因此所生产的球团矿基本上都是酸性球团矿。酸性球团矿存在着还原性和软熔性能差的不足，随着球团矿在炉料中比例的增大，这一矛盾将日益突出。当球团矿在炉料中的比例由 25% 增加到 50% 时，若酸性球团矿为自然碱度，烧结矿的碱度将需从 2.0 提高到 2.9 左右，才能满足炉渣碱度平衡的需求。例如河北武安市鑫汇冶金公司入炉球团矿的比例达到 50%，烧结矿的碱度提高到 2.9~2.96。但这不仅会由于烧结矿碱度过高造成质量下降，还会由于烧结矿的 SiO_2 含量比球团矿高 2%~3%，造成入炉矿综合品位下降。同时由于高比例酸性球团的还原性和软熔性能差，给高炉冶炼技术经济指标造成较大的不利影响。综上所述，高炉冶炼配用球团矿比例增大后，提高球团矿的碱度势在必行。

7.1.1　熔剂性球团矿合理碱度的选择与生产特征

7.1.1.1　熔剂性球团矿合理碱度的选择

从研究中发现，球团矿在低温还原中碎裂的原因是含 CaO 高。但也发现，用白云石代替石灰石，使 CaO/SiO_2 的值限制在一定的范围之内，就可以减少和避免碎裂。

在低温和高炉上部相应低的还原气氛条件下，赤铁矿还原为磁铁矿，其微孔结构较多。在这种多孔磁铁矿的形成过程中，由于氧化铁晶粒体积增加而引起了变形，如果它的熔渣黏结不是很牢固，球团就碎裂了。这样球团显示了高的低温碎裂，而酸性熔渣黏结不受这阶段还原的影响。如果酸性渣相足够大（$SiO_2 \geqslant 4\%$），发育又好，那它在生成多孔的磁铁矿阶段时，就有相互固定晶相结构的能力。

仅仅添加过量的石灰石和低量的 SiO_2，在固结时就形成成分为 $CaO \cdot 2Fe_2O_3$ 的半铁酸钙。这就是为什么我们首先仅仅用石灰石作为熔剂分析球团矿碎裂的理由，因为在还原的初期阶段，半铁酸钙有碎裂的趋势。这样，在石灰石作熔剂的球团中，氧化铁晶粒和渣黏结相在球团还原的初期阶段就已经引起球团碎裂。在白云石球团中，因为保存了含量很低的 CaO，仅仅能与精矿粉中的 SiO_2 一起生成硅酸盐，所以它避免了半铁酸钙的形成。

CaO/SiO_2 的比值不能低于 0.9，因为在高温还原时（1050℃），低的碱度产生坏的还原强度。硅酸钙的结构被认为能影响还原性能。碱度高于 1.8 的 CaO 的含量，其超过的 CaO 部分形成半铁酸钙，如前所述，它们在低温还原时，强度不够。这些限制是很明显的，但是真正的限制与实际并不一致，因为它们还受到精矿粉中 SiO_2 的类型及 Al_2O_3、K_2O、Na_2O 等含量的影响。图 7-1 表明了球团矿 CaO/SiO_2 与强度的关系。

对球团矿的质量而言，最重要的一项指标是还原膨胀指数（*RSI*），ISO 国际标准和我国冶金行业都规定 *RSI* ≤20% 的要求，如果 *RSI*>20%，则称为异常膨胀，

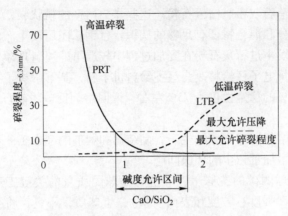

图 7-1　球团矿 CaO/SiO_2 与强度的关系

高炉生产只能限制使用。$RSI>30\%$ 称为灾难性膨胀，高炉不能使用。因此对球团矿的质量检验首先必须考核其 RSI 是否超标。1981 年我国包钢生产的球团矿，由于 $RSI>40\%$，引起包钢 $1513m^3$ 高炉严重结瘤，从而被迫停止生产。球团矿的还原膨胀指数与其化学成分和碱度有直接关系，碱金属（K_2O+Na_2O）和氟的含量会直接影响 RSI 值，包钢球团矿的灾难性还原膨胀就是由 K_2O、Na_2O 和 F 含量高所引起的。此外，大量的试验研究证明，碱度对球团矿的 RSI 值也有直接影响，球团矿的 RSI 值与其碱度的关系如图 7-2 所示。

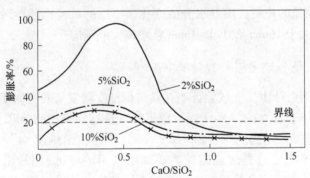

图 7-2　赤铁矿球团碱度与还原膨胀率的关系

7.1.1.2　熔剂性球团矿生产的特征

球团矿的生产工艺过程主要为原料准备、造球、焙烧和质量检验四个部分。下面将分别介绍熔剂性球团矿的生产特征：

（1）熔剂性球团矿的原料准备。酸性球团矿的原料准备主要为铁矿粉和黏结剂（如膨润土）。熔剂性球团矿生产除了铁矿粉和黏结剂外，还需准备作为熔剂的石灰石粉或消石灰粉、白云石粉。这些作为熔剂的粉状料，不仅要有粒度要求，还需对其水分和混合特征有足够的认识。首钢球团厂在生产熔剂性球团矿的工业试验中，曾发生过石灰石粉在配加过程中较严重的喷料现象，影响石灰石配比的准确性，后将电子秤给料改为星型给料机下料，基本解决了石灰石粉的喷料问题，但配比±1%的稳定性仅为75%左右，说明熔剂性球团矿石灰石粉的下料值得重视。

总的说来，熔剂性球团矿的生产，黏结剂和熔剂的配入工艺要比酸性球团矿的生产复杂，也增加了粉尘的环保问题。

（2）熔剂性球团矿的造球工艺。造球是球团质量的关键工序，因为该工序决定生球的质量（强度、粒度和表面质量），生球质量不良，将会直接影响成品球的质量，还会影响生球的干燥、预热和焙烧工艺过程。美国、加拿大、瑞典和巴西等国家于20世纪80年代已大量生产熔剂性球团矿，而我国较晚。首钢于2002年6、7月试验生产碱性球团，从首钢碱性球团工业试验的情况看，碱性球团造球主要存在以下三个方面的困难：

1）混合料水分的控制。碱性球团造球，由于生球粒度变化快，造球工序需强化盯盘操作，及时调整打水量，为保持良好的成品球性能，混合料应保持8%～9%的含水量。

2）球团长大速度的控制。在石灰石粉粒度-0.074mm（-200目）大于97%的条件下，配加石灰石粉后，物料成球速度快，生球的粒度变化也快。

3）生球粒径的控制。随着水分的变化，生球的粒径比酸性球团生产难以控制，易于出现大于16mm和小于10mm粒级偏大的倾向。

7.1.1.3　熔剂性球团矿的焙烧和冷却

首钢的熔剂性球团工业试验证明，其焙烧温度制度与酸性球团矿生产有着不同的特点，具体表现为：（1）干燥段温度比酸性球团需提高50℃；（2）预热段温度需提高170℃，达到1030～1050℃；（3）干燥和预热段14个风箱，风箱温度需普遍提高80℃。这是焙烧磁铁精矿球团采用链算机-回转窑干燥预热的特点，焙烧赤铁精粉或混合精粉时，又会有不同的特点，采用带式焙烧机焙烧时特点也会不同。

熔剂性球团矿的试验研究证明，球团碱度对成品球的抗压强度有较显著地影响。随着碱度地提高，需相应提高焙烧温度。首钢不同碱度、不同焙烧温度成品球的抗压强度列于表7-1。

熔剂性球团矿的冷却与酸性球团矿相比，也有不同的特点，首钢在两期工业试验中发现，熔剂性球团矿在环冷机上的冷却，为了防止结块，需要比酸性球团更大的冷却强度，这主要通过环冷机三段风机的蝶阀的开启度加以控制（见表7-2）。

表 7-1 碱度对成品球抗压强度的影响

球团碱度（CaO/SiO₂）	焙烧温度/℃	成品球单球抗压强度/N
	1200	2332
0.8	1225	3431
	1250	3445
	1200	2161
1.0	1225	2773
	1250	3545
	1200	1416
1.20	1225	2157
	1250	2440

表 7-2 环冷机的三段风机蝶阀的开启度

项 目	一段风机开启度/%	二段风机开启度/%	三段风机开启度/%
酸性球团	70	45	25
碱性球团	90	55	35

7.1.2 熔剂性球团矿的固结机理及质量分析

7.1.2.1 球团矿的固结类型及固结机理

球团矿的固结类型主要有：Fe_2O_3 微晶连接、Fe_2O_3 再结晶长大、Fe_3O_4 再结晶长大和液相黏结四种类型，这四种类型的固结状况基本如下：

（1）Fe_2O_3 微晶连接（见图 7-3）。Fe_2O_3 微晶连接是磁铁矿在氧化气氛及较低焙烧温度下进行的。Fe_3O_4 的氧化反应在 200~300℃ 的温度下即开始，并随温度升高而加速。当温度达到 800℃ 时，磁铁矿颗粒表面基本上已氧化为

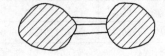

图 7-3 Fe_2O_3 微晶连接示意图

Fe_2O_3。这种新生成的 Fe_2O_3 原子具有极大的向内部扩散和迁移的活性，并与相邻颗粒形成连接桥。这种类型的微晶连接，是指赤铁矿晶体保持了原有细小晶粒。球团矿的强度很低，是 Fe_2O_3 再结晶长大的开始过程。

（2）Fe_2O_3 再结晶长大（见图 7-4）。Fe_2O_3 再结晶连接是铁精矿氧化球团固相固结的主要形式，是第一种固结形式的发展。当磁铁矿球团在氧化气氛中焙烧时，氧化过程由球的表面沿同心球面向内推进，氧化预热温度达 1000℃ 时，约 95% 的磁铁矿氧化成新生的 Fe_2O_3，并形成微晶键。在最佳焙烧制度下，一方面

残存的磁铁矿继续氧化，另一方面赤铁矿晶粒扩散增强，并产生再结晶和聚晶长大，颗粒之间的孔隙变圆，孔隙率下降，球体积收缩，球内各颗粒连接成一个致密的整体，因而使球团的强度大大提高。

（3）Fe_3O_4 再结晶长大（见图7-5）。磁铁精矿在氧化不完全或中性气氛中焙烧，当温度到900℃时，Fe_3O_4 开始再结晶反应，使球团矿颗粒之间连接，这种固结速度慢，成品球的强度低，FeO高，难还原。

（4）液相黏结（见图7-6）。生球中一般均会含有一定数量的 SiO_2、CaO、Fe_2O_3 和 Fe_3O_4 等组分，它们单一元素的熔点很高，但在焙烧过程中通过固相反应生成低熔点的共熔物，当温度升高后产生液相，在冷却过程将颗粒黏结在一起，提高成品球的强度。球团矿在焙烧过程中形成的共熔物有：$2FeO \cdot SiO_2$、$FeO \cdot SiO_2$、$CaO \cdot FeO \cdot SiO_2$ 和 $CaO \cdot Fe_2O_3$ 等。

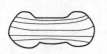 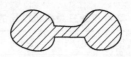 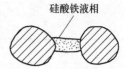

图7-4　Fe_2O_3 再结晶长大　　图7-5　Fe_3O_4 再结晶长大　　图7-6　液相黏结

7.1.2.2　熔剂性球团矿的矿物组成

熔剂性球团矿由于有 CaO 和 MgO 的加入，其矿物组成与酸性球团矿有一定的区别，它们的矿物组成列于表7-3。

表7-3　熔剂性球团矿与酸性球团矿的矿物组成

球团矿类型	矿物组成/%							
	TFe	SiO_2	Fe_2O_3	Fe_3O_4	$CaO \cdot FeO \cdot SiO_2$	$MgO \cdot Fe_2O_3$	SiO_2（单体）	玻璃质
酸性球团矿	61.24	5.34	79.45	0.43	5.61	4.16	1.81	1.14
	66.43	3.83	91.43	0.42	1.65	1.54	2.36	2.00
熔剂性球团	Fe_2O_3，$CaO \cdot Fe_2O_3$，$CaO \cdot SiO_2$，$MgO \cdot Fe_2O_3$，$CaO \cdot FeO \cdot SiO_2$							

熔剂性球团矿的矿物组成受碱度不同、焙烧温度不同、加热和冷却速度不同、保温时间和生球粒度等影响，各组成的含量会不相同，它的质量和性能也就会发生不同程度的变化。

7.1.2.3　熔剂性球团矿的冶金性能及质量分析

熔剂性球团矿由于碱度不同，引起矿物组成不同，它与酸性球团矿相比有优良的冶金性能。首钢在实验室条件下，不同碱度球团矿的化学成分和冶金性能列于表7-4。

表 7-4 不同碱度试验球团矿的化学成分和冶金性能

球团矿碱度	化学成分/%							强度及冶金性能			
	TFe	FeO	CaO	MgO	SiO$_2$	Al$_2$O$_3$	S	单球抗压强度/N	RI/%	RSI/%	RDI$_{+3.15}$/%
0.82	62.33	0.18	3.89	0.48	4.76	0.72	0.025	2332	73.3	17.0	87.4
1.08	61.28	0.22	5.11	0.51	4.71	0.78	0.026	2773	75.7	15.6	91.2
1.20	60.66	0.22	5.82	0.54	4.84	0.72	0.039	2440	78.1	14.9	93.9

首钢球团厂在工业生产条件下，进行了碱性球团与酸性球团冶金性能的对比，其结果列于表 7-5。

表 7-5 碱性球团与酸性球团的冶金性能比较

化学成分/%					冶金性能							
CaO/SiO$_2$	TFe	CaO	SiO$_2$	MgO	RI/%	RDI$_{+3.15}$/%	RSI/%	T_{BS}/℃	ΔT_B/℃	T_s/℃	ΔT/℃	Δp_m/Pa	S 值/kPa·℃
0.05	65.61	0.25	4.60	0.13	67.4	78.2	14.2	907	174	1130	213	3429	730
0.91	62.40	3.64	3.98	2.73	82.2	89.1	9.2	1003	131	1223	98	1960	192

由表 7-4 和表 7-5 的数据可见，无论在实验条件还是在工业生产条件下，熔剂性球团矿的抗压强度明显高于酸性球团矿，熔剂性球团矿的还原性（RI）较大程度高于酸性球团矿，还原膨胀指数（RSI）低于酸性球团矿，低温还原粉化指数（RDI$_{+3.15}$）明显优于酸性球团矿，尤其是高 MgO 的熔剂性球团矿的软化和熔滴性能极大地优于酸性球团矿。由以上两种类型球团矿的强度和冶金性能对比可见，熔剂性球团矿的质量明显优于酸性球团矿。

7.2 熔剂性球团矿生产理论与技术要点

熔剂性球团矿是指在混合料中添加含 CaO 的熔剂（如生石灰、石灰石等）生产的球团矿。由于 MgO 具有改善球团矿冶金性能特别是还原膨胀性能的确定作用，因而许多球团厂也用含镁添加剂生产含镁球团矿。添加只含镁、不含钙熔剂（如菱镁石、橄榄石等）制备的球团矿称为含镁酸性球团矿，添加既含钙又含镁熔剂制备的球团矿称为含镁熔剂性球团矿。

7.2.1 碱性熔剂对球团强度的影响

7.2.1.1 氧化钙和氢氧化钙的影响

在球团焙烧过程中，各种钙的化合物均分解为 CaO，它在焙烧过程中同酸性脉石或 Fe$_2$O$_3$ 反应，下面将消石灰配比对赤铁矿粉球团特性的影响进行分析：

　　通过添加粒度很细的添加剂（如消石灰），可显著提高混合料的比表面积，消石灰添加量对三种不同比表面积（740cm^2/g、1120cm^{2}g/和1700cm^2/g）铁矿的造球混合料比表面积的影响如图7-7所示。因此，采用细磨生石灰或消石灰生产熔剂性球团矿，可以使用粒度较粗的矿粉。

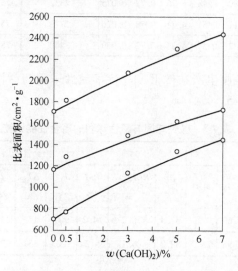

图7-7　Ca(OH)$_2$对造球混合料比表面积的影响

　　Ca(OH)$_2$对生球强度的影响示于图7-8。在Ca(OH)$_2$添加量较大的情况下，即使由粒度较粗（740~1120cm^2/g，见曲线Ⅰ、Ⅱ）的矿粉制出的生球，其强度仍保持在10N/个球或稍低些。

　　在矿粉比表面积较大（1700cm^2/g）时，添加消石灰对提高生球和强度作用更明显（见图7-8）。消石灰对干球强度的作用见图7-9。因此，如果采用生石灰或消石灰生产熔剂性球团，可以不使用其他黏结剂。

　　氢氧化钙对焙烧球团最终强度的影响很显著（图7-10）。可见，即使磨矿粒度较粗的矿粉，在添加0.5%Ca(OH)$_2$之后，其焙烧球团单球抗压强度也在2000N以上。由图7-11可看出，焙烧球团的抗磨强度随着消石灰添加量的增大而得到改善。

　　随着Ca(OH)$_2$添加量加大到5%，球团矿抗压强度一直增大。当添加量超过5%~6%时，球团矿强度开始下降。这可能是由于在球团内部形成了玻璃质结构。图7-12所示的球团气孔率变化也间接地证明了此种结构的存在。粗粒矿粉焙烧球团的气孔率（见图7-12，曲线Ⅰ、Ⅱ）随着消石灰的增大只出现较小的变化。但是，比表面积较大的矿粉曲线Ⅱ反应性较强，所以气孔率降低。由于矿物组成的改善，气孔率降低不会显著影响其还原性。

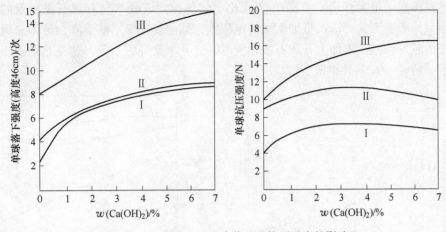

图 7-8　Ca(OH)₂ 对生球落下及抗压强度的影响

Ⅰ—矿石比表面积 740cm²/g；Ⅱ—矿石比表面积 1120cm²/g；Ⅲ—矿石比表面积 1720cm²/g

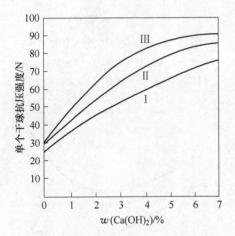

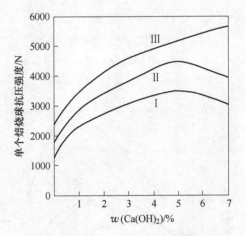

图 7-9　Ca(OH)₂ 对干球抗压强度的影响

Ⅰ—矿石比表面积 740cm²/g；Ⅱ—矿石比表面积 1120cm²/g；Ⅲ—矿石比表面积 1720cm²/g

图 7-10　Ca(OH)₂ 对焙烧球团抗压强度的影响

Ⅰ—矿石比表面积 740cm²/g；Ⅱ—矿石比表面积 1120cm²/g；Ⅲ—矿石比表面积 1720cm²/g

7.2.1.2　石灰石和白云石的影响

石灰石添加量对焙烧球团矿抗压强度的影响见图 7-13。可见，在较高的焙烧温度下（1200℃），强度明显增大，当 CaCO₃ 添加量约为 8% 时，强度达到最大值；而在 1150℃，添加 6%CaCO₃ 时强度便达到其最大值；贮存 6 周之后，两种试样的强度均明显下降。在球团内观察到消石灰白点，这是由未矿化的游离 CaO 所形成；在添加 0~12% 量的范围内，球团矿单球强度均在 2500N 以上，这说明渣键黏结起了很大作用。由图 7-14 看出，焙烧球团气孔率与石灰石添加量的关系很大。随着石灰石添加量加大到一定程度，球团气孔率不断下降，球团显微结构变得越发致密；再加大石灰石添加量时，气孔率又开始上升。这显然是由于石灰石分解时 CO_2 向外扩散所致。

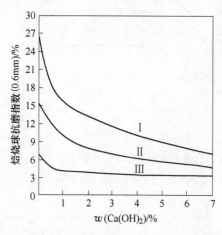

图 7-11　对焙烧球团抗磨强度的影响

Ⅰ—矿石比表面积 $740cm^2/g$；Ⅱ—矿石比表面积 $1120cm^2/g$；Ⅲ—矿石比表面积 $1720cm^2/g$

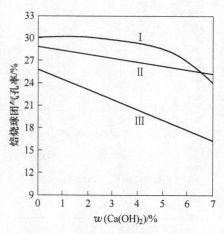

图 7-12　对焙烧球团气孔率的影响

Ⅰ—矿石比表面积 $740cm^2/g$；Ⅱ—矿石比表面积 $1120cm^2/g$；Ⅲ—矿石比表面积 $1720cm^2/g$

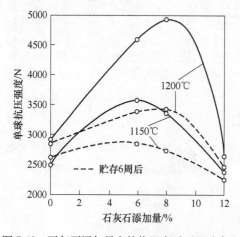

图 7-13　石灰石添加量和焙烧温度对不经贮存和贮存 6 周后的磁铁矿精矿球团抗压强度的影响

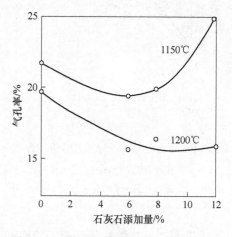

图 7-14　石灰石添加量和焙烧温度对磁铁矿精矿焙烧球团气孔率的影响

中南大学研究了生石灰与白云石添加剂用量对生球、预热球、焙烧球指标的影响，结果见图 7-15。由图 7-15 可以看出：

（1）随着生石灰和白云石添加剂用量的升高，生球落下强度先升高后降低，不同添加剂最佳值略有不同。

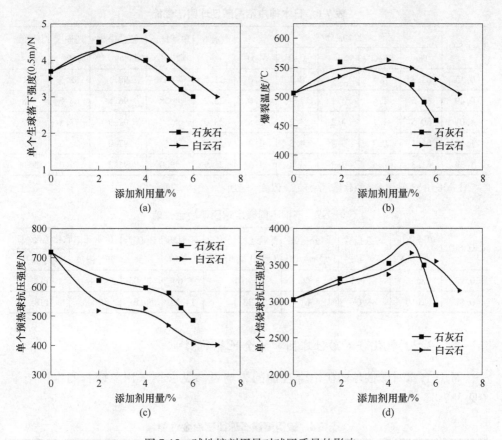

图 7-15　碱性熔剂用量对球团质量的影响

（2）随着添加剂用量的升高，预热球强度稍微降低，当添加剂用量超过 5%时，预热球强度降低明显。

（3）随着添加剂用量的升高，焙烧球团的抗压强度先升后降；添加剂用量约为 5%~6% 时，球团矿强度达到最大。这一结论与前述结果几乎完全一致。

7.2.2　碱度与含镁熔剂对球团矿冶金性能的影响

7.2.2.1　碱度对不含镁球团矿冶金性能的影响

碱度对不含 MgO 球团矿冶金性能的影响可参见日本神户和我国济钢获得的结果（见表 7-6 和表 7-7）。

添加只含 CaO 不含 MgO 熔剂制备的熔剂性球团，球团矿机械强度随 CaO 量的增加先上升后下降。随碱度的升高，球团矿还原度明显升高，但还原膨胀、粉化及软熔性能有恶化趋势。

表 7-6　日本神户不同碱度球团矿性能

CaO/SiO$_2$	化学成分/%					气孔率/%	单球抗压强度/N	转鼓指数(+5mm)/%	还原度/%	压力降/Pa
	TFe	FeO	SiO$_2$	CaO	Al$_2$O$_3$					
0.15	62.3	0.4	5.9	0.9	1.0	21.7	4165	98.1	58.5	78
0.49	61.5	1.8	4.1	2.0	1.0	23.2	4008	96.5	64.0	568
1.01	60.5	1.1	4.2	4.2	0.8	23.9	4557	97.9	73.8	892
1.30	61.1	0.7	3.5	4.5	1.3	26.9	4057	97.0	77.6	2900
1.39	61.3	0.4	3.3	4.8	1.5	26.9	3900	96.3	79.0	3038

注：压力降为球团矿还原软化时，还原气体最终压力降。

表 7-7　济钢不同碱度球团矿冶金性能

CaO/SiO$_2$	单球抗压强度/N	转鼓指数/%	筛分指数(−5mm)/%	低温还原粉化率(−3.15mm)/%	还原膨胀率/%	还原度/%	荷重还原软化温度/℃	
							开始温度	终了温度
0.28	2530	89.42	3.60	8.0	6.69	48.05	988	1111
0.82	2010	88.07	4.61	33.1	14.17	60.81	900	1185

7.2.2.2　氧化镁对酸性球团矿冶金性能的影响

MgO 含量对酸性球团矿冶金性能的影响可参见鞍钢采用菱镁石的生产结果（见表 7-8）。

表 7-8　鞍钢菱镁石球团矿冶金性能

项　目	1	2	3	4	5
MgO/SiO$_2$	0.06	0.32	0.41	0.48	0.63
w(TFe)/%	63.84	61.14	60.87	61.39	61.10
w(SiO$_2$)/%	8.70	8.92	8.64	8.45	8.10
w(MgO)/%	0.48	2.82	3.55	4.03	5.12
w(CaO)/%	0.50	0.79	1.23	0.90	2.24
气孔率/%	17.0	21.2	21.2	18.1	20.7
单球抗压强度/N	2958	1801	1590	1516	1960
转鼓指数(+5mm)/%	94.67	92.67	92.67	94.00	94.67
抗磨指数(−1mm)/%	4.66	5.73	6.00	4.00	—
低温还原粉化率(−3mm)/%	17.01	17.33	6.57	5.08	6.24
还原率(900℃)/%	76.04	71.24	65.59	60.56	61.95
高温还原率(1250℃)/%	14.7	15.28	17.22	28.13	59.50
还原膨胀率/%	16.51	14.01	6.65	7.68	5.50

项 目	1	2	3	4	5
还原后单球抗压强度/N	168	203	244	306	449
荷重还原软熔温度/℃	—	—	—	—	—
软化开始温度/℃	1090	1100	1125	1140	1180
收缩40%时温度/℃	1225	1215	1250	1260	1300
熔化温度/℃	1500	1485	1470	1500	1525

由表 7-8 可以看出，随 MgO 的增加，酸性球团矿的高温还原性、还原膨胀性、还原粉化及软熔性能均显著改善。但是，球团矿机械强度和低温（900℃）还原率随 MgO 增加明显下降。

7.2.2.3 含镁熔剂性球团矿的冶金性能

熔剂性含镁球团矿的冶金性能可参见我国首钢工业试验的结果（见表 7-9 和表 7-10）。

表 7-9 首钢熔剂性含镁球团矿旳主要质量指标

项目	单球抗压强度/N	$w(TFe)$/%	$w(FeO)$/%	$w(SiO_2)$/%	$w(CaO)$/%	R	$w(MgO)$/%	$w(S)$/%	10~16mm 粒度/%	<5mm 粒度/%
酸性球	2061	65.36	0.62	5.3	0.18	0.03	—	0.005	83.78	0.99
试验Ⅰ	2050	61.95	0.65	3.85	3.63	1.05	0.95	0.092	79.82	0.59
试验Ⅱ	2978	61.21	0.94	5.11	5.44	1.07	1.25	0.07	83.04	0.01

表 7-10 首钢熔剂性含镁球团矿的冶金性能

试样名称	熔滴性能								还原粉化指数		还原度 RI/%	还原膨胀指数 RSI/%
	$T_{10\%}$/℃	$T_{30\%}$/℃	ΔT_1/℃	T_s/℃	ΔH_s/mm	Δp_m/Pa	T_d/℃	ΔT_2/℃	ΔH/mm	$RDI_{+6.3}$/%	$RDI_{+3.5}$/%	
酸性球团	920	1108	188	1212	43	3430	1392	180	27	67.98	79.84	63.23	10.52
自熔性球团	1049	1309	260	1281	31	1029	1401	120	27	75.87	78.34	81.14	8.29

从表 7-10 中可以发现，含镁熔剂性球团矿的机械强度与各项冶金性能指标均明显优于同种原料制备的酸性球团矿。也即 CaO 和 MgO 对球团矿质量和冶金性能的影响具有互补性，含镁熔剂性球团矿兼具单一熔剂性球团矿和含镁酸性球团矿的优点。因此，在进行熔剂性球团矿的生产时，如果条件许可，应尽可能生产含镁熔剂性球团矿。

7.2.3 熔剂性球团矿的制备技术

与酸性球团矿相比，熔剂性球团矿生产存在两个主要问题是产品含硫高和焙烧球团相互黏结、结块。这就要求熔剂性球团矿的生产不能沿袭酸性球团矿制备的工艺和技术，甚至要求某些工艺环节要有根本的变化。

7.2.3.1　碱性熔剂的选择与准备

如果采用生石灰作添加剂，在加水时 CaO 就会同水反应，生成氢氧化钙。这种反应系强烈放热反应，并在水合（消化）过程中体积膨胀。在消化和体积同时膨胀的过程中，$Ca(OH)_2$ 可以达到很高的比表面积，最高可达 $10000cm^2/g$ 以上。这样大的表面积上黏附的水量大于形成水合物的化学计算当量。同这样大的表面积相连接的过量水使氢氧化钙具有水凝胶的性质。这种水凝胶的胶体特性改善了矿粉混合料的塑性，从而提高了干燥球团的强度。因此，如果添加生石灰或消石灰作添加剂，可不用膨润土等黏结剂。

由于生石灰消化时体积显著增大，所以消化过程最好在造球之前就完全结束，并且将所得的氢氧化钙与铁精矿均匀混合。如果生石灰在造球过程中才消化，在干燥过程开始时，便不可避免地要引起局部体积膨胀，因而使球团结构遭到破坏。为了防止这类现象，建议在实际生产中只使用氢氧化钙，因为它不必经过任何预先处理便可使用。

如果仅采用石灰石、白云石、菱镁石、橄榄石等矿物型熔剂，由于它们均为天然矿物，不溶于水，不能起黏结作用，在此情况下必须使用黏结剂。

由于含镁熔剂性球团机械强度和冶金性能优良，如果高炉炼铁许可，应尽可能生产含镁熔剂性球团矿。在这种情况下，若不需增加球团矿的酸性成分，白云石是应为首选的熔剂。

在熔剂性球团生产中，石灰石、白云石等应当首先细磨至 0.1mm 以下，最好与铁精矿相同的粒度，以保证在碳酸盐先分解之后，氧化钙能同脉石和赤铁矿完全反应。在焙烧球团内不应存在游离 CaO，否则经过一定时间之后，会产生水合反应，降低焙烧球团的机械强度。

7.2.3.2　原、燃料的选择与要求

熔剂性球团生产对铁原精矿和燃料粒度没有特殊要求。但由于碱性熔剂具有强烈的亲硫特性，导致产品含硫明显高于酸性球团。因此，生产熔剂性球团要求铁精矿和燃料硫含量应尽可能低。为此，燃料选择上应避免使用固体燃料，而应选用含硫低的气体或液体燃料。

在条件许可的情况下，生产熔剂性球团应尽可能选择赤铁矿粉为原料，以避免或减轻由于磁铁矿氧化放热和内部温度过高导致的球团相互黏结问题。如果必须以磁铁矿粉为原料生产熔剂性球团矿，应选择石灰石、白云石等矿物型熔剂，它们的分解可以消耗磁铁矿氧化放出的热量，也可避免或减轻球团相互黏结及结

块问题。

7.2.3.3 熔剂性球团原料的混合

为确保碱性熔剂在混合料中充分分散和熔剂的全部矿化，熔剂性球团生产对原料混合的要求比酸性球团高，一般需采用两段混合，大型球团厂甚至需要三段混合，其中包括强力混合机。

7.2.3.4 熔剂性球团的造球

一般情况下，添加少量熔剂不会对铁精矿成球性能有显著影响。但熔剂性球团的特殊焙烧性能，对造球工艺有特殊要求。熔剂性球团焙烧过程遇到的最大问题是由于液相生成导致的球团之间的相互黏结。球团相互黏结导致竖炉下料困难、回转窑结圈，严重影响生产过程。解决此问题的方法是采用两段造球工艺，即在保持球团总化学成分或碱度不变的前提下，首先分出一小部分精矿或者一小部分溶剂。第一段采用含熔剂的混合料造球，筛去粉末后的生球进入第二段造球；第二段造球只加精矿或只加熔剂，在一次生球的表面包裹一层高熔点物料，从而阻止球团在高温焙烧时相互黏结。

7.2.3.5 熔剂性球团的焙烧

熔剂性球团焙烧温度与酸性球团差别很大。焙烧温度控制既要满足炼铁生产对强度的要求，又要防止因高温导致球团黏结。熔剂性球团适宜的焙烧温度除与球团矿碱度密切相关外，还与铁精矿和熔剂的种类、成分有关。图 7-16 和图 7-17 分别为以赤铁矿和磁铁矿为原料制备的球团矿在达到相同的抗压强度时，适宜的

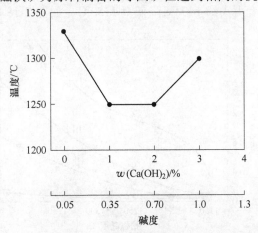

图 7-16 相同强度条件下添加剂对赤铁矿球团焙烧温度的影响

(赤铁矿球团：67.6%TFe、1.6%SiO$_2$、>0.7%Al$_2$O$_3$；单球团强度 2600N)

焙烧温度与碱度和熔剂配比的关系。对赤铁矿球团，在碱度为 0.35~0.7（倍）的范围内，适宜的焙烧温度由酸性球团的 1330℃ 降至 1250℃；当碱度增至 1.0（倍）时，适宜的焙烧温度又升高到 1300℃。在 0~0.5% 的添加范围内，磁铁矿球团适宜的焙烧温度随碱性熔剂的增加一直在下降，其中高硅低铁磁铁矿的焙烧温度由 1250℃ 降至 1150℃（见图 7-17 中的曲线 Ⅰ），高铁低硅超纯磁铁矿的焙烧温度由 1350℃ 降至 1175℃（见图 7-17 中的曲线 Ⅱ）。

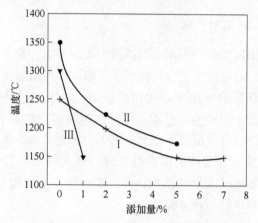

图 7-17　相同强度条件下添加剂对磁铁矿球团焙烧温度的影响

Ⅰ—磁铁矿：（Fe_3O_4 62% + SiO_2 10%）+ $CaCO_3$，单球强度 3500N；

Ⅱ—磁铁矿：（Fe_3O_4 71% + SiO_2 1%）+ $Ca(OH)_2$，单球强度 2500N；

Ⅲ—人工磁铁矿：（Fe_3O_4 63.3% + SiO_2 8%）+ $Ca(OH)_2$，单球强度 3000N

此外，碱性熔剂对赤铁矿的热分解行为有重要影响，添加 5%CaO 可以使赤铁矿的开始分解温度由大约 1400℃ 降低至 1150℃，如图 7-18 所示。若焙烧温度

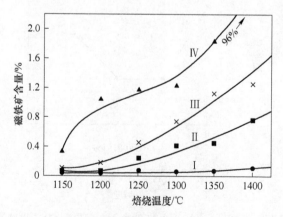

图 7-18　添加剂对球团中赤铁矿热解温度的影响

Ⅰ—0；　Ⅱ—1%CaO；　Ⅲ—2%CaO；　Ⅳ—5%CaO

过高，球团内部已形成的再结晶赤铁矿就会分解，导致球团矿质量下降。这一现象对在焙烧过程中有氧化放热的磁铁矿球团尤其需要注意。防止此现象发生的主要措施是严格控制焙烧温度上限。

7.2.3.6 熔剂性焙烧球团的冷却

为防止球团粘连结块，熔剂性球团的冷却风量应该高于酸性球团的风量。如果球团原料为磁铁矿时，这一措施尤其重要，因为在焙烧过程中未氧化完全的磁铁矿在冷却时会继续氧化、放热，使球团极易黏结、结块。

7.2.4 结语

（1）熔剂性球团矿特别是含镁熔剂性球团矿具有良好的机械强度和优良的冶金性能，国外生产酸性球团矿已有三十余年历史。随着我国球团矿生产的快速发展和球团矿入炉比例的增加，我国熔剂性球团的发展势在必行。

（2）含镁熔剂性球团矿兼具单一熔剂性球团矿和含镁酸性球团矿的优点。因此，在进行熔剂性球团矿的生产时，如果炼铁生产许可，应优先考虑生产含镁熔剂性球团矿。综合考虑机械强度与冶金性能，生产熔剂性球团时消石灰、石灰石或白云石的总添加量不宜超过 6%，球团矿中的 MgO 含量不宜超过 3%。

（3）与酸性球团矿相比，熔剂性球团矿生产存在的两个主要问题是产品含硫高和焙烧球团之间相互黏结、结块。熔剂性球团矿的生产对原料选择、工艺流程与技术参数具有不同于酸性球团矿的特殊要求。在原料选择方面，一要根据铁矿粉与熔剂之间的匹配关系，选择铁矿粉和熔剂的类型；二要严格控制含铁原料、熔剂和燃料的含硫量，在原料准备方面，应严格控制熔剂的粒度上限，并采用二段混合工艺强化配合料的混匀；在生球团制备方面，应采用二段造球工艺，即将碱度略高于或低于目标碱度的一次生球外滚一层铁矿粉或熔剂，制成双层球团。在焙烧和冷却制度的选择方面，要严格控制焙烧温度上限，提高焙烧球团的冷却风速（量）。

7.3 酸性球团矿和熔剂性含 MgO 球团矿的特性

球团矿作为一种优质人造富矿，自 20 世纪 50 年代在美国首先工业化生产以来，发展十分迅速。由于酸性球团矿具有较好冷强度和还原性，长期以来，满足了高炉冶炼的需求。

近年来，高碱度烧结矿配加酸性球团矿或天然块矿的复合型炉料结构已为广大炼铁工作者所认同，各钢铁厂都在依据炉料价格、铁水产量、铁水质量和铁水成本等需求调整这三种炉料的比例结构。但是，酸性球团矿一般也存在着软化温度低、软熔区间宽、膨胀率高等缺陷，配加比例不可能太高。当酸性球团矿和高碱度烧结矿冶金性能差异较大时会对高炉的安全长寿造成影响。特别是随着高炉大型化，冶炼强度加大和操作速度加快，使炉内间接还原时间缩短，未还原的低软熔点铁氧化物便进入炉内高温带，这种铁氧化物大约在 1150℃ 下同 SiO_2 反应，生成铁橄榄石，封住球团外壳上的气孔，这一反应一旦开始，进展很快，在一定程度上阻止了球团矿的进一步还原，所以有必要对酸性球团矿质量进行改善。

7.3.1　酸性球团矿特性

酸性球团矿是指不加石灰石、白云石等熔剂的球团矿，碱度为自然碱度。

7.3.1.1　酸性球团矿理化特性

（1）品位高，比重大。高质量酸性球团矿含铁品位一般在 65% 以上，由于含铁品位高，所以堆比重比碱性烧结矿高 0.4t/m³ 左右，因此提高了料柱的有效重量，有利于炉况顺行。

（2）强度高，粒度均匀。一般酸性球团矿的单球抗压强度在 2000N 以上，适宜长距离转运，在炉内料柱压迫下不会破碎，9~15mm 粒级含量在 85% 以上，有利于提高上部透气性。

（3）气孔率高，FeO 低。酸性球团矿的气孔率一般在 25% 左右，同时开孔率较高，有利于还原气体在气孔内表面通过，提高还原性。酸性球团矿的 FeO 含量一般在 1% 左右，比碱性烧结矿低 8% 左右。因此，有利于间接还原发展，减轻炉缸负荷，降低焦比。

7.3.1.2　酸性球团矿冶炼特性

（1）还原膨胀粉化率高。球团矿在高炉冶炼还原过程中，由于球团矿中 Fe_2O_3 还原成 Fe_3O_4 时晶格变化产生楔形膨胀裂纹与晶格开裂，体积膨胀，膨胀率高达 11%。如果膨胀应力大于球团矿固有的机械强度时，则自行破碎、粉化，因而对高炉顺行产生不良影响。

（2）高温冶炼性能差。酸性球团矿软化温度低，熔滴特性中的压差陡升温度低和最高压差 Δp_{max} 数值大。在采用发展边缘的装料制度，大量酸性球团矿分布在炉墙边缘时，对炉墙所形成的渣皮造成熔融与破坏，不利于炉衬保护。同时也影响高炉的快速操作和炉况顺行。我国几种酸性球团矿的软熔性能列于表 7-11。

表 7-11 我国早期几种酸性球团矿软熔性能

名 称	$w(TFe)$ /%	CaO/SiO$_2$	$w(MgO)$ /%	软化性能			熔滴性能		
				T_{BS}/℃	T_{BE}/℃	ΔT_B/℃	T_s/℃	T_d/℃	ΔT/℃
太钢球团	58.04	0.09	0.40	937	1185	248	1173	1448	275
萍钢球团	55.85	0.08	0.51	800	1223	323	1194	1525	331
鞍钢球团	61.51	0.08	2.62	855	1172	371	1470	1484	14
莱钢球团	60.26	0.13	1.58	840	1440	300	1470	1415	8

从表 7-11 中数据可以看出，我国几种酸性球团矿在间接还原区域就开始软化，因而使间接还原受到限制，同时软熔温度区间较大，影响透气性。

7.3.2 熔剂性含 MgO 球团矿特性

7.3.2.1 熔剂性含 MgO 球团矿冶金特性

日本是最早开始从酸性球团矿转向添加石灰石生产熔剂性球团矿的国家。众所周知，造球前向铁精矿中添加 CaO 和/或 MgO 的细粒物料（例如石灰石或白云石），对改善球团矿的物理性能和冶金性能很有好处。从改善冶金性能的观点出发，改进球团矿冶金性能的途径之一是生产熔剂性含 MgO 球团矿。按照美国钢铁协会 20 世纪 60 年代的试验标准，CaO/SiO$_2$>0.6 才能称为熔剂性球团矿。国外熔剂性含 MgO 球团矿一般 CaO/SiO$_2$ 为 0.9~1.3，MgO 为 1.3%~1.8%。熔剂性含 MgO 球团矿除理化性能与酸性球团矿接近外，在冶炼性能方面有以下特点：

（1）膨胀率降低。球团矿内存在足量 CaO 时，在焙烧过程中就会形成稳定的铁酸镁（MgO·Fe$_2$O$_3$，熔点 1713℃），在还原时不会发生 Fe$_2$O$_3$ 转变成 Fe$_3$O$_4$ 反应，而生成的是 FeO 和 MgO 的固溶体。球团矿内添加 CaO 时生成铁酸钙和铁酸半钙，铁酸盐较赤铁矿颗粒难于受侵蚀，另外 CaO·Fe$_2$O$_3$-CaO·2Fe$_2$O$_3$ 是低共熔物（1216℃），在焙烧过程中容易形成液相，把铁氧化物颗粒牢固黏结在一起。有人曾用膨胀率为 60% 的高品位球团矿进行过研究，添加 1% 的 CaO 时，球团矿的膨胀率可下降 8%。

（2）软熔性改善。由于造球前向精矿中添加了含有 CaO 和 MgO 的添加剂，球团焙烧时形成铁酸钙和铁酸镁，这些铁酸盐的熔化温度比酸性球团矿内成分的熔化温度一般提高 80~160℃，使熔化开始温度和熔化终了温度的区间减小，这就意味着可使更多的空气鼓入高炉，同时也意味着高炉内软熔带的位置较低。

（3）还原性改善。由于铁酸钙和铁酸镁的熔化温度比酸性球团矿内成分的熔化温度高，CO 与 FeO 的反应没有受到阻碍，从而提高了间接还原率。

由于球团矿这两个质量的改善，使高炉操作在以下几个方面也得到了改善：

1）焦比（燃料比）降低。其原因是球团矿的还原度较高，间接还原比例较大。

2）由于软熔带较窄，使生产率提高。

3）延长高炉炉衬寿命。由于炉内软熔带位置较酸性球团矿低，从而延长了高炉炉衬寿命。

7.3.2.2 国外熔剂性含 MgO 球团质量实例

表 7-12 中列出了国外熔剂性含 MgO 球团矿与酸性球团矿冶金性能指标情况。

表 7-12　加与不加 MgO 的球团矿冶金性能比较

| 企业 | 白云石 | 单球抗压强度/N | $RDI_{+6.3}$/% | $RI(R_{40})$/% | 收缩/% | 软熔温度/℃ | | 化学成分/% | | | 碱度 |
						开始	终了	TFe	SiO$_2$	MgO	
美国内陆钢铁	加	2230	95.6	1.30	7.8	1276	1468	59.5	5.5	2.30	1.32
	否	2420	94.9	0.70	31.0	1167	1460	61.6	6.0	0.30	0.04
美国蒂尔登矿	加	2720	89.3	1.23	16.8	1290	1387	61.7	4.9	1.84	0.91
	否	3570	84.8	0.85	24.4	1206	1332	65.5	5.1	0.14	0.04
美国恩派尔矿	加	2470	86.4	1.32	7.86	1305	—	59.5	5.5	2.12	1.29
	否	2230	86.1	0.70	20.7	1166	—	65.4	5.5	0.29	0.05
美国米诺卡球团	加	2310	96.4	1.28	12.0	1126	1505	61.9	4.0	1.37	1.10
	否	2450	92.6	0.97	28.0	1030	1300	65.6	4.8	0.17	0.03
加拿大多法科斯	加	2070	96.0	1.16	—	1292		61.9	4.9	1.49	0.94
	否	2220	92.5	1.00	—	1219		65.6	3.1	0.16	0.02
日本神户	加	3680	—	83.7	—	1230	1430	60.2	4.0	1.84	1.32

从表 7-12 可以看出，加白云石生产熔剂性含 MgO 球团矿，在 MgO 达到 1.3% 以上，碱度（CaO/SiO$_2$）达到 0.9 以上后，与酸性球团矿相比，除抗压强度略有降低外（也能满足大高炉冶炼要求），其他冶金性能指标都有不同程度改善。其中 $RDI_{+6.3}$ 提高；还原速率提高 60% ~ 120%；收缩率降低 30% ~ 40%；软熔温度提高 80 ~ 160℃；这说明生产熔剂性含 MgO 球团矿对改善球团矿高温冶金性能十分有利。

由于白云石型熔剂性含 MgO 球团矿在高炉中使用不受限制，因此北美、日本等国发展迅速，澳大利亚、巴西和意大利等国高炉均使用熔剂性含 MgO 球团矿。

7.3.3 熔剂性含 MgO 球团矿的生产试验

为适应未来首钢高炉炉料结构调整需要，2002 年 6 月和 8 月，首钢矿业公司两次进行熔剂性球团矿工业生产试验，共生产熔剂性球团矿 19800t，在首钢总公司 3 号高炉上进行了试验，取得了初步结果。

7.3.3.1 熔剂性球团矿主要理化指标及冶金性能

试验熔剂性球团矿理化指标和酸性球团矿理化指标及冶金性能指标分别见表7-13~表 7-15。

表 7-13　球团矿主要理化指标

试样名称	成分/%					碱度	单球抗压强度/N
	TFe	FeO	CaO	SiO$_2$	MgO		
碱性 1	61.63	0.36	5.80	4.71	—	1.23	3304
碱性 2	61.63	1.58	5.80	5.37	—	1.08	3068
碱性 3	61.70	1.51	5.20	5.00	—	1.04	2878
酸性 1	65.42	0.81	0.30	4.82	—	—	2070
酸性 2	65.05	1.15	0.38	5.22	0.46	—	2135
酸性 3	65.61	0.36	0.25	5.00	0.38	—	2030

表 7-14　球团矿还原粉化率、还原性及还原膨胀指标

试样名称	低温还原粉化指数			还原度指数 RI/%	还原膨胀指数 RSI/%
	$RDI_{+6.3}$/%	$RDI_{+3.15}$/%	$RDI_{-3.15}$/%		
碱性 1	81.71	86.36	13.64	83.84	17.25
碱性 2	76.41	82.80	17.20	76.80	16.02
碱性 3	86.67	91.50	8.50	75.03	16.21
酸性 1	86.12	89.46	10.54	60.96	11.00
酸性 2	67.98	79.84	20.16	64.23	10.52
酸性 3	72.21	78.16	21.84	67.35	14.24

表 7-15　球团矿熔滴性能

试样名称	$T_{10\%}$/℃	$T_{50\%}$/℃	ΔT_1/℃	ΔT_s/℃	ΔH_s/mm	Δp_m/Pa	T_d/℃	ΔT_2/℃	ΔH/mm
碱性 1	1094	1307	213	1392	46	1029	1416	24	11
碱性 2	1124	1274	150	1258	34	3626	1390	132	27
碱性 3	1148	1294	146	130	36	4214	1385	85	25
酸性 1	981	1217	236	1259	38	3528	1425	166	23
酸性 2	927	1113	186	1192	48	3479	1328	136	33
酸性 3	909	1083	174	1130	42	>8820	1343	213	39

　　熔剂性球团矿抗压强度高于酸性球团矿，原因是添加熔剂后混合料熔点降低，容易形成液相，强化了球团矿的液相粘接。

　　以低温还原粉化指数以 $RDI_{+3.15}$ 的百分比为考核标准，$RDI_{+3.15}$ 高，说明低温还原时粉化率低，对高炉操作有利。检验的三个熔剂性球团矿的 $RDI_{+3.15}$ 最低为 82.80%，最高为 91.50%，平均值达到 84.75%，高于酸性球团矿的值；还原指数 RI 最低为 75.03%，最高为 83.84%，平均为 78.56%，远远好于酸性球团矿，已达到优质烧结矿标准，这也是熔剂性球团矿的优点所在；熔剂性球团矿的还原膨胀指数 RSI 分别为 17.25%、16.02%、16.21%，比酸性球团矿高，但低于 20% 的正常膨胀值，国际球团矿商业合同一般要求 RSI 低于 17%。熔剂性球团矿还原膨胀指数波动较大，影响因素较多，如吊篮试验中碱度 0.9 和 1.0 熔剂性球团矿低温还原膨胀指数分别为 11.01% 和 10.41%，达到酸性球团矿指标。

　　表 7-15 是单种球团矿的熔滴性能。与酸性球团矿相比，熔剂性球团矿的开始软化温度提高了 100℃ 以上，滴落温度有所降低，相应的软化区间 ΔT_1 和滴落温度区间 ΔT_2 都变窄，有利于高炉顺行。三个试样的最大压差值 Δp_m 变化较大，1 号试样的最大压差只有 1029Pa，而 3 号试样为 4214Pa。

7.3.3.2　熔剂性球团矿在高炉上的应用

　　2002 年 10~11 月，在首钢 3 号高炉进行了配加熔剂性球团矿工业试验，历时 15 天。试验分两个阶段，第一阶段 7 天，熔剂性球团矿加入比例为 5.68%；第二阶段 8 天，熔剂性球团矿加入比例为 9.26%。试验期间澳矿块配加比例固定为 14.80%，通过加减烧结矿和密云球团矿调节炉渣碱度。

　　试验期间炉况基本稳定顺行，没有悬料、塌料、坐料。试验开始后，为避免球团矿过分滚向炉喉边缘或中心而影响气流分布，同时使球团矿与烧结矿充分混合入炉以改善软熔带特性，在上料皮带上将球团矿分布在烧结矿表面，从而实现球团矿与烧结矿混合入炉，保证了熔剂性球团矿工业试验的顺利进行。由于外购焦炭质量变差以及熔剂性球团矿数量有限，熔剂性球团矿比例没能进一步增加。高炉试验数据列于表 7-16。

表 7-16　3 号高炉工业试验熔剂性球团矿主要技术经济指标

项　目	校正 日产量/t	焦比 /kg·t⁻¹	焦丁比 /kg·t⁻¹	煤比 /kg·t⁻¹	燃料比 /kg·t⁻¹	综合焦比 /kg·t⁻¹	平均焦炭 负荷/t·t⁻¹	平均 矿批/t
基准期	5796.25	376.4	20.9	125.3	522.6	493.36	4.234	53.37
试验 1 阶段	5917.94	376.1	20.8	129.8	526.7	496.58	4.296	54.29
试验 2 阶段	5877.22	383.8	20.7	123.9	528.0	499.08	4.157	54.02

续表 7-16

项　目	入炉品位/%	炉料结构				焦炭指标			
		烧结矿/%	澳矿/%	密云球/%	碱性球/%	灰分/%	S/%	转鼓/%	鼓外/%
基准期	59.25	78.25	14.89	6.83	0.03	12.18	0.67	83.1	7.8
试验1阶段	59.19	75.92	14.74	3.66	5.68	12.21	0.66	83.7	7.8
试验2阶段	59.41	74.40	14.81	1.53	9.26	12.33	0.66	82.5	7.8

高炉试验结果表明：高炉配加 9.26% 的熔剂性球团矿能够保持高炉稳定顺行，试验一期、二期校正日产量分别高于基准期 121.69t 和 80.97t，可提高铁产量。由于本次试验焦炭质量差，尽管试验一期平均焦炭负荷比基准期重，但其校正综合焦比要高于基准期。高炉配加熔剂性球团矿后软熔带和透气性会发生变化，但由于焦炭质量差及焦炭负荷多次调整，高炉配加熔剂性球团矿后对透气性的影响及其他方面的影响规律有待进行更大比例、更长时间的工业试验。

7.4 预热制度对球团矿强度的影响规律及机理研究

由于带式焙烧机在生产熔剂性球团方面存在优势，所以随着熔剂性球团的发展，带式焙烧机工艺受到了重视。带式焙烧机的工艺特点是球团的干燥、预热、焙烧、均热和冷却 4 个阶段均在同一设备上进行，各阶段是相互影响的有机体。但是在带式焙烧机工艺中，每个阶段对后续的影响往往不如链箅机-回转窑-环冷机那么明确，工艺调整也相对困难。特别是现在带式焙烧机工艺中关于预热制度及预热球指标对球团矿性能的影响规律不清晰。所以有必要深入研究带式焙烧机各阶段工艺对球团矿质量的影响规律，进而使各环节衔接更加的紧密，降低个别阶段的工艺制度不当对球团矿质量带来的影响，同时也促进球团矿生产向节能、高效的方向发展。下面是中冶北方研发中心的研究成果。

7.4.1 试验原料特性及研究方法

7.4.1.1 原料特性

试验中选用了两种磁铁矿作为代表性矿样，并选择石灰石作为碱性球的熔剂，膨润土作为黏结剂。试验所用铁精矿、熔剂及黏结剂的主要化学成分见表 7-17。

表 7-17　原料化学成分检验结果

原料名称	化学成分/%										水分/%
	TFe	FeO	SiO_2	Al_2O_3	CaO	MgO	TiO_2	S	P	烧损	
1 号矿	66.60	26.24	4.49	0.34	0.49	0.90	—	0.020	0.049	-2.47	5.34
2 号矿	63.73	26.66	1.04	0.66	1.62	3.37	2.56	0.063	0.160	-1.27	0.60

原料名称	化学成分/%										水分/%
	TFe	FeO	SiO$_2$	Al$_2$O$_3$	CaO	MgO	TiO$_2$	S	P	烧损	
石灰石	0.60	—	2.44	0.96	48.59	2.74	—	0.032	0.018	42.36	0.20
膨润土	2.99	—	54.32	12.04	4.51	1.98	—	0.056	0.047	11.78	11.57

由原料的化学成分可以看出，1 号铁精矿的品位相对较高，碱度很低，为典型的酸性铁精矿，很适合用来生产酸性球团矿；2 号铁精矿碱度相对较高，适合用来生产熔剂性的球团矿；膨润土 SiO$_2$ 含量较低，很适合球团生产使用。

7.4.1.2　原料物理性能

对铁精矿进行粒度筛析，成球性指数及比表面积的检测。检测熔剂和膨润土细度及膨润土的理化性能指标。具体的检测指标见表 7-18~表 7-21。

表 7-18　原料粒度组成检验结果　　　　　　（%）

粒度/mm	+0.100	0.1~0.074	0.074~0.044	0.044~0.037	-0.037	-0.044	-0.074
1 号矿	13.98	8.27	18.01	10.10	49.64	59.74	77.75
2 号矿	51.48	10.36	11.53	4.54	22.90	27.44	38.16
石灰石	—	—	—	—	—	—	96.50
膨润土	—	—	—	—	—	—	98.10

表 7-19　铁精矿比表面积检测结果

原料名称	堆密度/g·cm^{-3}	真密度/g·cm^{-3}	比表面积/cm^2·g^{-1}
1 号矿	2.670	4.839	1109
2 号矿	2.577	4.854	433

表 7-20　铁精矿成球性指数检测结果

原料名称	$w_{分}$/%	$w_{毛}$/%	成球性指数 K
1 号矿	2.74	12.66	0.28
2 号矿	2.10	14.38	0.17

表 7-21　膨润土理化性质检验结果

原料名称	蒙脱石含量/%	吸蓝量/g·(100g)$^{-1}$	胶质价/mL·(15g)$^{-1}$	膨胀容/mL·g^{-1}	吸水率（2h）/%
膨润土	70	32	100	36	451

7.4.1.3　研究方法

在成球试验之前对两种铁精矿进行了细磨处理，使细度-0.074mm 含量达到了 85%，比表面积均在 $1500cm^2/g$ 左右，适合球团使用。

造好的生球经筛分后，随机取粒度为 10~12.5mm 的生球进行生球水分、生球落下强度、生球抗压强度检测。根据带式焙烧机工艺特点，试验以生球（单个球 0.5m）落下强度大于 5 次、单球抗压强度大于 12N 为合格指标。

通过配矿计算，分别生产出碱度为 0.1 和碱度为 1.2 的生球，在 105℃ 的烘箱中干燥后，用于管炉预热和焙烧试验。按设定的温度和时间条件，进行不同温度和时间条件下球团的预热和焙烧试验，检测预热球抗压强度和 FeO 含量以及相应焙烧球的抗压强度和 FeO 含量。

7.4.2 试验结果与分析

预热制度主要包括预热温度和预热时间，预热制度直接影响预热球的氧化程度以及预热球的强度，进而对球团矿产生一定的影响。

不同的工艺对预热球抗压强度的要求不同，链算机-回转窑和竖炉对预热球抗压强度要求较高，只有预热球强度满足要求，工艺生产才能顺利进行。而带式焙烧机虽然对预热球抗压强度要求较低，而且没有明确的标准，但是预热球质量对球团矿质量会有直接影响。本研究中，考察了不同强度和不同 FeO 含量的预热球经过焙烧后所得球团矿的质量。

7.4.2.1 预热球抗压强度对球团矿抗压强度的影响

预热球强度与其焙烧球抗压强度之间的关系见图 7-19。

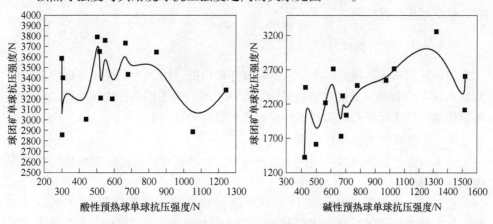

图 7-19 酸性预热球和碱度预热球抗压强度对球团矿抗压强度的影响

由试验结果可以看出，预热球抗压强度对球团矿抗压强度的影响存在最佳区间，酸性预热球和碱性预热球对焙烧球抗压强度的影响规律稍有不同。对于酸性球团来说，预热球单球抗压强度在 500~800N 时，经过焙烧后球团矿强度最高。而对于碱性球团，预热球单球强度在 1100~1300N 时，经焙烧后相应球团矿强度最高。

7.4.2.2　预热球 FeO 含量对球团矿抗压强度的影响

预热球的 FeO 含量会对焙烧球质量产生一定的影响，主要是影响焙烧球内部的结构以及内部颗粒之间的固结形势，进而影响球团矿的强度。预热球的 FeO 含量与焙烧球抗压强度之间关系见图 7-20。

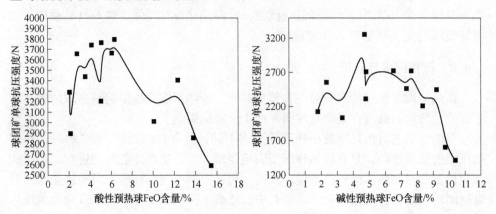

图 7-20　酸性预热球和碱性预热球 FeO 含量对球团矿抗压强度的影响

由试验结果可以看出，预热球 FeO 含量对球团矿抗压强度的影响存在峰值，酸性球团和碱性球团的影响规律基本相同。预热球 FeO 含量在 3%~7% 范围内时，焙烧球抗压强度最高。

7.4.2.3　影响机理分析

影响球团矿抗压强度的主要因素是球团矿内部结构，为了解预热球抗压强度和预热球 FeO 含量对球团矿抗压强度的影响机理，对不同条件的预热球和其相应的焙烧球特性进行研究，以找出影响球团矿强度的原因。

A　预热球抗压强度随温度变化特点

对不同温度的预热球抗压强度进行检测，并绘制预热球抗压强度随温度变化的曲线，得到如图 7-21 所示的曲线。

由试验结果可以看出，酸性和碱性的预热球抗压强度随温度变化规律一致，在温度低于 950℃ 时，预热球抗压强度增加缓慢，在 1000℃ 以后预热球抗压强度迅速增加。还可以看出，酸性球团的预热温度在 900~1050℃ 范围内时，预热球单球抗压强度为 500~800N，所以酸性球团在该预热温度范围内时相应焙烧球抗压强度最高。而碱性球团在预热温度为 1000~1100℃ 时预热球单球强度在 1100~1300N 之间，所以碱性球团在该预热温度范围内时相应焙烧球抗压强度最高。

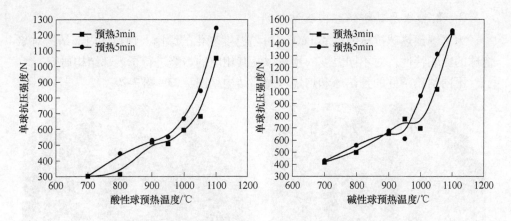

图 7-21　酸性预热球和碱性预热球抗压强度随温度变化

B　预热球 FeO 含量随温度变化特点

预热球 FeO 含量随温度变化规律见图 7-22。

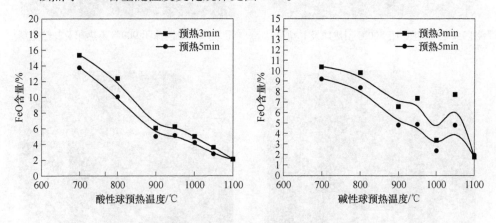

图 7-22　酸性预热球和碱性预热球 FeO 含量随温度变化

由试验结果可以看出，酸性球团和碱性球团的预热球中 FeO 含量随温度变化规律基本一致，酸性预热球 FeO 含量在 900℃之前随温度升高下降比较快，900℃以后 FeO 含量下降变缓；碱性预热球 FeO 含量在 950℃之前随温度升高下降比较快，950℃以后 FeO 含量下降变缓，且波动相对较大；此外，还可以看出，酸性球团预热球温度在 900~1050℃范围内时，FeO 含量为 3%~7%，所以酸性球团的适宜预热温度为 900~1050℃，此预热温度范围的预热球，其焙烧球抗压强度较高；碱性球团预热球温度在 950~1100℃范围内时，FeO 含量为 3%~7%，所以预热温度为 950~1100℃对碱性球团比较适宜，此预热温度范围的预热球，其焙烧球抗压强度较高。

C　预热球及其焙烧球内部结构研究

为了解预热球抗压强度和FeO含量随温度变化的原因及预热球内部结构对焙烧球的影响特性，对不同温度的预热球及其相应的焙烧进行了内部结构研究。

不同预热条件的预热球和焙烧球内部结构见图7-23~图7-29。

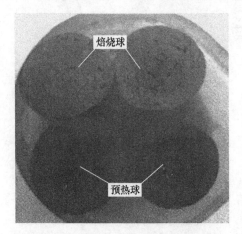

图7-23　酸性球团800℃预热球及其焙烧球

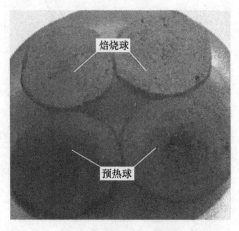

图7-24　酸性球团900℃预热球及其焙烧球

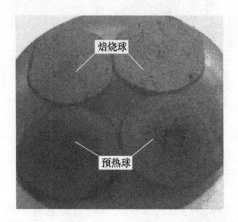

图7-25　酸性球团950℃预热球及其焙烧球

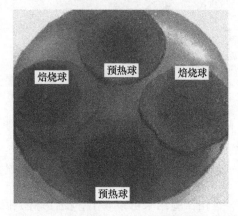

图7-26　酸性球团1100℃预热球及其焙烧球

由酸性预热球和焙烧球内部结构可以看出，预热温度低于900℃时，预热球内部疏松，有未氧化完全的球心，预热球抗压强度也相对较低，但是其焙烧球结构相对均匀，球心和球壳分界线不明显。900℃和950℃预热球内部结构相对均匀，预热球氧化比较充分，抗压强度也相对较高，其焙烧球也比较均匀，没有明显的核壳界限；1100℃也存在未氧化完全的球心，球心比较疏松，而预热球外部相对致密，预热球应该是受致密外壳影响，抗压强度相对较高。其焙烧球内部结构不均匀，存在相对疏松的球核。通过对酸性球团不同条件预热球及其焙烧球内

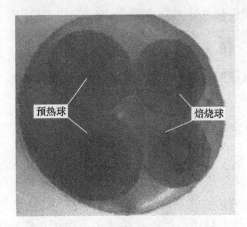

图 7-27 碱度 900℃预热球及其焙烧球

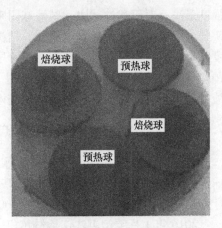

图 7-28 碱度 950℃预热球及其焙烧球

部结构的分析，可以看出，预热球氧化充分，结构均匀，其焙烧球内部结构就会比较均匀，球团强度相对较高。预热球在较低预热温度下形成的内外结构不均匀性，在焙烧阶段可以得到改善，而在较高温度下形成的内外结构不均匀性，即使经过焙烧，也不会消失，直接影响到焙烧球的内部结构，进而影响到球团矿的强度，造成了高温预热后，焙烧球的抗压强度反而下降。

由碱性预热球和焙烧球内部结构可以看出，其预热球及其焙烧球内部结构随预热温度变化的规律性与酸性球团稍

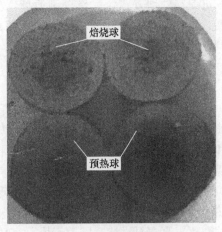

图 7-29 碱度 1050℃预热球及其焙烧球

有不同。对于碱性球团，内部结构不均匀性在不同预热球的焙烧球中均存在，即使预热球结构均匀，其焙烧球也会出现结构的分层，但是随着预热温度的升高而得到了缓解，在 1050℃时，焙烧球内部结构相对均匀，这些原因形成了碱性焙烧球的强度特点。

7.4.3 总结

通过对不同条件预热球及其焙烧球的研究可以看出，预热球抗压强度和 FeO 含量对球团矿强度的影响存在最佳范围，在最佳范围内，可以获得较好的焙烧球强度。对于酸性球来说，预热球单球的抗压强度在 500~800N 时，其相应的球团矿强度最高，而碱性预热球单球的抗压强度在 1100~1300N 时，其相应的球团矿

强度最高；对于酸性球团和碱性球团来说，预热球 FeO 含量为 3%~7%，其球团矿强度均最高；预热球氧化充分、结构均匀其球团矿结构就越均匀；较低预热温度时形成的预热球不均匀性在焙烧阶段可以得到改善，而较高预热温度下形成的预热球不均匀性在焙烧阶段不会消失，直接影响球团矿的强度，而且碱性球团比酸性球团更容易形成不均匀的双层结构。

7.5　宝钢湛江钢铁熔剂性球团矿稳定生产实践

宝钢湛江钢铁 5050m³ 高炉配备了大型综合原料场、烧结机、链箅机-回转窑球团、焦炉及煤气精制，其中链箅机-回转窑球团生产线为原龙腾物流并入，设计使用高比例赤铁精粉，具有制备 500 万吨熔剂性氧化球团矿的生产能力。

2016 年 1 月宝钢湛江钢铁链箅机-回转窑球团生产线开始使用高比例赤铁精粉生产二元碱度 0.7~1.0 倍的熔剂性球团，结合现有矿种积极优化配矿结构和改进原料处理方式，严格控制造球，积极完善链箅机热工制度和回转窑焙烧制度，全力攻克了熔剂性球团的生产难点，产能逐步爬坡，球团质量指标稳步提升，于 2016 年 12 月首次实现月达产，目前生产稳定。

7.5.1　宝钢湛江钢铁球团工艺概况

宝钢湛江钢铁球团链箅机-回转窑工艺，其中链箅机箅床 5.8m×78m，运行速度设计 2.0~5.6m/min，链箅机炉罩分为鼓风干燥段、抽风干燥段、预热Ⅰ段和预热Ⅱ段；回转窑 ϕ6.96m×52m，采用双侧液压马达驱动传动，主煤枪可气、煤混烧；环冷机有效工作面积 248m²，采用双传动装置，三段式 4 台鼓风冷却风机连续冷却，Ⅰ冷段热风直接引入回转窑，Ⅱ冷段通过热风管直接引入链箅机预热Ⅰ段作为热源，Ⅲ冷段低温风则被送至链箅机鼓风干燥段；同时还配套了湿式球磨机、真空泵过滤、圆筒干燥、高压辊磨等精矿粉处理系统，单列 10 个配料槽 CFW 切出配料和强力混合机系统，9 台 ϕ7500mm 的圆盘造球机系统。

7.5.2　原料处理和造球控制

相比较氧化（酸性）球团矿在链箅机-回转窑工艺中的生产，熔剂性球团对使用原燃料的要求以及处理方法更为严格。表 7-22 为宝钢湛江钢铁球团生产使用的主要进口精矿粉理化性能指标的统计表，可见，两种赤铁精粉的水分、全铁、SiO_2 和 Al_2O_3 成分含量差异较大，其中进口赤铁精粉 A 的水分高达 11%，全铁含量不到 65%，Al_2O_3 含量达 1.7%水平，而进口赤铁精粉 B 的 SiO_2 含量接近 3%；两种磁铁精粉的水分较为接近，而成分差异也较大，进口磁铁精粉 A 的 SiO_2 和 Al_2O_3 含量相对较低而全铁和 FeO 相对较高，进口磁铁精粉 B 的 SiO_2 含量也接近 3%水平。

表 7-22　球团精粉主要物理化学性能指标

品　名	化学成分/%									水分 /%	比表面积 /cm² · g⁻¹	-0.043mm (-325 目) 占比/%
	TFe	CaO	SiO₂	Al₂O₃	MgO	S	FeO	Na₂O	K₂O			
进口赤铁矿 A	64.61	0.01	2.39	1.77	0.04	0.015	0.18	0.006	0.006	11.2	1340	53.3
进口赤铁矿 B	67.06	0.05	2.84	0.55	0.02	0.009	0.27	0.001	0.008	9.2	1280	83.8
进口磁铁矿 A	69.44	0.29	1.64	0.32	0.69	0.168	28.95	0.200	0.070	8.4	1290	58.3
进口磁铁矿 B	67.79	0.44	2.75	0.91	0.69	0.022	27.87	0.083	0.083	8.1	1410	63.7

　　黏结剂选用的是印度进口的优质钠基膨润土,其细度较好,蒙脱石含量、吸水率、胶质价和膨胀容的指标要求见表 7-23。熔剂性球团矿的 CaO 主要通过配入石灰石微粉提供,为稳定球团矿的碱度,对石灰石微粉 CaO 含量的稳定性提出了较高的要求。从目前使用实绩看,湛钢使用的石灰石微粉 CaO 含量较为稳定,膨润土的造球性能也较为稳定,为熔剂性球团的稳定生产提供了有利保障。

表 7-23　膨润土主要指标要求

品　名	-0.043mm (-325 目) 占比/%	2h 吸水率 /%	胶质价 /mL · (15g)⁻¹	蒙脱石 /%	膨胀容 /mL · g⁻¹
进口膨润土	≥70.0	≥420	≥100	≥80.0	≥30

7.5.2.1　铁精粉水分、细度和比表面积控制

　　精矿粉水分对混合料水分的影响较大,尤其是对于水分较高的进口赤铁精粉 A 和 B 而言,其在料场贮存过程中已发生水分的自然渗透,上下料层物料的水分差异较大,鉴于此首先在取料进仓阶段就采取了阶梯式取料方式,已确保进入料仓的水分波动降至较低水平。在铁精粉经过湿式球磨机系统磨矿后,通过真空过滤机处过滤和干燥机的强制脱水将铁精粉水分严格稳定控制在 8.0% ~ 8.5% 左右水平,以达到配料后的造球配合料水分控制要求。

　　铁精粉的细度和比表面积也是影响配合料造球的主要因素,根据国内外生产实践经验,精粉的细度一般要求 -0.043mm(-325 目)的含量应在 60% 以上,比表面积在 1500 ~ 1900cm²/g。对于采用高比例赤铁精粉的情况,由于赤铁精粉自身成球能力比磁铁精粉难,生球具有落下强度低、水分大等特点,易导致干燥时间延长,因此对赤铁精粉的处理需求更为严格。从表 7-22 可知,进口赤铁精粉 A 比表面积较赤铁精粉 B 要大,但整体细度也较赤铁精粉大,而磁铁精粉 B 的比表面积和细度优于磁铁精粉 A,四种铁精粉的比表面积均未达到造球的要求,细度

方面仅有赤铁精粉 B 和磁铁精粉 B 满足要求。为满足生球对落下强度的要求，对不同的精粉采取了对应的处理，赤铁精粉 A 和磁铁精粉 A 经过湿式球磨机处理后将 -0.043mm（-325 目）比例提高至 60% 以上，造球配合料通过高压辊磨机系统将整体的比表面积提高至 1800~2000cm²/g 水平。通过对铁精粉进行细度和比表面积的处理调整，一方面为造球创造了有利条件，满足工序要求，另一方面，在高赤铁精粉配比下，为以 Fe₂O₃ 的晶粒长大和再结晶以及与铁酸钙系液相固结机理为主的熔剂性球团矿生产提供了更多的颗粒接触反应面积；与此同时，经过高压辊磨提高精矿粉的比表面积，可有效降低膨润土用量，还可增加铁精粉的表面缺陷，为磁铁精粉的氧化结晶和赤铁矿精粉的再结晶固结和晶粒长大提供更低的表面反应活化能。

7.5.2.2　配合料配比控制

熔剂性球团生产中的液相主要有铁酸钙和铁橄榄石等液相，相对酸性球团，额外增加了铁酸钙液相，在氧化性气氛下生产熔剂性球团矿，会产生 CaO·Fe₂O₃、CaO·2Fe₂O₃ 以及 CaO·Fe₂O₃-CaO·2Fe₂O₃ 等铁酸钙系共熔混合物，熔点均在 1200~1230℃ 的较低温度范围，在正常焙烧温度下形成的液相对球团固结、球团矿的强度和冶金性能均较有利。但总液相量不宜过多，若液相量过多，不仅会增加回转窑和环冷机的温度控制难度，同时过多的产生低熔点化合物和粉末在回转窑中造成结圈，在环冷机内的球团相互黏结恶化球层透气性，造成环冷机板结。因此，配合料的成分控制对生产熔剂性球团矿的稳定生产至关重要。

宝钢湛江钢铁球团基于现有铁精粉原料的成分，根据不同时期的库存情况，通过调整可用精粉间的配比将配合料的 SiO₂ 含量严格控制在 2.8%~3.2% 范围，如图 7-30 所示。可见，由于添加石灰石造成铁酸钙大量增加，以及石灰石在热

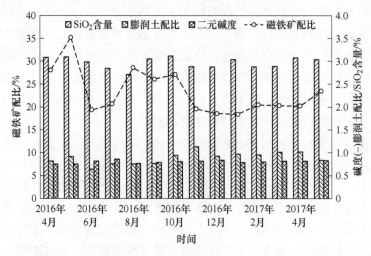

图 7-30　宝钢湛江钢铁熔剂性球团生球配合料主要参数

解过程中易产生粉末，对稳定生产控制有一定的负面影响，需要严格控制石灰石微粉的添加量。根据摸索的经验，球团矿 CaO 含量目前已提高至 2.4% ~ 2.5%。熔剂性球团矿的碱度目前在 0.80 左右，避开了传统认知及实践中的球团高膨胀指数的 0.1~0.6 的二元碱度区间。从二元碱度控制实绩看，也基本逐步稳定控制在 0.75~0.85 倍范围。

熔剂性球团的配料还需要考虑 K、Na 等碱金属配入量的控制，以降低成品球团矿的膨胀指数指标，即需要调整和优化磁铁精粉和膨润土的使用比例。因此，对磁铁精粉使用比例也做出了一定调整，在链箅机补热充足的前提下，从最初的 30% 比例逐渐调整至 20% 水平，这一调整也很好地解决了当前市场上进口磁铁精粉的稀缺和价格高等问题。对钠基膨润土的使用比例也做出了相应的优化，通过前工序提高铁精粉细度和比表面积等自身的造球性能，在保证生球粒度均匀性和落下次数大于 6 次的基础上，膨润土的使用比例也逐渐下降至 1.0% 以下水平。

通过造球工序参数的调整，主要是适当调节摸索出了不同精矿种类配比条件下的球盘转速和倾角以及上料量等参数，在稳定造球配合料水分的基础上，再添加适宜的滴落水和雾化水量，生球强度满足了后工序下落次数的要求。目前造球盘实际运行 7~8 台，单台圆盘给料量 120~130t/h，合格生球料量 700~750t/h。

7.5.3 链箅机-回转窑工艺参数调整与优化

7.5.3.1 链箅机布料料层厚度调整

宝钢湛江钢铁球团链箅机分为鼓干段、抽干段、预热Ⅰ段和预热Ⅱ段，生球的干燥主要是在鼓干段和抽干段完成的。在鼓风干燥段，水分的脱除沿料层自下而上进行，下层生球脱水相对较快，而上层生球由于受到下层生球脱水产生的水蒸气的影响，受风温度相对降低的同时饱和水蒸气压升高，料层的厚度对干燥效果有较大的影响。而进入抽风干燥段后，水分的脱除又沿着料层自上而下进行。为保证生球干燥的效率和效果，减少因鼓干和抽干段生球干燥不完全而进入温度较高的预热Ⅰ段干燥造成生球爆裂的不利影响，可适当提高风温或降低初始布料料层厚度。

如图 7-31 所示，在宝钢湛江钢铁球团生产初期，链箅机以高料层低机速运行，为避免生球在链箅机上大量爆裂，各段风温均按较低水平控制，但随着产量的不断提高，机速保持不变则需要提高布料料层厚度，对生球的干燥效果有一定的不利影响；在进入预热段时，因急剧干燥造成生球爆裂，入回转窑后粉末大量增加并形成液相，生产状态难以稳定，环冷机频繁板结。因此，在链箅机-回转窑热平衡进行理论计算的基础上，对链箅机的布料做出了调整，即将布料料层厚度逐渐降至 200~220mm 水平，机速提高至 4.5m/min 以上，同时调整提高了链

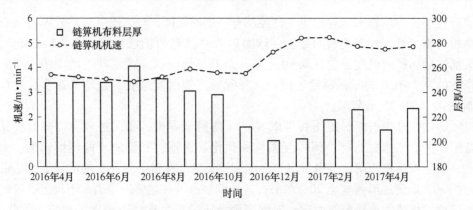

图 7-31　宝钢湛江钢铁熔剂性球团生球配合料主要参数

算机鼓干段和抽干段的风温，在保证了上料量的同时，生球的热爆裂情况也得到了较好的控制，也为提高预热球强度提供了良好的条件。

7.5.3.2　链算机预热段参数优化

由于宝钢湛江钢铁球团所使用的铁精粉原料 SiO_2 含量较高，且为生产二元碱度 0.8 倍的熔剂性球团，若生球在预热过程中磁铁精粉氧化不完全，在进入回转窑内进行高温焙烧的过程中，则有可能生成 $CaO \cdot FeO \cdot SiO_2$ 系固溶体的同时，也生成 $FeO \cdot CaO \cdot SiO_2$ 与 $2FeO \cdot SiO_2$ 等硅酸盐系 1100℃ 低熔点物质，会导致回转窑温度难以控制。渣相中的铁橄榄石（$2FeO \cdot SiO_2$）很容易与 Fe_2O_3、FeO 和 SiO_2 形成熔化温度更低的液相，将铁精粉颗粒包裹，冷却时不易结晶而形成玻璃相，降低球团强度。

因此，宝钢湛江钢铁在生产熔剂性球团矿过程中，采取适当提高预热 I 段和预热 II 段温度的方式，预热球进入回转窑前的 FeO 含量基本降至 1% 以下水平。与此同时，适当提高预热段温度，生球在有效干燥后由于磁铁精粉逐渐氧化和赤铁精粉固结的开始，预热球的强度有所提高，进入回转窑后的球团粉化率可得到控制。在回转窑内预热球继续升温焙烧，由于粉末减少，回转窑内的焙烧温度控制空间较大，在保证不超过铁酸钙系物质熔点的前提下，适当提高焙烧温度可提高铁精粉固相再结晶有效程度，从而提高成品球团矿的强度。环冷机各段风压也维持在较为稳定的水平，系统的热回收也提供了良好的条件。

7.5.4　熔剂性球团稳定生产实绩

宝钢湛江钢铁球团经过对熔剂性球团生产工艺参数的不断摸索，目前生产已达到稳定水平，球团矿产量和质量也得到稳步提升。如表 7-24 所示，熔剂性球团日产量逐渐提高至 14000~15000t 水平，台时产量提高至 580~610t/h，链算机利用系数也到了设计水平。

表 7-24   宝钢湛江钢铁链算机-回转窑生产熔剂性球团主要技术经济指标

时 间		平均日产量/t	台时产量/t	链算机利用系数 /t·(m²·d)⁻¹
2016 年	4 月	8182	412	27.31
	5 月	10657	533	28.90
	6 月	11791	534	28.23
	7 月	8293	469	24.49
	8 月	11746	565	27.16
	9 月	12520	543	30.66
	10 月	12365	531	30.95
	11 月	11247	495	27.76
	12 月	12896	554	3079
2017 年	1 月	13217	529	31.84
	2 月	14763	606	33.11
	3 月	15269	598	31.15
	4 月	14047	597	29.27
	5 月	13654	574	31.09

经过配矿结构优化和操业制度的完善，湛钢的熔剂性球团矿成品质量也得到了较大的提升，如图 7-32 和图 7-33 所示，转鼓指数基本在 97% 以上，耐磨指数也逐步降至 2% 以下水平，还原性指数提高至 77%，筛分指数保持在 0.5% 以下。

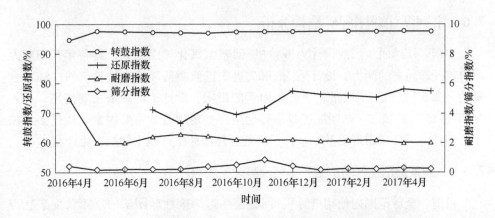

图 7-32   宝钢湛江钢铁熔剂性球团成品主要性能指标变化

相较于酸性氧化球团矿，高炉对熔剂性球团矿的抗压强度和还原膨胀指数要求更高，通过调整完善链算机的热工制度，为回转窑提高焙烧温度和环冷机提供

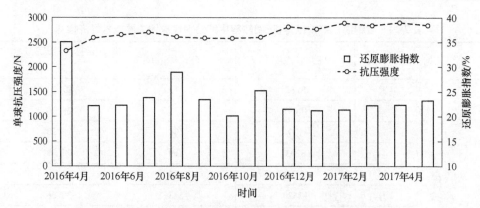

图 7-33　宝钢湛江钢铁熔剂性球团抗压强度和还原膨胀指数变化

了操作空间，单球抗压强度稳步提高至 2800N 以上水平；相对配合料碱金属的控制，尤其是对磁铁精粉和膨润土使用比例的优化，以及对二元碱度区间的选择和严格控制，熔剂性球团矿的膨胀指数已逐渐降至 20% 水平。

　　（1）通过不断摸索和攻关，湛钢球团已基本实现了熔剂性球团的连续稳定生产，成品球团矿的主要性能指标也得到了有效地改善。

　　（2）熔剂性球团对原料 SiO_2 和碱金属含量要求严格，原料适应性小，在配料时需要严格控制液相量，链算机内的粉末也要严格控制，避免提高窑温后环冷机板结及回转窑结圈加剧。

　　（3）进一步降低磁铁矿配比生产熔剂性球团需要在链算机上合理的补热，链算机的热工制度及补热方式仍需继续探索优化。

7.6　宝钢湛江球团配矿结构分析

　　宝钢湛江球团生产线设计为链算机-回转窑氧化球团工艺，具备年产 500 万吨熔剂性球团矿的能力，设计采用 100% 进口巴西南部硬质赤铁精矿粉，SiO_2 含量约为 2.6%。但由于质量、价格等因素的影响，设计矿种并未长期使用，进入"吃百家矿"的状态，球团配矿成为影响生产稳定顺行的重要因素。经过多年的生产实践，湛江球团现已基本掌握了熔剂性球团矿生产线中的配矿生产技术。

7.6.1　典型熔剂性球团矿生产工艺及其配矿特点

　　目前，全球范围内使用链算机-回转窑生产熔剂性球团矿的厂家及配矿特点详见表 7-25。

　　智利 Huasco 球团厂始建于 1977 年，年设计能力为 350 万吨，其原料为 100% 磁铁矿，-0.043mm（-325 目）占 85% 以上，比表面积为 1600~1900cm²/g，铁品位高达 68%，原料条件优异，成品球团矿 SiO_2 含量仅为 2.0%，CaO 含量为

2.1%，碱度达 1.05。该厂使用生石灰+石灰石的方式调节球团矿碱度。

表 7-25　熔剂性球团矿生产厂家及配矿特点

球团厂	投产时间/年	年产能/万吨	配矿特点
智利 Huasco	1978	400	100%磁铁矿
巴西 VSB	2013	136	100%硬质赤铁矿
日本神户	1966	400	从 100%磁铁矿到 100%赤铁矿

巴西米纳斯-吉拉斯州 VSB 钢铁厂配套有年产量为 136 万吨的球团厂，采用链箅机-回转窑工艺，原料为全赤铁矿精粉，生产碱度为 0.7~1.0 的熔剂性球团矿。其主要工艺特点为使用一台直径为 5.5m，长度为 11m 的球磨机将含铁原料、熔剂及内配燃料磨到比表面积为 2100cm²/g，以确保造球效果，成品球团矿单球抗压强度可达 3000N 以上。

日本神户球团厂，始建于 1966 年，采用链箅机-回转窑工艺，生产碱度为 1.0 左右的自熔性球团。其属于临海型球团厂，原料条件多变，从 100%磁铁矿到 100%赤铁矿均可适应。神户球团厂还开发了褐铁矿球团生产技术，代表了链箅机-回转窑工艺生产熔剂性球团矿的顶尖水平。神户球团厂已实现技术输出，在全世界建立了十多条链箅机-回转窑球团生产线，包括智利的 Huasco 球团厂最初也是由神户设计和建造的。

7.6.2　宝钢湛江球团生产线工艺特点

宝钢湛江球团链箅机-回转窑工艺流程如图 7-34 所示。其主要特点如下：

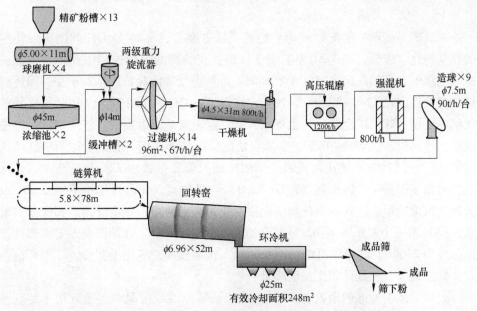

图 7-34　宝钢湛江（500 万吨/年）球团工艺示意图

　　（1）原料预处理手段齐全，可确保生球质量稳定。其主要采取的措施有：1）具有磨矿处理系统，配置四台 $\phi5030mm \times 11000mm$ 溢流型球磨机，可对粗粒矿石进行预处理；2）配备精矿干燥系统，可保证原料水分稳定；3）具有高压辊磨机，可增加矿石颗粒的比表面积，从而改善其成球性；4）配置有强力混合机，可将黏结剂、熔剂等小比例的添加剂与铁精粉充分混匀；5）使用 9 台 $\phi7500mm$ 的圆盘造球机，生球粒度均匀，抗压强度高。

　　（2）氧化焙烧调节方式多，可确保成品球团矿质量达标。其主要采取的措施有：1）链箅机预热段设有侧烧嘴补热，可增加预热球强度，减少入窑粉末量；2）回转窑长度达 52m，可保证预热球团在回转窑内的停留时间达 25~35min；3）环冷机有效冷却面积达 248m^2，总设计冷却时间为 38min，可确保焙烧球团在环冷机内有足够的均热时间，有利于促进晶键连接的发育和液相缓慢结晶，从而增加球团矿强度。

7.6.3　宝钢湛江熔剂性球团矿配矿探索

7.6.3.1　矿种类型的选择

　　宝钢湛江球团设计使用的矿种类型为巴西南部硬质赤铁矿，通过内配无烟煤，作为球团预热过程中的热量补充，以确保预热球强度，进行全赤铁矿氧化球团生产。但由于质量、市场供应等因素的影响，设计矿种并未长期使用，因此探索适宜配矿结构已成为宝钢湛江球团的燃眉之急。

　　A　赤铁矿与磁铁矿的比例

　　赤铁矿与磁铁矿搭配是较为典型的配矿方案。表 7-26 为湛江球团主要使用的铁精粉化学成分，表 7-27 为宝钢湛江钢铁在长期的生产过程中使用过的磁铁矿比例由低到高的配矿方案（生产期间链箅机温度梯度及负压基本不变，回转窑焙烧温度稳定在 1240~1260℃，均未内配碳）。由表 7-27 可知：（1）随着磁铁矿比例的增加，球团矿全铁品位也逐渐升高，这主要是因为宝钢湛江球团所用的磁铁矿，铁品位高达 68%~69%，杂质含量低，提高其比例，有助于球团矿铁品位提升；（2）随着磁铁矿比例提高，球团矿还原膨胀指数由 22% 升高至 35%，这主要是由于磁铁矿中碱金属（K_2O+Na_2O）含量较高，在高温作用下，K、Na 以置换或填隙的形式进入铁氧化物的晶格，引起晶格畸变，导致球团矿膨胀指数增加；（3）前三个配矿方案单球的抗压强度均大于 2500N，而第四个方案单球的抗压强度为 2300N，其原因可能是磁铁矿配入比例较高，氧化不充分，球团矿内部产生同心裂纹，导致球团矿强度降低。

　　此外，还需考虑的因素有：（1）从市场资源供应情况看，适宜用于熔剂性球团矿生产的低硅赤铁矿和磁铁矿资源均较为缺乏，且作 500 万吨级的球团厂，

表 7-26 铁精粉主要化学成分 （%）

类别	矿种	TFe	SiO$_2$	Al$_2$O$_3$	CaO	MgO	S	P	K$_2$O+Na$_2$O	LOI
赤铁矿	H1	66.5	3.8	0.4	0.01	0.0	0.01	0.04	0.01	0.3
	H2	65.5	1.7	1.6	0.00	0.0	0.01	0.17	0.02	2.8
	H3	64.5	2.4	2.2	0.00	0.0	0.01	0.05	0.01	2.7
磁铁矿	M1	69.6	1.6	0.4	0.30	0.7	0.14	0.02	0.25	-2.6
	M2	69.0	1.9	0.6	0.40	0.7	0.02	0.04	0.10	-2.4

表 7-27 磁铁矿比例对球团指标的影响

磁铁矿比例/%	w(TFe)/%	w(SiO$_2$)/%	w(Al$_2$O$_3$)/%	R	单球抗压强度/N	还原膨胀指数/%
15	64.9	3.0	1.0	0.72	2690	22
20	65.0	2.8	1.0	0.73	2570	25
25	65.2	2.7	1.0	0.73	2700	26
30	65.2	3.1	0.9	0.75	2300	35

注：磁铁矿比例为磁铁矿占所配入的铁矿石的比例。

每年铁精粉的需求为 560 万吨左右，单独使用赤铁矿或者磁铁矿均难以满足用量需求；（2）磁铁矿氧化为赤铁矿的过程中，由等轴晶系转变为六方晶系，晶格的转变及新生晶体表面原子具有较高的迁移能力，有利于颗粒之间形成晶键；（3）磁铁矿转换为赤铁矿属于放热反应（每千克磁铁矿完全氧化为赤铁矿放热量为 510kJ），可使球团矿预热温度提高，增加预热球的强度；（4）磁铁矿较赤铁矿的价格每吨高 50 元（已除去铁品位的影响），磁铁矿比例升高对配矿成本不利。综合以上因素，适宜的磁铁矿比例为 20%~25%。

    B 赤铁矿中硬质赤铁矿与软质赤铁矿搭配

    在适宜的磁铁矿配比条件下，单一的赤铁矿品种亦难以满足湛江球团的使用需求。在此，引入"硬质赤铁矿"与"软质赤铁矿"的定义。在生产中，一般把结构致密，较为难磨的镜铁矿视为硬质赤铁矿，其 Al$_2$O$_3$ 含量较低，过滤性能好，但静态成球性指数较差；软质赤铁矿为易磨矿物，其 Al$_2$O$_3$ 含量较高，静态成球性能优异（两类赤铁矿的理化性能、微观形貌分别见表 7-28 与图 7-35）。因此，硬质与软质赤铁矿的搭配使用，可扬长避短，同时满足良好的过滤性能和造球性能的要求。湛江球团的生产实践中，硬质赤铁矿与软质赤铁矿的比例一般保持在 1:1。

表 7-28　不同赤铁矿的理化性能及其使用比例

类　型	$w(\mathrm{TFe})/\%$	$w(\mathrm{SiO_2})/\%$	$w(\mathrm{Al_2O_3})/\%$	静态成球性	使用比例/%
硬质赤铁矿	66.5	3.0	0.6	弱	50
软质赤铁矿	65.0	1.7	1.6	优	50

注：使用比例为占赤铁矿总量的比例。

图 7-35　不同赤铁矿的微观形貌

7.6.3.2　化学成分设计

A　碱度范围

宝钢湛江球团可生产 $R=0.0\sim0.7$ 碱度的球团矿。主要生产实绩如表 7-29 所示。可见，湛江球团虽然设计为熔剂性球团矿生产线，但同样可以生产碱度小于 0.1 的酸性球团矿，且质量指标优异。$R=0.4\sim0.6$ 的球团处于异常膨胀的区间，在此碱度范围下，$\mathrm{SiO_2}$、CaO、$\mathrm{Fe_2O_3}$ 生产玻璃质渣相，还原过程中，产生钙橄榄石及铁橄榄石混合晶体，其熔点约 1117℃，脉石的机械强度处于最小值，膨胀指数临界值 20%，对高炉生产顺行造成巨大隐患，因此生产过程中应该避免生产

表 7-29　碱度对于球团矿质量的影响

碱度	$w(\mathrm{TFe})/\%$	$w(\mathrm{SiO_2})/\%$	$w(\mathrm{Al_2O_3})/\%$	单球抗压强度/N	还原膨胀指数/%
0.06	65.8	4.8	1.0	2600	15
0.56	66.1	2.6	0.7	2250	80
0.70	64.8	3.1	1.0	2870	23
0.76	64.5	3.1	1.3	2790	22

该碱度范围的球团矿。此外，Al_2O_3 在焙烧过程中通过固态反应可形成 $CaO \cdot Al_2O_3 \cdot Fe_2O_3$、$4CaO \cdot Al_2O_3 \cdot Fe_2O_3$ 等化合物，但其速率非常低，一般对于球团矿膨胀指数及抗压强度没有影响。Al_2O_3 的变化范围在 0.7%~1.3% 之间，幅度较小，可不考虑其含量波动对于球团矿质量的影响。综上所述，$R = 0.7 \pm 0.1$ 是目前宝钢湛江球团长期生产的碱度范围。

B　CaO 含量

宝钢湛江球团工艺中钙源来自石灰石，随着碱度的提高，石灰石配入量同步增加，按照石灰石的 CaO 含量为 54.5% 测算，当球团矿中的 SiO_2 含量为 2.8%~3.3% 时，为保证碱度达到 0.7，需加入 4.1%~4.8% 的石灰石。在常压条件下，$CaCO_3$ 的开始分解温度为 530℃，分解温度为 898℃。因此，在链箅机的预热一段到预热二段及回转窑中均可能存在石灰石的分解，分解过程中产生的 CO_2 气体在从球团内部释放至球团表面的过程中，造成预热球的强度降低，进入回转窑后在窑尾低温区预热球相互摩擦易产生粉末，增加环冷机板结的风险，同时风流系统中的粉末量增加，加剧了回热风机的磨损。因此，熔剂性球团矿生产过程中需严格控制石灰石熔剂的加入量，一般不超过 4.8%。

C　SiO_2 含量

当确定球团矿的碱度为 0.7+0.1，最大石灰石配入量不超过 4.8% 以后，球团配矿中 SiO_2 含量需控制在 2.8%~3.3%。从目前球团精粉的市场供应来看，低硅精粉缺乏，一般铁精矿混合后 SiO_2 约为 3.0%，则球团中 CaO 含量为 2.4%。在此配矿体系下，产生的液相主要为铁酸钙体系，如 $CaO \cdot Fe_2O_3$、$CaO \cdot 2Fe_2O_3$ 及 $CaO \cdot Fe_2O_3$-$CaO \cdot 2Fe_2O_3$ 共混物，它们的熔点均较低，分别为 1216℃、1226℃ 和 1205℃。在焙烧过程中产生的液相，有利于球团固结，提高成品球团强度。另外，可形成低熔点物质的还有 $FeO \cdot SiO_2$ 和钙铁橄榄石体系（$CaO_x \cdot FeO_{2-x} \cdot SiO_2$），但成品球团矿中 FeO 含量通常小于 0.5%，说明焙烧过程中产生的该种液相数量较少。此外，当焙烧温度超过 1250℃ 时，铁酸盐发生分解反应：$CaO \cdot Fe_2O_3 + SiO_2 \rightarrow CaSiO_3 + Fe_2O_3$，反应中 Fe_2O_3 再结晶析出，铁酸盐消失，出现玻璃体硅酸盐。成品球团矿在焙烧过程中产生的液相量为 10% 左右。因此，环冷机板结的主要原因是落入环冷机的成品球团中粉末量过多，填充在被烧球团之间的缝隙，降低了料层透气性，导致冷却速度减慢，均热时间延长，粉末颗粒之间产生重结晶。同时，CaO 熔剂的加入，易形成低熔点物质，从而产生液相，加剧了环冷机的板结。综上所述，熔剂性球团配矿结构中碱度、石灰石熔剂的添加量、铁矿石的 SiO_2 含量三者之间相互影响：石灰石熔剂的添加量，受制于球团矿总液相量、石灰石在预热过程中分解对于预热球团强度的破坏情况，最高配入量为 4.8%。因此，需要控制铁精矿粉的 SiO_2 含量为 2.8%~3.3%。

7.6.4　结论

（1）宝钢湛江钢铁球团以链箅机-回转窑工艺生产熔剂性球团矿，配矿结构中适宜的磁铁矿比例为 20%～25%。

（2）软质赤铁矿与硬质赤铁矿搭配使用，可使混合铁精矿同时满足良好的过滤性能和造球性能的要求。

（3）熔剂性球团矿的碱度、石灰石熔剂的添加量、铁矿石的 SiO_2 含量三者之间相互影响。适宜的碱度范围为 0.7±0.1，石灰石配比为 4.1%～4.8%，铁精矿粉的 SiO_2 含量需控制在 2.8%～3.3%。

7.7　宣化正朴铁业熔剂性复合球团矿生产工艺特点

宣化正朴铁业公司自 2000 年以来生产碱性团矿并应用于本厂小高炉生产，取得了增产节焦的效果，是全国首个唯一全部使用熔剂性球团矿冶炼生铁的厂家。熔剂性复合球团矿科研成果于 2007 年申请国家专利。

7.7.1　熔剂性球团矿的研发

熔剂性球团矿作为优良的炼铁原料，其发展空间巨大，如何研究开发一种工艺简单、操作容易、产品性能优良的熔剂性球团矿的生产方法已经成为业内技术人员关注的焦点。熔剂性球团矿在焙烧过程中极容易发生黏结，为解决这一问题，宣化正朴铁业在多年生产熔剂性球团矿的经验基础上，自主研发了"熔剂性复合球团的生产工艺"，其工艺流程见图 7-36。

7.7.2　熔剂性复合球团矿生产工艺特点

（1）强调水分在造球中的作用。原料合适的水分是完成造球的基础，进厂精粉的水分一般都高于造球的适宜水分（7%），一些厂家对造球前物料的水分缺乏控制，大多利用高炉煤气进行干燥。由于熔剂性球团添加物较多（生石灰、镁质白灰、红矿粉、重力除尘灰），给控制物料水分创造了充分条件，从而确保了造球前物料水分的稳定。其中生石灰在混料过程中进行消化，吸收一部分水分，同时也起黏结剂的作用，使膨润土使用量大幅度下降，膨润土添加量一般控制在 0.6%，没有超过 1% 的，物料水分控制在 7%±0.5%。

（2）重视合理的粒级组成，强化混料效果。原料粒度是造球的主要影响因素之一，要求 -0.074mm（-200 目）粒级大于 60%～70%，粒级组成更重要，我们经验是 -0.074mm（-200 目）粒占 45%～55% 左右，-0.082～-0.074mm（-200～-180 目）和 -0.093～-0.082mm（-180～-160 目）的粒级各占 15%～20% 左右，大于 -0.093mm（-160 目）的粒级占 10%～15%。生产中测定单个生球落

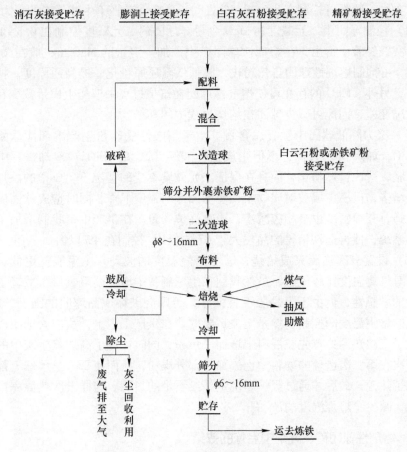

图 7-36　正朴铁业熔剂性复合球团工艺流程

下强度（0.5m）平均为 8 次以上，满足了生产需要，其中物料中所添加的重力除尘灰（没有细磨）在造球中起到很好的摩擦剂的作用，使生球更加密实从而提高了生球的抗压强度。另外，生产熔剂性球团矿中添加的辅料较多，对物料的混匀效果比酸性球团矿有更高的要求，因此物料混匀是生产中不容忽视的一个环节。增设了独立的混料系统，强力混合机保证了物料混合的均匀性，减小了之间的个体差异，提高了熔剂性球团矿的质量。

（3）二次成球工艺解决了熔剂性球团焙烧过程的黏结问题。混合料在一次造球盘内生成的碱性球团经过筛分，合格生球进入到二次成球盘内，在这里，球团的外面裹上一层不易黏结的低 SiO_2 酸性铁精粉或赤铁矿粉，也可以用细磨的石灰石粉，我们称其为阻黏层。这样，在焙烧过程中，大大减少了因铁酸盐形成而造成球团之间的黏结机率。另外，由于多次造球，随着球在造球机中的滚动时间加长，球的密实度增加，生球的水分也可以通过二次造球的滚动时间来控制。

生球的含水一般都可控制在 8% ~ 8.5% 之间，这样就减轻了生球干燥的压力。

（4）控制球团中二元碱度和 MgO 含量。球团的二元碱度控制在 0.8 ~ 1.0 之间。从实践经验中得出，在熔剂性球团矿中添加一定量的 MgO（一般在 2.5% ~ 3.5%），可抑制熔剂性球团自然粉化、降低低温还原粉化、提高还原度、抑制还原膨胀，另外，MgO 的存在可使熔剂性球团在焙烧过程中液相生成量减少和液相流动状况变差，因此可减少球团在焙烧过程中的黏结。

（5）努力降低球团中脉石总含量。由于用酸性铁矿粉生产熔剂性球团需要添加 CaO，如果 SiO_2 过高，不但生成正硅酸钙（$2CaO \cdot SiO_2$）冷却过程中相变体积膨胀，造成自然粉化，而且在保证二元碱度不变的情况下，CaO 的添加量相应就会增多，极易生成玻璃质物质，使球团矿的强度下降，同时造成球团矿的铁品位下降，其堆密度也会相应减小，影响高炉产量。在生产中，我们增加了铁精粉再选系统，使再选铁精粉的品位大于 67%，SiO_2 控制在 4% 以内。

（6）设置三次热源完成焙烧，减小焙烧温度的波动，工序能耗更低。熔剂性球团对焙烧温度比较敏感，虽然我们在生球制备中增加了阻黏层，减轻了球团对温度的敏感性，但由于阻黏层不宜太厚，否则会破坏成品球团的强度，所以，对球团的焙烧温度的控制仍然是至关重要的。在生产工艺上，我们为球团矿的焙烧设置了三次热源：首先在混料中增加了焦粉，同时计算了高炉除尘灰中的含碳量；其次在第二次造球的物料中也添加一部分煤粉，从而使每一个单球上都均匀地增加了热源；最后才通过竖炉燃烧室补给不足的热能。这样三次热源完成球团的焙烧，减少了焙烧温度的波动。

7.7.3　熔剂性球团矿在高炉中冶炼的效果

2006 年下半年至 2008 年，"熔剂性复合球团矿"在宣化正朴公司高炉上进行了生产实验，球团配比为 95% ~ 98%（配有块矿 2% ~ 5%），入炉品位 57.07%，配加 60kg/t 石灰石，风温 905℃，生铁含硅 1.0%，生产中高炉顺行状况大为改善，崩悬料大为减少，在上述冶炼参数下，高炉利用系数接近 3.0t/（$m^3 \cdot d$），入炉燃料比为 560kg/t。实验结果表明：100% 熔剂性球团矿在中小高炉生产中是可行的，能降低焦比，达到节能减排的效果。

参 考 文 献

[1] 佩尔亚连德·伊尔莫尼，伯耶·比尔克瓦耳. LKAB 公司使用白云石助熔球团矿的经验 [J]. 烧结球团，1980（1）：69~71.
[2] 许满兴. 熔剂性球团矿生产的可行性及质量分析 [C]//低成本、低燃料比高炉炼铁新技术文集，北京科技大学，2017：53~58.

［3］姜涛，范晓慧，李光辉．熔剂性球团矿生产的理论与技术［C］//全国炼铁生产技术会暨炼铁学术年会文集，2014：92~100.

［4］张永明，贾彦忠．熔剂性含 MgO 球团矿特点及生产实践［C］//全国炼铁生产技术会议暨炼铁学术年会文集，2004：255~259.

［5］刘庆华．预热制度对球团矿强度的影响规律及机理研究［C］//全国球团技术研讨会论文集，2018：23~29.

［6］梁利生，周琦，易陆杰．宝钢湛江钢铁熔剂性球团稳定生产实践［C］//第十一届中国钢铁年会论文集，2017：1775~1779.

［7］李晓波，李孟土，易陆杰，等．湛江球团配矿结构分析［J］．烧结球团，2018（4）49~53.

［8］许贵宾．熔剂性球团矿的生产实践［C］//2016 年全国炼铁生产技术会暨炼铁学术年会论文集，2016：406~411.